普通高等教育"十一五"国家级规划教材

高等院校信息安全专业系列教材

教育部高等学校信息安全类专业教学指导委员会
中国计算机学会教育专业委员会　　共同指导

顾问委员会主任：沈昌祥　编委会主任：肖国镇

操作系统安全
（第2版）

卿斯汉　沈晴霓　刘文清　刘海峰　温红子　编著
肖国镇　审

http://www.tup.com.cn

Information Security

根据教育部高等学校信息安全类专业教学指导委员会制订的
《信息安全专业指导性专业规范》组织编写

清华大学出版社
北京

内 容 简 介

本书是一部关于操作系统安全的教材,第 2 版在原书的基础上进行了修订与补充,增加了第 11 章"可信计算与可信操作系统"与第 12 章"新型操作系统发展与展望"。全书共分 12 章,全面介绍操作系统安全的基本理论、关键技术和发展趋势。主要内容包括操作系统安全的基本概念和理论(由基本概念、安全机制、安全模型、安全体系结构等章节构成),操作系统安全的关键技术与方法(如形式化规范与验证、隐蔽通道分析与处理、安全操作系统设计、操作系统安全评测和安全操作系统的网络扩展),可信计算与可信操作系统技术以及面向网络和云计算的新型操作系统发展趋势与安全性分析。

本书内容丰富,题材新颖,深入浅出,特点鲜明,理论结合实际,包括操作系统安全研究的最新成果,也包括作者在此研究领域长期潜心研究的科研成果。

本书可以作为计算机、软件工程、通信、信息安全等专业的高年级本科生、硕士生和博士生的教材,也可以作为广大从事相关专业的教学、科研和工程技术人员的参考书。

图书在版编目(CIP)数据

操作系统安全 / 卿斯汉等编著 . —2 版. —北京:清华大学出版社,2011.6(2025.1重印)
(高等院校信息安全专业系列教材)
ISBN 978-7-302-25911-4

Ⅰ. ①操… Ⅱ. ①卿… Ⅲ. ①操作系统-安全技术-高等学校-教材 Ⅳ. ①TP316

中国版本图书馆 CIP 数据核字(2011)第 115743 号

责任编辑:张 民 徐跃进
责任校对:梁 毅
责任印制:宋 林

出版发行:清华大学出版社
网 址:https://www.tup.com.cn, https://www.wqxuetang.com
地 址:北京清华大学学研大厦 A 座 邮 编:100084
社 总 机:010-83470000 邮 购:010-62786544
投稿与读者服务:010-62776969,c-service@tup.tsinghua.edu.cn
质量反馈:010-62772015,zhiliang@tup.tsinghua.edu.cn
印 装 者:三河市君旺印务有限公司
经 销:全国新华书店
开 本:185mm×260mm 印 张:23 字 数:543 千字
版 次:2011 年 6 月第 2 版 印 次:2025 年 1 月第 4 次印刷
定 价:59.00 元

产品编号:041380-02

高等院校信息安全专业系列教材

编审委员会

出版说明

21世纪是信息时代,信息已成为社会发展的重要战略资源,社会的信息化已成为当今世界发展的潮流和核心,而信息安全在信息社会中将扮演极为重要的角色,它会直接关系到国家安全、企业经营和人们的日常生活。随着信息安全产业的快速发展,全球对信息安全人才的需求量不断增加,但我国目前信息安全人才极度匮乏,远远不能满足金融、商业、公安、军事和政府等部门的需求。要解决供需矛盾,必须加快信息安全人才的培养,以满足社会对信息安全人才的需求。为此,教育部继2001年批准在武汉大学开设信息安全本科专业之后,又批准了多所高等院校设立信息安全本科专业,而且许多高校和科研院所已设立了信息安全方向的具有硕士和博士学位授予权的学科点。

信息安全是计算机、通信、物理、数学等领域的交叉学科,对于这一新兴学科的培养模式和课程设置,各高校普遍缺乏经验,因此中国计算机学会教育专业委员会和清华大学出版社联合主办了"信息安全专业教育教学研讨会"等一系列研讨活动,并成立了"高等院校信息安全专业系列教材"编审委员会,由我国信息安全领域著名专家肖国镇教授担任编委会主任,共同指导"高等院校信息安全专业系列教材"的编写工作。编委会本着研究先行的指导原则,认真研讨国内外高等院校信息安全专业的教学体系和课程设置,进行了大量前瞻性的研究工作,而且这种研究工作将随着我国信息安全专业的发展不断深入。经过编委会全体委员及相关专家的推荐和审定,确定了本丛书首批教材的作者,这些作者绝大多数都是既在本专业领域有深厚的学术造诣、又在教学第一线有丰富的教学经验的学者、专家。

本系列教材是我国第一套专门针对信息安全专业的教材,其特点是:

① 体系完整、结构合理、内容先进。

② 适应面广:能够满足信息安全、计算机、通信工程等相关专业对信息安全领域课程的教材要求。

③ 立体配套:除主教材外,还配有多媒体电子教案、习题与实验指导等。

④ 版本更新及时,紧跟科学技术的新发展。

为了保证出版质量,我们坚持宁缺毋滥的原则,成熟一本,出版一本,并保持不断更新,力求将我国信息安全领域教育、科研的最新成果和成熟经验反映到教材中来。在全力做好本版教材,满足学生用书的基础上,还经由专家的推荐和审定,遴选了一批国外信息安全领域优秀的教材加入到本系列教材中,以进一步满足大家对外版书的需求。热切期望广大教师和科研工作者加入我们的队伍,同时也欢迎广大读者对本系列教材提出宝贵意见,以便我们对本系列教材的组织、编写与出版工作不断改进,为我国信息安全专业的教材建设与人才培养做出更大的贡献。

"高等院校信息安全专业系列教材"已于 2006 年年初正式列入普通高等教育"十一五"国家级教材规划(见教高[2006]9 号文件《教育部关于印发普通高等教育"十一五"国家级教材规划选题的通知》)。我们会严把出版环节,保证规划教材的编校和印刷质量,按时完成出版任务。

2007 年 6 月,教育部高等学校信息安全类专业教学指导委员会成立大会暨第一次会议在北京胜利召开。本次会议由教育部高等学校信息安全类专业教学指导委员会主任单位北京工业大学和北京电子科技学院主办,清华大学出版社协办。教育部高等学校信息安全类专业教学指导委员会的成立对我国信息安全专业的发展将起到重要的指导和推动作用。"高等院校信息安全专业系列教材"将在教育部高等学校信息安全类专业教学指导委员会的组织和指导下,进一步体现科学性、系统性和新颖性,及时反映教学改革和课程建设的新成果,并随着我国信息安全学科的发展不断修订和完善。

我们的 E-mail 地址:zhangm@tup.tsinghua.edu.cn;联系人:张民。

清华大学出版社

前　言

近几年来,因特网的应用迅速普及与发展,特别是我国电子政务与电子商务的应用日新月异。信息技术的发展加大了信息共享的程度,但信息共享与信息安全是一对矛盾;因而信息共享的发展呼唤信息安全。目前,我国正在大力发展信息技术与信息基础平台的建设。与此同步,我们必须大力加强信息安全基础设施建设,首先应当从加强我国自主版权的高等级安全操作系统的研制与开发抓起。

信息安全基础设施的关键是安全操作系统,建设以我国自主知识产权为基础的安全操作系统,形成一系列基于安全操作系统的信息安全产品,是加强我国信息安全基础设施的根本保证。没有操作系统安全,就不可能真正解决数据库安全、网络安全和其他应用系统的安全问题。西方国家,无论在高安全等级操作系统的关键技术,还是产品出口方面,都对我们进行保密与限制。在一定程度上,一个国家安全操作系统的研制水平,代表一个国家信息安全领域的整体水平。

近年来,我国加强了安全操作系统的研究,包括操作系统安全基础理论的研究与高安全等级操作系统的研制。但遗憾的是,长期以来,我国关于操作系统安全的著作几乎为空白,不利于我国安全操作系统领域的整体发展。有鉴于此,基于我们在此领域的长期技术积累与工程实践,在中国科学院科学出版基金的支持下,于2003年初由科学出版社出版了《操作系统安全导论》——我国关于操作系统安全的第一部专著。该书不但全面介绍了操作系统的安全特性,总结了国际最新研究成果,也包括作者的最新成果。其中,既包含作者在安全操作系统理论研究方面的成果,也包含作者在工程实践方面的成果,即安胜安全操作系统的设计、体系结构与实现等方面的特点。

上述专著出版后,反响很好。不少专家与领导建议,尽快出版一部关于操作系统安全的教材,满足我国高等学校和研究机构培养高素质信息安全人才的迫切需求。在清华大学出版社与本丛书编委会的大力推动与支持下,本书第1版于2004年第一次与广大读者见面。本书发行以来受到社会广泛好评,许多高校都将本书选为本科生高年级或硕士研究生甚至博士研究生教材。在清华大学出版社的大力支持下,本书第2版已被列入十二五规划教材,修订出版。为了适应学生学习与教师教学的需求,本书进行了精心的选材和编排。本书强调少而精,亦即非基本的内容不选,对精选的内容尽量清楚、明确地阐述。其次,本书还有以下特色:书中包括作者多年来的科研成果,包含了国内外文献中很少涉及的技术细节,有助于读者加深对操作系统安全内涵的理解。此外,本书每一章后面都附有习题,便于读者对本章内容进行进一步的思考。最后,本书对操作系统安全领域关键理论与技术的热点问题,以及面向网络和云计算的新型操作系统发展方向进行了探讨。

本书共分 12 章:第 1 章是引言(卿斯汉、刘文清),介绍对操作系统构成的威胁、安全操作系统研究的发展历程、有关术语以及本书的组织与编排;第 2 章是基本概念(卿斯汉、刘文清),介绍操作系统安全的基本概念及预备知识;第 3 章是安全机制(刘文清、沈晴霓),内容包括硬件安全机制、标识与鉴别、自主存取控制与强制存取控制、最小特权管理、可信通路、安全审计等内容,并具体介绍 UNIX/Linux 操作系统的安全机制;第 4 章是安全模型(卿斯汉、刘海峰、沈晴霓),介绍安全模型在安全操作系统中的重要地位、安全模型的分类以及若干典型的安全模型(Bell-LaPalula、Biba、Clark-Wilson、Chinese Wall、RBAC、DTE、信息流和无干扰模型);第 5 章是安全体系结构(季庆光、沈晴霓),通过详细讲解两个典型实例(权能体系和 Flask 体系)以及体现 Flask 体系的 Linux Security Module(LSM)安全框架,说明安全体系结构的含义、类型、设计原则和实现方法;第 6 章是形式化规范与验证(温红子),内容包括形式化安全验证的原理、系统结构和典型实例——ASOS;第 7 章隐蔽通道分析与处理(朱继锋),阐述了隐蔽通道的概念、分类、标识技术、带宽计算技术、处理技术等内容;第 8 章是安全操作系统设计(刘文清、沈晴霓),阐述了安全操作系统设计的原则、方法、过程及应注意的问题,并给出了几个典型的设计实例;第 9 章是操作系统安全评测(刘海峰、刘文清),介绍评测方法以及国内外相关评测标准;第 10 章是安全操作系统的网络扩展(温红子、赵志科),介绍安全操作系统的概念、策略、机制等在网络上的扩展和应用;第 11 章是可信计算与可信操作系统(卿斯汉、沈晴霓),介绍可信计算的概念和技术,以及基于 TPM/TCM 可信操作系统的核心技术;第 12 章是新型操作系统发展与展望(卿斯汉、沈晴霓),介绍随着安全问题的日益突出和云计算新技术的出现,当前业界十分关注的新型网络化和云操作系统的发展及其安全技术方面的展望。全书由卿斯汉、沈晴霓统稿。

在本书的修订过程中,得到了中国科学院信息安全技术工程研究中心广大科研人员的鼓励、支持和帮助,并受益于作者在北京大学软件与微电子学院信息安全系的多年教学和科研工作。本书涉及的许多科研成果,是他们共同努力下完成的,在此,我们特别感谢中国科学院软件研究所倪惜珍研究员、贺也平副研究员、朱继锋博士、季庆光博士、李丽萍博士、唐柳英博士、赵志科硕士等以及北京大学软件与微电子学院信息安全系参与本书相关文献检索和整理的研究生们。

本书在写作与出版以及作者对操作系统安全的研究中,得到了中国科学院,北京大学,公安部,国家保密局,中国科学院软件研究所,国家自然科学基金委员会,中国电子学会,中国计算机学会,清华大学出版社,以及张效祥、何德全、沈昌祥、汪成为、蔡吉人、周仲义、魏正耀、胡启恒、李未、倪光南等院士以及中国科学院高技术研究与发展局局长桂文庄研究员等单位和专家的支持与鼓励,在此一并致谢。

本书的出版得到国家自然科学基金(60083007,60573042,60873238,60970135)和国家重点基础研究发展规划项目(G1999035810)的支持,在此表示感谢。作者还特别感谢本丛书的编委会主任肖国镇教授,对他的一贯支持与指导表示谢意。作者同时感谢本书的审稿专家胡道元教授,他对本书的架构与组织提出了宝贵建议。最后,作者感谢清华大学出版社的广大员工,他们为本书的顺利出版付出了大量心血。

　　本书作为研究生教材,主要的读者对象是高年级本科生、硕士和博士研究生,也可供计算机、信息和通信等相关专业的教学、科研和工程技术人员参考。受作者水平与时间仓促的限制,如书中出现错误与不足,敬请广大读者不吝赐教。

作　者

2011 年 03 月

目 录

第 1 章
引　　言

1.1　操作系统面临安全威胁

作为信息社会的一块最主要的基石，与信息处理相关的计算机技术得到了飞速的发展。社会对信息资源进行共享和有效处理的迫切需求是推动计算机技术近乎以"疯狂"速度发展的原动力，也造就了 20 世纪后 20 年的 IT 业繁荣时代。但是进入 21 世纪后，IT业的发展遇到了一个比较严酷的调整期，人们都在思考一个问题——"IT 业怎么了？"，其实除了过度投资等原因之外，另一个根本的原因还在于，以计算机技术为核心的 IT 业还没有完全具备解决信息处理中安全问题的能力，特别是不具备能够有效满足在因特网这样恢弘背景下的经济、政治、金融、军事等社会基础机构对信息安全保障近似苛刻要求的能力。可以讲信息安全技术的发展将会从根本上影响和制约信息技术的进一步发展。

人们认识信息安全问题通常是从对系统所遭到的各种成功或者未成功的入侵攻击的威胁开始的，这些威胁大多是通过挖掘操作系统和应用程序的弱点或者缺陷来实现的，有记录的第一次这样的大规模攻击当属 1988 年的蠕虫事件。同时 AT&T 实验室的S. Bellovin 博士曾对美国 CERT（Computer Emergency Response Term）提供的安全报告进行过分析，结果表明很多安全问题都还是源于操作系统的安全脆弱性。所以下边首先来介绍对操作系统安全威胁的主要类型。

1.1.1　病毒和蠕虫

1. 病毒

病毒是能自我复制的一组计算机指令或者程序代码。通过编制或者在计算机程序中插入这段代码，以达到破坏计算机功能、毁坏数据从而影响计算机使用的目的。病毒具有以下基本特点。

1）隐蔽性

病毒程序代码驻存在磁盘等介质上，通常无法以操作系统提供的文件管理方法观察到。有的病毒程序设计得非常巧妙，甚至用一般的系统分析软件工具都无法发现它的存在。

2）传染性

当用户利用磁盘片、网络等载体交换信息时，病毒程序趁机以用户不能察觉的方式随之传播。即使在同一部计算机上，病毒程序也能在磁盘上的不同区域间传播，附着到多个文件上。

3) 潜伏性

病毒程序感染正常的计算机之后,一般不会立即发作,而是潜伏下来,等到激发条件(如日期、时间、特定的字符串等)满足时才触发执行恶意代码部分,从而产生破坏作用。

4) 破坏性

当病毒发作时,通常会在屏幕上输出一些不正常的信息,同时破坏磁盘上的数据文件和程序。如果是引导型病毒,可能会使计算机无法启动。另外,有些病毒并不直接破坏系统内现存的信息,只是大量地侵占磁盘存储空间,或使计算机运行速度变慢,或造成网络堵塞。

2. 蠕虫

蠕虫类似于病毒,它可以侵入合法数据处理程序,并且更改或破坏这些数据。尽管蠕虫不像病毒那样复制自身,蠕虫攻击带来的破坏可能与病毒一样严重,尤其是在没有及时发觉的情况下。然而一旦蠕虫入侵被发现,恢复就会容易一些,因为它没有病毒的复制能力,而只有一个需要被清除的蠕虫程序。最具代表性的 Ska 蠕虫是一个 Windows 电子邮件和新闻组蠕虫,它被伪装为 Happy99.exe 的电子邮件附件,首次运行时会显示焰火,运行之后,每个从本机发送的电子邮件和新闻组布告都会导致再次发送消息。由于人们收到的 Happy99.exe 来自于他们所认识的人,自然会信任这个附件并且运行它。

1.1.2 逻辑炸弹

逻辑炸弹是加在现有应用上的程序。一般逻辑炸弹都被添加在被感染应用程序的起始处,从而每当该应用运行时就会运行炸弹。通常要检查各种条件,看是否满足运行炸弹的条件。如果没有控制权就归还给主应用程序,逻辑炸弹仍然安静地等待。当设定的爆炸条件被满足后,逻辑炸弹的其余代码就会执行。此时它通常造成终止机器、制造刺耳噪音、更改视频显示、破坏磁盘上的数据、利用硬件缺点引发硬件失效、导致磁盘异常、使操作系统减慢或崩溃等危害。它也可以通过写入非法的值来控制视频卡的端口使监视功能失败、使键盘失效、破坏磁盘以及释放出更多逻辑炸弹或病毒(间接攻击)。逻辑炸弹不能复制自身,不能感染其他程序,但这些攻击已经使它成为一种极具破坏性的恶意代码类型。

逻辑炸弹具有很多种触发方式:计数器触发器、时间触发器、复制触发器(当病毒复制数量达到某个设定值时激活)、磁盘空间触发器、视频模式触发器(当视频处于某个设定模式或从设定模式改变时激活)、基本输入输出系统(BIOS)触发器、只读内存(ROM)触发器、键盘触发器、反病毒触发器等。

1.1.3 特洛伊木马

特洛伊木马是一段计算机程序,表面上在执行合法功能,实际上却完成了用户不曾料到的非法功能。它们伪装成友好程序,可以隐藏在任何用户渴望得到的东西内部,如免费游戏、mp3 歌曲、字处理程序、编译程序或其他应用程序,由可信用户在合法工作中不知不觉地运行。一旦这些程序被执行,一个病毒、蠕虫或其他隐藏在特洛伊木马程序中的恶意代码就会被释放出来,攻击个人用户工作站,随后就是攻击网络。

一个有效的特洛伊木马对程序的预期结果无明显影响,也许永远查不出它的破坏。文本编辑程序中的特洛伊木马会小心地复制用户在编辑的文件,并且将这些拷贝放到入侵者(使用特洛伊木马的人)将来可以访问到的地方。由于系统不能区分特洛伊木马和合法程序,只要不知情的用户使用了这个编辑程序,系统就不能阻止特洛伊木马的操作。特洛伊木马必须具有以下几项功能才能成功地入侵计算机系统:

(1) 入侵者要写一段程序进行非法操作,程序的行为方式不会引起用户的怀疑。

(2) 必须设计出某种策略诱使受骗者接受这段程序。

(3) 必须使受骗者运行该程序。

(4) 入侵者必须有某种手段回收由特洛伊木马发作为他带来的实际利益。

特洛伊木马通常继承了用户程序相同的用户 ID、存取权、优先权,甚至特权。因此,特洛伊木马能在不破坏系统的任何安全规则的情况下进行非法活动,这也使它成为系统最难防御的一种危害。多数系统不是为防止特洛伊木马而专门设计的,一般只能在有限的情况下进行防御。特洛伊木马程序与病毒程序不同,是一个独立的应用程序,不具备自我复制能力。但它同病毒程序一样具有潜伏性,且常常具有更大的欺骗性和危害性。

特洛伊木马通常以包含恶意代码的电子邮件消息的形式存在,也可以由 Internet 数据流携带,如 FTP 下载或 Web 站点上的可下载 applet 程序。1999 年肆虐的 Mellissa 病毒就是一个有害的特洛伊木马的案例,它附加在一条普通的看上去无害的电子邮件消息上,当用户把 Microsoft Outlook 用作邮件的收发工具时,此时附着在邮件上的木马就把自己发送给在该用户电子邮件地址簿上列出的许多其他用户。接下来的用户如果也是用 Microsoft Outlook 作为处理邮件的工具,那么也就发生同样的情形,导致了网络中邮件数量级的增长,从而也就产生了所谓的邮件风暴,这种邮件风暴极易导致许多 Microsoft Exchange 服务器因为用户的信箱被充满了垃圾邮件而宕机。

1.1.4　天窗

天窗是嵌在操作系统里的一段非法代码,渗透者利用该代码提供的方法侵入操作系统而不受检查。天窗由专门的命令激活,一般不容易发现。而且天窗所嵌入的软件拥有渗透者所没有的特权。通常天窗设置在操作系统内部,而不在应用程序中,天窗很像是操作系统里可供渗透的一个缺陷。安装天窗就是为了渗透,它可能是由操作系统生产厂家的一个不道德的雇员装入的,安装天窗的技术很像特洛伊木马的安装技术,但在操作系统中实现就更为困难。与特洛伊木马和隐蔽通道不同,天窗只能利用操作系统的缺陷或者混入系统的开发队伍中进行安装。因此开发安全操作系统的常规技术就可以避免天窗,而不需要专门的技术解决这个问题。

1.1.5　隐蔽通道

隐蔽通道可定义为系统中不受安全策略控制的、违反安全策略的信息泄露路径。按信息传递的方式和方法区分,隐蔽通道分为存储隐蔽通道和时间隐蔽通道。存储隐蔽通道在系统中通过两个进程利用不受安全策略控制的存储单元传递信息。前一个进程通过改变存储单元的内容发送信息，后一个进程通过观察存储单元的变化来接收信息。时间隐蔽通道在系统中通过两个进程利用一个不受安全策略控制的广义存储单元传递信息。前一个进程通过改变广义存储单元的内容发送信息，后一个进程通过观察广义存储单元的变化接收信息，并用如实时时钟这样的坐标进行测量。广义存储单元只能在短时间内保留前一个进程发送的信息，后一个进程必须迅速地接收广义存储单元的信息，否则信息将消失。判别一个隐蔽通道是否是时间隐蔽通道，关键是看它有没有一个实时时钟、间隔定时器或其他计时装置，不需要时钟或定时器的隐蔽通道是存储隐蔽通道。

一个有效可靠的操作系统应具有很强的安全性，必须具有相应的保护措施，消除或限制如病毒、逻辑炸弹、特洛伊木马、天窗、隐蔽通道等对系统构成的安全隐患。

总的来讲，在过去的数十年里，恶意代码（通常也被称为计算机病毒）已经从学术上的好奇论题发展成为一个持久的、世界范围的问题。通常许多人误用了"病毒"这个词，认为它代表所有感染计算机并且造成破坏的程序。事实上这样的术语应该是恶意代码。一个病毒只是一个通过复制自己来感染其他系统/程序的计算机程序。蠕虫类似于病毒，但是它们并不复制自己，其目的通常是搞破坏。逻辑炸弹包括各种在特定的条件满足时就会被激活的恶意代码。病毒、蠕虫和逻辑炸弹都可以隐藏在其他程序的源代码内部，而且这些程序往往伪装成无害的程序，如图形显示程序和游戏等。这些程序则称为特洛伊木马。天窗是嵌在操作系统里的一段非法代码，渗透者可以利用该代码提供的方法侵入操作系统而不受检查。隐蔽通道则是系统中不受安全策略控制的、违反安全策略的信息泄露路径。无论它们的表现形式和运作机理是如何的不同，但有一点是相同的，也就是无论计算机病毒、蠕虫、逻辑炸弹、特洛伊木马、天窗，还是隐蔽通道都对操作系统安全构成了威胁。

1.2 操作系统安全和信息系统安全

从安全角度来看，操作系统软件的配置是很困难的，配置时一个很小的错误就可能导致一系列安全漏洞。例如文件系统常被配置得缺乏安全性，所以应对其进行仔细的检查。当配置文件所有权和权限时，常常由于文件的账户所有权不正确或文件权限设置的不正确而导致潜在漏洞。因此建立一个安全的信息系统较之建立一个正确无误的信息系统要简单得多，但目前市场上尚无任何一个大型操作系统可以做到完全正确。所有大型操作系统的生产厂商都定期推出新的操作系统版本，其中包括数以千计修改了的语句和代码，而这些改动绝大多数是为了纠正系统中的错误或弥补其缺陷而进行的。实际上从来没有一个操作系统的运行是完美无缺的，也没有一个厂商敢保证他们的操作系统不会出错。工业界已经承认这样一个事实：任何操作系统都是有缺陷的。但是另一方面，也可以说绝大多数操作系统是可靠的，可以基本完成其设计功能。

就计算机安全而言，一个操作系统仅仅完成其大部分的设计功能是远远不够的。当我们发现计算机操作系统的某个功能模块上只有一个不太重要的故障时，我们可以忽略它，这对整个操作系统的功能影响甚微，一般而言只有若干种故障的某种特定组合才可能会对操作系统造成致命的影响。但是在安全领域，情况就并非如此简单。在信息系统中与安全相关的每一个漏洞都会使整个系统的安全控制机制变得毫无价值。这个漏洞如果被蓄意入侵者发现,后果将是十分严重的。这如同一个墙上有洞的房间,虽然可以居住,却无法将盗贼拒之门外。

另外从计算机信息系统的角度分析,可以看出在信息系统安全所涉及的众多内容中,操作系统、网络系统与数据库管理系统的安全问题是核心。数据库通常是建立在操作系统之上的,如果没有操作系统安全机制的支持,就不可能保障其存取控制的安全可信性。在网络环境中,网络的安全可信性依赖于各主机系统的安全可信性,没有操作系统的安全性,就像会有主机系统和网络系统的安全性。而像密码认证系统(如 Kerberos)的密钥分配服务器的自身安全性、IPSEC 网络安全协议的安全性等,虽然主要依赖应用层的密钥管理功能,但如果不相信操作系统可以保护数据文件,那就不应该相信它总能够适时地加密文件并能妥善地保护密钥。若无安全的操作系统作为基础,数据加密就成了"纸环上套了个铁环"。仅有应用层的安全措施是绝对不够的,系统还特别需要把安全操作系统作为安全的基石。

因此操作系统的安全性在计算机信息系统的整体安全性中具有至关重要的作用,没有操作系统提供的安全性,信息系统的安全性是没有基础的。

一般来说,操作系统安全与安全操作系统的含义不尽相同,操作系统的安全性是必需的,而安全操作系统的安全性则是其特色。安全操作系统是针对安全性开发增强的,并且一般与相应的安全等级相对应。我们可以评价任何一个操作系统的安全性,并可以说它们都具有一定的安全性,却不能说它们都是安全操作系统。但二者又是统一的和密不可分的,因为它们都在讨论系统的安全性。

1.3 安全操作系统的国内外研究现状

Multics 是开发安全操作系统最早期的尝试。1965 年美国贝尔实验室和麻省理工学院的 MAC 课题组等一起联合开发一个称为 Multics 的新操作系统,其目标是要向大的用户团体提供对计算机的并发访问,支持强大的计算能力和数据存储,并具有很高的安全性。贝尔实验室中后来参加 UNIX 早期研究的许多人当时都参加了 Multics 的开发工作。由于 Multics 项目目标的理想性和开发中所遇到的远超预期的复杂性使得结果不是很理想。事实上连他们自己也不清楚什么时候,开发到什么程度才算达到设计的目标。虽然 Multics 未能成功,但它在安全操作系统的研究方面迈出了重要的第一步,Multics 为后来的安全操作系统研究积累了大量的经验,其中 Mitre 公司的 Bell 和 La Padula 合作设计的 BLP 安全模型首次成功地用于 Multics,BLP 安全模型后来一直都作为安全操作系统开发所采用的基础安全模型。

Adept-50 是一个分时安全操作系统,可以实际投入使用,1969 年 C. Weissman 发表了有关 Adept-50 的安全控制的研究成果。安全 Adept-50 运行于 IBM/360 硬件平台,它以一个形式化的安全模型——高水印模型(high-water-mark model)为基础,实现了美国的一个军事安全系统模型,为给定的安全问题提供了一个比较形式化的解决方案。在该系统中可以为客体标上敏感级别(sensitivity level)属性。系统支持的基本安全条件是对于读操作不允许信息的敏感级别高于用户的安全级别(clearance);在授权情况下,对于写操作允许信息从高敏感级别移向低敏感级别。

1969 年 B. W. Lampson 通过形式化表示方法运用主体(subject)、客体(object)和访问矩阵(access matrix)的思想第一次对访问控制问题进行了抽象。主体是访问操作中的主动实体,客体是访问操作中被动实体,主体对客体进行访问。访问矩阵以主体为行索引、以客体为列索引,矩阵中的每一个元素表示一组访问方式,是若干访问方式的集合。矩阵中第 i 行第 j 列的元素 M_{ij} 记录着第 i 个主体 S_i 可以执行的对第 j 个客体 O_j 的访问方式,例如 $M_{ij} = \{read, write\}$ 表示 S_i 可以对 O_j 进行读和写操作。

1972 年,J. P. Anderson 在一份研究报告中提出了访问监控器(reference monitor)、引用验证机制(reference validation mechanism)、安全内核(security kernel)和安全建模(modeling)等重要思想。J. P. Anderson 指出,要开发安全系统,首先必须建立系统的安全模型,完成安全系统的建模之后,再进行安全内核的设计与实现。

1973 年,B. W. Lampson 提出了隐蔽通道的概念,他发现两个被限制通信的实体之间如果共享某种资源,那么它们可以利用隐蔽通道传递信息。

同年,D. E. Bell 和 L. J. LaPadula 提出了第一个可证明的安全系统的数学模型,即 BLP 模型。1976 年 Bell 和 LaPadula 完成的研究报告给出了 BLP 模型的最完整表述,其中包含模型的形式化描述和非形式化说明,以及模型在 Multics 系统中实现的解释。

PSOS(Provably Secure Operating System)提供了一个层次结构化的基于权能的安全操作系统设计,1975 年前后开始开发。PSOS 采用了层次式开发方法,通过形式化技术实现对安全操作系统的描述和验证,设计中的每一个层次管理一个特定类型的对象,系统中的每一个对象通过该对象的权能表示进行访问。

KSOS(Kernelized Secure operating System)是美国国防部研究计划局 1977 年发起的一个安全操作系统研制项目,由 Ford 太空通信公司承担。KSOS 采用了形式化说明与验证的方法,目标是高安全可信性。

UCLA Secure UNIX 也是美国国防部研究计划局于 1978 年前后发起的一个安全操作系统研制项目,由加利福尼亚大学承担。UCLA Secure UNIX 的系统设计方法及目标几乎与 KSOS 相同。

美国国防部于 1983 年出版了历史上第一个计算机安全评价标准——《可信计算机系统评价准则(TCSEC)》,1985 年,美国国防部对 TCSEC 进行了修订。TCSEC 提供了 D、C1、C2、B1、B2、B3 和 A1 等七个从低到高的可信系统评价等级,每个等级对应有确定的安全特性需求和保障需求,为计算机系统的可信程度划分和评价提供了准则。TCSEC 的封面是橘黄色,所以一般又称为橘皮书。虽然橘皮书并不是一本设计说明书,但现在设计者已把橘皮书中的思想融于安全操作系统的设计之中。

LINVS Ⅳ 是 1984 年开发的基于 UNIX 的一个实验安全操作系统,系统的安全性可达到美国国防部橘皮书的 B2 级。它以 4.1BSD UNIX 为原型,实现了身份鉴别、自主访问控制、强制访问控制、安全审计、特权用户权限分隔等安全功能。

Secure Xenix 是 IBM 公司于 1986 年在 SCO Xenix 的基础上开发的一个安全操作系

统,它最初是在 IBM PC/AT 平台上实现的。Secure Xenix 对 Xenix 进行了大量的改造开发,并采用了一些形式化说明与验证技术。它的目标是 TCSEC 的 B2 到 A1 级。IBM 公司的 V. D. Gligor 等在发表 Secure Xenix 系统的设计与开发成果中,把 UNIX 类的安全操作系统开发方法划分成仿真法和改造/增强法两种方式。Secure Xenix 系统采用的是改造/增强法。另外,值得指出的是 Secure Xenix 系统基于安全注意键(Secure Attention Key,SAK)实现了可信通路(trusted path),并在安全保证方面重点考虑了以下目标:

(1) 系统设计与 BLP 模型之间的一致性;

(2) 实现的安全功能的测试;

(3) 软件配置管理工具的开发。

1987 年,美国 Trusted Information Systems 公司以 Mach 操作系统为基础开发了 B3 级的 Tmach(Trusted Mach)操作系统。除了进行用户标识和鉴别及命名客体的存取控制外,它将 BLP 模型加以改进,运用到对 MACH 核心的端口、存储对象等的管理中。通过对端口间的消息传送进行控制和对端口、存储对象、任务等的安全标识来加强微核心的安全机制。

1989 年,加拿大多伦多大学开发了与 UNIX 兼容的安全 TUNIS 操作系统。在实现中安全 TUNIS 改进了 BLP 模型,并用 Turing Plus 语言(而不是 C 语言)重新实现了 UNIX 内核,模块性相当好。Turing Plus 是一种强类型高级语言,其大部分语句都具有用于正确性证明的形式语义。在发表安全 TUNIS 设计开发成果中,Gernier 等指出,如果不进行系统的重新设计,以传统 UNIX 系统为原型,很难开发出高于 TCSEC 标准的 B2 级安全操作系统,这一方面是因为用于编写 UNIX 系统的 C 语言是一个非安全的语言,另一方面是因为 UNIX 系统内部的模块化程度不够。安全 TUNIS 系统的设计目标是 B3-A1 级,支持这个目标的关键也在于:第一采用了 Turing Plus 语言,第二采用了安全策略与安全机制相分离的方法,并提供了一个简单而结构规范的 TCB,从而简化了 TCB 的验证工作。

ASOS(Army Secure Operating System)是针对美军的战术需要而设计的军用安全操作系统,由 TRW 公司 1990 年发布完成。ASOS 由两类系统组成,其中一类是多级安全操作系统,设计目标是 TCSEC 的 A1 级;另一类是专用安全操作系统,设计目标是 TCSEC 的 C2 级。两类系统都支持 Ada 语言编写的实时战术应用程序,都能根据不同的战术应用需求进行配置,都可以很容易地在不同硬件平台间移植,两类系统还提供了一致的用户界面。从具体实现上来看,ASOS 操作系统还具有以下特点:

• ASOS 操作系统本身也主要是用 Ada 语言实现的;

• ASOS 采用访问控制列表(ACL)实现了细粒度的自主访问控制;

• ASOS 依据 BLP 模型实现了防止信息泄露的强制访问控制,依据 Biba 模型实现了确保数据完整性的强制访问控制;

• ASOS 在形式化验证中建立了两个层次的规范和证明,一个层次用于抽象的安全模型,另一个层次用于形式化顶层规范;

• 用于证明系统安全性的主要工具是 Gypsy 验证环境(GVE),ASOS 开发了一个在

GVE 中工作的流分析工具,用于分析系统设计中潜在的隐蔽通道。

OSF/1 是开放软件基金会于 1990 年推出的一个安全操作系统,被美国国家计算机安全中心(NCSC)认可为符合 TCSEC 的 B1 级,其主要安全性表现为:

- 系统标识;
- 口令管理;
- 强制存取控制和自主存取控制;
- 审计。

UNIX SVR4.1ES 是 UI(UNIX 国际组织)于 1991 年推出的一个安全操作系统,被美国国家计算机安全中心(NCSC)认可为符合 TCSEC 的 B2 级,除 OSF/1 外的安全性主要表现在:

- 更全面的存取控制;
- 最小特权管理;
- 可信通路;
- 隐蔽通道分析和处理。

1991 年,在欧洲共同体的赞助下,英、德、法、荷四国制定了拟为欧共体成员国使用的共同标准——信息技术安全评定标准(ITSEC)。随着各种标准的推出和安全技术产品的发展,美国和加拿大及欧共体国家一起制定了通用安全评价准则(Common Criteria for IT Security Evaluation,CC),1996 年 1 月发布了 CC 的 1.0 版。CC 标准的 2.0 版已于 1997 年 8 月颁布,并于 1999 年 7 月通过国际标准组织认可,确立为国际标准,即 ISO/IEC 15408。

CC 本身由两部分组成,一部分是一组信息技术产品的安全功能需求的定义,另一部分是对安全保证需求的定义。CC 标准吸收了各国对信息系统安全的经验与知识,将会对信息安全的研究与应用带来重大影响。

在 1992 到 1993 年之间,美国国家安全局(NSA)和安全计算公司(SCC)的研究人员在 TMach 项目和 LOCK 项目的基础上,共同设计和实现了分布式可信 Mach 系统(Distributed Trusted Mach,DTMach)。DTMach 项目的后继项目是分布式可信操作系统(Distributed Trusted Operating System,DTOS)。DTOS 项目改良了早期的设计和实现工作,产生了一些供大学研究的原型系统,例如 Secure Transactional Resources、DX 等。此外,DTOS 项目产生了一些学术报告、系统形式化的需求说明书、安全策略和特性的分析、组合技术的研究和对多种微内核系统安全和保证的研究。当 DTOS 项目快要完成时,NSA、SCC 和犹他州大学的 Flux 项目组联合将 DTOS 安全结构移植到 Fluke 操作系统研究中。在将结构移植到 Fluke 的过程中,他们改良了结构以更好地支持动态安全策略。这个改良后的结构就叫 Flask。一些 Flask 的接口和组件就是从 Fluke 到 OSKit 中的接口和组件中继承下来的。2001 年,Flask 由 NSA 在 Linux 操作系统上实现,并且不同寻常地向开放源码社区发布了一个安全性增强型版本的 Linux(SELinux)——包括代码和所有文档。

与传统的基于 TCSEC 标准的开发方法不同,1997 年美国国家安全局和安全计算公司完成的 DTOS 安全操作系统采用了基于安全威胁的开发方法。设计目标为:

- 策略灵活性。DTOS 内核应该能够支持一系列的安全策略，包括诸如国防部的强制存取控制多级安全策略。
- 与 Mach 兼容，现有的 Mach 应用应能在不做任何改变的情况下运行。
- 性能应与 Mach 接近。

SELinux 以 Flask 安全体系结构为指导，通过安全判定与安全实施的分离实现了安全策略的独立性，借助访问向量缓存（AVC）实现了对动态策略的支持。SELinux 定义了一个类型实施（TE）策略，基于角色的访问控制（RBAC）策略和多级安全（MLS）策略组合的安全策略，其中 TE 和 RBAC 策略总是系统实现的安全策略的有机组成。

EROS(Extremely Reliable Operating System)是一种基于权能（Capability，又称能力）的高性能微内核实时安全操作系统，是 GNOSIS（后命名为 KeyKOS）体系结构的第三代实现。EROS 最初由美国宾夕法尼亚大学开发，此项目现已转入约翰—霍普金斯大学。目前，EROS 仍处在研究开发阶段，只支持 Intel 486 以上的系列芯片。第一个 EROS 内核已在 1999 年完成，现在开发的版本是 EROS 2.0，不久就会发布。EROS 的源代码遵守 GPL 规范，可在其网站（http://www.eros-os.org）获得。

其他还有一些安全操作系统开发项目，如 Honeywell 的 STOP、Gemini 的 GEMSOS、DEC 的 VMM(Virtual Machine Monitor)等，以及 HP 和 Data General 等公司开发的安全操作系统。

在我国，也进行了许多有关安全操作系统的开发研制工作，并取得了一些研究成果。

1990 年前后，海军计算技术研究所和解放军电子技术学院分别开始了安全操作系统技术方面的探讨，他们都是参照美国 TCSEC 标准的 B2 级安全要求，基于 UNIX System V3.2 进行安全操作系统的研究与开发。

1993 年，海军计算技术研究所继续按照美国 TCSEC 标准的 B2 级安全要求，围绕 UNIX SVR4.2/SE，实现了国产自主的安全增强包。

1995 年，在国家"八五"科技攻关项目——"COSA 国产系统软件平台"中，围绕 UNIX 类国产操作系统 COSIX V2.0 的安全子系统的设计与实现，中国计算机软件与技术服务总公司、海军计算技术研究所和中国科学院软件研究所一起参与了研究工作。COSIX V2.0 安全子系统的设计目标是介于美国 TCSEC 的 B1 和 B2 级安全要求之间，当时定义为 B1+，主要实现的安全功能包括安全登录、自主访问控制、强制访问控制、特权管理、安全审计和可信通路等。

1996 年，由中国国防科学技术工业委员会发布了军用计算机安全评估准则 GJB2646—96（一般简称为军标），它与美国 TCSEC 基本一致。

1998 年，原电子工业部十五所基于 UNIXWare V2.1 按照美国 TCSEC 标准的 B1 级安全要求，对 UNIX 操作系统的内核进行了安全性增强。

1999 年 10 月 19 日，我国国家技术监督局发布了国家标准 GB 17859—1999《计算机信息系统安全保护等级划分准则》，为计算机信息系统安全保护能力划分了等级。该标准已于 2001 年起强制执行。2002 年，公安部在 GB 17859 的基础上，发布实施了五个行业新标准，其中包括 GA 388—2002《计算机信息系统安全等级保护操作系统技术要求》。为了适应我国等级保护的要求，先后形成了相应的国家标准：GB/T 20008—2005《信息安全技术操作系统安全评估准则》、GB/T 20270—2006《信息安全技术操作系统安全技术要求》。

Linux自由软件的广泛流行对我国安全操作系统的研究与开发具有积极的推进作用。2001年前后,我国安全操作系统研究人员相继推出了一批基于Linux的安全操作系统开发成果。这包括:

中国科学院信息安全技术工程研究中心基于Linux资源,先后于2001年和2005年开发完成了符合我国GB 17859—1999第三级(相当于美国TCSEC B1)和第四级(相当于美国TCSEC B2)安全要求的安全操作系统安胜3.0和安胜4.0。安胜3.0系统提供了身份标识与鉴别、自主访问控制、强制访问控制、最小特权管理、安全审计、可信通路、密码服务、网络安全服务等方面的安全功能。安胜4.0提供了更完备的上述安全功能,并实现了强制完整性控制、客体重用控制、隐蔽存储通道分析和处理,建立了明确定义的形式化安全策略模型,以及设计实现了一种支持多策略的安全体系结构。

依托南京大学的江苏南大苏富特软件股份有限公司开发完成了基于Linux的安全操作系统SoftOS,实现的安全功能包括强制访问控制、审计、禁止客体重用、入侵检测等。

原信息产业部30所控股的三零盛安公司推出的强林Linux安全操作系统,达到了我国GB 17859—1999第三级的安全要求。

中国科学院软件所开放系统与中文处理中心基于红旗Linux操作系统,实现了符合我国GB 17859—1999第三级要求的安全功能。

中国计算机软件与技术服务总公司以美国TCSEC标准的B1级为安全目标,对其COSIX V2.0进行了安全性增强改造。

此外,国防科技大学、总参56所等其他单位也开展了安全操作系统的研究与开发工作。

2001年3月8日,我国国家技术监督局发布了国家标准GB/T 18336—2001《信息技术安全技术　信息技术安全性评估准则》,它基本上等同采用了国际通用安全评价准则CC。该标准已于2001年12月1日起推荐执行,这将对我国安全操作系统研究与开发产生进一步的影响。

1.4 相关术语

以下列举一些重要的、有关操作系统安全的术语定义。

计算机信息系统(Computer Information System):由计算机及其相关和配套的设备、设施(含网络)构成的,按照一定的应用目标和规则对信息进行采集、加工、存储、传输、检索等处理的人机系统。

安全边界(Security Perimeter):用半径来表示的空间。该空间包围着用于处理敏感信息的设备,并在有效的物理和技术的控制之下,防止未授权的进入或敏感信息的泄露。

可信计算基(Trusted Computing Base,TCB):计算机系统内保护装置的总体,包括硬件、固件、软件和负责执行安全策略的组合体。它建立了一个基本的保护环境并提供一个可信计算系统所要求的附加用户服务。

安全策略(security policy)：对 TCB 中的资源进行管理、保护和分配的一组规则。简单地说就是用户对安全要求的描述。一个 TCB 中可以有一个或多个安全策略。

安全模型(security model)：用形式化的方法来描述如何实现系统的机密性、完整性和可用性等安全要求。

客体(object)：系统中被动的主体行为承担者。对一个客体的访问隐含着对其包含信息的访问。客体的实体类型有记录、程序块、页面、段、文件、目录、目录树和程序，还有位、字节、字、字段、处理器、视频显示器、键盘、时钟、打印机和网络结点等。

主体(subject)是这样的一种实体，它引起信息在客体之间的流动。通常，这些实体是指人、进程或设备等，一般是代表用户执行操作的进程。如编辑一个文件，编辑进程是存取文件的主体，而文件是客体。

引用监控器(reference monitor)：监督主体和客体之间授权访问关系的部件。

安全内核(security kernel)：通过控制对系统资源的访问来实现基本安全规程的计算机系统的中心部分。

标识与鉴别(Identification & Authentication，I&A)：用于保证只有合法用户才能进入系统，进而访问系统中的资源。

访问控制(access control)：限制已授权的用户、程序、进程或计算机网络中其他系统访问本系统资源的过程。

访问控制列表(Access Control List，ACL)：与系统中客体相联系的，用来指定系统中哪些用户和组可以以何种模式访问该客体的控制列表。

自主访问控制(Discretionary Access Control，DAC)：用来决定一个用户是否有权限访问此客体的一种访问约束机制，该客体的所有者可以按照自己的意愿指定系统中的其他用户对此客体的访问权。

敏感标记(sensitivity label)：用来表示客体安全级别并描述客体数据敏感性的一组信息，在可信计算基中把敏感标记作为强制访问控制决策的依据。

强制访问控制(Mandatory Access Control，MAC)：用于将系统中的信息分密级和类进行管理，以保证每个用户只能够访问那些被标明可以由他访问的信息的一种访问约束机制。

角色(role)：系统中一类访问权限的集合。

最小特权原则(least privilege principle)：系统中每一个主体只能拥有和其操作相符的所要求的必需的最小特权集。

隐蔽通道(covert channel)：允许进程以违背系统安全策略的方式传输信息的通信信道。

审计(audit)：一个系统的审计就是对系统中有关安全的活动进行记录、检查及审核。

审计跟踪(audit trail)：系统活动的流水记录。该记录按事件从始至终的途径、顺序，审查和检验每个事件的环境及活动。

客体重用(object reuse)：对曾经包含一个或几个客体的存储介质(如页、扇区、磁带)重新分配和重用。为了安全进行重分配、重用，要求介质不得包含重分配前的残留数据。

可信通路（trusted path）：终端人员能借以直接同可信计算基通信的一种机制。该机制只能由有关终端操作人员或可信计算基启动，并且不能被不可信软件模仿。

多级安全（MultiLevel Secure，MLS）：一类包含不同等级敏感信息的系统，它既可供具有不同安全许可的用户同时进行合法访问，又能阻止用户去访问其未被授权的信息。

鉴别（authentication）：验证用户、设备和其他实体的身份，验证数据的完整性。

授权（authorization）：授予用户、程序或进程的访问权。

机密性（confidentiality）：为秘密数据提供保护方法及保护等级的一种特性。

数据完整性（data integrity）：信息系统中的数据与原始数据没有发生变化，未遭受偶然或恶意的修改或破坏时所具有的性质。

漏洞（loophole）：由软硬件的设计疏忽或漏洞导致的，能避开系统的安全措施的一类错误。

安全配置管理（secure configuration management）：控制系统硬件与软件结构更改的一组规程，其目的是保证这种更改不违反系统的安全策略。

安全要素（security element）：国标 GB 17859—1999 中，各安全等级所包含的安全内容的组成成分，比如自主访问控制、强制访问控制等。每一个安全要素在不同的安全等级中可以有不同的具体内容。

安全功能（security function）：为实现安全要素的内容，正确实施相应安全策略所提供的功能。

安全保证（security assurance）：为确保安全要素的安全功能的实现所采取的方法和措施。

TCB 安全功能（TCB Security Function，TSF）：正确实施 TCB 安全策略的全部硬件、固件、软件所提供的功能。每一个安全策略的实现，组成一个安全功能模块。一个 TCB 的所有安全功能模块共同组成该 TCB 的安全功能。在跨网络的 TCB 中，一个安全策略的安全功能模块，可能会在网络环境下实现。

可信计算机系统（trusted computer system）：一个使用足够的硬件和软件完整性机制，能够用来同时处理大量敏感或分类信息的系统。

操作系统安全（operating system security）：操作系统无错误配置、无漏洞、无后门、无特洛伊木马等，能防止非法用户对计算机资源的非法存取，一般用来表达对操作系统的安全需求。

操作系统的安全性（security of operating system）：操作系统具有或应具有的安全功能，比如存储保护、运行保护、标识与鉴别、安全审计等。

安全操作系统（secure operating system）：能对所管理的数据与资源提供适当的保护级、有效地控制硬件与软件功能的操作系统。就安全操作系统的形成方式而言，一种是从系统开始设计时就充分考虑到系统的安全性的安全设计方式。另一种是基于一个通用的操作系统，专门进行安全性改进或增强的安全增强方式。安全操作系统在开发完成后，在正式投入使用之前一般都要求通过相应的安全性评测。

多级安全操作系统（multilevel secure operating system）：实现了多级安全策略的安全操作系统，比如符合美国橘皮书（TCSEC）B1 级以上的安全操作系统。

1.5　本书的组织和编排

本书共分 12 章。第 1 章是引言,介绍了操作系统所面临的安全威胁,安全操作系统的发展状况,以及与操作系统安全有关的若干重要术语定义。第 2 章进一步选取安全操作系统中涉及的几个重要基本概念,包括系统边界与安全周界、安全功能与安全保证、可信软件与不可信软件、主体与客体、安全策略和安全模型、访问监控器和安全内核、可信计算基等,做了进一步介绍,这些概念是对第 1 章给出的操作系统安全相关术语的补充或拓展。第 3 章集中介绍了安全操作系统的安全机制,包括硬件安全机制、标识与鉴别、自主访问控制、强制访问控制、最小特权管理、可信路径、安全审计等,同时还举例介绍了 UNIX 或 Linux 系统的现有安全机制。第 4 章系统地介绍了安全模型,特别是一些重要的或有代表性的模型,例如机密性模型-BLP 模型、完整性模型-BiBa 模型、Clark-Wilson模型、多策略安全模型-中国墙模型、RBAC 模型和 DTE 模型,安全分析模型-信息流模型、无干扰模型等,本章还对安全模型的设计做了讨论。第 5 章指出了安全体系在安全内核设计中的重要性,分析了安全体系的基本内涵,并详细地分析了安全体系设计的基本原则,深入分析了目前非常著名的 Flask 安全体系和权能体系,并给出了支持 Flask 体系的 Linux 安全框架 LSM 的设计与实现方法。在操作系统设计中采用形式化程序规范和验证技术是研制高安全等级安全操作系统的一个必要的保障手段,因此在第 6 章主要介绍了与安全操作系统设计相关的形式化验证技术原理及其应用。第 7 章系统而深入地介绍了隐蔽信道的概念和分析技术。第 8 章从一般性的角度讨论了安全操作系统的设计原则与一般结构、开发方法、开发过程以及开发中需要注意的问题,并代表性地举例说明了安全性改进增强的安全操作系统、系统安全体系、安全模块等的实际设计实例。第 9 章的内容涉及操作系统的安全评测,包括操作系统安全评测的基础、操作系统安全评测的方法、操作系统安全评测的准则、国内外著名的安全操作系统评测标准介绍等。第 10 章着眼于安全网络系统,它是安全操作系统的基本概念在网络上的扩展和应用。第 11 章帮助读者理解可信计算的概念和技术,了解基于 TPM/TCM 硬件支持的可信操作系统的核心技术及其发展趋势。第 12 章重点讨论以安全设计为核心的现代 PC 操作系统,如 Windows Vista、Windows 7 和 Sun Solaris,讨论近年来出现的基于浏览器的虚拟操作系统 Web OS 及其安全问题,以及面向云计算新兴概念的未来云操作系统 Google Chrome OS 和 Windows Azure 的设计与安全性需求。

1.6　本章小结

本章从操作系统面临的安全威胁着手,分析了操作系统安全在计算机信息系统的整体安全性中的重要性。AT&T 实验室的 S. Bellovin 博士通过对美国 CERT 提供的安全报告的分析,也说明了信息系统的很多安全问题都源于操作系统的安全脆弱性。因此可以说离开操作系统的安全支持,信息系统的安全是没有基础的。

　　国外,特别是美国,从 20 世纪六七十年代就开始了安全操作系统方面的研究,并先后分别开发完成了符合美国 TCSEC 标准 B 类及 A 类的安全操作系统。近十年来,我国逐步开展了安全操作系统的研究和设计工作,也取得工作一定的成果。国家技术监督局也先后发布了与美国橘皮书相对应的国标 GB 17859—1999,与国际通用标准 CC 基本等同的国标 GB/T 18336—2001。它们都对我国安全操作系统研究起到了极大的促进作用。

　　从操作系统安全的研究发展过程可以看出,安全操作系统的基本思想、理论、技术和方法是逐步建立起来的,并具有很好的继承性。操作系统安全相关的术语也是在这个发展的过程中逐步形成和统一的。

1.7　习题

1. 安全性与操作系统之间的关系是怎样的?
2. 从操作系统安全的角度如何理解计算机恶意代码、病毒、特洛伊木马之间的关系?
3. 从操作系统面临的安全威胁看,密码服务与操作系统安全功能之间的关系如何?
4. 简述操作系统安全和信息系统安全之间的关系。
5. 简述安全操作系统研究的主要发展过程。
6. Linux 自由软件的广泛流行为什么会对我国安全操作系统的研究与开发具有积极的推进作用?

第2章

基 本 概 念

2.1 系统边界与安全周界

一个系统是指开发者实施某种控制的计算和通信环境的全体。系统内部所有的东西由系统来保护，系统之外的东西不受其保护。"系统"的定义应与其特定的应用环境相关。在打算建立安全性时，必须首先建立清晰的"系统边界"，并定义该系统应该抵制的来自外界（边界之外）的威胁。如果不清楚这些威胁，将无法构造清晰的安全环境。

确定系统边界需要准确地规范系统和外界的接口。外部安全控制实施于这些接口；只要这些控制到位，内部控制就可以保护系统内部信息免受特定的威胁。但是，一旦发生绕过外部控制并进入系统的事情，或者系统以非预期方式受到来自外界的威胁，这一切就都白费了。

例如，一个用户可能走进机房并在系统控制台上输入命令，或者系统管理员可能将口令泄露给外部人员。这些都是外部控制所不能防备的。但是，通过未授权的终端、调制解调器或者远程访问系统的用户实施的非法入侵是可以抵制的，可以根据系统接口规则对非法用户进入系统进行限制。

系统内部组件有两种：负责维护系统安全（或者安全相关）的部分和所有其他部分，由这些安全相关的组件实现内部控制。分离两种类型的组件的是一种假想的边界，称为安全周界。安全周界内的所有组件的属性必须被精确定义，因为任何一个发生故障都可能导致安全背离；相反，安全周界外部组件的属性是相当随意的，仅实施通过系统边界进入系统时的限制。但安全周界内的故障会产生扩大安全周界到系统边界的影响，导致以前是周界外的组件被误认为是安全相关的。

正如在系统边界上必须有严格的接口被标识一样，在安全周界上也必须有良好定义的接口。这个接口由安全相关组件实施控制。例如，操作系统的系统调用可以看成安全周界的接口。只要外部实施了系统边界，安全周界就由安全相关组件来维护。为了实现安全周界内的组件，必须定义一套完备的、一致的、可实施的边界接口规则。

2.2 安全功能与安全保证

操作系统产品的安全性涉及两个重要因素：产品所能提供的安全功能和安全功能的确信度。不同的安全产品所能提供的安全功能可能不同，另外同样的安全功能，可能有不同的安全确信度。

在把符合某个安全评价体系(准则)所规定的特定安全等级作为开发目标的系统中,安全功能主要说明操作系统所实现的安全策略和安全机制符合评价准则中哪一级的功能要求。而安全保证(又称安全保障)则是通过一定的方法保证操作系统所提供的安全功能确实达到了确定的功能要求,它可以从系统的设计和实现、自身安全、安全管理等方面进行描述,也可以借助配置管理、发行与使用、开发和指南文档、生命周期支持、测试和脆弱性评估等方面所采取的措施来确立产品的安全确信度。因此,一个安全操作系统,无论其安全等级达到评价准则所规定的哪一级,都要从安全功能和安全保证两方面考虑其安全性。这就要求在设计一个安全操作系统时,首先要按照安全需求分析确定总体安全应达到的安全保护等级,然后再进一步明确该安全保护等级所规定的安全功能和安全保证的要求。

对于面向威胁的,不把追求评价准则的安全等级作为开发目标的操作系统,安全功能重点在于说明该系统为抵御威胁所应实现的安全策略和安全机制的功能要求;安全保证则同样是通过一定的方法保证操作系统所提供的安全功能确实达到了确定的功能要求。因此,面向威胁的安全系统设计也应该从安全功能和安全保证两方面进行考虑。

从安全功能和安全保证在安全评价准则中的组织方式来看,美国 TCSEC 是将安全功能和安全保证(有的文档又称安全保障)合在一起,共同将计算机信息系统安全保护能力从低到高,划分为 D、C、B、A 四类,D、C1、C2、B1、B2、B3 和 A1 七级;美国国家标准与技术协会和国家安全局联合开发的联邦标准以及欧洲的 ITSEC 标准,则是把安全特性与保障能力分离成两个独立的部分;美、加、英、法、德、荷等六国的七个组织联合开发的公共准则 CC 标准也采用安全功能与安全保证相独立的理念,即把一个计算机安全产品应该具有的安全特性与为确保这些安全特性的正确实现而采取的安全措施作为两个独立的内容进行分别对待。

我国的 GB 17859—1999 的制定主要是参考了美国橘皮书 TCSEC 和红皮书(NCSC-TG-005),同 TCSEC 一样,也是将安全功能与安全保证合在一起,共同对安全产品进行要求和评价,但安全保证方面的要求不太明显。GB/T 18336—2001 则等同采用了国际标准 CC,自然也是将安全功能与安全保证独立开来,分别要求。因此从一定程度上来讲,GB 17859 主要对安全功能进行了要求,GB/T 18336 则把安全保证作为独立的一部分进行要求和评测。

2.3 可信软件与不可信软件

在讨论操作系统安全时,首先必须确信拥有一份数据或生成这份数据的用户不会将该数据泄露给不应看到它的其他用户,或对它进行不适当的修改。至于用户也许会对他的数据处理不当,这是另外的问题。信息的拥有者若想泄密,计算机是无能为力的,因为他只要能够读出文件,就能将文件提供给别人。这就要求我们必须无条件相信用户能够保护他们已存取的数据,但是不能信任他们所运行的计算机程序。一般来说,软件可以分为三大可信类别：

（1）可信的——软件保证能安全运行，并且后来系统的安全也依赖于软件的无错操作。

（2）良性的——软件并不确保安全运行，但由于使用了特权或对敏感信息的存取权，因而必须确信它不会有意地违反规则。良性软件的错误被视作偶然性的，而且这类错误不会影响系统的安全。

（3）恶意的——软件来源不明，从安全的角度出发，该软件必须被当做恶意的，认为将对系统进行破坏。

日常应用的多数软件是良性的，不论该软件是由优秀的程序员或者由不合格的程序员编写的，也不论该软件是系统程序还是应用程序。所有这种软件都是不可信的，因为它不能保证系统的安全运行；但它们又不是恶意的，因为它并不有意欺骗用户。

系统内有一条将恶意程序与有错的良性程序分开的细微界限：有错的良性程序不会泄露或者破坏数据，但是不能保证它偶尔与恶意程序有同样的不良效果。由于没有一个客观的方法度量两者间的这种差异，因此经常把良性和恶意软件归为同一类，即不可信软件。在处理异常敏感信息的环境中这种看法特别普遍，而且这还是构建安全系统的安全内核方法的一条基本原则。

在大多数情况下认为操作系统是可信的，而用户程序和应用程序则是不可信的。因此在系统设计时不能允许不可信软件破坏操作系统，即使软件变为恶意时也不能破坏操作系统。有些系统是当操作系统的重要部分不可信时仍是安全的，但多数系统仅当整个操作系统和操作系统外围的大量软件可信时才是安全的。

因此当谈到安全操作系统内的可信软件时，通常是指首先由可信人员根据严格的标准开发出来，然后通过先进的软件工程技术（例如形式化模型设计与验证）证明了的软件。可信软件只是安全相关的，并且位于安全周界内的那部分，这部分的故障会对系统安全造成不利影响。不可信软件与安全无关，且位于安全周界之外：这些软件对维持系统的运行也许是必须的，但不能破坏系统的安全。

2.4　主体与客体

在一个操作系统中，每一个实体组件都必须或者是主体，或者是客体，或者既是主体又是客体。

主体是一个主动的实体，它包括用户、用户组、进程等。系统中最基本的主体应该是用户（包括一般用户和系统管理员、系统安全员、系统审计员等特殊用户）。每个进入系统的用户必须是唯一标识的，并经过鉴别确定为真实的。系统中的所有事件要求，几乎全是由用户激发的。进程是系统中最活跃的实体，用户的所有事件要求都要通过进程的运行来处理。在这里，进程作为用户的客体，同时又是其访问对象的主体。操作系统进程一般分为用户进程和系统进程。用户进程通常运行应用程序，实现用户所要求的运算处理；系统进程则是操作系统完成对用户所要求的事件进行处理的必不可少的组成部分。

客体是一个被动的实体。在操作系统中,客体可以是按照一定格式存储在一定记录介质上的数据信息(通常以文件系统格式存储数据),也可以是操作系统中的进程。操作系统中的进程(包括用户进程和系统进程)一般有着双重身份。当一个进程运行时,它必定为某一用户服务——直接或间接的处理该用户的事件要求。于是,该进程成为该用户的客体,或为另一进程的客体(这时另一进程则是该用户的客体)。依此类推,操作系统中运行的任一进程,总是直接或间接为某一用户服务。这种服务关系可以构成一个服务链。服务者是要求者的客体,要求者是服务者的主体,而最原始的主体是用户,最终的客体是一定记录介质上的信息(数据)。

用户进程是固定为某一用户服务的,它在运行中代表该用户对客体资源进行访问,其权限应与所代表的用户相同(通过用户-主体绑定实现)。系统进程是动态的为所有用户提供服务的,因而它的权限是随着服务对象的变化而变化的,这就需要将用户的权限与为其服务的进程的权限动态地相关联(通过用户-主体绑定实现)。当一个系统进程与一个特定的用户相关联时,这个系统进程在运行中就代表该用户对客体资源进行访问。

2.5 安全策略和安全模型

安全策略与安全模型是计算机安全理论中容易相互混淆的两个概念。

安全策略是指有关管理、保护和发布敏感信息的法律、规定和实施细则。例如,可以将安全策略定为:系统中的用户和信息被划分为不同的层次,一些级别比另一些级别高;而且如果主体能读访问客体,当且仅当主体的级别高于或等于客体的级别;如果主体能写访问客体,当且仅当主体的级别低于或等于客体的级别。

说一个操作系统是安全的,是指它满足某一给定的安全策略。同样进行安全操作系统的设计和开发时,也要围绕一个给定的安全策略进行。安全策略由一整套严密的规则组成,这些确定授权存取的规则是决定存取控制的基础。许多系统的安全控制遭到失败,主要不是因为程序错误,而是没有明确的安全策略。

安全模型则是对安全策略所表达的安全需求的简单、抽象和无歧义的描述,它为安全策略和安全策略实现机制的关联提供了一种框架。安全模型描述了对某个安全策略需要用哪种机制来满足;而模型的实现则描述了如何把特定的机制应用于系统中,从而实现某一特定安全策略所需的安全保护。

J. P. Anderson 指出要开发安全系统首先必须建立系统的安全模型。安全模型给出了安全系统的形式化定义,并且正确地综合系统的各类因素。这些因素包括系统的使用方式、使用环境类型、授权的定义、共享的客体(系统资源)、共享的类型和受控共享思想等。构成安全系统的形式化抽象描述,使得系统可以被证明是完整的、反映真实环境的、逻辑上能够实现程序的受控执行的。

2.6　访问控制思想

2.6.1　访问控制矩阵

1969 年，B. W. Lampson 通过形式化表示方法运用主体（subject）、客体（object）和访问矩阵（access matrix）的思想第一次对访问控制问题进行了抽象。在一个操作系统中，每一个实体组件都必须或者是主体，或者是客体，或者既是主体又是客体。访问矩阵是以主体为行索引、以客体为列索引的矩阵，矩阵中的每一个元素表示一组访问模式，是若干访问模式的集合。矩阵中第 i 行第 j 列的元素 M_{ij} 记录着第 i 个主体 S_i 可以执行的对第 j 个客体 O_j 的访问模式，例如 M_{ij} 等于｛read，write｝表示 S_i 可以对 O_j 进行读和写访问。

2.6.2　引用监控器

访问控制机制的理论基础是引用监控器（Reference Monitor），由 J. P. Anderson 于 1972 年首次提出，1996 年，D. B. Baker 则再次强调其重要性。

引用监控器是一个抽象概念，它表现的是一种思想。J. P. Anderson 把引用监控器的具体实现称为引用验证机制，它是实现引用监控器思想的硬件和软件的组合，如图 2-1 所示。安全策略所要求的访问判定以抽象访问控制数据库中的信息为依据，访问判定是安全策略的具体表现。访问控制数据库包含有关由主体访问客体及其访问模式的信息。数据库是动态的，它随着主体和客体的产生或删除及其权限的修改而改变。引用监控器的关键需求是控制从主体到客体的每一次访问，并将重要的安全事件存入审计文件中。

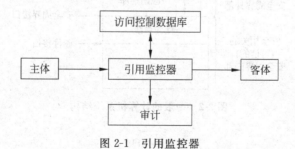

图 2-1　引用监控器

引用验证机制需要同时满足以下三个原则：

（1）必须具有自我保护能力；

（2）必须总是处于活跃状态；

（3）必须设计得足够小，以利于分析和测试，从而能够证明它的实现是正确的。

第一个原则保证引用验证机制即使受到攻击也能保持自身的完整性。第二个原则保证程序对资源的所有引用都应得到引用验证机制的仲裁。第三个原则保证引用验证机制的实现是正确的和符合要求的。

2.6.3 安全内核

在引用监控器思想的基础上,J. P. Anderson 定义了安全内核的概念。安全内核是指系统中与安全性实现有关的部分,包括引用验证机制、访问控制机制、授权机制和授权管理机制等部分。因此,一般情况下人们趋向于把引用监控器的概念和安全内核方法等同起来。

操作系统的安全性可以通过多种方法改进,并不一定需要从根本上改变原有操作系统的体系结构。如果必须要从头开始建立一个安全的操作系统,就应当有严密的开发策略和特殊的系统体系结构。安全内核方法是一种最常用的建立安全操作系统的方法,可以避免通常设计中固有的安全问题。安全内核方法以指导设计和开发的一系列严格的原则为基础,能够极大地提高用户对系统安全控制的信任度。

安全内核是实现引用监控器概念的一种技术,在一个大型操作系统中,只有其中的一小部分软件用于安全目的是它的理论依据。所以在重新生成操作系统过程中,可用其中安全相关的软件来构成操作系统的一个可信内核,称为安全内核。安全内核必须予以适当的保护,不能篡改。同时绝不能有任何绕过安全内核存取控制检查的存取行为存在。此外安全内核必须尽可能地小,便于进行正确性验证。由图 2-2 和图 2-3 可见,安全内核由硬件和介于硬件和操作系统之间的一层软件组成。安全内核的软件和硬件是可信的,处于安全周界内,但操作系统和应用程序均处于安全周界之外。安全周界是指划分操作系统时,与维护系统安全有关的元素和无关的元素之间的一个想象的边界。

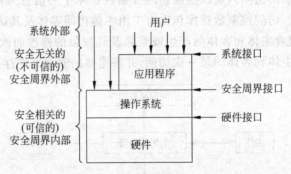

图 2-2　一般的计算机系统结构

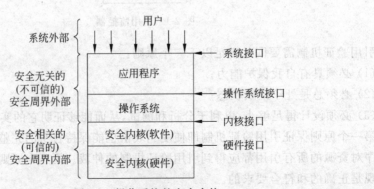

图 2-3　操作系统的安全内核

　　大多数情况下,安全内核是一个简单的系统,如同操作系统为应用程序提供服务一样,它为操作系统提供服务。而且正如操作系统给应用程序施加限制,安全内核也同样对操作系统施加限制。当安全策略完全由安全内核而不是由操作系统实现时,仍需操作系统维持系统的正常运行并防止由于应用程序的致命错误而引发的拒绝服务。但是操作系统和应用程序的任何错误均不能破坏安全内核的安全策略。

　　有时建立一个安全内核并不需要在它上面再建立一个操作系统,理论上来讲安全内核可以很好地实现操作系统的所有功能。结果是如果设计者在安全内核中融入操作系统的特点越多,安全内核就变得越大,越像一个常见的操作系统。但是一般来讲,要人们相信安全内核比操作系统更安全,安全内核必须做得尽可能地小,以便于采用各种方式来有效的增强人们的安全信任度,所以在设计时必须坚决贯彻安全内核小型化这一原则:凡不是维持安全策略所必需的功能都不应置于安全内核之中。虽然在进行安全内核设计时还要考虑诸如性能、使用方便等因素,但这些与小型化要求相比,均居从属地位。

　　概括地来讲,安全内核的设计和实现应当符合以下三条基本原则。

1. 完整性原则

　　完整性原则要求主体引用客体时必须通过安全内核,即所有信息的访问都必须经过安全内核。但是操作系统的实现与完整性原则的明确要求之间通常有很大差别:操作系统认为系统的信息存在于明显的地方,例如文件、内存和输入输出缓冲区,并且操作系统有理由控制对这些客体的访问。完整性原则并不满足于对客体的特别定义,它认为任何信息存在之处,不管它们大小怎样,用途如何,都是一个潜在的客体。

　　同时,完整性原则对支持内核系统的硬件也有一定要求。如果内核不检查每条机器指令就允许有效地执行不可信程序,硬件就必须保证程序不能绕过内核的存取控制。所有对内存、寄存器、输入输出设备的引用必须由内存管理中的存取控制等存取机制进行合法存取检查。内核必须使各个进程独立,并且保证未通过内核的各进程间不能相互联系。若一台机器允许所有进程不加约束就能访问物理存储器的公共页面,该机器就不适于建立安全内核。

2. 隔离性原则

　　隔离性原则要求安全内核具有防篡改的能力,即可以保护自己,防止偶然破坏。

　　在实际实施隔离性原则时常需要软硬件相结合。硬件的基本特性是使内核能防止用户程序访问内核代码和数据,这与内核防止一进程访问别的进程是同一种内存管理机制。同时还必须防止用户程序执行内核用于控制内存管理机制的特权指令。这需要某种形式的域控制机制,例如保护环机制。

　　在拥有这些硬件特性的系统中,用户程序几乎没有机会通过写内核的存储器、执行特权指令或修改内核软件等方法使内核受到直接攻击。

3. 可验证性原则

　　可验证性原则是通过如下一些设计要素实现的:

- 利用最新的软件工程技术,包括结构设计、模块化、信息隐藏、分层、抽象说明以及合适的高级语言。

- 内核接口简单化。
- 内核小型化。
- 代码检查。
- 完全测试。
- 形式化数学描述与验证。

内核安全验证的要点一方面在于建立安全数学模型，要求该模型不仅是安全功能的精确定义，而且也是被形式化证明为内在一致的；另一方面也要求对安全模型和系统的设计进行一致性论证，即证明内核的实现符合该安全模型。

2.7　可信计算基

操作系统的安全依赖于一些具体实施安全策略的可信的软件和硬件。这些软件、硬件和负责系统安全管理的人员一起组成了系统的可信计算基（Trusted Computing Base，TCB）。具体来说可信计算基由以下几部分组成。

（1）操作系统的安全内核。

（2）具有特权的程序和命令。

（3）处理敏感信息的程序，如系统管理命令等。

（4）与 TCB 实施安全策略有关的文件。

（5）其他有关的固件、硬件和设备。这里要求为使系统安全，系统的固件和硬件部分必须能可信地完成它们的设计任务。原因在于固件和硬件故障可能引起信息的丢失、改变或产生违反安全策略的事件。因此把安全操作系统中的固件和硬件也作为 TCB 的一部分来看待。

（6）负责系统管理的人员。由于系统管理员的误操作或恶意操作也会引起系统的安全性问题，因此他们也被看作是 TCB 的一部分。系统安全管理员必须经过严格的培训，并慎重地进行系统操作。

（7）保障固件和硬件正确的程序和诊断软件。

在上边所列的 TCB 的各组成部分中，可信计算基的软件部分是安全操作系统的核心内容，它们完成下述工作：

（1）内核的良好定义和安全运行方式；

（2）标识系统中的每个用户；

（3）保持用户到 TCB 登录的可信路径；

（4）实施主体对客体的存取控制；

（5）维持 TCB 功能的正确性；

（6）监视和记录系统中的有关事件。

在一个通用安全操作系统中，TCB 为用来构成一个安全操作系统的所有安全保护装置的组合体。一个 TCB 可以包含多个安全功能模块（TSF），每一个 TSF 实现一个安全功能策略（TSP），这些 TSP 共同构成一个安全域，以防止不可信主体的干扰和篡改。同时 TCB 中的非 TSF 部分也构成另一个域,称为非安全域。

实现 TSF 的方法有两种,一种是设置前端过滤器,另一种是设置访问监督器。两者都是在一定硬件基础上通过软件实现确定的安全策略,并且提供所要求的附加服务。例如作为前端过滤器的 TSF,能防止非法进入系统,作为访问监督器的 TSF,则能防止越权访问,等等。

在单处理机环境的操作系统中,根据系统设计方法的不同,TCB 可以是一个安全内核,也可以是一个前端过滤器,或者就是操作系统的关键单元或包括全部操作系统。对于网络环境下的多处理机操作系统,一个 TSF 可能跨网络实现,这种情况要比单处理机操作系统更为复杂。这些 TSF 协同工作,构成一个物理上分散、逻辑上统一的分布式安全系统,其所提供的安全策略和附加服务则为各个 TSF 的总和。

2.8　本章小结

安全操作系统技术涉及许多基本概念,它们是构成这个领域的基础,但有的相互之间容易引起混淆。

本章一般性地介绍了安全操作系统的几个基本概念,这些概念是对第 1 章给出的操作系统安全相关的术语定义的补充或拓展。这些概念、定义和术语在后面章节将反复用到,有的还会更进一步地展开讨论。

2.9　习题

1. 安全操作系统的安全功能与安全保证之间有怎样的关系?
2. 从操作系统安全的角度如何区分可信软件与不可信软件?
3. 在操作系统中哪些实体既可以是主体又可以为客体? 请举例说明。
4. 如何从安全策略、安全模型和系统安全功能设计之间的关系上,来验证安全内核的安全?
5. 为什么要将可信的管理人员列入可信计算基的范畴? 这跟在讨论操作系统安全时,首先应该相信数据的拥有者不会将该数据泄露给不应看到它的其他用户,或对它进行不适当的修改,有什么关联性?

第3章 安全机制

操作系统是连接硬件与其他应用软件之间的桥梁，它提供的安全服务有内存保护、文件保护、普通实体保护（对实体的一般访问控制）、访问鉴别（用户身份鉴别）等。

一个操作系统的安全性可以从如下几个方面加以考虑。

（1）物理上分离：要求进程使用不同的物理实体，例如将不同的打印机设置具有不同的安全级别。

（2）时间上分离：具有不同安全要求的进程在不同的时间运行。

（3）逻辑上分离：操作系统通过限制程序的访问，使程序不能访问其允许范围外的实体，从而使用户感觉他的操作是在没有其他进程的情况下独立进行的。

（4）密码上分离：进程以一种其他进程不可知的方式隐藏数据及计算。

当然，两种或多种分离形式的结合也是可能的。所列出的分离策略基本上是按其实现复杂度递增及所提供的安全性递减的次序列出的。然而前两种方法是非常直接且将导致资源利用率严重下降的方法。因此为了提高操作系统的性能，要求必须移去操作系统保护的这些沉重包袱，并且允许具有不同安全需求的进程并发执行。

操作系统安全的主要目标是：

- 依据系统安全策略对用户的操作进行访问控制，防止用户对计算机资源的非法访问（窃取、篡改和破坏）；
- 标识系统中的用户和身份鉴别；
- 监督系统运行的安全性；
- 保证系统自身的安全性和完整性。

为了实现这些目标，需要建立相应的安全机制，包括硬件安全机制、标识与鉴别、访问控制、最小特权管理、可信路径、安全审计等。

3.1 硬件安全机制

绝大多数实现操作系统安全的硬件机制也是传统操作系统所要求的，优秀的硬件保护性能是高效、可靠的操作系统的基础。计算机硬件安全的目标是，保证其自身的可靠性和为系统提供基本安全机制。其中基本安全机制包括存储保护、运行保护、I/O保护等。

3.1.1 存储保护

对于一个安全操作系统，存储保护是一个最基本的要求，主要是指保护用户在存储器中的数据。保护单元为存储器中的最小数据范围，可为字、字块、页面或段。保护单元越小,则存储保护精度越高。代表单个用户,在内存中一次运行一个进程的系统,存储保护机制应该防止用户程序对操作系统的影响。在允许多道程序并发运行的多任务操作系统中,还进一步要求存储保护机制对进程的存储区域实行互相隔离。

存储保护与存储器管理是紧密相联的,存储保护负责保证系统各个任务之间互不干扰;存储器管理则是为了更有效地利用存储空间。下面首先介绍一些存储器管理的基本概念,然后介绍怎样利用这些概念实现存储保护。

1. 存储器管理的基本概念

1) 虚地址空间

一个进程的运行需要一个"私有的"存储空间,进程的程序与数据都存于该空间中,这个空间不包括该进程通过 I/O 指令访问的辅存空间(磁带、磁盘等)。在这个进程地址空间中,每一个字都有一个固定的虚地址(并不是目标的物理地址,但每一个虚地址均可映射成一个物理地址),进程通过这个虚地址访问这个字。大多数系统都支持某种类型的虚存方式,这种虚存方式使得一个字的物理定位是可变的,每次调度该进程时,它的物理地址均可能不同。

2) 段

在绝大部分系统中,一个进程的虚地址空间至少要被分成两部分或称两个段:一个用于用户程序与数据,称为用户空间;另一个用于操作系统,称为系统空间。两者的隔离是静态的,也是比较简单的。驻留在内存中的操作系统可以由所有进程共享。虽然有些系统允许各进程共享一些物理页,但用户间是彼此隔离的。最灵活的分段虚存方式是:允许一个进程拥有许多段,这些段中的任何一个都可以由其他进程共享。

2. 内存管理的访问控制

当系统的地址空间分为两个段时(系统段与用户段),应禁止在用户模式下运行的非特权进程向系统段进行写操作,而当在系统模式下运行时,则允许进程对所有的虚存空间进行读写操作。用户模式到系统模式的转换应由一个特殊的指令完成,该指令将限制进程只能对部分系统空间进程进行访问。这些访问限制一般是由硬件根据该进程的特权模式实施的,但从系统灵活性的角度看,还是希望由系统软件精确地说明该进程对系统空间的哪一页是可读的,哪一页是可写的。

在计算机系统提供透明的内存管理之前,访问判决是基于物理页号的识别。每个物理页号都被标以一个称为密钥的秘密信息;系统只允许拥有该密钥的进程访问该物理页,同时利用一些访问控制信息指明该页是可读的还是可写的。每个进程相应地分配一个密钥,该密钥由操作系统装入进程的状态字中。每次执行进程访问内存的操作时,由硬件对该密钥进行检验,只有当进程的密钥与内存物理页的密钥相匹配,并且相应的访问控制信息与该物理页的读写模式相匹配时,才允许该进程访问该页内存,否则禁止访问。

这种对物理页附加密钥的方法是比较烦琐的。因为在一个进程生存期间,它可能多次受到阻塞而被挂起,当重新启动被挂起的进程时,它占有的全部物理页与挂起前所占有的物理页不一定相同。每当物理页的所有权改变一次,那么相应的访问控制信息就得修改一次;并且如果两个进程共享一个物理页,但一个用于读而另一个用于写,那么相应的访问控制信息在进程转换时就必须修改，这样就会增加系统开销，影响系统性能。

采用基于描述符的地址解释机制可以避免上述管理上的困难。在这种方式下，每个进程都有一个"私有的"地址描述符，进程对系统内存某页或某段的访问模式都在该描述符中说明。可以有两类访问模式集，一类用于在用户状态下运行的进程，一类用于在系统模式下运行的进程。

此处，W、R、E 各占一比特，它们用来指明是否允许进程对内存的某页或某段进行写、读和运行的访问操作。由于在地址解释期间，地址描述符同时也被系统调用检验，所以这种基于描述符的内存访问控制方法，在进程转换、运行模式（系统模式与用户模式）转换以及进程调出/调入内存等过程中，不需要或仅需要很少的额外开销。

3.1.2　运行保护

安全操作系统很重要的一点是进行分层设计，而运行域正是这样一种基于保护环的等级式结构。运行域是进程运行的区域，在最内层具有最小环号的环具有最高特权，而在最外层具有最大环号的环是最小的特权环。一般的系统不少于 3、4 个环。

设置两环系统是很容易理解的，它只是为了隔离操作系统程序与用户程序。对于多环结构，它的最内层是操作系统，它控制整个计算机系统的运行；靠近操作系统环之外的是受限使用的系统应用环，如数据库管理系统或事务处理系统；最外一层则是控制各种不同用户的应用环，如图 3-1 所示。

在这里最重要的安全概念是：等级域机制应该保护某一环不被其外层环侵入，并且允许在某一环内的进程能够有效地控制和利用该环以及低于该环特权的环。进程隔离机制与等级域机制是不同的。给定一个进程，它可以在任意时刻在任何一个环内运行，在运行期间还可以从一个环转移到另一个环。当一个进程在某个环内运行时，进程隔离机制将保护该进程免遭在同一环内同时运行的其他进程破坏，也就是说，系统将隔离在同一环内同时运行的各个进程。

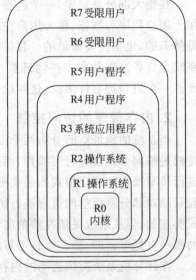

图 3-1　分层域

为实现两域结构，在段描述符中有相应的两类访问模式信息，一类用于系统域，一类用于用户域。这种访问模式信息决定了对该段可进行的访问模式，如图 3-2 所示。

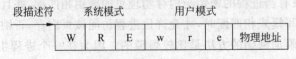

图 3-2　两域结构中的段描述符

如果要实现多级域，那就需要在每个段描述符中保存一个分立的 W、R、E 比特集，集的大小将取决于设立多少个等级。这在管理上是很笨拙的,可以根据等级原则简化段描述符。如果环 N 对某一段具有一个给定的访问模式,那么所有 0~N-1 的环都具有这种访问模式,因此对于每种访问模式,仅需要在该描述符中指出具有该访问模式的最大环号。所以在描述符中,不用为每个环都保存相应的访问模式信息。对于一个给定的内存段,仅需三个区域(它们表示三种访问模式),在这三个区域中只要保存具有该访问模式的最大环号即可,如图 3-3 所示。

段描述符:

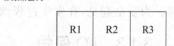

| R1 | R2 | R3 |

图 3-3　多域结构中的段描述符

人们称这三个环号为环界(Ring bracket)。相应地,这里 R1、R2、R3 分别表示对该段可以进行写、读和运行操作的环界。

例如在某个段描述符中,环界集(4,5,7)表示 0 环到 4 环可对该段进行写操作;0 环到 5 环对该段可进行读操作;0 环到 7 环可运行该段内的代码。

实际上,如果某环内的某一进程对内存某段具有写操作的特权,那就不必限制其对该段的读与运行操作特权。此外,如果进程对某段具有读操作的特权,那当然允许其运行该段的内容。所以实际上总可以设定

$$R1 \leqslant R2 \leqslant R3$$

如果某段对具有较低特权的环是可写的,那么在较高特权环内运行该段的内容将是危险的,因为该段内容中可能含有破坏系统运行或偷窃系统机密信息的非法程序(如特洛伊木马)。所以从安全性的角度考虑,不允许低特权环内编写(修改)的程序在高特权环内运行。

环界集为(0,0,0)的段只允许最内环(具最高特权)访问,而环界集为(7,7,7)则表示任何环都可以对该段进行任何形式的访问操作。由于 0 环是最高特权环,故一般不限制 0 环内的用户对段的访问模式。

对于一个给定的段,每个进程都有一个相应的段描述符表以及相应的访问模式信息。利用环界集最直观和最简单的方法是,对于一个给定的段,为每个进程分配一个相应的环界集,不同的进程对该段的环界可能是不同的。当两个进程共享某一段时,若这两个进程在同一环内,那么对该段的环界集就是相同的,所以它们对共享段的访问模式也是相同的。反之,处于两个不同环内的进程对某段的访问模式可能是不同的。这种方法不能解决在同一环内,两个进程对共享段设立不同访问模式的问题。解决的方法是,将段的环界集定义为系统属性,它只说明某环内的进程对该段具有什么样的访问模式,即哪个环内的进程可以访问该段以及可以进行何种模式的访问,而不考虑究竟是哪个进程访问该段。所以对一个给定的段,不是为每个进程都分配一个相应的环界集(由于一个进程可以在不同的环内运行,所以一个进程对一个段的环界集可能是不同的),而是为所有进程都分配一个相同的环界集。同时在段描述符中再增加三个访问模式位 W、R、E。这一个访问模式位对不同的进程是不同的。这时对一个给定段的访问条件是,仅当一个进程在环界集限定的环内运行且相应的访问模式位是 ON,那么才允许该进程对该段进行相应的访问操作。每个进程的段描述表中的段描述符都包含上述两类信息。环界集对所有进程都是相同的,而对不同的进程可设置不同的访问模式集。这样在同一环内运行的两个进程共

享某个段,且欲使一个进程只对该段进行读访问,而另一个进程仅对该段进行写访问时,只要按需设置两个进程相应的访问模式信息即可,而它们的环界集则是相同的。

在一个进程内往往会发生过程调用,通过这些调用,该进程可以在几个环内往复转移。为安全起见,在发生过程调用时,需要对过程进行检验。

3.1.3 I/O 保护

在一个操作系统的所有功能中,I/O 一般被认为是最复杂的,人们往往首先从系统的 I/O 部分寻找操作系统安全方面的缺陷。绝大多数情况下,I/O 是仅由操作系统完成的一个特权操作,所有操作系统都对读写文件操作提供一个相应的高层系统调用,在这些过程中,用户不需要控制 I/O 操作的细节。

I/O 介质输出访问控制最简单的方式是将设备看作是一个客体,仿佛它们都处于安全边界外。由于所有的 I/O 不是向设备写数据就是从设备接收数据,所以一个进行 I/O 操作的进程必须受到对设备的读写两种访问控制。这就意味着设备到介质间的路径可以不受什么约束,而处理器到设备间的路径则需要施以一定的读写访问控制。

但是若对系统中的信息提供足够的保护,防止被未授权用户的滥用或毁坏,只靠硬件不能提供充分的保护手段,必须由操作系统的安全机制与适当的硬件相结合才能提供强有力的保护。

3.2 标识与鉴别

3.2.1 基本概念

标识与鉴别是涉及系统和用户的一个过程。标识就是系统要标识用户的身份,并为每个用户取一个系统可以识别的内部名称——用户标识符。用户标识符必须是唯一的且不能被伪造,防止一个用户冒充另一个用户。将用户标识符与用户联系的过程称为鉴别,鉴别过程主要用于识别用户的真实身份,鉴别操作总是要求用户具有能够证明他的身份的特殊信息,并且这个信息是秘密的,任何其他用户都不能拥有它。

在操作系统中,鉴别一般是在用户登录时发生的,系统提示用户输入口令,然后判断用户输入的口令是否与系统中存在的该用户的口令一致。这种口令机制是简便易行的鉴别手段,但比较脆弱,许多计算机用户常常使用自己的姓名、配偶的姓名、宠物的名字或者生日作为口令,这种口令很不安全,因为这种口令很难经得住常见的字典攻击。较安全的口令应是不小于 6 个字符并同时含有数字和字母的口令,并且限定一个口令的生存周期。另外,生物技术是一种比较有前途的鉴别用户身份的方法,如利用指纹、视网膜等,目前这种技术已取得了长足进展,逐步达到了实用阶段。

3.2.2 安全操作系统中的标识与鉴别机制

在安全操作系统中,可信计算基(TCB)要求先进行用户识别,之后才开始执行要

TCB 调节的任何其他活动。此外,TCB 要维持鉴别数据,不仅包括确定各个用户的许可证和授权的信息,而且包括为验证各个用户标识所需的信息(如口令等)。这些数据将由 TCB 使用,对用户标识进行鉴别,并对由代表用户的活动所创建的 TCB 之外的主体,确保其安全级和授权是受那个用户的许可证和授权支配的。TCB 还必须保护鉴别数据,保证它不被任何非授权用户访问。

用户鉴别是通过口令完成的,必须保证单个用户的密码的私有性。标识与鉴别机制阻止非授权用户登录系统,因此,口令管理对保证系统安全操作是非常重要的。另外,还可以运用强认证方法使每一个可信主体都有一个与其关联的唯一标识。这同样要求 TCB 为所有活动用户、所有未禁止或禁止的用户实体和账户维护、保护、显示状态信息。

3.2.3 与鉴别有关的认证机制

所有用户都必须进行标识与鉴别。所以需要建立一个登录进程与用户交互以得到用于标识与鉴别的必要信息。首先用户提供一个唯一的用户标识符给 TCB;接着 TCB 对用户进行认证。TCB 必须能证实该用户的确对应于所提供的标识符。这就要求认证机制做到以下几点:

(1) 在进行任何需要 TCB 仲裁的操作之前,TCB 都应该要求用户标识他们自己。通过向每个用户提供唯一的标识,TCB 维护每个用户的记账信息。同时 TCB 还将这种标识与该用户有关的所有审计操作联系起来。

(2) TCB 必须维护认证数据,包括证实用户身份的信息以及决定用户策略属性的信息,如 groups。这些数据被用来认证用户身份,并确保那些代表用户行为的,位于 TCB 之外的主体的属性对系统策略的满足。只有系统管理员才能控制用户的标识信息,除非允许用户在一定范围内修改自己的认证数据,例如自身的口令。

(3) TCB 保护认证数据,防止被非法用户使用。即使在用户标识无效的情况下,TCB 仍执行全部的认证过程。当用户连续执行认证过程,超过系统管理员指定的次数而认证仍然失败时,TCB 应关闭此登录会话。当尝试次数超过最高限次时,TCB 发送警告消息给系统控制台或系统管理员,将此事件记录在审计档案中,同时将下一次登录延迟一段时间,时间的长短由授权的系统管理员设定。TCB 应提供一种保护机制,当连续或不连续的登录失败次数超过管理员指定的次数时,该用户的身份就临时不可使用,直到有系统管理员干预为止。

(4) TCB 应能维护、保护、显示所有活动用户和所有用户账户的状态信息。

(5) 一旦口令被用作一种保护机制,至少应该满足:

① 当用户选择了一个其他用户已使用的口令时,TCB 应保持沉默。

② TCB 应以单向加密方式存储口令,访问加密口令必须具有特权。

③ 在口令输入或显示设备上,TCB 应自动隐藏口令明文。

④ 在普通操作过程中,TCB 在默认情况下应禁止使用空口令。只有系统管理员可以在某些特殊操作中可以在受控方式下使用空口令,例如系统初起、手工修复、维修模式等。

⑤ TCB 应提供一种保护机制允许用户更换自己的口令,这种机制要求重新认证用

户身份。TCB还必须保证只有系统管理员才能设置或初始化用户口令。

⑥ 对每一个用户或每一组用户,TCB必须加强口令失效管理。口令的使用期超过系统的指定值后,系统应当要求用户修改口令。系统管理员的口令有效期通常比普通用户短。过期口令将失效。只有系统管理员才能进行口令失效控制。

⑦ 在要求用户更改口令时,TCB应事先通知用户。一种方法是在用户口令过期之前通知用户系统指定的口令有效时间。或者在口令过期后,通知用户,在更改口令前,允许用户有指定次数的额外登录机会。

⑧ 要求在系统指定的时间段内,同一用户的口令不可重用。

⑨ TCB应提供一种算法确保用户输入口令的复杂性。口令至少应满足以下要求:

- 口令至少应有系统指定的最小长度。通常情况下,最小长度为8个字符。
- TCB应能修改口令复杂性检查算法,默认的算法应要求口令包括至少一个字母字符、一个数字字符和一个特殊字符。
- TCB应允许系统指定一些不可用的口令,如公司缩写字母、公司名称等,并确保用户被禁止使用这些口令。

⑩ 如果有口令生成算法,它必须满足:

- 产生的口令容易记忆,比如说具有可读性。
- 用户可自行选择可选口令。
- 口令应在一定程度上抵御字典攻击。
- 如果口令生成算法可使用非字母符号,口令的安全不能依赖于将这些非字母符号保密。
- 生成口令的顺序应具有随机性。连续生成的口令应毫不相关,口令的生成不具有周期性。

3.2.4 口令管理

口令系统提供的安全性依赖于口令的保密性。

- 当用户在系统注册时,必须赋予用户口令;
- 用户口令必须定期更改;
- 系统必须维护一个口令数据库;
- 用户必须记忆自身的口令;
- 在系统认证用户时,用户必须输入口令。

所以口令质量是一个非常关键的因素。它涉及以下几点。

1. 口令空间

口令空间的大小是字母表规模和口令长度的函数。满足一定操作环境下安全要求的口令空间的最小尺寸可以使用以下公式:

$$S = G/P \quad 而 \quad G = L \times R$$

其中,S代表口令空间,L代表口令的最大有效期,R代表单位时间内可能的口令猜测数,P代表口令有效期内被猜出的可能性。

2. 口令加密算法

单向加密函数可以用于加密口令,加密算法的安全性十分重要。此外,如果口令加密只依赖于口令或其他固定信息,有可能造成不同用户加密后的口令是相同的。当一个用户发现另一用户加密后的口令与自己的相同时,他就知道即使他们的口令明文不同,自己的口令对两个账号都是有效的。为了减少这种可能性,加密算法可以使用诸如系统名或用户账号作为加密因素。

3. 口令长度

口令的安全性由口令有效期内被猜出的可能性决定。可能性越小,口令越安全。在其他条件相同的情况下,口令越长,安全性越大。口令有效期越短,口令被猜出的可能性越小。下面的公式给出了计算口令长度的方法:

$$S = A^M$$

其中,S 代表口令空间,A 代表字母表中字母个数,M 代表口令长度。

计算口令长度的过程如下:

(1) 建立一个可以接受的口令猜出可能性 P。例如,将 P 设为 10^{-20}。

(2) 计算 $S = G/P$,其中 $G = L \times R$。

(3) 计算口令长度公式为

$$M = \log_A S$$

通常情况下,M 应四舍五入成最接近的整数。

4. 系统管理员应担负的职责

(1) 初始化系统口令。系统中有一些标准用户是事先在系统中注册的。在允许普通用户访问系统之前,系统管理员应能为所有标准用户更改口令。

(2) 初始口令分配。系统管理员应负责为每个用户产生和分配初始口令,但要防止口令暴露给系统管理员。

① 有许多方法可以实现口令生成后对系统管理员的保密。一种方法是,将口令用一种密封的多分块方式显示,这样对系统管理员来说,口令是不可见的。然后系统管理员妥善保护好密封的口令直到将其传送给用户。在这种情况下,口令产生是随机的,不会泄露给系统管理员。口令只有解封后才是可见的。另一种方法是,口令产生时用户在场。系统管理员启动产生口令的程序,用户则掩盖住产生的口令并删除或擦去显示痕迹。这种方法不适用于远程用户。无论使用哪一种方法,必须在一定时间内通知系统管理员用户已接收到了分配的口令。

② 使口令暴露无效。当用户初始口令必须暴露给系统管理员时,用户应立即通过正常程序更改其口令,使这种暴露无效(当然,更改过程不会再暴露口令给系统管理员)。系统可以标志这样的用户口令为过期口令,促使用户口令经初始分配后,访问系统接受认证之前立即被更改。

③ 分级分配。当口令必须分级时,系统管理员必须指明每个用户的初始口令,以及后续口令的最高安全级别。

(3) 口令更改认证。有时用户会忘记口令,或者系统管理员可能会认为某一用户口令已经被破坏。为了适当处理这些问题,系统管理员应能产生一个新口令,更改任一用户的口令,而事前他可以不知道该用户的口令。系统管理员在进行这个操作时,必须遵循初始口令的分配规则分配新口令。总之,当口令必须更换时,系统应进行主动的用户身份鉴别。

(4) 用户 ID。在系统的整个生存周期内,每个用户 ID 应赋予一个唯一的用户。换句话说,没有两个用户在同一时间内使用同一个 ID,即使时间不同也不行。如果两个人或更多人知道某一用户的口令,安全性就会遭到破坏。除非是系统管理员或者此用户口令已被标识为过期。

(5) 用户 ID 重新生效。

为确保口令的安全性,用户的职责有:

① 安全意识。用户应明白他们有责任将其口令对他人保密,报告口令更改情况,并关注安全性是否被破坏。

② 更改口令。口令应进行周期性的改动。至少应保证在口令有效期内,可能的破坏足够低。为避免不必要地将用户口令暴露给系统管理员,用户应能够独自更改其口令。

一个口令用于认证的时间越长,其暴露的可能性越大。根据口令空间的大小,以及攻击者登录的速度,经常更改口令是必要的。口令过期后将被视为无效,相关的用户将得到口令过期通知。系统要求使用过期口令登录的用户先更改其口令,然后才允许访问。如果口令过期后仍未被更改,其所属用户账号被锁住。用被封锁的账号登录系统是不允许的,但系统管理员在为用户更改口令后可以解封其账号。新口令的最大有效期将被重置。

为了达到口令私有化的目的,用户只允许更改自己的口令。为确保这一点,口令更改程序应要求用户输入其原始口令。

更改口令发生在用户要求或口令过期的情况下。用户必须输入新口令两次,这样就表明用户能连续正确地输入新口令。于是口令数据库就被更新,并发消息告诉用户。如果这一过程失败,用户将被通知出错信息,原口令仍保持有效。如果对过期口令的修改失败,则用户可以选择再次更改或退出系统。同时审计模块应登记用户的成功或失败记录。

3.2.5 实现要点

1. 口令的内部存储

必须对口令的内部存储实行一定的访问控制和加密处理,保证口令数据库不被未授权用户进入或者修改。未授权读将泄露口令信息,从而使一个用户可以冒充他人登录系统。但要注意登录程序和口令更改程序应能够读写口令数据库。

(1) 可以使用强制访问控制或自主访问控制机制。

(2) 无论采取何种访问控制机制,都应对存储的口令进行加密,因为访问控制有时可能被绕过。口令输入后应立即加密,存储口令明文的内存应在口令加密后立即删除,以后都使用加密后的口令进行比较。

2. 传输

在口令从用户终端到认证机的传输中,应施加某种保护。在保护级别上,只要与敏感数据密级相等即可。

3. 登录尝试次数

通过限制登录尝试次数,在口令的有效期内,攻击者猜测口令的次数就会限制在一定范围内。每一个访问端口应独立控制登录尝试次数。建议限制每秒或每分钟内尝试最大次数,避免要求极大的口令空间或非常短的口令有效期。在成功登录的情况下,登录程序不应有故意的延迟,但对不成功的登录,应使用内部定时器延迟下一次登录请求。

4. 用户安全属性

对于多级安全操作系统,标识与鉴别不但要完成一般的用户管理和登录功能,如检查用户的登录名和口令,赋予用户唯一标识用户 id、组 id,还要检查用户申请的安全级、计算特权集、审计屏蔽码;赋予用户进程安全级、特权集标识和审计屏蔽码。检查用户安全级就是检验其本次申请的安全级是否在系统安全文件档中定义的该用户安全级范围之内。若是则认可,否则系统拒绝用户的本次登录。若用户没有申请安全级,系统取出该用户的默认安全级作为用户本次注册的安全级,赋予用户进程。

5. 审计

(1)系统应对口令的使用和更改进行审计。审计事件包括成功登录、失败尝试、口令更改程序的使用、口令过期后上锁的用户账号等。对每个事件,应记录:事件发生的日期和时间、失败登录时提供的用户账号、其他事件执行者的真实用户账号和事件发生终端或端口号等。

(2)实时通知系统管理员。同一访问端口或使用同一用户账号连续 5 次(或其他阈值)以上的登录失败应立即通知系统管理员。虽然不要求立即采取一定措施,但频繁的报警可能说明攻击者正试图渗透系统。

(3)通知用户。成功登录时,系统应通知用户以下信息:用户上一次成功登录的日期和时间、用户登录地点、从上一次成功登录以后的所有失败登录。如此用户可以据此判断是否有他人在使用或试图猜测自己的账号和口令。

3.3 访问控制

在计算机系统中,安全机制的主要内容是访问控制,包括以下三个任务。

(1)授权:确定可给予哪些主体访问客体的权力。

(2)确定访问权限(读、写、执行、删除、追加等访问方式的组合)。

(3)实施访问权限。

这里,术语"访问控制"仅适用于计算机系统内的主体和客体,而不包括外界对系统的访问。控制外界对系统访问的技术是标识与鉴别。

在安全操作系统领域中,访问控制一般涉及自主访问控制和强制访问控制两种形式。

3.3.1 自主访问控制

1. 自主访问控制

自主访问控制(Discretionary Access Control,DAC)是最常用的一类访问控制机制,用来决定一个用户是否有权访问一些特定客体的一种访问约束机制。在自主访问控制机制下,文件的拥有者可以按照自己的意愿精确指定系统中的其他用户对其文件的访问权。亦即使用自主访问控制机制,一个用户可以自主地说明他所拥有的资源允许系统中哪些用户以何种权限进行共享。从这种意义上讲,是"自主"的。另外,自主也指对其他具有授予某种访问权力的用户能够自主地(可能是间接的)将访问权或访问权的某个子集授予另外的用户。

需要自主访问控制保护的客体的数量取决于系统环境,几乎所有的系统在自主访问控制机制中都包括对文件、目录、IPC 以及设备的访问控制。

为了实现完备的自主访问控制机制,系统要将访问控制矩阵相应的信息以某种形式保存在系统中。访问控制矩阵的每一行表示一个主体,每一列表示一个受保护的客体,矩阵中的元素表示主体可对客体进行的访问模式。目前在操作系统中实现的自主访问控制机制都不是将矩阵整个地保存起来,因为这样做效率很低。实际的方法是基于矩阵的行或列表达访问控制信息。

1) 基于行的自主访问控制机制

基于行的自主访问控制机制在每个主体上都附加一个该主体可访问的客体的明细表,根据表中信息的不同又可分成以下三种形式,即能力表、前缀表和口令。

(1) 能力表(capabilities list)。

能力决定用户是否可以对客体进行访问以及进行何种模式的访问(读、写、执行),拥有相应能力的主体可以按照给定的模式访问客体。在系统的最高层上,即与用户和文件相联系的位置,对于每个用户,系统有一个能力表。要采用硬件、软件或加密技术对系统的能力表进行保护,防止非法修改。用户可以把自己文件能力的拷贝传给其他用户,从而使别的用户也可以访问相应的文件;也可以从其他用户那里取回能力,从而恢复对自己文件的访问权限。这种访问控制方法,系统要维护记录每个用户状态的一个表,该表保留成千上万条目。当一个文件被删除以后,系统必须从每个用户的表上清除那个文件相应的能力。即使一个简单的"谁能访问该文件?"的问题,也要花费系统大量时间从每个用户的能力表中寻找。因此,目前利用能力表实现的自主访问控制系统不多,并且在这些为数不多的系统中,只有少数系统试图实现完备的自主访问控制机制。

(2) 前缀表(profiles)。

对每个主体赋予的前缀表,包括受保护客体名和主体对它的访问权限。当主体要访问某客体时,自主访问控制机制将检查主体的前缀是否具有它所请求的访问权。

作为一般的安全规则,除非主体被授予某种访问模式,否则任何主体对任何客体都不具有任何访问权力。用专门的安全管理员控制主体前缀相对而言是比较安全的,但这种方法非常受限。在一个频繁更迭对客体的访问权的环境下,这种方法肯定是不适宜的。因为访问权的撤销一般也是比较困难的,除非对每种访问权,系统都能自动校验主体的前缀。而删除一个客体则需要判定在哪个主体前缀中有该客体。另外,客体名由于通常是杂乱无章的,所以很难分类。对于一个可访问许多客体的主体,它的前缀量将是非常大的,因而是很难管理的。此外,所有受保护的客体都必须具有唯一的客体名,互相不能重名,而在一个客体很多的系统中,应用这种方法就十分困难。

（3）口令（password）。

在基于口令机制的自主访问控制机制中,每个客体都相应地有一个口令。主体在对客体进行访问前,必须向操作系统提供该客体的口令。如果正确,它就可以访问该客体。

如果对每个客体,每个主体都拥有它自己独有的口令,则类似于能力表系统。不同之处在于,口令不像能力那样是动态的。系统一般允许对每个客体分配一个口令或者对每个客体的每种访问模式分配一个口令。一般来说,一个客体至少需要两个口令,一个用于控制读,一个用于控制写。

对于口令的分配,有些系统是只有系统管理员才有权力进行,而另外一些系统则允许客体的拥有者任意地改变客体的口令。

口令机制对于确认用户身份,也许是一种比较有效的方法,但用于客体访问控制,它并不是一种合适的方法。因为如果要撤销某用户对一个客体的访问权,只有通过改变该客体的口令才行,这同时也意味着废除了所有其他可访问该客体的用户的访问权力。当然可以对每个客体使用多个口令来解决这个问题,但每个用户必须记住许多不同的口令,当客体很多时,用户就不得不将这些口令记录下来才不至于混淆或遗忘,这种管理方式很麻烦也不安全。另外,口令是手工分发的,无须系统参与,所以系统不知道究竟是哪个用户访问了该客体,并且当一个程序运行期间要访问某个客体时,该客体的口令就必须镶嵌在程序中,这就大大增加了口令意外泄露的危险。因为其他用户完全不必知道某客体的口令,只需运行一段镶嵌该客体口令的程序就可以访问到该客体了。这同样给这种机制带来了不安全性。

2）基于列的自主访问控制机制

基于列的自主访问控制机制,在每个客体都附加一个可访问它的主体的明细表,它有两种形式,即保护位和访问控制表。

（1）保护位（protection bits）。这种方法对所有主体、主体组以及客体的拥有者指明一个访问模式集合。保护位机制不能完备地表达访问控制矩阵,一般很少使用。

（2）访问控制表（Access Control List,ACL）。这是国际上流行的一种十分有效的自主访问控制模式,它在每个客体上都附加一个主体明细表,表示访问控制矩阵。表中的每一项都包括主体的身份和主体对该客体的访问权限。它的一般结构如图 3-4 所示。

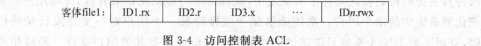

客体file1: | ID1.rx | ID2.r | ID3.x | … | IDn.rwx |

图 3-4　访问控制表 ACL

对于客体 file1,主体 ID1 对它只具有读（r）和运行（x）的权力,主体 ID2 只具有读权力,主体 ID3 只具有运行的权力,而主体 IDn 则对它同时具有读、写和运行的权力。但在实际应用中,当对某客体可访问的主体很多时,访问控制表将会变得很长。而在一个大系统中,客体和主体都非常多,这时使用这种一般形式的访问控制表将占用很多 CPU 时间。因此访问控制表必须简化,如把用户按其所属或其工作性质进行分类,构成相应的组(group),并设置一个通配符(wild card)"∗",代表任何组名或主体标识符,如图 3-5 所示。

文件ALPHA		
Jones	CRYPTO	rwx
∗	CRYPTO	r_x
Green	∗	---
∗	∗	r_

图 3-5　访问控制表的优化

图 3-5 中 CRYPTO 组中的用户 Jones 对文件 ALA 拥有 rwx 访问权限。CRYPTO 同组中的其他用户拥有 rx 权限。Green 如果不在 CRYPTO 同组中,就没有任何权限。其他用户拥有 r 权限。

通过这种简化,访问控制表就大大地缩小了,效率提高了,并且也能够满足自主访问控制的需要。

2. 自主访问控制的实现举例

1) 拥有者/同组用户/其他模式

在 UNIX、Linux、VMS 等系统中,实现了一种十分简单、常用而又有效的自主访问控制模式,就是在每个文件上附加一段有关访问控制信息的二进制位,如图 3-6 所示。

r w x	r w x	r w x
拥有者	同组用户	其他用户

图 3-6　常用的自主访问控制模式

这些二进制位反映了不同类别用户的访问方式,文件的拥有者,与文件拥有者同组的用户、其他用户(一般称为 9 比特位模式)。即:

owner　　　此客体的拥有者对它的访问权限

group　　　owner 同组用户对此客体的访问权限

other　　　其他用户对此客体的访问权限

这种模式的一个很大缺点就是客体的拥有者不能够精确控制某个用户对其客体的访问权,如不能够指定与 owner 同组的用户 A 能够对该客体具有读、写和执行权限,而与 owner 同组的用户 B 不可以对该客体有任何权限。

2) 访问控制表(ACL)和"拥有者/同组用户/其他"相结合的模式

实际实现的安全操作系统 UNIX SVR4.1ES 采用了"拥有者/同组/其他"模式和访问控制表相结合的方法,访问控制表只对"拥有者/同组/其他"无法分组的用户才使用。两种自主访问控制模式共存于系统之中,既保持了与原系统的兼容性,又将用户控制粒度细化到系统中的单个用户。系统能够赋予或排除某一个用户对一文件或目录的访问权限,克服了原 UNIX 系统只能将访问权限分配到组或所有其他用户这样一种较粗粒度的局限性。

UNIX SVR4.1ES 在文件系统中,针对文件的索引结构开发 ACL 项及相关信息项,使每个文件对应一个 ACL。在 IPC 的索引结构中开发 ACL 项及相关信息项,使每个消息队列、每个信号量集合、每个共享存储区对应一个 ACL。

（1）ACL 语义。一个 ACL 是对应于一个客体的三元组＜a_type，a_id，a_perm＞的集合，每个三元组称为 ACL 的一项，每项表示允许某个（些）用户对该文件的访问权限，如：

```
<type, id, perm>
```

其中，type 表示 id 为用户 ID，还是用户组 ID，perm 表示允许 id 代表的用户对该文件的访问权限。

（2）对 ACL 的操作。用户可以对一个客体对应的 ACL 进行"授权"、"取消"、"查阅"等操作。

- "授权"操作用于将一个指定用户的标识符和对应的访问权限加入一个 ACL 中。
- "取消"操作用于从指定标识符项的访问权限中取消某些访问权限。
- "查阅"操作用于读取一个指定客体对应的 ACL 的内容。

（3）DAC 安全检查策略。

- 若进程以 x 权限访问客体，x 须在客体的相应 ACL 项中。
- 若进程搜索一路径 path，进程必须具有路径名中每一目录分量的搜索权。

进程访问一个文件时，调用自主访问控制机制。将进程的 uid、gid 等用户标识信息和请求访问方式 mode 与 ACL 中的项相比较，检验是否允许进程以 mode 方式访问该文件。

自主访问控制机制是保护计算机信息系统资源不被非法访问的一种有效的手段，但它有一个明显的缺点，就是这种控制是自主的。虽然这种自主性为用户提供了很大的灵活性，但缺乏高安全等级所需的高安全性，此时系统需要采取更强的访问控制手段，这就是强制访问控制（Mandat-ory Access Control，MAC）。

3.3.2 强制访问控制

1. 基本概念

在强制访问控制机制下，系统中的每个进程、每个文件、每个 IPC 客体（消息队列、信号量集合和共享存储区）都被赋予了相应的安全属性，这些安全属性是不能改变的，它由管理部门（如安全管理员）或由操作系统自动地按照严格的规则来设置，不像访问控制表那样由用户或他们的程序直接或间接地修改。当一进程访问一个客体（如文件）时，调用强制访问控制机制，根据进程的安全属性和访问方式，比较进程的安全属性和客体的安全属性，从而确定是否允许进程对客体的访问。代表用户的进程不能改变自身的或任何客体的安全属性，包括不能改变属于用户的客体的安全属性，而且进程也不能通过授予其他用户客体访问权限简单地实现客体共享。如果系统判定拥有某一安全属性的主体不能访问某个客体，那么任何人（包括客体的拥有者）也不能使它访问该客体。从这种意义上讲，是"强制"的。

强制访问控制和自主访问控制是两种不同类型的访问控制机制，它们常结合起来使用。仅当主体能够同时通过自主访问控制和强制访问控制检查时，它才能访问一个客体。用户使用自主访问控制防止其他用户非法入侵自己的文件，强制访问控制则作为更强有力的安全保护方式,使用户不能通过意外事件和有意识的误操作逃避安全控制。因此强制访问控制用于将系统中的信息分密级和类进行管理,适用于政府部门、军事和金融等领域。

通常强制访问控制可以有许多不同的定义,但它们都同美国国防部定义的多级安全策略相接近,所以人们一般都将强制访问控制和多级安全体系相提并论。

多级安全的思想起源于 20 世纪 60 年代末期,当时美国国防部决定研究开发保护计算机中的机密信息的新方式。其实美国国防部对人工管理和存储机密信息早有严格的政策,即军事安全策略。多级安全(又称 MLS)是军事安全策略的数学描述,是计算机能实现的形式定义。

1) 军事安全策略

计算机内的所有信息(如文件)都具有相应的密级,每个人都拥有一个许可证。为了确定是否应该允许某人阅读一个文件,要把该人的许可证同文件的密级进行比较。仅当用户的许可证大于或等于文件的密级时,他才可以合法地获得文件的信息。军事安全策略的目的是防止用户取得他不应得到的密级较高的信息。密级、安全属性、许可证、访问类等含义是一样的,分别对应于主体或客体,一般都统称安全级。

安全级由以下两方面的内容构成。

(1) 保密级别(或叫做敏感级别或级别):例如,可分为公开、秘密、机密和绝密等级别。

(2) 范畴集:该安全级涉及的领域,如人事处、财务处等。

安全级包括一个保密级别,范畴集包含任意多个范畴。安全级通常写作保密级别后随一范畴集的形式。例如:

{机密 :人事处,财务处,科技处}

实际上范畴集常常是空的,而且很少有几个范畴名。

在安全级中保密级别是线性排列的。例如:公开 < 秘密 < 机密 < 绝密;范畴则是互相独立的和无序的,两个范畴集之间的关系是包含、被包含或无关。两个安全级之间的关系有以下几种:

① 第一安全级支配第二安全级,即第一安全级的级别不小于第二安全级的级别,第一安全级的范畴集包含第二安全级的范畴集。

② 第一安全级支配于第二安全级,或第二安全级支配第一安全级,即第二安全级的级别不小于第一安全级的级别,第二安全级的范畴集包含第一安全级的范畴集。

③ 第一安全级等于第二安全级,即第一安全级的级别等于第二安全级的级别,第一安全级的范畴集等于第二安全级的范畴集。

④ 两个安全级无关,即第一安全级的范畴集不包含第二安全级的范畴集,同时第二安全级的范畴集不包含第一安全级的范畴集。

"支配"这一单词,在此处表示偏序关系,它类似于"大于或等于"的含义。例如,一个文件的安全级是{机密 :NATO,NUCLEAR},如果用户的安全级为{绝密 :NATO,NUCLEAR,CRYPTO},则他可以阅读这个文件,因为用户的级别高,涵盖了文件的范畴。相反具有安全级为{绝密∶NATO,CRYTPO}的用户则不能读这个文件,因为用户缺少了 NUCLEAR 范畴。

2) 多级安全规则与 BLP 模型

多级安全计算机系统的第一个数学模型是 Bell-LaPudula 模型(一般称 BLP 模型),它是由 David Bell 和 Leonard LaPadula 于 1973 年创立的,是模拟符合军事安全策略的计算机操作的模型,是最早的,也是最常使用的一种模型,已实际应用于许多安全操作系统的开发中。BLP 模型的目标就是详细说明计算机的多级操作规则。对军事安全策略的精确描述被称作是多级安全策略。也正因为 Bell-LaPadula 模型是最有名的多级安全策略模型,所以常把多级安全的概念与 Bell-LaPadula 模型等同。事实上其他一些模型也符合多级安全策略,只是每种模型都倾向于用不同的方法表达策略,但它们运用的策略都是相同的。BLP 模型的详细内容将在第 4 章中介绍。

BLP 模型有两条基本的规则,如图 3-7 所示。

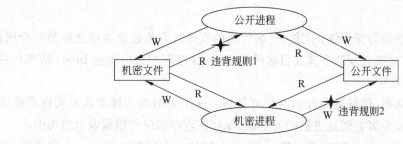

图 3-7　多级安全规则

规则 1:(也称为简单安全特性)一个主体对客体进行读访问的必要条件是主体的安全级支配客体的安全级,即主体的保密级别不小于客体的保密级别,主体的范畴集合包含客体的全部范畴,即主体只能向下读,不能向上读。

规则 2:(也称为 * 特性):一个主体对客体进行写访问的必要条件是客体的安全级支配主体的安全级,即客体的保密级别不小于主体的保密级别,客体的范畴集合包含主体的全部范畴。即主体只能向上写,不能向下写。

规则 2 允许一个主体可以向一个高安全级的客体写入信息。从信息安全的角度来说,没有理由拒绝向上写的方式,如采用追加写的方式允许主体把信息追加到它不能读的文件末尾。这种想法很好,但是实现却相当困难。实际上,大多数实现的多级安全系统只是允许主体向和他安全级相等的客体写入信息。当然,为使主体既能读客体,又能写该客体,二者的安全级也必须相等。

2. 强制访问控制的实现举例

强制访问控制已经在许多基于安全内核的系统中得以实现,并转换到许多非内核化的操作系统中,包括 Honeywell 的 Muitics、DEC 的 SES/VMS 以及 Sperry 公司的 1100 操作系统。这里,以 UNIX SVR 4.1ES 安全操作系统的强制访问控制机制为例,加以说明。

安全操作系统 UNIX SVR 4.1ES 的强制访问控制机制分别对系统中的主体和客体

赋予了相应的安全级,并采用了图 3-7 所示的多级安全规则。

1) 安全级赋值

(1) 主体的安全级:主体的安全级即用户的安全级以及代表用户进行工作的进程安全级。

用户的安全级是系统管理员根据安全策略,使用 adduser 命令创建用户时设置的。系统在用户安全文件档中为每个用户建立一项,表明该用户的安全级范围,并说明其默认安全级,默认安全级在该用户的安全级范围之内。

用户登录系统时,他可以指定本次登录的安全级,指定安全级必须在其安全级范围之内。成功登录后,系统将用户本次指定的安全级设置给为该用户创建的 SHELL 进程。如果用户不指定登录安全级,系统则将该用户的默认安全级设置给为该用户创建的 SHELL 进程。

(2) 客体的安全级:客体安全级的确定和赋值,是根据客体的类型按以下规则进行的。

- 文件、有名管道的安全级:文件、有名管道的安全级为创建该客体进程的安全级,且客体的安全级必须等于其父目录的安全级,保存在相应的磁盘 Inode 结点和内存 Inode 结点中。
- 进程、消息队列、信号量集合和共享存储区:这组类型的客体不具有文件系统表示形式,其安全级为创建进程的安全级,保存在内存相应的数据索引结构中。
- 目录的安全级:目录同普通文件一样,在它们的生存周期内具有一个安全级,所不同的是目录的结构须满足兼容性。一个进程创建一个目录,目录的安全级即创建其进程的安全级,且目录的安全级须大于或等于其父目录的安全级。同文件一样,它保存在相应的磁盘 Inode 结点和内存 Inode 结点中。

(3) 设备的安全级:系统在设备安全文件档中说明系统中每个设备的安全属性,如设备的最高安全级、最低安全级等。设备还具有当前安全级,一个设备的当前安全级为调用该设备的用户进程、系统进程或系统服务进程的安全级。设备的当前安全级必须在设备的最大安全级与最小安全级之间。

另外,设备分为单级设备和多级设备。

- 多级设备可以包含多个安全级数据。这个设备只能由具有适当特权的进程打开(open),这些进程包括内核和系统进程、具有适当特权的管理员进程。磁盘和存储器设备就是多级设备。
- 单级设备在某个时刻只能处理单一安全级的数据。这类设备包括终端和用于某个相应状态的磁带机和软盘驱动器。如果一个设备用作一个公用(public)资源,那么它必须是单级设备。具有适当特权的管理员可以将这些设备用作多级设备。例如产生一个系统的磁带备份。

通常一个用户在登录时访问一个终端设备,这个用户将以某个安全级在该终端上进入系统。如果这个安全级不在这个终端所定义的安全级范围之内,这个登录就会失败。如果登录成功,这个设备的安全级就被设置成用户登录时所使用的安全级。

要使用磁带或软盘设备,或者不是在登录时访问终端设备,用户必须要求管理员分配(allocate)设备,管理员以某个安全级将此设备分配给这个用户。如果这个安全级不在设备的安全级范围之内,这个分配将失败。如果成功,用户就成为这个设备的所有者(owner)。文件的 DAC 设置为 600,设备安全级为分配命令中给定的安全级,并且管理员将通知用户这个操作已经成功。如果用户当前的安全级等于分配的安全级,用户就可以任意地使用这些设备了。

还有少量设备不属于以上两种分类而需要特别处理,包括/dev/null、/dev/zero、/dev/tty。由于数据并不流过这些设备,所有用户随时可以访问这些设备。

2) 强制访问控制规则

分别以 CLASS(S)、CLASS(O)表示主体与客体的安全级,强制访问控制规则分别为:

① if CLASS(S)>=CLASS(O) then Read(S,O) or Execute(S,O);

② if CLASS(S)=CLASS(O) then Write(S,O) or Append(S,O);

其中,安全级由密级和类别两部分组成。分别以 S.1、S.c 表示主体的密级和类别,O.1、O.c 表示客体的密级和类别,授权规则可表示如下:

- 当(S.1>=O.1)且(S.c 包含 O.c)时,主体可以读(执行)客体;
- 当(S.1=O.1)且(S.c=O.c)时,主体可以写客体。

具体来说就是:

① 客体为文件、特别文件、目录时
- 若进程以 r(或 x)方式访问客体,进程的安全级须支配客体的安全级;
- 若进程以 w 方式访问客体,进程的安全级须等于客体的安全级。

② 客体为进程时
若进程向另一进程发送信号,前者进程的安全级须等于后者进程的安全级。

③ 客体为消息队列、信号量集合、共享存储区、管道时
若进程以 r 或 w 方式访问客体,进程的安全级须等于客体的安全级。

3. 使用强制访问控制防止特洛伊木马

防止特洛伊木马侵入系统是极端困难的,如果不依赖于一些强制手段,想避免特洛伊木马的破坏是不可能的。解决特洛伊木马的一个有效方法是使用强制访问控制机制。在强制访问控制的情况下,对于违反强制访问控制的特洛伊木马,可以防止它取走信息。例如在多级安全系统中,＊特性能阻止正在机密安全级上运行的进程中的特洛伊木马,把机密信息写入一个公开的文件里,因为用机密进程写入的每一信息的安全级必须至少是机密级的。

再如一个公司对系统中自己拥有的信息指定强制访问范畴,只有该公司的雇员才可能进入这个范畴。如果它的一个雇员使用了特洛伊木马,他不可能将该公司的信息传递到这个范畴以外的地方去,但在这个范畴里,信息可以在各用户间自由传递。

3.4 最小特权管理

3.4.1 基本思想

在安全操作系统中，为了维护系统的正常运行及其安全策略库，管理员往往需要一定的特权直接执行一些受限的操作或进行超越安全策略控制的访问。传统的超级用户特权管理模式，即超级用户/进程拥有所有特权，而普通用户/进程不具有任何特权，便于系统的维护和配置，却不利于系统的安全性。一旦超级用户的口令丢失或超级用户被冒充，将会对系统造成极大的损失。另外，超级用户的误操作也是系统极大的潜在安全隐患。因此，TCSEC 标准对 B2 级以上安全操作系统均要求提供最小特权管理安全保证。

最小特权管理的思想是系统不应给用户/管理员超过执行任务所需特权以外的特权，如将超级用户的特权划分为一组细粒度的特权，分别授予不同的系统操作员/管理员，使各种系统操作员/管理员只具有完成其任务所需的特权，从而减少由于特权用户口令丢失或错误软件、恶意软件、误操作所引起的损失。

例如可在系统中定义 5 个特权管理职责，任何一个用户都不能获取足够的权力破坏系统的安全策略。

为保证系统的安全性，不应对某个人赋予一个以上的职责。当然如果需要，也可以对它们进行改变和增加，但必须考虑这些改变和增加对系统安全的影响。

1. 系统安全管理员（SSO）

系统安全管理员职责：

（1）对系统资源和应用定义安全级；

（2）限制隐蔽通道活动的机制；

（3）定义用户和自主访问控制的组；

（4）为所有用户赋予安全级。

SSO 并不控制安全审计功能，这些功能属于 AUD 的职责，SSO 应熟悉应用环境的安全策略和安全习惯，以便能够做出与系统安全性相关的决定。

2. 审计员（AUD）

审计员负责安全审计系统的控制。

审计员职责：

（1）设置审计参数；

（2）修改和删除审计系统产生的原始信息（审计信息）；

（3）控制审计归档。

AUD 和 SSO 形成了一个"检查平衡（check and balance）"系统。因为，SSO 设置和实施安全策略，AUD 控制审计信息表明安全策略已被实施且没有被歪曲。

3. 操作员（OP）

操作员完成常规的、非关键性操作。

操作员职责：

（1）启动和停止系统，以及磁盘一致性检查等操作；

（2）格式化新的介质；

（3）设置终端参数；

（4）允许或不允许登录，但不能改变口令、用户的安全级和其他有关安全性的登录参数；

（5）产生原始的系统记账数据。

尽管这些功能在广义上也影响系统安全性，但它们不影响可信计算基（TCB），因为 OP 不能做影响安全级的操作。

4. 安全操作员（SOP）

安全操作员完成那些类似于 OP 职责的日常的例行活动，但是其中的一些活动是与安全性有关的，如安全级定义。可以认为 SOP 是具有特权能力的 OP。

安全操作员职责：

（1）完成 OP 的所有责任；

（2）例行的备份和恢复；

（3）安装和拆卸可安装介质。

5. 网络管理员（NET）

网络管理员负责所有网络通信的管理。

网络管理员职责：

（1）管理网络软件，如 TCP/IP；

（2）设置 BUN 文件，允许使用 uucp、uuto 等进行网络通信；

（3）设置为连接服务器、CRI 认证机构、ID 映射机构、地址映射机构和网络选择有关的管理文件；

（4）启动和停止 RFS，通过 RFS 共享和安装资源；

（5）启动和停止 NFS，通过 NFS 共享和安装资源。

3.4.2　POSIX 权能机制

权能（capability）是一种用于实现恰当特权的能力令牌。基于权能的最小特权控制最早是由 Dennis 提出的，早期的安全系统允许进程本身携带一组对特定客体的访问权，并且在允许的情况下，一个进程可以在任何时候放弃或收回它的一些权能。POSIX 权能机制与传统的权能机制类似，但是它为系统提供了更为便利的权能管理和控制：一是它提供了为系统进程指派一个权能去调用或执行受限系统服务的便携方法；二是它提供了一种使进程只能调用执行其特定任务必需权能的限制方法，支持最小特权安全策略的实现。更确切地说，POSIX 权能机制提供了一种比超级用户模式更细粒度的授权控制，它将特权划分成一个权能集合。再者，它认为进程在系统中是一个动态特征很强的对象，不能只为它建立一个固定的、进程链生命周期内一直生效的权能集，需要提供一种基于进程所运行上下文控制进程权能的方法，所以通过进程和程序文件权能状态（许可集、可继承

集和有效集),它明确定义了进程如何获取和改变权能的语义,具体描述如下:

(1) 可继承权能集。进程的可继承权能集,记为 pI,它决定一个进程执行程序时可被保留的权能;程序文件的可继承权能集,记为 fI,它决定执行该程序产生的进程可遗传给其后续进程、其父进程也拥有的权能。

(2) 许可权能集。进程的许可权能集,记为 pP,它决定当前进程允许生效的最大权能集合;程序文件的许可权能集,记为 fP,是确保程序执行产生的进程能够正确地完成其功能所需的权能,与调用它的进程是否具有这些权能无关。

(3) 有效权能集。进程的有效权能集,记为 pE,它决定当前进程中生效的权能集合;程序文件的有效权能集,记为 fE,它决定程序执行产生的进程映像将拥有的有效进程权能集。

这些权能集合的定义详细地描述了 POSIX 标准关于一个主体执行一个客体(可执行文件)时进行安全权能遗传的基本原则,即一个由程序文件实例化产生的进程映像,exec 系统调用可以为其限定最大权能范围:一方面,执行程序的主体进程映像能够限制程序实例化的进程映像的权能;另一方面,可以基于程序文件的权能状态,为其实例化的进程增加一个或多个其前驱进程所不允许的权能。因此,权能遗传机制的目标是根据进程的安全上下文,比如执行程序的主体身份(用户或角色)、主体原来的权能状态、程序的权能状态等,如图 3-8 所示,计算出当前主体进程的权能状态。

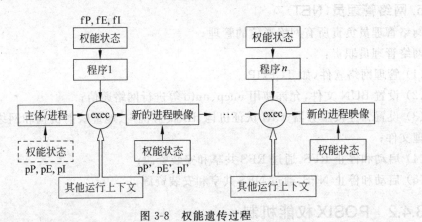

图 3-8 权能遗传过程

目前,Linux2.2.0 以上版本为了支持权能机制,实现的权能遗传算法如下:

$$pI' = pI$$
$$pP' = (fP \& X) | (fI \& pI)$$
$$pE' = pP' \& fE$$

其中,X 表示系统所有进程允许的最大权能集合。当一个主体进程请求执行一个客体时要调用 exec,这个系统调用检查主体对目标客体的访问,如果访问允许,则为该进程创建一个新的地址空间,包括指令区间和程序数据区间,同时,该主体以前的指令空间和数据不再能访问。再者,除了标记为 close-on-exec 的打开文件描述符被关闭之外,主体打开的其他所有文件描述符均被保留下来,而主体的验证需要作如下修改:

(1) 如果程序文件的 setuid 位被置为 1,则主体的有效用户标识 euid 将被设置为文

件的属主,否则保持不变;

(2) 如果程序文件的 setgid 位被置 1,则主体的有效组标识 egid 将被设置为文件的属组,否则保持不变;

(3) 根据权能遗传算法,修改当前主体的权能状态。

但是,Linux 核心仅提供 POSIX 支持,并没有真正实现程序文件的权能控制,所以上述权能遗传算法中对应的程序文件的权能集值或最大或为 0,这取决于进程的真实用户标识和有效用户标识值为 0 还是为非 0,同时进程的有效权能集也是或为全部权能或为空。

3.4.3　特权细分

根据 POSIX 标准要求,可将超级用户特权细分为权能集合,但必须满足权能选择的如下准则:

- 一个权能应该允许系统使一个进程不受一个特定安全需求的约束。
- 所定义权能的实际效果之间应该有最小交集。
- 在支持以上两条的基础上,权能定义得越少越好。

例如,将系统能够进行敏感操作的能力(如超级用户的权力)细分成 26 个权能(如下),由一些特权用户分别掌握这些权能,这些特权用户哪一个都不能独立完成所有的敏感操作。由于特权与进程相关而与用户的 ID 无关,不可能授予用户特权完成这些敏感任务。系统的特权管理机制维护一个管理员数据库,提供执行特权命令的方法。所有用户进程一开始都不具有特权,通过特权管理机制,非特权的父进程可以创建具有特权的子进程,非特权用户可以执行特权命令。系统定义了许多职责,一个用户与一个职责相关联。职责中又定义了与之相关的特权命令,即完成这个职责需要执行哪些特权命令。

1. CAP_OWNER

(1) 该权能可以超越限制文件主 ID 必须等于用户 ID 的场合,如改变该有效用户标识符所属的文件属性;

(2) 拥有该权能可以改变文件的属主或属组(如 chown()、chgrp());

(3) 可以超越 IPC 的属主关系检查;

(4) 两进程间通信时,它们的真实 UID 或有效 UID 必须相等,但拥有该权能可以超越此规则。

2. CAP_AUDIT

(1) 拥有该权能可以操作安全审计机制;

(2) 写各种审计记录。

3. CAP_COMPAT

拥有该权能可以超越限制隐蔽通道所做的特别约束。

4. CAP_DACREAD

拥有该权能可以超越自主访问控制(DAC)读检查。

5. CAP_DACWRITE

拥有该权能可以超越自主访问控制(DAC)写检查。

6. CAP_DEV

当设备处于私有状态时设置或获取设备安全属性以改变设备级别并访问设备。

7. CAP_FILESYS

对文件系统进行特权操作,包括创建与目录的连接、设置有效根目录、制作特别文件。

8. CAP_MACREAD

拥有该权能可以超越强制访问控制(MAC)读检查。

9. CAP_MACWRITE

拥有该权能可以超越强制访问控制(MAC)写检查。

10. CAP_MOUNT

拥有该权能可以安装或卸下一个文件系统。

11. CAP_MULTIDIR

拥有该权能可以创建多级目录。

12. CAP_SETPLEVEL

拥有该权能可以改变进程安全级(包括当前进程本身的安全级)。

13. CAP_SETSPRIV

(1) 管理权能,用于给文件设置可继承和固定特权;
(2) 拥有该权能,可以超越访问和所有权限制。

14. CAP_SETUID

拥有该权能可以设置进程的真实、有效用户/组标识符(如 setuid()、setgid())。

15. CAP_SYSOPS

拥有该权能可以完成几个非关键安全性的系统操作,包括配置进程记账、维护系统时钟、提高或设置其他进程的优先级、设置进程调度算法、系统修复、修改 S_IMMUTABLE 和 S_APPEND 文件属性等。

16. CAP_SETUPRIV

用于非特权进程设置文件的权能状态,该权能不能超越访问和所有权的限制。

17. CAP_MACUPGRADE

允许进程升级文件安全级(升级后的安全级被进程安全级支配)。

18. CAP_FSYSRANGE

拥有该权能可以超越文件系统范围限制。

19. CAP_SETFLEVEL

拥有该权能可以改变客体安全级(块/字符特别文件应处于 public 态)。

20. CAP_PLOCK

上锁一个内存中的进程,上锁共享内存段。

21. CAP_CORE

用于转储特权进程、setuid 进程、setgid 进程的核心影像。

22. CAP_LOADMOD

用于完成与可安装模块相关的可选择操作,如安装或删除核心可加载模块。

23. CAP_SEC_OP

拥有该权能可以完成安全性有关的系统操作,包括配置可信路径的安全注意键,设置加密密钥等。

24. CAP_DEV

拥有该权能可以对计算机设备进行管理,包括配置终端参数、串口参数、配置磁盘参数等。

25. CAP_OP

拥有该权能可以进行开机、关机操作。

26. CAP_NET_ADMIN

拥有该权能可以对计算机进行与网络有关的操作,包括可以使用 RAW、PACKET 端口号,可以绑定端口号低于 1024 端口,可以进行网卡接口配置、路由表配置,等等。

3.4.4　一个最小特权管理机制的实现举例

特权是超越访问控制限制的能力,它和访问控制结合使用,提高了系统的灵活性。普通用户不能使用特权命令,系统管理员在特权管理机制的规则下使用特权命令。代表管理员工作的进程具有一定特权,它可以超越访问控制完成一些敏感操作,即任何企图超越强制访问控制和自主访问控制的特权任务,都必须通过特权机制的检查。

一种最小特权管理实现的方法是,对可执行文件赋予相应的特权集,对于系统中的每个进程,根据其执行的程序和所代表的用户,赋予相应的特权集。一进程请求一个特权操作(如 mount),将调用特权管理机制,判断该进程的特权集中是否具有这种操作特权。

这样特权不再与用户标识相关,已不是基于用户 ID 了,它直接与进程和可执行文件相关联。一个新进程继承的特权既有进程的特权,也有所运行文件的特权,一般把这种机制称为"基于文件的特权机制"。这种机制的最大优点是特权的细化,它的可继承性提供了一种执行进程中增加特权的能力。因此对于一个新进程,如果没有明确赋予特权的继承性,它就不会继承任何特权。

系统中不再有超级用户,而是根据敏感操作分类,使同一类敏感操作具有相同特权。

例如许多命令需要超越强制访问控制的限制读取文件,这样在系统中就可以定义一个CAP_MACREAD 特权,使这类命令的可继承特权集中包含此特权,于是执行其中某个命令的进程如果先前已经具有此特权,那么它就可以不受强制访问控制(MAC)读的限制。

1. 文件的特权

可执行文件具有两个特权集,当通过 exec 进行系统调用时,进行特权的计算和转换。

(1) 固定特权集:固有的特权,与调用进程或父进程无关,将全部传递给执行它的进程。

(2) 可继承特权集:只有当调用进程具有这些特权时,才能激活这些特权。

这两个集合是不能重合的,即固定特权集与可继承特权集不能共有一个特权。当然可执行文件也可以没有任何特权。

当文件的属性被修改时(例如,文件打开写或改变它的模式),它的特权会被删去,这将导致从可信计算基中删除此文件。因此如果要再次运行此文件,必须重新给它设置特权。

2. 进程的特权

当 fork 一个子进程时,父子进程的特权是一样的。但是当通过 exec 执行某个可执行文件时,进程的特权决定于调用进程的特权集和可执行文件的特权集。

每个进程都具有下面两个特权集。

(1) 最大特权集:包含固定的和可继承的所有特权。

(2) 工作特权集:进程当前使用的特权集。

新进程的工作特权集和最大特权集的计算是基于文件和进程具有的特权的。当通过系统调用 exec()执行一个可执行文件时,如图 3-9 所示,用下述方法计算新进程的特权:

(1) 调用进程的最大特权集与可执行文件的可继承特权集;

(2) 然后加上文件的固定特权集。

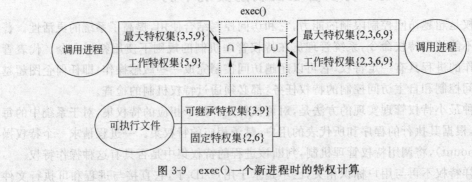

图 3-9　exec()一个新进程时的特权计算

fork()产生一个新进程时,父进程的特权传递给子进程。要将一个特权传递给一个新进程,或者当前进程的最大特权集中具有该特权,或者可执行文件的固定特权集中具有该特权。

3.5　可信路径

在计算机系统中,用户是通过不可信的中间应用层和操作系统相互作用的。但用户登录,定义用户的安全属性,改变文件的安全级等操作,用户必须确实与安全核心通信,而不是与一个特洛伊木马打交道。系统必须防止特洛伊木马模仿登录过程,窃取用户的口令。特权用户在进行特权操作时,也要有办法证实从终端上输出的信息是正确的,而不是来自于特洛伊木马。这些都需要一个机制保障用户和内核的通信,这种机制就是由可信路径提供的。

提供可信路径的一个办法是给每个用户两台终端,一台做通常的工作,一台用作与内核的硬连接。这种办法虽然十分简单,但太昂贵了。对用户建立可信路径的一种现实方法是使用通用终端,通过发信号给核心。这个信号是不可信软件不能拦截、覆盖或伪造的。一般称这个信号为"安全注意键"。早先实现可信路径的做法是通过终端上的一些由内核控制的特殊信号或屏幕上空出的特殊区域,用于和内核的通信。今天大多数终端已经十分智能,内核要使该机制不被特洛伊木马欺骗是十分困难的。

为了使用户确信自己的用户名和口令不被别人窃走,Linux 提供了"安全注意键"。安全注意键(Secure Attention Key, SAK)是一个键或一组键(在 X86 平台上,SAK 是 ALT-SysRq-k),按下它(们)后,保证用户看到真正的登录提示,而非登录模拟器。也即它保证是真正的登录程序(而非登录模拟器)读取用户的账号和口令(详见 linux/drivers/char/sysrq.c 和 linux/drivers/char/tty_io.c::do_SAK)。SAK 可以用下面命令来激活:

```
echo "1">/proc/sys/kernel/sysrq
```

严格地说,Linux 中的 SAK 并未构成一个可信路径,因为尽管它会杀死正在监听终端设备的登录模拟器,但它不能阻止登录模拟器在按下 SAK 后立即开始监听终端设备,事实上实现这样的登录模拟器并不难。当然由于 Linux 限制用户使用原始设备的特权,普通用户无法执行这种高级模拟器,而只能以 ROOT 身份运行,这就减少了它所带来的威胁。

3.6　安全审计

3.6.1　审计的概念

一个系统的安全审计就是对系统中有关安全的活动进行记录、检查及审核。它的主要目的就是检测和阻止非法用户对计算机系统的入侵,并显示合法用户的误操作。审计作为一种事后追查的手段来保证系统的安全,它对涉及系统安全的操作做一个完整的记录。审计为系统进行事故原因的查询、定位,事故发生前的预测、报警以及事故发生之后的实时处理提供详细、可靠的依据和支持，以备有违反系统安全规则的事件发生后能够有效地追查事件发生的地点和过程以及责任人。

因此审计是操作系统安全的一个重要方面，安全操作系统也都要求用审计方法监视安全相关的活动。美国国防部的橘皮书中就明确要求"可信计算机必须向授权人员提供一种能力，以便对访问、生成或泄露秘密或敏感信息的任何活动进行审计。根据一个特定机制或特定应用的审计要求，可以有选择地获取审计数据。但审计数据中必须有足够细的粒度，以支持对一个特定个体已发生的动作或代表该个体发生的动作进行追踪"。在我国 GB 17859—1999 中也有相应的要求。

如果将审计和报警功能结合起来，那就可以做到每当有违反系统安全的事件发生或者有涉及系统安全的重要操作进行时，就及时向安全操作员终端发送相应的报警信息。审计过程一般是一个独立的过程，它应与系统其他功能相隔离。同时要求操作系统必须能够生成、维护及保护审计过程，使其免遭修改、非法访问及毁坏，特别要保护审计数据，要严格限制未经授权的用户访问它。

3.6.2　审计事件

审计事件是系统审计用户操作的最基本单位。系统将所有要求审计或可以审计的用户动作都归纳成一个个可区分、可识别、可标志用户行为和可记录的审计单位，即审计事件。

例如创建一个名为 file1 的文件，这一动作是通过系统调用 create("file1",mode)或open("file1",O_CREATE,mode)实现的，为了能反映用户的这一动作，系统可以设置事件 create，这个事件就在用户调用上述系统调用时由核心记录下来。

审计机制对系统、用户主体、对象（包括文件、消息、信号量、共享区等）都可以定义为要求被审计的事件集。

安全操作系统一般将要审计的事件分成 3 类：注册事件、使用系统的事件及利用隐蔽通道的事件。亦即标识和鉴别机制的使用、把客体引入到用户的地址空间（如创建文件、启动程序）、从地址空间删除客体、特权用户所发生的动作以及利用隐蔽存储通道的事件等。第 1 类属于系统外部事件，即准备进入系统的用户产生的事件；后两类属于系统内部事件，即已经进入系统的用户产生的事件。

审计机制一般对系统定义了一个固定审计事件集，即必须审计事件的集合。对用户来讲，系统可以通过设置来要求审计哪些事件，即用户事件标准。用户的操作处于系统监视之下，一旦其行为落入其用户事件集或系统固定审计事件集中，系统就会将这一信息记录下来。否则系统将不对该事件进行审计。

显然审计过程会增大系统的开销（CPU 时间和存储空间），如果设置的审计事件过多，势必使系统的性能相应地下降很多（如响应时间、运行速度等），所以在实际设置过程中，审计机制应是对用户在系统中行为的一种有选择的记载，要选择最主要的事件加以审计，不能设置太多的审计事件，以免过多影响系统性能。系统审计员可以通过设置审计事件标准，确定对系统中哪些用户或哪些事件进行审计，审计的结果存放于审计日志文件中，审计的结果也可以按要求的报表形式打印出来。

3.6.3　审计记录和审计日志

安全操作系统的审计记录一般应包括如下信息：事件的日期和时间、代表正在进行事件的主体的唯一标识符、事件的类型、事件的成功与失败等。对于标识与鉴别事件，审计记录应该记录下事件发生的源地点（如终端标识符）。对于将一个客体引入某个用户地址空间的事件以及删除客体的事件，审计记录应该包括客体名以及客体的安全级。

审计日志是存放审计结果的二进制码结构文件。每次审计进程开启后，都会按照已设定好的路径和命名规则产生一个新的日志文件。

另外，系统审计员可以打印存在于审计日志文件中的审计结果，并且还可以选择打印自己所需要的内容，例如选择某些用户的记录、某个时间以后的记录或只涉及某些事件的记录，等等。

3.6.4　一般操作系统审计的实现

实现审计机制，首先要解决的问题是系统如何才能保证所有安全相关的事件都能够被审计。我们知道一般的多用户多进程操作系统（如 UNIX、Linux 等）中，用户程序与操作系统的唯一接口是系统调用，也就是说当用户请求系统服务时，必须经过系统调用。因此，如果能够找到系统调用的总入口，在此处（称作审计点）增加审计控制，就可以成功地审计系统调用，也就成功地审计了系统中所有使用内核服务的事件。

系统中有一些特权命令应当属于可审计事件。通常一个特权命令需要使用多个系统调用，逐个审计所用到的系统调用，会使审计数据复杂而难于理解，审计员很难判断出命令的使用情况。因此虽然系统调用的审计已经是十分充分，特权命令的审计仍然必要。在被审计的特权命令的每个可能的出口处应增加一个新的系统调用，专门用于该命令的审计。当发生可审计事件时，要在审计点调用审计函数并向审计进程发消息，由审计进程完成审计信息的缓冲、存储、归档工作。虽然审计事件及审计点处理可能各不相同，但审计信息都要经过写缓冲区、写盘、再归档，这部分操作过程是相同的。因此可把它放在审计进程内完成，其余工作在审计点完成。另外，审计机制应当提供灵活的选择手段，使审计员可以开启/关闭审计机制，增加/减少系统审计事件类型，增加/减少用户审计事件类型，修改审计控制参数等。

可审计事件是否被写入审计日志，需要进行判定，所以可在有关事件操作的程序入口处、出口处设置审计点。在入口处审计点进行审计条件的判断，如果需要审计，则设置审计状态和分配内存空间。在程序的出口处审计点收集审计内容，包括操作的类型、参数、结果等，如图 3-10 所示。

一般情况下，审计在系统开机引导时就会自动开启，审计管理员可以随时关闭审计功能。审计功能被关闭后，任何用户的任何动作就不再处于审计系统的监视之下，也不再记录任何审计信息。

系统在记录用户的审计信息时，要将这些信息写入审计日志文件之中，这自然会给系统带来一些时间上的开销，影响系统的性能。为了将这种时间开销减少到最低程度，审计系统不必每次有一条记录时就立即写入审计日志文件中，可在系统中开辟一片审计缓冲

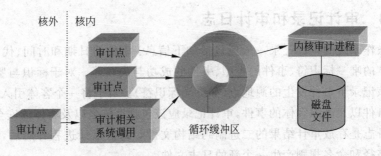

图 3-10　审计过程

区。系统在大多数情况下只需将审计信息写入审计缓冲区中,只是在缓冲区已经写满或者其中容量达到规定的限度时,审计进程才一次性地将审计缓冲区中的有效内容全部写入日志文件中。

系统审计员可以用文档或报告的形式打印出审计信息,供各种分析需要,这种信息是可以由审计员根据自己的需要进行选择的。同时他可以在认为没有必要保留的前提下,删除任何一个审计日志文件,也可以将这些日志文件转储在除硬盘之外的存储媒体上,以节省系统磁盘空间。

3.7　UNIX/Linux 的安全机制

UNIX 是一种多用户、多任务的操作系统。这类操作系统的一种基本功能就是防止使用同一台计算机的不同用户之间互相干扰。所以 UNIX 的设计宗旨是要考虑安全的。当然 UNIX 中仍然存在很多安全问题,其新功能的不断纳入及安全机制的错误配置或错误使用,都可能带来很多问题。

UNIX 操作系统借助以下四种方式提供功能。

(1) 系统调用:用户进程通过 UNIX API 的内核部分——系统调用接口,显式地从内核获得服务。内核以调用进程的身份执行这些请求。

(2) 异常:进程的某些不正常操作,诸如除数为 0,或用户堆栈溢出将引起硬件异常。异常需要内核干预,内核为进程处理这些异常。

(3) 中断:内核处理外围设备的中断。设备通过中断机制通知内核 I/O 完成状态变化。内核将中断视为全局事件,与任何特定进程都不相关。

(4) 由 swapper 和 pagedaemon 之类的一组特殊的系统进程执行系统级的任务,比如控制活动进程的数目或维护空闲内存池。

系统具有两个执行态:核心态和用户态。运行内核中程序的进程处于核心态,运行核外程序的进程处于用户态。系统保证用户态下的进程只能访问它自己的指令和数据,而不能访问内核和其他进程的指令和数据,并且保证特权指令只能在核心态执行,像中断、异常等在用户态下不能使用。用户程序可以通过系统调用进入核心,运行完系统调用再返回用户态。系统调用是用户在编写程序时可以使用的界面,是用户程序进入 UNIX

内核的唯一入口。因此,用户对系统资源中信息的访问都要通过系统调用才能完成。一旦用户程序通过系统调用进入内核,便完全与用户隔离,从而使内核中的程序可对用户的访问请求进行响应,而不受用户干扰的访问控制。

在安全结构上,Linux 与 UNIX 基本上是相似的。如无特别说明,下面对 UNIX 的叙述对 Linux 也是通用的。

3.7.1 标识

UNIX 的各种管理功能都被限制在一个超级用户(root)中,其功能和 Windows NT 的管理员(administrator)或 Netware 的超级用户(supervisor)功能类似。作为超级用户可以控制一切,包括用户账号、文件和目录、网络资源。超级用户可以管理所有资源的各类变化情况,或者只管理很小范围的重大变化。例如每个账号都是具有不同用户名、不同的口令和不同的访问权限的一个单独实体。超级用户有权授予或拒绝任何用户、用户组合和所有用户的访问。用户可以生成自己的文件,安装自己的程序等。为了确保次序,系统会分配好用户目录。每个用户都得到一个主目录和一块硬盘空间。这块空间与系统区域和其他用户占用的区域分割开来。这种作用可以防止一般用户的活动影响其他文件系统,进而系统还为每个用户提供一定程度的保密。超级用户作为根可以控制哪些用户能够进行访问以及他们可以把文件存放在哪里,控制用户能够访问哪些资源,用户如何进行访问等。

用户登录到系统中时,需要输入用户名标识其身份。在系统内部具体实现中,当该用户的账户创建时,系统管理员便为其分配一个唯一的标识号——UID。

系统中的/etc/passwd 文件含有全部系统需要知道的关于每个用户的信息(加密后的口令也可能存于/etc/shadow 文件中)。/etc/passwd 中包含用户的登录名,经过加密的口令、用户号、用户组号、用户注释、用户主目录和用户所用的 shell 程序。其中,用户号(UID)和用户组号(GID)用于 UNIX 系统唯一地标识用户和同组用户及用户的访问权限。系统中超级用户(root)的 UID 为 0。每个用户可以属于一个或多个用户组,每个组由 GID 唯一标识。

在大型的分布式系统中,为了统一对用户管理,通常将存于每一台工作站上的口令文件信息存在网络服务器上。目前流行的系统有 Sun 公司的网络信息系统(NIS),Sun 公司的 NIS+,开放软件基金会的分布式计算机环境(DCE),NetT 计算机上的 NetInfo 等。

3.7.2 鉴别

用户名是个标识,它告诉计算机该用户是谁。而口令是个确认证据。用户登录系统时,需要输入口令来鉴别用户身份。当用户输入口令时,UNIX 使用改进的 DES 算法(通过调用 crypt() 函数实现)对其加密,并将结果与存储在 /etc/passwd 或 NIS 数据库中的加密用户口令比较,若二者匹配,则说明该用户的登录合法,否则拒绝用户登录。

为防止口令被非授权用户盗用,对其设置应以复杂、不可猜测为标准。一个好的口令应当至少有 6 个字符长,不要取用个人信息,普通的英语单词也不好(因为易遭受字典攻击法攻击),口令中最好有一些非字母(如数字、标点符号、控制字符等)。用户应定期改变口令。通常,口令以加密的形式表示。由于 /etc/passwd 文件对任何用户可读,故常成为口令攻击的目标。所以系统中常用 shadow 文件 (/etc/shadow) 来存储加密口令,并使其对普通用户不可读。

3.7.3 访问控制

在 UNIX 文件系统中,控制文件和目录中的信息存在磁盘及其他辅助存储介质上。它控制每个用户可以访问何种信息及如何访问。表现为通过一组访问控制规则来确定一个主体是否可以访问一个指定客体。UNIX 的访问控制机制通过文件系统实现。

1. 访问权限

命令 ls 可列出文件(或目录)对系统内的不同用户所给予的访问权限。如:

-rw-r--r-- 1 root   root 1397 Mar 7 10:20   passwd

图 3-11 给出了文件访问权限的图示解释:

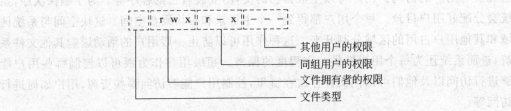

图 3-11　文件访问权限示意图

访问权限位共有 9 位,分为三组,用以指出不同类型的用户对该文件的访问权限。权限有三种:

(1) r　允许读;

(2) w　允许写;

(3) x　允许执行。

用户有三种类型:

(1) owner　该文件的属主;

(2) group　在该文件所属用户组中的用户,即同组用户;

(3) other　除以上二者外的其他用户。

图 3-10 表示文件的属主具有读写及执行权限(rwx),同组用户允许读和执行操作,其他用户没有任何权限。权限位中,-表示相应的访问权限不允许。

上述授权模式同样适应于目录,用 ls-l 列出时,目录文件的类型为 d。用 ls 列目录要有读许可,在目录中增删文件要有写许可,进入目录或将该目录作路径分量时要有执行许可,因此要使用任一个文件,必须有该文件及找到该文件所在路径上所有目录分量的相应许可。仅当要打开一个文件时,文件的许可才开始起作用,而 rm、mv 只要有目录的搜索和写许可,并不需要有关文件的许可,这一点应尤其注意。

一些版本的 UNIX 系统支持访问控制表(ACL),如 AIX 和 HP-UX 系统。它被用作标准的 UNIX 文件访问权限的扩展。ACL 提供更完善的文件授权设置,它可将对客体(文件、目录等)的访问控制细化到单个用户,而非笼统的"同组用户"或"其他用户"。可以为任意组合的用户以及用户组设置文件访问权限。

以 HP-UX 系统为例,用 lsacl 命令可以观察一个文件的 ACL,如对于文件 test:

```
(a.%, rw-) (%.b, r-x) (%.%, --- ) test
```

表示用户 a(可以是任何组的成员)、用户组 b 及所有其他用户和用户组的权限。其中 % 为通配符。

UNIX 系统中,每个进程都有真实 UID、真实 GID、有效 UID 及有效 GID。当进程试图访问文件时,核心将进程的有效 UID、GID 和文件的访问权限位中相应的用户和组相比较,决定是否赋予其相应权限。

2. 改变权限

改变文件的访问权限可使用 chmod 命令,并以新权限和该文件名为参数。格式为:

```
chmod [ -Rfh ]　访问权限　文件名
```

chmod 也有其他方式的参数可直接对某组参数进行修改,在此不再赘述,详见 UNIX 系统的联机手册。合理的文件授权可防止偶然性地覆盖或删除文件(即使是属主自己)。改变文件的属主和组名可用 chown 和 chgrp,但修改后原属主和组员就无法修改回来了。

文件的授权可用一个 4 位的八进制数表示,后三位同图 3-10 所示的三组权限,授以权限时许可位置 1,不授以权限则相应位置 0。最高的一个八进制数分别对应 SUID 位、SGID 位、sticky 位。其中前两个与安全有关,将其作为特殊权限位在下一节描述。

umask(UNIX 对用户文件模式屏蔽字的缩写)也是一个 4 位的八进制数,UNIX 用它确定一个新建文件的授权。每一个进程都有一个从它的父进程中继承的 umask。umask 说明要对新建文件或新建目录的默认授权加以屏蔽的部分。

新建文件的真正访问权限=(~umask) & (文件授权)

UNIX 中相应有 umask 命令,若将此命令放入用户的.profile 文件,就可控制该用户后续所建文件的访问许可。umask 命令与 chmod 命令的作用正好相反,它告诉系统在创建文件时不给予什么访问许可。

3. 特殊权限位

有时没有被授权的用户需要完成某些要求授权的任务,如 passwd 程序,对于普通用户,允许改变自身的口令。但不能拥有直接访问/etc/passwd 文件的权力,以防止改变其他用户的口令。为了解决这个问题,UNIX 允许对可执行的目标文件(只有可执行文件才有意义)设置 SUID 或 SGID。

如前所述,当一个进程执行时就被赋予 4 个编号,以标识该进程隶属于谁,分别为实际和有效的 UID、实际和有效的 GID。有效的 UID 和 GID 一般和实际的 UID 和 GID 相同,有效的 UID 和 GID 用于系统确定该进程对于文件的访问许可。而设置可执行文件的 SUID 许可将改变上述情况,当设置 SUID 时,进程的有效 UID 为该可执行文件的所有者的有效 UID,而不是执行该程序的用户的有效 UID,因此由该程序创建的都有与该程序所有者相同的访问许可。这样程序的所有者将可通过程序的控制在有限的范围内向用户发布不允许被公众访问的信息。同样,SGID 是设置有效 GID,用"chmod u+s 文件名"和"chmod u−s 文件名"来设置和取消 SUID 设置,用"chmod g+s 文件名"和"chmod g−s 文件名"来设置和取消 SGID 设置。当文件设置了 SUID 和 SGID 后,chown 和 chgrp 命令将全部取消这些许可。

3.7.4 审计

UNIX 系统的审计机制监控系统中发生的事件,以保证安全机制正确工作并及时对系统异常报警提示。审计结果常写在系统的日志文件中。丰富的日志为 UNIX 的安全运行提供了保障。常见的日志文件有:

acct 或 pacct	记录每个用户使用过的命令
aculog	筛选出 modems(自动呼叫部件)记录
lastlog	记录用户最后一次成功登录时间和最后一次登录失败的时间
loginlog	不良的登录尝试记录
messages	记录输出到系统主控台以及由 syslog 系统服务程序产生的信息
sulog	记录 su 命令的使用情况
utmp	记录当前登录的每个用户
utmpx	扩展的 utmp
wtmp	记录每一次用户登录和注销的历史信息,以及系统关和开
wtmpx	扩展的 wtmp
vold. log	记录使用外部介质(如软盘或光盘)出现的错误
xferlog	记录 ftp 的访问情况

其中,最常用的大多数版本的 UNIX 都具备的审计服务程序是 syslogd,它可实现灵活配置、集中式管理。运行中需要对信息作登记的单个软件发送消息给 syslogd,根据配置(/etc/syslog. conf),按照消息的来源和重要程度情况,这些消息可记录到不同的文件、设备或其他主机中。

Linux 日志与 UNIX 类似,普遍存在于系统、应用和协议层。大部分 Linux 把输出的日志信息放入标准或共享的日志文件里。大部分日志存在于/var/log。相应的 Linux 有许多日志工具,像 lastlog 跟踪用户登录,last 报告用户的最后登录。Xferlog 记录 FTP 文件传输,还有 Httpd 的 access_log, error_log。系统和内核消息由 syslogd 和 klogd 处理。

当前的 UNIX/Linux 系统很多都支持"C2 级审计",即达到了由 TCSEC(可信任的计算机系统评价规范)所规定的 C2 级的审计标准。

3.7.5 密码

加密(encryption)是指把一个消息(plaintext,称为明文)用一个数学函数和一个专门的加密口令(称为密钥)转换为另一个消息(ciphertext,称为密文)的过程。解密(decryption)是它的反过程:密文用一个数学函数和一个密钥转换为明文。

在 UNIX 系统中采用加密系统是必要的。假设一个拥有超级用户权限的用户可以绕过文件系统的所有口令检查,虽然他的权限极大,但如果文件加密,他在不知道密钥的情况下仍是无法解密文件的。

当前 UNIX 系统中常使用的加密程序有:

- crypt 最初的 UNIX 加密程序。
- des 数据加密标准(Data Encryption Standard,DES)在 UNIX 上的应用。
- pgp Phil Zimmermann 的 Pretty Good Privary 程序。

上述程序在 Linux 上都有相应的实现。

例如使用 crypt 命令(不同于更安全 crypt()库函数)可提供给用户以加密文件,使用一个关键词将标准输入的信息编码为不可读的杂乱字符串,送到标准输出设备。再次使用此命令,用同一关键词作用于加密后的文件,可恢复文件内容。加密关键词的选取规则与口令的选取规则相同。由于 crypt 程序可能被做成特洛伊木马,故不宜用口令作为关键词。最好在加密前用 pack 或 compress 命令对文件进行压缩后再加密,这样就可以降低密文和明文的相关度,增加破解的难度。

UNIX/Linux 可以提供一些点对点的加密方法,以保护传输中的数据。一般情况下,当数据在因特网中传输时,可能要经过许多网关。在这个过程中,数据很容易被窃取。各种附加的 Linux 应用程序可以进行数据加密,这样即使数据被截获,窃取者除了一些乱码外,别无所得。Secure Shell 就是有效地利用加密来保证远程登录的安全。UNIX 也可以对本地文件进行加密防止文件被非法访问,同时保证了文件的一致性,从而防止对文件的非法窜改。也可以一定程度的防止病毒、特洛伊木马等恶意程序。

例如一个网络里面有许多用户,通常这些用户都需要在使用服务时提供密码。系统中都有 passwd 实用程序,可以用来修改密码。在 UNIX 类的操作系统中,有很多做法是相同的。例如用户名和密码均存储于/etc/passwd 文件之中。除此之外,此文件还存储了其他重要信息,如 UID、GID 等。这个文件中的信息对维护系统正常运行是必不可少的,如用户认证、权限赋予等。/etc/passwd 文件中存储的是加密的密码字串,在修改密码时,程序使用某种算法(如 hash)加密输入的字符,再存入文件。在登录时系统把用户输入后加密的字符串和存储的密码串比较,如果一致则认为通过。哈希算法是不可逆的。攻击者对密码文件实施攻击的一般方式是先取得密码文件,再使用推测、穷举的办法强行"猜出"密码,也即使用程序加密字串,不断和文件里面的密文对比,如果相同则就找到了密码。

一般在使用 passwd 程序修改密码时,如果输入的密码安全性不够,系统会给出警告,说明密码选择很糟糕,这时最好再换一个。绝对避免使用用户名或者它的相关变化形式,许多破解程序首先是以用户名的各种可能变换作为破解起点的。

可是这样安全性仍然不够,下一步是使用更好的加密算法,如 MD5(有的 Linux 发行版安装时可以选择此项);或者把密码放在其他地方。UNIX/Linux 一般的解决方案类似于第二个方案,叫做 shadow password。在/etc/passwd 文件中的密码串被替换成了'x',组密码也一样处理。系统在使用密码文件时,发现标记会寻找 shadow 文件,完成相应的操作。而 shadow 文件只有 root 用户可访问。当然还有更新的、更安全可靠和更经济的认证技术不断出现,如果想使用这些技术,需要或多或少修改相关程序。所以为了达到更经济合理的目的,出现了可插入认证模块(Pluggable Authentication Modules,PAM)。它在需要认证的程序和实际认证机制之间引入中间件层。一旦程序是基于 PAM 发行的,那么任何 PAM 支持的认证方法都可以用于该程序,这样就没有必要重新修改、编译所有程序了,只要 PAM 发展了新技术,如数字签名,基于 PAM 的程序可以马上使用它。这种强大的灵活性能是企业级应用所不可或缺的。

更进一步,普通认证手段难以完善的管理用户、会话数据等工作还可以交给 PAM 来做。例如可以非常容易地禁止某些用户在特定的时间段登录,或要求他们登录时使用特别的认证方式。

3.7.6 网络安全性

当前的 UNIX 系统通常是运行在网络环境中的,默认支持 TCP/IP 协议。所以网络安全性也是操作系统所强调的一个不可分割的重要方面。网络安全性,主要指通过防止本机或本网被非法入侵、访问,从而达到保护本系统可靠、正常运行的目的。UNIX 操作系统可以对网络访问控制提供强有力的安全支持,主要方式是有选择地允许用户和主机与其他主机的连接。相关的配置文件有:

- /etc/inetd.conf 文件内容是系统提供哪些服务。
- /etc/services 文件里罗列了端口号、协议和对应的名称。

TCP_WRAPPERS 由/etc/hosts.allow 和/etc/hosts.deny 两个文件控制。

它可以使用户很容易地控制哪些 IP 地址被禁止登录,哪些被允许登录。通过加入服务限制条件,可以更好地管理系统。系统在使用它们时,先检查前一个文件,从头到尾扫描,如果发现用户的相应记录标记,就给用户提供他所要求的服务。如果没有找到记录,就像刚才一样扫描 hosts.deny 文件,查看是否有禁止用户的标记。如果发现记录,就不给用户提供相应服务。如果仍然没有找到记录,则使用系统默认值——开放服务。

网上访问的常用工具有 telnet、ftp、rlogin、rcp、rcmd 等网络操作命令,为了安全起见对它们的使用必须加以限制。最简单而且最常用的方法是修改/etc/services 中相应的服务端口号,从而达到对这类访问进行控制的目的。其他常见的网络服务还有 NFS 和 NIS,NFS 使网络上的主机可以共享文件,NIS 又称黄页服务,可将网络上每台主机的配置文件集中到一个 NIS 服务器上来实现,这些配置包括用户账号信息、组信息、邮件别名等。

(1) 当远程使用 ftp 访问本系统时,UNIX 系统首先验证用户名和密码,无误后查看/etc/ftpusers 文件(不受欢迎的 ftp 用户表),一旦其中包含登录所用用户名则自动拒绝连接,从而达到限制作用。因此只要把本机内除匿名 ftp 以外的所有用户列入 ftpusers 文件中,即使入侵者获得本机内正确的用户信息,也无法登录系统。此外,如果使用远程注册数据文件(.netrc 文件)配置 ftp 用户的访问安全性,需要注意保密防止泄露其他相关主机的信息。

(2) UNIX 系统没有直接提供对 telnet 的控制,但/etc/profile 是系统默认 shell 变量文件,所有用户登录时必须首先执行它,故可修改该文件达到安全访问目的。

(3) 所谓用户等价,就是用户不用输入密码,即可以相同的用户信息登录到另一台主

机中。用户等价的文件名为.rhosts,存放在根目录下或用户主目录下。它的形式如下:

```
# 主机名          用户名
ash020000        root
ash020001        dgxt
```

主机等价类似于用户等价,在两台计算机除根目录外的所有区域有效,主机等价文件为 hosts.equiv,存放在/etc 下。

使用用户等价和主机等价这类访问,用户可以不用口令而像其他有效用户一样登录到远程系统,远程用户可使用 rlogin 直接登录而无须密码,还可使用 rcp 命令向或从本地主机复制文件,也可使用 rcmd 远程执行本机的命令等。因此这种访问具有严重的不安全性,必须严格控制或在非常可靠的环境下使用。

(4) 当 NFS 的客户端试图访问由 NFS 服务器管理的文件系统时,它需要 mount 文件系统。如果操作成功,服务器将返回"文件句柄",该标志在以后的文件操作请求中将作为验证用户是否合法的标准。NFS 中对 mount 请求的验证是根据 IP 地址决定的,属于弱验证,容易成为攻破目标。

(5) NIS 基于远程过程调用(RPC)。利用 RPC,一个主机上的客户进程可调用远程主机上的服务进程。其相应的请求安全性有三种模式:

① 无认证检查;
② 使用传统 UNIX 的基于机器标识和用户标识的认证系统,NFS 默认使用该模式;
③ DES 认证系统,这种模式最安全。

NIS 的不安全因素表现在其在 RPC 级上不完成任何认证,网络上的任何机器可以很容易地通过伪装成 NIS 服务器来创建假的 RPC 响应,如图 3-12 所示。

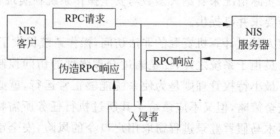

图 3-12 攻击 NIS 原理

3.7.7 网络监控与入侵检测

入侵检测技术是一项相对比较新的技术。标准的 UNIX/Linux 发布版本也是最近才配备这种工具的。利用 UNIX 配备的工具和从因特网上下载的工具,可以使系统具备较强的入侵检测能力。包括让 UNIX 记录入侵企图,当攻击发生时及时给出警报;让 UNIX 在规定情况的攻击发生时,采取事先确定的措施;让 UNIX 发出一些错误信息,比如模仿成其他操作系统。

常见的方式有利用嗅探器监听网络上的信息。用扫描器检测安全漏洞。系统扫描器可以扫描本地主机,防止不严格或者不正确的文件许可权,默认的账户、错误或重复的UID项等;网络扫描器可以对网上的主机检查各种服务和端口,发现可能被远程攻击者利用的漏洞。这类工具首推著名的扫描器 SATAN。

3.7.8　备份/恢复

在现有的计算机体系结构和技术水平下,无论采取怎样的安全措施,都不能消除系统崩溃的可能性,所以常使用系统备份来加强系统的安全性和可靠性。系统备份是一件非常重要的事情,它可使用户在灾难发生后将系统恢复到一个稳定的状态,将损失减到最小。

备份的常用类型有三种:实时备份、整体备份、增量备份。系统的备份应根据具体情况制定合理的策略,备份文档应经过处理(压缩、加密等)合理保存。

在 UNIX 系统中,有几个专门的备份程序:dump/restore、backup。网络备份程序有rdump/rstore、rcp、ftp、rdist 等。

3.8　本章小结

优秀的硬件保护特性是高效、可靠的操作系统的基础。计算机硬件安全的目标是保证其自身的可靠性和为系统提供基本安全机制。其中基本安全机制包括存储保护、运行保护、I/O 保护等。但在建立一个安全的操作系统时,并不过多地涉及专门而又复杂的硬件环境,这一方面是因为理论上认为一个安全的操作系统可以建立在一个非常基本的处理器上,另一方面,从实际情况来看绝大多数与安全操作系统在实现相关硬件机制的同时已为传统操作系统所要求并已提供。

为了防止未授权人员对计算机资源的非法访问,操作系统提供了两道防线,一是通过标识与鉴别将非法人员拒于系统之外,二是通过合理强度的访问控制机制防止非授权人员对系的非法访问。最小特权管理则是为使系统能够正常运行,就必须让某些进程能够恰当地违反系统的安全策略,但又不应该给予其超过执行任务所需特权以外的特权。可信路径避免了特洛伊木马假冒登录进程窃取用户口令的风险,安全审计则通过记录日志信息,捕捉潜在的隐患和事后追查违反安全的当事人,保障系统的正常运行。

本章同时比较系统地介绍了 UNIX/Linux 的安全机制,目的在于使读者对通常意义上的 UNIX/Linux 系统的安全机制有一个比较全面的理解,了解这些安全机制的构成和不足之处。本书以后针对安全操作系统的论述都是以这些基本的安全功能和机制作为基点行比较分析的。

3.9　习题

1. Linux 系统中运行状态分为用户态和核心态两种,所有的 I/O 指令只能通过系统调用陷入核心态才能使用。因此基于 Linux 内核中的程序，可以据此对用户的请求进行完备的访问控制。为什么？

2. 在安全操作系统中，对于用户的标识与鉴别需要注意哪些问题？请设计一个用户登录的模拟流程。

3. 自主访问控制与强制访问控制是安全操作系统常用的两种访问控制机制，请分别简述两种访问控制的基本内容以及它们之间的异同点。

4. 在自主访问控制中常有几种表达访问控制信息的方式？分别简述它们的主要内容并且分析各自的优缺点。

5. 为什么在实现了强制访问控制的不同系统中，访问控制的主/客体范畴、控制规则可能会有所不同？

6. 在一个安全操作系统中，特权的设置与访问控制机制的关系是怎样的？

7. 请简述 POSIX 权能遗传机制与最小特权管理实现方法。

8. 在一个没有提供可信路径的系统中，如何模拟实现一个特洛伊木马？请给出其流程，并说明如何通过可信路径机制来限制它。

9. 在一个安全操作系统中，审计日志空间满了以后怎么办？请给出几种可行的设计思路。

10. 找一套最新版本的 Linux 系统，实际测试其所提供的安全功能。

第 4 章　安全模型

在进行安全操作系统的设计和开发时，要求围绕着给定的安全策略进行。安全策略就是对系统安全需求的形式化或者非形式化描述。而安全需求则是从有关管理、保护和发布敏感信息的法律、规定和实施细则中导出的。一般来说，对信息系统的安全需求主要包含以下四个方面：机密性（confidentiality）、完整性（integrity）、可追究性（accountability）和可用性（availability）。所以基于系统安全策略的定义和内涵可将其分为两大类：访问控制策略（Access Control Policy）和访问支持策略（Access Supporting Policy）。前者反映系统的机密性和完整性要求，它确立相应的访问控制规则以控制对系统资源的访问；而后者反映系统的可追究性和可用性要求，它以支持访问控制策略的面貌出现。所谓一个系统是安全的，就是指系统的实现达到了当初设计时所制定的安全策略。

安全策略模型指的是如何用形式化或者非形式化的方法来描述安全策略，也就是系统的安全需求。安全模型就是对安全策略所表达的安全需求的简单、抽象和无歧义的描述，它为安全策略和它的实现机制之间的关联提供了一种框架。安全模型描述了对某个安全策略需要用哪种机制来满足；而模型的实现则描述了如何把特定的机制应用于系统中，从而实现某一特定安全策略所需的安全保护。

下面首先介绍安全模型的作用和特点，然后讨论在高安全等级操作系统中所要求的形式化模型设计的各个方面的内容，最后是对 BLP Model、Biba Model、Clark-Wilson Model、Lattice Model of Information Flow、RBAC Models、DTE Model、Noninterference Security Model 等著名模型的介绍。

4.1　安全模型的作用和特点

能否成功地获得高安全级别的系统，取决于对安全控制机制的设计和实施投入多少精力。但是如果对系统的安全需求了解得不清楚，即使运用最好的软件技术，投入最大的精力，也很难达到安全要求的目的。安全模型的目的就在于明确地表达这些需求，为设计开发安全系统提供方针。

安全模型有以下几个特点。

- 它是精确的、无歧义的。
- 它是简易和抽象的，所以容易理解。
- 它是一般性的：只涉及安全性质，而不过度地牵扯系统的功能或其实现。
- 它是安全策略的明显表现。

安全模型一般分为两种：形式化的安全模型和非形式化的安全模型。非形式化安全模型仅模拟系统的安全功能；形式化安全模型则使用数学模型，精确地描述安全性及其在系统中使用的情况。

　　如图 4-1 所示，对于高安全级别的操作系统，尤其是对那些以安全内核为基础的操作系统，需要用形式化的开发路径来实现。这时安全模型就要求是运用形式化的数学符号来精确表达。形式化的安全模型是设计开发高级别安全系统的前提。如果是用非形式化的开发路径，修改一个现有的操作系统以改进它的安全性能，则只能达到中等的安全级别，即便如此，编写一个用自然语言描述的非形式化安全模型也是很值得的，因为安全模型可以保证当设计是和安全模型一致时，实现的系统是安全的。

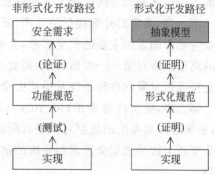

图 4-1　安全模型与安全操作系统开发过程

　　为满足简易性，模型仅仅只需模拟系统中与安全相关的功能，同时可以省略掉系统中的其他与安全无关的功能，这也是系统安全模型和形式化功能规范之间的差别，因为相比较而言形式化功能规范包括了过多的与安全策略无关的系统功能特征。

4.2　形式化安全模型设计

　　J. P. Anderson 指出，要开发安全系统首先必须建立系统的安全模型，完成安全系统的建模之后，再进行安全内核的设计和实现。在高等级安全操作系统开发中，要求采用形式化安全模型来模拟安全系统，从而可以正确地综合系统的各类因素，这些因素包括系统的使用方式、使用环境类型、授权的定义、共享的客体（系统资源）、共享的类型和受控共享思想等。所有这些因素应构成安全系统的形式化抽象描述，使得系统可以被证明是完整的、反映真实环境的、逻辑上能够实现程序的受控执行的。

　　形式化安全策略模型设计要求人们不仅要建立深刻的模型设计理论，而且要发掘出具有坚实理论基础的实现方法。为了模型的形式化，必须遵循形式设计的过程及表达方式。

　　尽管目前有不少文献探讨这个问题，但是如何开发一个模型仍然是很困难的。Bell 把安全策略划分为四个层次，而 LaPadula 则把模型设计分为五个层次，前者说明策略在系统设计的不同阶段的不同表现形式，强调策略发展的逻辑过程；后者说明模型在系统设计的不同阶段的不同功能要求，强调模型对象的逻辑联系；因为模型对象必须通过执行策略才能形成一个有机的模型整体，而且随着模型在不同层次的发展，模型对象执行策略的表现形式必将不同，因此二者是相辅相成的。但它们也仅只是指明了模型与策略设计的逻辑过程，并不关心这些逻辑过程的实现，因为作者们的意图主要在于对现有工作进行分类总结。但是面对一个具体的设计，实现显然是重要的；美国国防部的彩虹序列中的"对理解可信系统中安全模型的指导（A Guide to Understanding Security Modeling in

Trusted System)",提出了指导实现的一般性步骤,这些步骤明显受 LaPadula 对模型设计的五个层次的划分的影响。下面分析这些步骤与模型层次的关系。

第一步,确定对外部接口的要求(identify reguirements on the external interface),这一步主要明确系统主要的安全需求,并把它们与其他问题隔离开;这些需求将足以支持已知的高层策略对象——可信对象,因此这一步可以说主要是给出系统安全的确切定义,提出支持可信对象的各种条件及描述安全需求的各种机制和方法,构造一个外部模型。

第二步,确定内部要求(identify internal requirements),为了支持已确定的外部需求,系统必须对系统的控制对象进行限制,这些限制往往就形成了模型的安全性定义,这一步实质上就是把安全需求与系统的抽象进行结合,提出合理的模型变量,构造一个内部模型。

第三步,为策略的执行设计操作规则(design rules of operation for policy enforcement),系统实体为获得安全限制必须遵循一定的操作规则,也就是说把安全策略规则化;以确保系统在有效完成系统任务的同时,系统的状态始终处于安全状态中。这里有一个非常值得注意的问题就是 McLean 在 1987 年提出的完备性问题:一个安全状态可以经由一个安全操作进入下一个安全状态,也可能经由一个不安全操作进入下一个安全状态,也就是说安全操作只是确保系统的状态始终处于安全状态的充分条件,如果系统设计得不完备,从一个安全状态进入下一个安全状态时完全可以旁过安全操作,这一步对应了 LaPadula 层次划分的操作规则层次。

第四步,确定什么是已经知道的(determine what is already known),对于高安全等级操作系统的安全模型的设计必须是形式化的,而且是可形式验证的,因此必须选择适当的形式规范语言,开发相应的形式验证工具,看看是否有可直接使用或进行二次开发的形式验证工具,尽量优化设计开发过程。

第五步,论述一致性和正确性(demonstrate consistency and correctness),这一步可以说是模型的评论(review)阶段,具体到操作系统的安全模型的设计,主要内容应该包括:安全需求的表达是否准确、合理,安全操作规则是否与安全需求协调一致,安全需求是否在模型中得到准确反映,模型的形式化与模型之间的对应性论证等。

第六步,论述关联性(demonstrate relevance),这一步可以说是模型的实施阶段,它对应 LaPadula 层次划分的功能设计层次。许多著名的系统设计(例如,SCOMP、Multics、ASOS 等)都把它称为模型在系统中的解释(interpretation),也有人把它称为模型实现。论述关联性应分层次进行,首先是实现的模式;其次是实现的架构;再次是模型在架构里的解释;最后是实现的对应性(correspondence)论证。

4.3 状态机模型原理

在现有技术条件下,安全模型大都是以状态机模型作为模拟系统状态的手段,通过对影响系统安全的各种变量和规则的描述和限制,来达到确保系统安全状态不变量的维持(意味着系统安全状态保持)的目的。所以这里首先简要叙述状态机模型的原理,然后再介绍各种主要的安全模型。

状态机模型最初受到欢迎,是由于它们用模仿操作系统和硬件执行过程的方法描述了计算机系统,它将一个系统描述为一个抽象的数学状态机器。在这样的模型里,状态变量表示机器的状态,转换函数或者操作规则用以描述状态变量的变化过程,它是对系统应用通过请求系统调用从而影响操作系统状态的这一方式的抽象。这个抽象的操作系统具有正确描述状态可以怎样变化和不可以怎样变化的能力。

其实将一个系统模拟为状态机的思想很早就出现了,但是状态机模型在软件开发方面并没有得到广泛的应用,问题在于在现有软硬件技术水平下,模拟一个操作系统的所有状态变量是非常困难的,也可以说是不可能的。由于安全模型并未涉及系统的所有状态变量和函数,它仅仅只涉及数目有限的几个安全相关的状态变量,这使得在用状态机来模拟一个系统的安全状态变化时,不至于出现如同在软件开发中不得不面临的,由于状态变量太多而引发的状态爆炸问题,所以状态机模型在系统安全模型中得到了较为广泛的应用,它可以比较自如地模拟和处理安全相关的各种变量和函数。

开发一个状态机安全模型包含确定模型的要素(变量、函数、规则等)和安全初始状态。一旦证明了初始状态是安全的并且所有的函数也都是安全的,精确的推导会表明此时不论调用这些函数中的哪一个,系统都将保持在安全状态。

开发一个状态机模型要求采用如下特定的步骤:

(1)定义安全相关的状态变量。状态变量表示了系统的主体和客体、它们的安全属性以及主体与客体之间的存取权限。

(2)定义安全状态的条件。这个定义是一个不变式,它表达了在状态转换期间状态变量的数值所必须始终保持的关系。

(3)定义状态转换函数。这些函数描述了状态变量可能发生的变化。它们也被称为操作规则,因为它们的意图是限制系统可能产生的类型,而非列举所有可能的变化,而且系统不能以函数不允许的方式修改状态变量。

(4)检验函数是否维持了安全状态。为了确定模型与安全状态的定义是否一致,必须检验每项函数,要求如果系统在运行之前处于安全状态,那么系统在运行之后仍将保持在安全状态。

(5)定义初始状态。选择每个状态变量的值,这些值模拟系统在最初的安全状态中是如何启动的。

(6)依据安全状态的定义,证明初始状态安全。

4.4 机密性安全模型

4.4.1 Bell-LaPadula 模型

这里主要介绍具有代表性的 BLP 机密性安全模型。

1. 模型介绍

Bell-LaPadula 模型(简称 BLP 模型)是 D. Elliott Bell 和 Leonard J. LaPadula 于

1973 年提出的一种适用于军事安全策略的计算机操作系统安全模型,它是最早,也是最常用的一种计算机多级安全模型之一。

在 BLP 模型中将主体定义为能够发起行为的实体,如进程;将客体定义为被动的主体行为承担者,如数据、文件等;将主体对客体的访问分为 r(只读)、w(读写)、a(只写)、e(执行)以及 c(控制)等访问模式,其中 c(控制)是指该主体用来授予或撤销另一主体对某一客体的访问权限的能力。BLP 模型的安全策略包括两部分:自主安全策略和强制安全策略。自主安全策略使用一个访问矩阵表示,访问矩阵第 i 行第 j 列的元素 M_{ij} 表示主体 S_i 对客体 O_j 的所有允许的访问模式,主体只能按照在访问矩阵中被授予的对客体的访问权限对客体进行相应的访问。强制安全策略包括简单安全特性和 * 特性,系统对所有的主体和客体都分配一个访问类属性,包括主体和客体的密级和范畴,系统通过比较主体与客体的访问类属性控制主体对客体的访问。

BLP 模型是一个状态机模型,它形式化地定义了系统、系统状态以及系统状态间的转换规则;定义了安全概念;制定了一组安全特性,以此对系统状态和状态转换规则进行限制和约束,使得对于一个系统而言,如果它的初始状态是安全的,并且所经过的一系列规则转换都保持安全,那么可以证明该系统的终了也是安全的。

2. 模型元素

为了对访问控制机制进行形式化阐述,Bell-LaPadula 模型从形式化的角度出发,对模型中涉及的元素进行了数学形式上的定义。

1) 模型元素的含义

表 4-1 给出了 BLP 模型中定义的部分元素及相应的说明。

表 4-1 BLP 模型中定义的部分元素及相应的说明

元素集	元 素	说 明
S	$\{S_1, S_2, \cdots, S_n\}$	主体:进程等
S'	S 的子集	受 * 特性控制的主体
S_T	$S-S'$	可信主体
O	$\{O_1, O_2, \cdots, O_m\}$	客体:数据,文件等
C	$\{C_1, C_2, \cdots, C_q\}$ 其中 $C_1 > C_2 > \cdots > C_q$	密级
K	$\{K_1, K_2, \cdots, K_r\}$	范畴
L	$\{L_1, L_2, \cdots, L_p\}$ 其中 $L_l = (C_j, K)$	安全级
A	$\{r, w, e, a\}$	访问属性
RA	$\{g, r\}$	请求元素: g: get, give r: release, rescind

元素集	元　素	说　明
R	$\bigcup_{1\leqslant i\leqslant 5} R^{(i)}$，其中 $R^{(1)}=RA\times S\times O\times A$ $R^{(2)}=S\times RA\times S\times O\times A$ $R^{(3)}=RA\times S\times O\times L$ $R^{(4)}=S\times O$ $R^{(5)}=S\times L$	请求： $R^{(1)}$：请求 get-/release-访问 $R^{(2)}$：请求 give-/rescind-访问 $R^{(3)}$：请求产生一个新的客体 $R^{(4)}$：请求删除一个客体 $R^{(5)}$：请求改变安全级
D	$\{yes,\ no,\ error,\ ?\}$	判定
T	$\{1,2,\cdots,t,\cdots\}$	时刻
F	$F\subseteq L^S\times L^O\times L^S$ 任意一元素记为 $f=(f_s,f_o,f_c)$	访问类函数 f_s：主体安全级函数 f_o：客体安全级函数 f_c：主体当前安全级函数
X	R^T，其中 X 中的任意一元素记为 x	请求序列
Y	D^T，其中 Y 中的任意一元素记为 y	判定序列
M	$\{M_1,\ M_2,\cdots,\ M_c\}$	访问矩阵
V	$P(S\times O\times A)\times M\times F\times H$ V 中的任意一元素记为 v	状态
Z	V^T，其中 Z 中的任意一元素记为 z	状态序列

2) 系统状态表示

状态是系统中元素的表示形式，它由主体、客体、访问属性、访问矩阵以及标识主体和客体的访问类属性的函数组成。状态 $v\in V$ 由一个有序的四元组 (b,M,f,H) 表示，其中：

$b\subseteq(S\times O\times A)$　表示在某个特定的状态下，哪些主体以何种访问属性访问哪些客体，其中 S 是主体集，O 为客体集，$A=\{r,w,a,e\}$ 是访问属性集；

M　表示访问矩阵，其中元素 $M_{ij}\subseteq A$ 表示主体 S_i 对客体 O_j 具有的访问权限；

$f\in F$　表示访问类函数，记作 $f=(f_s,f_o,f_c)$，其中 f_s 表示主体的安全级函数（包括主体的密级 $f_1(S)$ 和范畴 $f_3(S)$）；f_c 表示主体当前有安全级函数（包括主体的密级 $f_{1c}(S)$ 和范畴 $f_{3c}(S)$）；f_o 表示客体的安全级函数（包括客体的密级 $f_2(O)$ 和范畴 $f_4(O)$）；

H　表示当前的层次结构，即当前客体的树状结构，$O_j\in H(O)$ 表示在此树状结构中，O_j 为叶子结点，O 为父结点。元素 H 在 $H\subseteq(PO)^O$（其中 PO 表示 O 的幂子集）中，iff

- $O_i\neq O_j\Rightarrow H(O_i)\bigcap H(O_j)=\phi$；
- 不存在集合 $\{O_1,O_2,\cdots,O_w\}$ 使得对每一个 $r,1\leqslant r\leqslant w$，使得 $O_{r+1}\in H(O_r)$，且 $O_{w+1}\equiv O_1$。

3) 安全系统的定义

定义规则 ρ 为函数 $\rho:R\times V\to D\times V$，对规则的解释为，给定一个请求和一个状态，规

则 ρ 决定系统产生的一个响应和下一状态。其中 R 为请求集，V 为状态集，D 为判定集 $\{yes，no，error，?\}$，yes 表示请求被执行，no 表示请求被拒绝，error 表示有多个规则适用于这一请求-状态对，? 表示规则 ρ 不能处理此请求。设 $\omega=\{\rho_1，\rho_2，\cdots，\rho_s\}$ 是相对于 R，D，V 的一组规则集，关系 $W(\omega)\subseteq R\times D\times V\times V$ 定义为：

$$(R_k，D_m，v^*，v)\in W(\omega)，iff D_m\neq? \text{ 并且存在唯一的 } i,1\leqslant i\leqslant s，\text{使得}(D_m，v^*)=\rho_i(R_k，v);$$

系统 $\Sigma(R，D，W，z_0)\subset X\times Y\times Z$ 定义为 $(x，y，z)\in\Sigma(R，D，W，z_0)$，iff 对每一个 $t\in T,(x_t，y_t，z_t，z_{t-1})\in W$，其中 z_0 是初始状态；系统 $\Sigma(R，D，W，z_0)$ 是一安全系统，iff 系统的每一个状态 $(z_0，z_1，\cdots，z_n)$ 均为安全状态。

3. 模型的几个重要公理

为了解释什么样的状态是一个安全状态，什么样的系统是一个安全系统，BLP 模型制定了一组安全公理(特性)。

1) 简单安全性(Simple-Security Property)

状态 $v=(b，M，f，H)$ 满足简单安全性(ss-property)，iff 所有的

$$S\in S\Rightarrow[(O\in b(S:\underline{r},\underline{w}))\Rightarrow(f_s(S)\triangleright f_o(O))]$$

其中，符号 $\triangleright$ 表示前者支配后者，即 $(f_1(S)>f_2(O)，f_3(S)\supseteq f_4(O))$；$b(S:x_1,x_2,\cdots,x_n)$ 表示 b 中主体 S 对其具有访问权限 $x_i(1\leqslant i\leqslant n)$ 的所有客体集合。

2) * 特性(* property)

如前所述，S' 是 S 的一个子集，状态 $v=(b，M，f，H)$ 满足相对于 S' 的 * 特性(记为 * property rel S')，iff 所有的

$$S\in S'\Rightarrow\begin{cases}(O\in b(S:\underline{a}))\Rightarrow(f_o(O)\triangleright f_c(S))\\(O\in b(S:\underline{w}))\Rightarrow(f_o(O)=f_c(S))\\(O\in b(S:\underline{r}))\Rightarrow(f_c(S)\triangleright f_o(O))\end{cases}$$

3) 自主安全性(Discretionary-Security)

状态 $v=(b，M，f，H)$ 满足自主安全性，iff 所有的 $(S_i，O_j，\underline{x})\in b\Rightarrow\underline{x}\in M_{ij}$。

4) 兼容性公理(Compatibility)

状态 $v=(b，M，f，H)$ 满足兼容性，iff 所有的 $O\in O$，有 $O_1\in H(O)\Rightarrow f_o(O_1)\triangleright f_o(O)$。

4. 状态转换规则

如前所述，规则 ρ 定义为函数 $\rho:R\times V\rightarrow D\times V$。规则 ρ 保持系统安全状态，iff 所有的 $\rho(R_k，v)=(D_m，v^*)$，均有

v 是安全状态 $\Rightarrow v^*$ 是安全状态。即：

(1) 规则 ρ 保持简单安全性，即对所有的 $\rho(R_k，v)=(D_m，v^*)$，均有

v 保持简单安全性 $\Rightarrow v^*$ 也保持简单安全性。

(2) 规则 ρ 保持 * 特性，即对所有的 $\rho(R_k，v)=(D_m，v^*)$，均有

v 保持 * 特性 $\Rightarrow v^*$ 也保持 * 特性。

(3) 规则 ρ 保持自主安全性，即对所有的 $\rho(R_k，v)=(D_m，v^*)$，均有

v 保持自主安全性 $\Rightarrow v^*$ 也保持自主安全性。

模型共定义了 11 条安全状态转换规则,具体描述如下:

规则 1(R1) 表示主体对客体请求"只读"访问:get-read。

【定义域】

$$R_k = (g, S_i, O_j, \underline{r}) \in R^{(1)} \quad (R_i \text{ 的定义域记为 } \mathrm{dom}(R_i))$$

* 特性函数:

$$*1(R_k, v) = \mathrm{true} \Leftrightarrow f_c(S_i) \triangleright f_o(O_j)$$

【规则】

$$R1(R_k, v) = \begin{cases} (?, v), & \text{如果 } R_k \notin \mathrm{dom}(R1) \\ (\mathrm{yes}, (b \cup (S_i, O_j, \underline{r}), M, f, H)), & \text{如果 } [R_k \in \mathrm{dom}(R1)] \,\&\, [\underline{r} \in M_{ij}] \\ & \&\, [f_s(S_i) \triangleright f_o(O_j)] \\ & \&\, [S_i \in S_T \text{ or } *1(R_k, v)] \\ (\mathrm{no}, v), & \text{其他} \end{cases}$$

【规则解释】

当符合以下条件时,主体 S_i 可以对客体 O_j 进行"只读"访问:

- 主体 S_i 的访问属性中有对客体的"只读"权限;
- 主体的安全级支配客体的安全级;
- 主体是可信主体或主体当前的安全级支配客体的安全级。

规则 2(R2) 表示主体对客体请求"只写"访问:get-append。

【定义域】

$$R_k = (g, S_i, O_j, \underline{a}) \in R^{(1)}$$

* 特性函数:

$$*2(R_k, v) = \mathrm{true} \Leftrightarrow f_o(O_j) \triangleright f_c(S_i)$$

【规则】

$$R2(R_k, v) = \begin{cases} (?, v), & \text{如果 } R_k \notin \mathrm{dom}(R2) \\ (\mathrm{yes}, (b \cup (S_i, O_j, \underline{r}), M, f, H)), & \text{如果 } [R_k \in \mathrm{dom}(R2)] \,\&\, [\underline{a} \in M_{ij}] \\ & \&\, [S_i \in S_T \text{ or } *2(R_k, v)] \\ (\mathrm{no}, v), & \text{其他} \end{cases}$$

【规则解释】

当符合以下条件时,主体 S_i 可以对客体 O_j 进行"只写"访问:

- 主体 S_i 的访问属性中有对客体的"只写"权限;
- 主体是可信主体或客体的安全级支配主体当前的安全级。

规则 3(R3) 表示主体对客体请求"执行"访问:get-execute。

【定义域】

$$R_k = (g, S_i, O_j, \underline{e}) \in R^{(1)}$$

* 特性函数:

$$*3(R_k, v) = \mathrm{true}$$

【规则】

$$R3(R_k,v) = \begin{cases} (?,v), & \text{如果 } R_k \notin \text{dom}(R3) \\ (\underline{\text{yes}},(b \bigcup (S_i,O_j,\underline{r}),M,f,H)), & \text{如果 } [R_k \in \text{dom}(R3)] \,\&\, [e \in M_{ij}] \\ (\text{no},v), & \text{其他} \end{cases}$$

【规则解释】

当符合以下条件时,主体 S_i 可以对客体 O_j 进行"执行"访问:

主体 S_i 的访问属性中有对客体的"执行"权限。

规则 4(R4) 表示主体对客体请求"读写"访问:get-write。

【定义域】

$$R_k = (g,S_i,O_j,\underline{w}) \in R^{(1)}$$

*特性函数:

$$*4\,(R_k,v) = \text{true} \Leftrightarrow f_c(S_i) = f_o(O_j)$$

【规则】

$$R4(R_k,v) = \begin{cases} (?,v), & \text{如果 } R_k \notin \text{dom}(R4) \\ (\text{yes},(b \bigcup (S_i,O_j,\underline{r}),M,f,H)), & \text{如果 } [R_k \in \text{dom}(R4)] \,\&\, [w \in M_{ij}] \\ & [f_s(S_i) \triangleright f_o(O_j)] \,\& \\ & [S_i \in S_T \text{ or } *4(R_k,v)] \\ (\text{no},v), & \text{其他} \end{cases}$$

【规则解释】

当符合以下条件时,主体可以对客体进行"读写"访问:

- 主体 S_i 的访问属性中有对客体的"读写"权限;
- 主体 S_i 的安全级支配客体的安全级;
- 主体为可信主体或主体的当前安全级等于客体的安全级。

规则 5(R5) 表示主体释放对客体访问属性:release-read/execute/write/append。

【定义域】

$$R_k = (r,S_i,O_j,\underline{x}) \in R^{(1)} \quad \underline{x} \in A$$

*特性函数:

$$*5\,(R_k,v) = \text{true}$$

【规则】

$$R5(R_k,v) = \begin{cases} (\text{yes},(b-(S_i,O_j,\underline{x}),M,f,H)), & \text{如果 } [R_k \in \text{dom}(R5)] \\ (?,v), & \text{其他} \end{cases}$$

【规则解释】

如果请求不在定义域范围内,则不会发生状态的变化(?);否则,将从主体 S_i 的访问属性中去除对客体 O_j 的 x 访问属性。

规则 6(R6) 表示授予另一主体对客体访问属性:give-read/execute/write/append。

【定义域】

$$R_k = (S_\lambda,g,S_i,O_j,\underline{x}) \in R^{(2)} \quad \underline{x} \in A$$

*特性函数:

$$* 6\,(R_k,v) = \text{true}$$

【规则】

$$R6(R_k,v) = \begin{cases} (?,v), & \text{如果 } R_k \notin \text{dom}(R6) \\ (\text{yes},(b,M\backslash M_{ij}\bigcup\{\underline{x}\},f,H)), & \text{如果}[R_k \in \text{dom}(R6)]\ \& \\ & [<[O_j \neq O_R]\&\cdot[O_{s(j)} \neq O_R] \\ & \&[O_{s(j)} \in b(S_\lambda:\underline{w})]> \text{ or} \\ & <[O_{s(j)} = O_R]\&[\text{GIVE}(S_\lambda,O_j,v)]> \text{ or} \\ & <[O_j = O_R]\&[\text{GIVE}(S_\lambda,O_R,v)]>]; \\ (\text{no},v), & \text{其他} \end{cases}$$

其中, $O_{s(j)}$ 表示 O_j 的父结点; 表达式 $\text{GIVE}(S_\lambda,O_k,v)$ 为真, iff $O_k = O_R$ 或 $O_{s(k)} = O_R$ 时, S_λ 在状态 v 下能够授予对 O_k 的访问权; 符号 $A\backslash B$ 表示命题 A 中的元素 B 进行了相应的修改, 如此命题中即表示"访问矩阵 $\boldsymbol{M}$ 中的元素 M_{ij} 以元素 $M_{ij}\bigcup\{x\}$ 代替"。

【规则解释】

当符合以下条件时, 主体 S_λ 可以授予另一主体 S_i 对客体 O_j 的访问权限:

- 客体 O_j 不是层次树的根结点, 主体 S_λ 的访问属性中有对 O_j 的父结点 $O_{s(j)}$ 的"读写"权限;
- 客体 O_j 是层次树的根结点, 并且主体 S_λ 有权在当前状态下授予对 O_j 的访问权。

规则 7（R7）　表示撤销另一主体对客体访问属性: rescind-read/execute/write/append。

【定义域】

$$R_k = (S_\lambda,r,S_i,O_j,\underline{x}) \in R^{(2)} \quad x \in A$$

＊特性函数:

$$* 7(R_k,v) = \text{true}$$

【规则】

$$R7(R_k,v) = \begin{cases} (?,v), & \text{如果 } R_k \notin \text{dom}(R7) \\ (\text{yes},(b - (S_i,O_j,\underline{x}), & \text{如果 } [R_k \in \text{dom}(R7)]\ \& \\ M\backslash M_{ij} - \{\underline{x}\},f,H)), & [<[O_j \neq O_R]\&\cdot[O_{s(j)} \in b(S_\lambda:\underline{w})]> \text{ or} \\ & <[O_j = O_R]\&[\text{RESCIND}(S_\lambda,O_j,v)]>] \\ (\text{no},v), & \text{其他} \end{cases}$$

其中, 表达式 $\text{RESCIND}(S_\lambda,O_k,v)$ 为真, iff: S_λ 在状态 v 下能够撤销对 O_k 的访问权。

【规则解释】

当符合以下条件时, 主体可以授予另一主体对客体的访问权限:

- 客体 O_j 不是层次树的根结点, 并且主体 S_λ 的访问属性中有对 O_j 的父结点 $O_{s(j)}$ 的"读写"权限;
- 客体 O_j 是层次树的根结点, 并且主体 S_λ 有权在当前状态下撤销对 O_j 的访问权。

规则 8（R8）　表示创建一客体（保持兼容性）: create-object。

【定义域】

$$R_k = (g, S_i, O_j, L_u) \in R^{(3)}$$

＊特性函数：

$$*8(R_k, v) = \text{true}$$

【规则】

$$R8(R_k, v) = \begin{cases} (?, v), & \text{如果 } R_k \notin \text{dom}(R8) \\ (\text{yes}, (b, M, f \backslash f_o \leftarrow f_o \bigcup & \text{如果 } [R_k \in \text{dom}(R8)] \, \& \\ (O_{\text{NEW}(H)}, L_u), H \bigcup (O_j, O_{\text{NEW}(H)}))), & [O_j \in b(S_i : \underline{w}, \underline{a})] \, \& \\ & [L_u \triangleright f_o(O_j)] ; \\ (\text{no}, v), & \text{其他} \end{cases}$$

【规则解释】

当符合以下条件时，主体 S_i 可以创建安全级为 L_u，父结点为 O_j 的客体 $O_{\text{NEW}(H)}$，即 $O_{\text{NEW}(H)} \in H(O_j)$：

- 主体 S_i 当前可以"读写"权限或"只写"权限访问客体 O_j；
- 安全级 L_u 支配客体 O_j 的安全级。

规则 9（R9） 表示删除一组客体：delete-object-group。

【定义域】

$$R_k = (S_i, O_j) \in R^{(4)}$$

＊特性函数：

$$*9(R_k, v) = \text{true}$$

【规则】

$$R9(R_k, v) = \begin{cases} (?, v), & \text{如果 } R_k \notin \text{dom}(R9) \\ (\text{yes}, (b - \text{ACCESS}(O_j), & \text{如果}[R_k \in \text{dom}(R9)] \\ M \backslash M_{uw} \leftarrow \varphi : 1 \leqslant u \leqslant n, & \& \, [O_j \neq O_k] \\ O_w \in \text{INFERIOR}(O_j), & \& [O_{s(j)} \in b(S_i : \underline{w})] ; \\ f, H - \text{SUBTREE}(O_j), & \\ (\text{no}, v), & \text{其他} \end{cases}$$

其中，$\text{INFERIOR}(O_j)$ 指 O_j 的所有子结点，包括 O_j 本身；$\text{SUBTREE}(O_j)$ 指 O_j 的所有有儿子的子结点；$\text{ACCESS}(O_j)$ 指对 O_j 的访问权，即 $(S \times \text{INFERIOR}(O_j) \times A) \bigcap b$。

【规则解释】

当符合以下条件时，主体 S_i 可以删除客体 O_j（包括下面的所有客体）：

主体 S_i 当前对客体 O_j 的父结点 $O_{s(j)}$ 有"读写"权限并且客体 O_j 不是根结点。

规则 10（R10） 表示改变主体当前安全级：change-subject-current-security-level。

【定义域】

$$R_k = (S_i, L_u) \in R^{(5)}$$

＊特性函数：

$$*10(R_k, v) = \text{true} \Leftrightarrow \begin{array}{l} [O_j \in b(S_i : \underline{a}) \Rightarrow f_o(O_j) \triangleright L_u] \, \& \\ [O_j \in b(S_i : \underline{w}) \Rightarrow L_u = f_o(O_j)] \, \& \\ [O_j \in b(S_i : \underline{r}) \Rightarrow L_u \triangleright f_o(O_j)] \end{array}$$

【规则】

$$R10(R_k,v) \equiv \begin{cases} (?,v), & \text{如果 } R_k \notin \mathrm{dom}(R10) \\ (yes,(b,M,f\backslash f_c(S_i) \leftarrow L_u,H)), & \text{如果 } [R_k \in \mathrm{dom}(R10)] \\ & \& \ [f_s(S_i) \rhd L_u] \\ & \& [S_i \in S_T \text{ or } *10(R_k,v)] \\ (no,v), & \text{其他} \end{cases}$$

【规则解释】

当符合以下条件时,主体 S_i 可以改变其当前的安全级至 L_u:

- 主体 S_i 是可信主体,或它的安全级被改变为 L_u,且导致的状态满足 $*$ 特性;
- 主体 S_i 的安全级支配 L_u。

规则 11(R11) 表示改变客体的安全级:change-object-security-level。

【定义域】

$$R_k = (r,S_i,O_j,L_u) \in R^{(3)}$$

$*$ 特性函数:

$$*11(R_k,v) = \text{true} \Leftrightarrow \text{for each } S_\lambda \in S' \begin{bmatrix} [(S_\lambda,O_j,\underline{a}) \in b \Rightarrow L_u \rhd f_c(S_\lambda)] \ \& \\ [(S_\lambda,O_j,\underline{w}) \in b \Rightarrow f_c(S_\lambda) = L_u] \ \& \\ [(S_\lambda,O_j,\underline{r}) \in b \Rightarrow f_c(S_\lambda) \rhd L_u] \end{bmatrix}$$

【规则】

$$R11(R_k,v) = \begin{cases} (?,v), & \text{如果 } R_k \notin \mathrm{dom}(R11) \\ (yes,(b,M,f\backslash f_o(O_j) & \text{如果}[R_k \in \mathrm{dom}(R11)] \ \& \\ \leftarrow L_u,H)), & [<S_i \in S_T \ \& \ f_c(S_i) \rhd f_o(O_j)> \text{ or} \\ & <f_c(S_i) \rhd L_u \rhd f_o(O_j)>] \\ & \& \ [\text{for each } S \in S[(O_j \in b(S:\underline{r},\underline{w})) \\ & \Rightarrow (f_s(S) \rhd L_u)]] \\ & \& \ [*11(R_k,v)] \ \& \ [\mathrm{COMPAT}(v,O_j,L_u)] \\ & \&[\mathrm{CHANGE}(v,O_j,L_u)]; \\ (no,v), & \text{其他} \end{cases}$$

其中,$\mathrm{COMPAT}(v,O_j,L_u) = \text{true} \Leftrightarrow$ 对任意的 $O_w \in H(O_j)$,有:

$$[L_u \rhd f_o(O_{s(j)}) \ \& \ f_o(O_w) \rhd L_u];$$

$\mathrm{CHANGE}(v,O_j,L_u) = \text{true} \Leftrightarrow S_i$ 有权改变 O_j 的安全级。

【规则解释】

当符合以下条件时,主体 S_i 可以改变客体 O_j 的安全级至 L_u:

- S_i 是可信主体并且其当前安全级支配客体 O_j 的安全级或主体 S_i 的安全级支配 L_u,而 L_u 又支配客体 O_j 的安全级;
- 如果有主体 S 当前正以“只读”或“读写”模式访问客体 O_j,那么应保证该主体 S 的当前安全级支配 L_u;
- 客体 O_j 的安全级被改变为 L_u 且导致的状态满足 $*$ 特性;

- 客体 O_j 的安全级被改变为 L_u 且导致的状态满足兼容性;
- 主体 S_i 有权改变客体 O_j 的安全级。

5. 模型的几个重要定理

BLP 模型为了证明系统为安全状态及转换规则保持安全状态,证明了 10 个重要的定理:

定理 4-4.1 对每一个初始状态 z_0,系统 $\sum(R,D,W,z_0)$ 满足简单安全特性 iff

对每一个行为 $(R_i,D_j,(b^*,M^*,f^*,H^*),(b,M,f,H))$,关系 $W(\omega)$ 满足;

对任意 $(S,O,\underline{x}) \in b^* - b$ 满足相对于 f^* 的简单安全性(ssc rel f^*);

对任意 $(S,O,\underline{x}) \in b$ 不满足相对于 f^* 的简单安全性的不在 b^* 内。

定理 4-4.2 对每一个满足相对于 S' 的 $*$ 特性的初始状态 z_0,系统 $\Sigma(R,D,W,z_0)$ 满足相对于 S' 的 $*$ 特性 iff 对每一个行为 $(R_i,D_j,(b^*,M^*,f^*,H^*),(b,M,f,H))$,关系 $W(\omega)$ 满足:

对任意的 $S \in S'$,有:
$$
\begin{cases}
O \in (b^* - b)(S:\underline{a}) \Rightarrow f_o^*(O) \rhd f_c^*(S) \\
O \in (b^* - b)(S:\underline{w}) \Rightarrow f_o^*(O) = f_c^*(S) \\
O \in (b^* - b)(S:\underline{r}) \Rightarrow f_c^*(S) \rhd f_o^*(O)
\end{cases}
$$

对任意的 $S \in S'$,有:
$$
\begin{cases}
O \in (b^* - b)(S:\underline{a}) \ \& \ f_o^*(O) \not\rhd f_c^*(S) \Rightarrow O \notin b^*(S,\underline{a}) \\
O \in (b^* - b)(S:\underline{w}) \ \& \ f_o^*(O) \neq f_c^*(S) \Rightarrow O \notin b^*(S,\underline{w}) \\
O \in (b^* - b)(S:\underline{r}) \ \& \ f_o^*(O) \not\rhd f_c^*(S) \Rightarrow O \notin b^*(S,\underline{r})
\end{cases}
$$

定理 4-4.3 系统 $\sum(R,D,W,z_0)$ 满足自主安全特性,iff z_0 满足自主安全特性并且对每一个行为 $(R_i,D_j,(b^*,M^*,f^*,H^*),(b,M,f,H))$,关系 W 满足:

对任意 $(S_i,O_j,\underline{x}) \in b^* - b \Rightarrow \underline{x} \in M_{ij}^*$;

对任意 $(S_i,O_j,\underline{x}) \in b^* - b \ \& \ \underline{x} \notin M_{ij}^* \Rightarrow (S_i,O_j,\underline{x}) \notin b^*)$。

推论 4-4.1(基本安全公理) 系统 $\sum(R,D,W,z_0)$ 是一个安全系统,iff z_0 是一安全状态并且对于每一个行为(action),关系 W 满足定理 4-4.1、定理 4-4.2 和定理 4-4.3。

定理 4-4.4 假设关系 W 是一套保持简单安全性的规则并且 z_0 满足简单安全性,则系统 $\sum(R,D,W(w),z_0)$ 满足简单安全特性。

定理 4-4.5 假设关系 W 是一套保持 $*$ 特性的规则并且 z_0 满足 $*$ 特性,则系统 $\sum(R,D,W(w),z_0)$ 满足 $*$ 特性。

定理 4-4.6 假设关系 W 是一套保持自主特性的规则并且 z_0 满足自主特性,则系统 $\sum(R,D,W(w),z_0)$ 满足自主安全特性。

定理 4-4.7 若 $v=(b,M,f,H)$ 满足简单安全特性,并且 $(S,O,\underline{x}) \notin b, b^* = b \bigcup \{(S,O,\underline{x})\}$,则 $v^* = (b^*,M,f,H)$ 满足简单安全性,iff

$(\underline{x} = \underline{e} \text{ or } \underline{x} = \underline{a})$ or

$(\underline{x} = \underline{r} \text{ or } \underline{x} = \underline{w})$ and $f_s(S) \rhd f_o(O)$

定理 4-4.8 若 $v=(b,M,f,H)$ 满足相对于 $S' \subset S$ 的 $*$ 特性,并且对任意 $S \subset S'$ 并且

$(S,O,\underline{x})\notin b, b^{*}=b\bigcup\{(S,O,\underline{x})\}$，则 $v^{*}=(b^{*},M,f,H)$ 满足相对于 S' 的 $*$ 特性，iff

$$\text{if } \underline{x}=\underline{a} \text{ then } f_{o}(O)\triangleright f_{c}(S)$$

$$\text{if } \underline{x}=\underline{w} \text{ then } f_{o}(O)=f_{c}(S)$$

$$\text{if } \underline{x}=\underline{r} \text{ then } f_{c}(S)\triangleright f_{o}(O)$$

定理 4-4.9　若 $v=(b,M,f,H)$ 满足自主安全特性，且 $(S_{i},O_{j},\underline{x})\notin b, b^{*}=b\bigcup\{(S_{i},O_{j},\underline{x})\}$，则 $v^{*}=(b^{*},M,f,H)$ 满足自主安全特性，iff $\underline{x}\in M_{ij}$。

定理 4-4.10　设 ρ 为一规则并且 $\rho(R_{k},v)=(D_{m},v^{*}),v=(b,M,f,H),v^{*}=(b^{*},M^{*},f^{*},H^{*})$，则有：

如果 $b^{*}\subseteq b$，并且 $f^{*}=f$，则规则 ρ 保持简单安全性；

如果 $b^{*}\subseteq b$，并且 $f^{*}=f$，则规则 ρ 保持 $*$ 特性；

如果 $b^{*}\subseteq b$，并且对任意的 i，j 有 $M_{ij}^{*}\supseteq M_{ij}$，则规则 ρ 保持自主安全特性；

如果 $b^{*}\subseteq b,f^{*}=f$，并且对任意的 i，j 有 $M_{ij}^{*}\supseteq M_{ij}$，则规则 ρ 保持安全状态。

4.4.2　BLP 模型分析与改进

BLP 模型的安全策略包括强制存取控制和自主存取控制两部分。强制存取控制部分由简单安全特性和 $*$ 特性组成，通过安全级强制性约束主体对客体的存取；自主存取控制通过存取控制矩阵按用户的意愿进行存取控制。

多年以来，BLP 模型在建立安全系统的活动中一直占据着主导地位，包括在军事和商业界的安全操作系统、安全文件系统和安全数据库系统中均得到了广泛的应用和实践。但多数安全系统的实践表明，严格实施原型 Bell-LaPadula 模型的安全性质的系统往往是不实际的。在真实的系统中，用户可能调用某个操作会违背 $*$ 特性，但并不会违背系统的安全性，例如，一个用户可能要从一个机密性文件中摘取一节非机密性的内容，并将它应用到另一个非机密性的文件中，这种操作在严格实施 $*$ 特性的系统中是被禁止的。因此，为了保证系统的可用性，BLP 模型包含了一类可信主体，这些主体是可信的，当且仅当它们可以违背 $*$ 特性，但是不会违背系统的安全性。

但随着计算机安全理论和技术的发展，BLP 模型已不足以描述各种各样的安全需求。应用 BLP 模型的安全系统还应考虑以下几个方面的问题：

(1) 在 BLP 模型中，可信主体不受 $*$ 特性约束，访问权限太大，不符合最小特权原则，应对可信主体的操作权限和应用范围进一步细化。

例如，可以将操作系统的所有特权细分成一组细粒度的特权，$P=\{p_{1},p_{2},\cdots,p_{n}\}$，这些特权分别组成若干个特权子集，如 Ps、Pt、Pm、Pn 等。若把拥有一个特权子集可以完成的特权操作定义为"角色"，把这些"角色"赋予系统中的指定用户。这样，操作系统中就存在若干个特权用户，这些特权用户共同完成系统的特权操作。每一个特权用户（角色）都不能独自控制整个系统，且所有的特权用户操作都会被系统审计记录，审计操作是在特权用户无法干预的情况下进行的。

同样操作系统的特权操作必须拥有相应特权的用户或进程才能完成，安全内核将对特权操作进行特权检查。

(2) BLP 模型主要注重保密性控制，控制信息从低安全级传向高安全级，而缺少完整性控制，不能控制"向上写（write up）"操作，而"向上写"操作存在着潜在的问题，它不能有效地限制隐蔽通道。

例如假定在一个系统中，"向上写"是允许的，系统中的文件/data 的安全级支配进程 B 的安全级，即进程 B 对文件/data 有 MAC 写权限而没有 MAC 读权限，进程 B 可以写打开、关闭文件/data。因此，每当进程 B 为写而打开文件/data 时，总返回一个是否成功打开文件的标志信息。这个标志信息就是一个隐蔽通道，它可以导致信息从高安全级流向低安全级。即可以用来向进程 B 传递它本不能存取的信息。图 4-2 中给出了两个协作进程利用这个隐蔽通道传递敏感信息的过程：

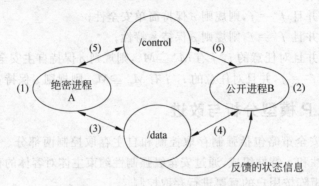

图 4-2　基于"向上写"策略的隐蔽通道

进程 A 启动一个绝密级的进程；进程 B 启动一个公开进程。

① 进程 A 创建绝密信息文件/data。

② 进程 B 打开文件/control，并写入一个字节。同时，进程 A 一直监控文件/control。当它发现/control 的长度增加时，则说明已经和进程 B 同步，可以开始发送信息了。

③ 进程 A 改变文件/data 的 DAC 存取模式。例如，若允许进程 B 写该文件，意味着进程 A 发送二进制编码 1；否则，进程要发送二进制编码 0。

④ 进程 B 试图写打开文件/data，则它将得到成功或失败两种结果信息。如果进程 B 得到的是成功的结果信息，则代表接收了二进制编码 1，进程 B 得到的是失败的结果信息，则代表接收了二进制编码 0。

⑤ 进程 B 每当接收一个二进制编码信息，则将其写入文件/control，进程 A 则通过检查文件/control 的内容，知道信息传递是否正确。

⑥ 反复③～⑤的动作，直到绝密信息全部从进程 A 传给进程 B，变成公开信息为止。

因此，大多数基于 BLP 模型实现的多级安全系统，规定只能向具有和主体安全级相同的客体写入信息，即对 BLP 模型做如下修改：

以 CLASS(S)、CLASS(O) 表示主体与客体的安全级，强制性安全策略定义为

```
if  CLASS(S)>=CLASS(O)
      then  Read(S,O) or Execute(S,O);
if  CLASS(S)=CLASS(O)
      then  Write(S,O) or Append(S,O);
```

此外，Landwehr 也曾指出 BLP 模型存在以下三方面的不足：

(1) 模型使用了与可信主体相关的安全规则，这使得人们很难确定系统执行的安全规则的确定特性，也就是说，系统真正执行的安全规则既有 BLP 的安全规则又有可信主体超越 BLP 安全规则的规则。

(2) BLP 仅处理单级客体(single-level object)，缺乏处理多级客体(mutilevel object)的相关机制，但是一些信息系统的数据对象(如硬盘)只能按多级对象处理。

(3) 没有支持应用相关的安全规则。

因此，许多基于 BLP 模型实现的多级安全系统，通过引入可信主体、为主/客体分配多个密级或一个密级范围，读写权限的严格分离等，对 BLP 模型进行改进。其中 Feiertag 等对于 BLP 模型的定义最简洁，并且被广泛采用。除了简单特性、*特性外它新定义了平稳法则、非活动客体不可存取性、新创建客体重写性。

① 平稳法则，主体不能改变活动客体的安全级；

② 非活动客体不可存取性，主体不能阅读非活动客体内容；

③ 新创建客体重写性，新创建的客体被赋予与其以前任何客体无关的初始状态。

4.5　完整性安全模型

这里主要介绍具有代表性的 Biba 完整性安全模型和 Clark-Wilson 完整性安全模型。

4.5.1　Biba 模型

1. 基本概念

BLP 模型通过防止非授权信息的扩散保证系统的安全，但它不能防止非授权修改系统信息。于是 Biba 等人在 1977 年提出了第一个完整性安全模型——Biba 模型，其主要应用类似 BLP 模型的规则来保护信息的完整性。Biba 模型也是基于主体、客体以及它们级别的概念。模型中主体和客体的概念与 BLP 模型相同，对系统中的每个主体和每个客体均分配一个级别，称为完整级别。

每个完整级别均由两部分组成：密级和范畴。其中，密级是如下分层元素集合中的一个元素：〈极重要(Crucial)(C)，非常重要(Very Important)(VI)，重要(Important)(I)〉。此集合是全序的，即 $C>VI>I$。范畴的定义与 BLP 模型类似。

完整级别形成服从偏序关系的格，此偏序关系称为支配(≤)关系。

可定义如下完整级别的支配关系：

设完整级别 $L_1=(C_1, S_1), L_2=(C_2, S_2); L_1 \geqslant L_2$ 即 L_1 支配 L_2，当且仅当 $C_1 \geqslant C_2$，且 $S_1 \supseteq S_2$。

若 $C_1>C_2, S_1 \supset S_2$，则 $L_1>L_2$。

可以类似地定义 $L_1<L_2, L_1 \leqslant L_2$。

对于给定的完整级别 L_1、L_2，若 $L_1 \geqslant L_2, L_2 \geqslant L_1$ 均不成立，则 L_1、L_2 是不可比的。

模型定义主体为系统中所有能够存取信息的主动元素，例如用户进程。系统中每个用户被分配一个完整级别,用户进程则取用户的完整级别。用户的完整级别反映用户插入、删除、修改信息的置信度。

模型定义客体为系统中所有能够响应存取要求的被动元素,例如文件、程序等。系统中每个客体也被分配一个完整级别,此完整级别反映对存储在客体中的信息的置信程度。

模型有以下四种存取方式。

(1) Modify,向客体中写信息。类似其他模型的"写"存取方式。

(2) Invoke,Invoke操作仅能用于主体。若两个主体间有Invoke权限,则允许这两个主体相互通信。

(3) Observe,从客体中读信息。类似其他模型中"读"存取方式。

(4) Execute,执行一个客体(程序)。

2. 状态转换规则

模型没有提供对授权状态的grant和revoke的管理操作,要改变授权状态,仅能通过直接修改与客体相联系的ACL完成,而安全策略规则则控制状态的改变。

Biba模型提出的不是一个唯一的安全策略,而是一个安全策略系列。每种安全策略采用不同的条件保证信息的完整性。Biba模型的安全策略可以分为两大类:非自主安全策略与自主安全策略:

1) 非自主安全策略

非自主安全策略基于主体和客体各自的安全级别,确定主体对客体可执行的存取方式。模型提供如下的非自主安全级别。

(1) 对于主体的下限标记策略(Low-Watermark Policy for Subjects)。

此策略基于以下规则:

- 一个主体能够持有对给定客体的modify存取方式,仅当此主体的完整级别支配该客体的完整级别。

- 一个主体能够持有对另一个主体的invoke存取方式,仅当第一个主体的完整级别支配第二个主体的完整级别。

- 一个主体能够持有对任何客体的observe存取方式。当主体执行了对客体的observe操作之后,主体的完整级别被置为执行存取之前主体和客体的完整级别的最小上界。

这一安全策略被称为是动态的,因为主体在对具有较低或不可比的完整级别的客体执行observe操作后,会降低本身的完整级别。

此安全策略的主要缺点是,对系统的存取可能要依赖提出存取要求的顺序。因为主体在对某些持有较低或不相容的完整级别的客体执行observe操作后,会降低自身的完整级别,这就有可能减少此主体可存取的客体集,使某些原来对主体说来是可以存取的客体在执行observe操作后变成不可存取的。这样,在observe操作后执行的某些modify或invoke操作会由于相应的客体变成不可存取的而不能执行。

(2) 对于客体的下限标记策略(Low-Watermark Policy for Objects)。

此策略基于以下规则:

一个主体能够对具有任何完整级别的客体持有 modify 存取方式。当主体执行了对客体的 modify 操作后,客体的完整级别被置为执行存取前主体和客体的完整级别的最大下界。

这一安全策略也被称为是动态的,因为被执行 modify 操作的客体有可能改变其完整级别。此策略不是防止主体 modify 持有更高的或不可比的完整级别的客体,而是降低被执行 modify 操作的客体的完整级别。

此安全策略的主要缺点是允许不恰当的 modify 存取降低客体的完整级别,使信息完全暴露并很容易泄露,而且信息由高完整级别变为低完整级别后也是不能恢复的。

(3) 下限标记完整审计策略(Low-Watermark Integrity Audit Policy)。

此策略基于如下规则:

一个主体能够 modify 具有任何完整级别的客体。如果一个主体 modify 一个具有更高或不可比的完整级别的客体,这一违反安全的操作将被记录在审计追踪记录中。

这一策略是对于客体的下限标记策略的一个变种,只是在此策略中客体的完整级别是固定的。像前一个策略一样,这一策略并没有防止对信息的不恰当的 modify,只是使这类存取显示化。客体实际的完整级别或当前的损坏的级别可以通过检查审计追踪记录计算出来。这一策略的缺点是允许对客体的不恰当的 modify 操作。

(4) 环策略(Ring Policy)。在这一策略中,主体和客体的完整级别在其生命周期中均是固定的。此策略基于以下规则:

- 一个主体能够持有对另一客体的 modify 存取方式,仅当此主体的完整级别支配客体的完整级别。
- 一个主体可以对另一个主体持有 invoke 存取方式,仅当第一个主体的完整级别支配第二个主体的完整级别。
- 主体对具有任何完整级别的客体均能够持有 observe 存取方式。

这一策略防止主体 modify 具有更高或不可比完整级别的客体。然而,由于 observe 存取是非受限的,仍可能发生不恰当的 modify 操作。如一个具有高完整级别的主体能够 observe 一个具有较低完整级别的客体,然后 modify 具有自己安全级别的客体,这样信息就从低完整级别流向高或不可比完整级别。为了避免这种情况,主体在使用来自低完整级别客体的数据时要十分小心。

(5) 严格完整性策略(Strict Integrity Policy)。

此策略基于以下规则:

- 完整性星规则(Inetgrity * Property) 一个主体能够对一个客体持有 modify 存取方式,仅当主体的完整级别支配客体的完整级别;
- 调用规则(Invocation Property) 一个主体能够对另一个主体持有 invoke 存取方式,仅当第一个主体的完整级别支配第二个主体的完整级别;
- 简单完整条件(Simple Integrity Condition) 一个主体能够对一个客体持有 observe 存取方式,仅当客体的完整级别支配主体的完整级别。

此策略是 BLP 模型的安全策略用于完整性问题的版本。前两个规则类似 BLP 模型的安全规则和星规则,只是完整级别间的关系是相反的。由于 Biba 模型中没有考虑

append 存取方式,主体的完整级别也是唯一的,使其星规则得到简化。

严格完整策略防止信息从低完整级别客体向高或不可比完整级别客体传递,保证信息流仅是 observe 和 modify 存取的结果。

严格完整策略规则可总结为两个基本规则:No Read-Down 完整规则和 No Write-Up 完整规则。

2)自主安全策略

Biba 模型考虑了如下不同的自主存取控制策略。

(1)存取控制列表(Access Control List)。对每个客体分配一个存取控制列表,指明能够存取此客体的主体和每个主体能够对此客体执行的存取方式。客体的存取控制列表可以被对此客体持有 modify 存取方式的主体修改。

(2)客体层次结构(Object Hierarchy)。模型将客体组织成层次结构,此层次结构是一棵带根的树。一个客体的先驱结点是从此客体结点到根的路径上的结点。若一个主体要存取一个客体则必须对此客体的所有先驱结点持有 observe 存取方式。

(3)环(Ring)。对每个主体分配一个权限属性,称为环。环是数字的,低数字的环表示高的权限。

此策略要求以下规则成立:

- 一个主体仅在环允许的范围中能够对客体持有 modify 存取方式。
- 一个主体仅在环允许的范围中能够持有对另一个具有更高权限的主体的 invoke 存取方式。一个主体能够对任何具有较低或相同权限的主体持有 invoke 存取方式。
- 一个主体仅在环允许的范围内持有对客体的 observe 存取方式。

3. Biba 模型分析

基于 Biba 模型的完整性存取控制方案认为在一个系统中完整性策略的主要目标是用以防止对系统数据的非授权修改,从而达到对整个系统数据完整性进行控制的目的,对于职责隔离目标,则是通过对存取类的恰当划分方案来实现的。Biba 完整性模型努力去实现与 Bell 和 LaPadula 所定义的机密性分级数据安全相类似的完整性分级数据安全。Biba 定义了一个与 BLP 模型完全相反的模型,在 Biba 模型中声称数据项存在于不同的完整级上,文件的完整性级别标签确定其内容的完整性程度,并且系统应防止的完整级低的数据污染高完整级的数据,特别是一旦一个程序读取了低完整级数据,系统就禁止其写高完整级的数据。但当要把保密性和完整性一同考虑时,必须注意不要混淆保密性存取类和完整性存取类,其是两个相互独立的量,互相之间没有关系。例如,利用从公共通讯录区域获得的通信程序来显示绝密数据,该程序所在进程的完整性级别是较低的但却有较高的秘密性级别,使用该程序可能输出错误的结果,但是该程序不会违反机密性要求。

Biba 模型的优势在于其简单性以及和 BLP 模型相结合的可能性。对于前者由于Biba 的严格完整性策略是 BLP 机密性策略的对偶,所以它的实现是直观的和易于理解的。而后者则是基于 Biba 模型和 BLP 模型的相似性,认为 Biba 模型可以比较容易地与BLP 模型相结合用以产生集机密性和完整性于一体的一体化安全模型,Lipner[12] 声称已在格模型中实现了机密格和完整格的结合。

Biba 模型的不足之处主要在于以下几点：

首先，是完整标签确定的困难性。由于 BLP 机密性策略可以与政府分级机制完美结合，所以很容易确定机密性标签的分级和范畴，但是对于完整性的分级和分类一直没有相应的标准予以支持。

其次，由于 Biba 模型最主要的完整性目的是用以保护数据免受非授权用户的恶意修改，同时其认为内部完整性威胁应该通过程序验证来解决，但在该模型中并没有包括这个要求，因此 Biba 模型在有效保护数据一致性方面是不充分的。

最后，对于 Biba 模型和 BLP 模型的结合，Gasser 认为虽然这种实现机密性和完整性的方式在原理上是简单的，但是由于许多应用的内在复杂性，使得人们不得不通过设置更多的范畴来满足这些复杂应用在机密性和完整性方面的需求，这些不同性质的范畴在同时满足安全性和完整性目标方面是难以配合使用的，特别当保密性和完整性都受到充分的重视后，就很容易出现进程不能存取任何数据的局面。另一方面，Fred Cohen 已经证明即使一个已经实现了 BLP 模型和 Biba 模型的系统也是不能抵御病毒攻击的。

由于上述几方面的不足，使得 Biba 模型仅在 Multics 和 VAX 等少数几个系统中实现。因此无论是依据 Biba 模型来有效实现系统完整性存取控制，或者把完整性和机密性相结合方面，Biba 模型都是难以满足实际系统真正的需求。

4.5.2 Clark-Wilson 完整性模型

在商务环境中，1987 年 David Clark 和 David Wilson 所提出的完整性模型具有里程碑的意义，它是完整意义上的完整性目标、策略和机制的起源，在他们的论文中，为了体现用户完整性，他们提出了职责隔离目标；为了保证数据完整性，他们提出了应用相关的完整性验证进程；为了建立过程完整性，他们定义了对于转换过程的应用相关验证；为了约束用户、进程和数据之间的关联，他们使用了一个三元组结构。

Clark-Wilson 模型的核心在于以良构事务（well-formal transaction）为基础实现在商务环境中所需的完整性策略。良构事务的概念是指一个用户不能任意操作数据，只能用一种能够确保数据完整性的受控方式来操作数据。为了确保数据项（data items）仅仅能被良构事务来操作，首先得确认一个数据项仅仅能被一组特定的程序来操作，而且这些程序都能被验证是经过适当构造，并且被正确安装和修改。

1. 完整性机制和强制存取控制机制

在 C-W 模型中控制数据完整性的主要方法有两个：

(1) 良构事务（the well-formal transaction）；

(2) 雇员之间的任务分隔。

良构事务的概念是指一个用户不能任意操作数据，只能用一种能够确保数据完整性的受限方式来操作数据。为了确保数据项（data items）仅仅只能被良构事务来操作，首先确认一个数据条目仅仅只能被一组特定的程序来操作，而且这些程序都能被验证是经过适当构造，并且被正确安装和修改的。

完整性机制和强制存取控制的差别：

（1）在完整性控制中，没必要给每一个数据项都关联一个特定的完整性安全级，而仅仅是一个许可执行它的程序集。

（2）一个用户并没有给授权去直接读或写确定的数据项，而是通过执行程序来影响这些数据。

这种机制上的差别是根本性的，在橘皮书所描述的控制中，一个用户是被其所能读写什么样的数据项来限定的，如果他被授权写一个特定的数据项，则他可以用任何他所选择的方式来执行这个写操作。但在商业完整性控制中，用户对数据项的影响是隐式地通过良构事务来实现的，用户读写数据的方式是隐含在这些程序的动作中。

之所以军事安全并不常用于商业系统的原因在于商业系统并不把机密性安全作为核心功能而去设计为系统的基本特性。但在商务系统中也存在的强制存取控制要求，主要体现在：系统用户不能够修改被允许操作一个特定数据上的程序列表，或者修改执行一个程序的用户列表。在商用完整性环境中，应用的拥有者和由数据处理组织所实现的通用控制机制来负责确保所有的程序都是良构事务。但在军用环境中，则有一个独立的职员来负责授予用户执行某个程序的权限，系统主要还要确保用户无法积累这些权限。

就强制控制而言，军用系统和商用系统所采用的机制是很不相同的。军用强制控制主要用以实施分级的正确设置，而商用强制控制实施则用以实现良构事务和任务隔离模型的规则。当构造一个计算机系统去支持这些机制时，所采用的工具显然是十分不同的。

2. Clark-Wilson 完整性模型

模型中 CDIs、UDIs、IVPs 和 TPs 分别代表受控数据项、非受控数据项、完整性验证过程和变换过程。Clark-Wilson 模型中的完整性保证是一个两段式过程：由安全官员、系统所有者和关于一个完整性策略的系统管理员来完成的认证过程，和其由系统来完成的实施过程。

这里 IVP 的目标是确认 IVP 被执行之时在系统中的所有 CDIs 都与完整性规范相符合，TP 对应于我们的良构事务的概念，TPs 的目的在于把 CDIs 的集合从一个合法状态改变到另一个合法状态。

为了维持 CDIs 的完整性，系统必须确保只有 TP 可以处理 CDIs，尽管系统可以确保只有 TPs 可以处理 CDIs，但它不能够保证 TP 执行了一个良构变换的功能，所以一个 TP（或 IVP）的有效性必须使用与其相关的特定完整性策略的认证来确定。

Clark-Wilson 模型可申述如下。

C1：（Certification）所有 IVPs 必须适当地确保在 IVPs 运行时刻所有的 CDIs 处于一个合法状态。

C2：所有的 TPs 必须被认证为合法的，也就是说，如果它们从一个合法的初始状态开始，那么它们必须把一个 CDI 带到一个合法的最终状态。对每一个 TP 和其所操作的 CDIs 集合，安全官员必须表明一个"关系"，其用以定义哪个执行。这个关系的形式为：

$$(TP_i, CDIa, CDIb, CDIc, \cdots)$$

对于已经被认证的 TP，这里 CDIs 列表定义了一个参数的特定集合。

E1：（Enforcement）系统必须维持在 C2 中的关系列表，并且确保对任何 CDI 的唯一操作都是由 TP 产生的，这里 TP 作用在 CDI 是由一些关系所确定的。

上述两条提供了确保 CDIs 内在一致性的基本框架，外部一致性和任务隔离机制则由下列两条规则来维持。

E2：系统必须维持一个下列形式的列表

$$(UserID, TP_i, CDIa, CDIb, CDIc, \cdots)$$

其关联了一个用户、一个 TP 和代表这个用户的 TP 可以引用的数据客体，必须确保仅仅在上边一个关系中定义了的执行才可以被执行。

C3：在 E2 中的关系列表必须是被认证可以满足任务隔离的需求。

从形式来讲，规则 E2 中所表示的关系比规则 E1 中的更强，但从理论上来看，保持 E1 和 E2 分离有助于标明这有两个基本问题应该被解决：内部一致性和外部一致性；事实上，通过在关系中使用标识符（也就是使用通配符去匹配 TPs 或者 CDIs 的类型），两种形式的同时存在使得可以用短列表来表示复杂的关系。

E3：系统必须认证每一个试图去执行一个 TP 的用户的身份。

规则 E3 与商用系统和军用系统都相关，但是这两类系统使用用户身份去完成截然不同的两类策略，在橘皮书所描述的军用环境中，相关安全策略基于许可分级和分类。而在商用系统中，策略则是基于两个或两个以上用户之间的责任隔离。

在一个 TP 的有效性上可以有其他约束，在每一种情况下这个约束可以被表示为一个认证规则和实施规则。

C4：所有的 TPs 必须被证明，向一个只可追加（append-only）CDI 写入所有的，允许一个操作被重构所必需的种类信息。

并非所有数据项都被完整性约束模型所覆盖，多数不能被完整性策略所覆盖的系统数据，一般是允许被任意处理的，主体仅仅需要自主控制。为了处理这类数据，指定一定的 TPs 可以把 UDIs 作为输入值来处理是必需的。

C5：对任何 UDI 的可能值，任何把一个 UDI 作为输入值的 TP 必须被认证为仅进行有效的变换，或者没有变换。这个变换应该把输入从一个 UDI 转到一个 CDI，或者 UDI 被弹回。典型地来讲，这个 TP 就是一个编辑程序。

为了使模型生效，就不能使各种认证规则失效。

E4：只有被允许去认证实体的代理可以更改一个实体和其他实体间的关联列表；特别是这个实体和一个 TP 的关联。一个可以认证一个实体的代理是不可以具有任何有关那个实体的执行权限的。

这条规则使得这种完整性实现机制比自主控制更具有强制性。为了使这种结构工作如期，改变授权列表的能力必须和认证能力相伴而生，且没有其他诸如执行一个 TP 的能力。这种结合是确保当系统在运行时认证规则控制真正所发生的。

这九条规则在一起就构成了系统完整性策略模型，这些策略是如何控制系统操作的，如图 4-3 所示。图 4-4 表明一个 TP 是把一些 CDIs 作为输入并且产生一些 CDIs 的新版本作为输出。这两个 CDIs 集合代表了系统的两个相邻的有效状态。图 4-4 还表示为了验证 CDIs 的有效性，一个 IVP 还得读取 CDIs 集合。和系统的每个部分所关联的是用于控制系统的相应部分从而保证完整性的规则。

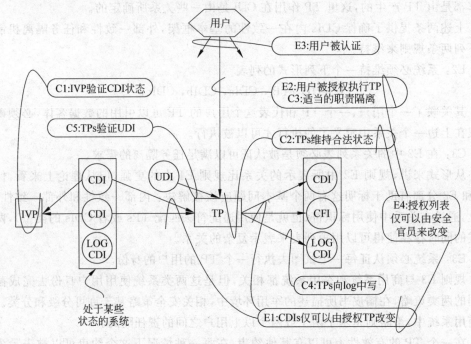

图 4-3 Clark-Wilson 模型完整性规则简示

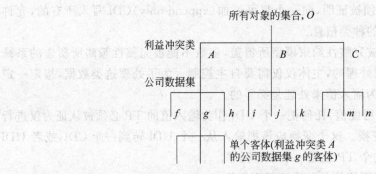

图 4-4 BN 模型数据组织

3. Clark-Wilson 完整性安全模型分析

(1) Clark-Wilson 模型有效地表达了完整性的三个目标,即防止非授权用户的修改、防止授权用户权的不当修改、维护数据的内部和外部一致性。

- 通过周期性的交错检查(cross-checking),IVP 验证了数据的内部和外部的一致性。
- 通过将一个有效状态转变为另一个有效状态,变换过程(TPs)维护了数据的内、外部一致性。
- 按 E2 要求的访问三元组用于实现职责隔离概念,且防止了非授权用户的修改。同时职责隔离原理也防止了授权用户进行不当的修改,从而支持了外部数据一致性。

Clark-Wilson 完整性安全模型的另一个内在的优势在于它来源于久经考验的商业方法,这种方法已在纸张世界中使用了很多年。

(2) 就 Biba 模型和 Clark-Wilson 模型之间的关系而言,虽然 Lee 声称已证明了后者可以使用 Biba 和 Lipner 基于格的完整性分类来实现,但是这种使用完整性分类的手段只能模拟防止 Clark-Wilson 模型中对数据项的非法修改的控制(也是 Biba 模型所注重的),而对于 Clark-Wilson 模型同时所强调的用户完整性和过程完整控制目标是很难达到的。

(3) 对于 Clark-Wilson 模型局限性的认识主要集中在以下几个方面:

首先,Mayfield 等认为,虽然 Clark-Wilson 模型有效强调了计算机系统完整性的所有三个目标,但如同 Karger 所指出的在实际系统中直接实现和维持元组(User,TP,CDIa,CDIb,CDIc,…)将会降低设计和实现的灵活性,甚至不得不面临严重的以至于是不可接受的性能问题。

其次,转换过程 TP 的出现使得 Clark-Wilson 模型较之 Biba 更适合商务环境中的事务处理在安全性方面的要求,但是为了在该模型中能进一步描述 TPs 间的顺序执行关系,就不得不把这种 TPs 间的高层控制策略隐藏在 CDIs 和 TPs 的编程逻辑中,这不利于把对数据的控制策略从数据项中分离,从而更加方便地对数据施加更多所必需的控制。

最后,Mclean 认为作为最有名的完整性模型,Clark-Wilson 模型的缺点之一在于远没有被形式化,而且也不清楚在通用配置的情况下如何去形式化它。同时他提出克服这个困难的一种方式,就是从通用模型走向应用相关的专用模型。第一个用这种方式达到目的的就是 MMS 军用消息系统模型,此后应用相关的 Clark-Wilson 模型的变种已在多个领域中出现,做得最好的应当首推 SeaView 数据库安全模型。

产生上面问题的根源在于:

首先,Clark-Wilson 模型中的存取元组实际上是隐含了把用户、转换过程和存取数据客体相联系在一起的逻辑,由于这种联系逻辑在模型中是隐式的,所以使得模型无法显式地表达这种联系逻辑,从而使得该模型很难被形式化以满足 TCSEC 对高安全等级信息系统的要求。

其次,由于 Clark-Wilson 模型中的有关转移过程(TP)概念以及具体应用和 TPs 之间关系的模糊性,使得对 TPs 的执行顺序控制信息不得不隐藏在 CDIs 和 TPs 的编程逻辑中,而且也使得对 TPs 本身和依赖于 TP 的其他部分(例如审计部分)的行为无法被精确地描述。

4.6 多策略安全模型

这里主要介绍机密性和完整性相结合的代表性商业安全模型——中国墙安全模型、可用于描述多种安全需求的中立安全模型——RBAC 安全模型和 DTE 安全模型。

4.6.1　中国墙(Chinese Wall)模型

1. 中国墙安全模型——BN 模型概述

在过去的很长一段时间,美国和英国都将军事安全策略作为计算机安全研究的主导思想。在 1987 年,Clark 和 Wilson 首次提出商业信息安全应该像军事安全那样得到足够的重视。现在,有很多定义完善的商业安全策略,也包括 Clark 和 Wilson 所提出的商业安全模型。1988 年,Brewer 和 Nash 根据现实的商业策略提出了中国墙(Chinese Wall)安全模型(简称 BN 模型),他们试图解决的问题是:为了保护相互竞争的客户,咨询公司需要在它的代理间建立密不可透的"墙",这个"墙"就称为中国墙,例如分析员必须对他所服务的公司客户的信息进行保密,这就意味着他不能对与他的客户有竞争关系的公司提出建议。中国墙安全策略在商业安全领域中处以很高的地位,就如同 BLP 模型在军事领域中的地位。

与 BLP 模型不同的是,中国墙安全策略是根据主体的访问历史来判断数据是否可以被访问,而不是根据数据的属性作为约束条件。中国墙安全策略的本质是将全体数据划分成"利益冲突类",根据强制性约束,主体至多访问每个"利益冲突类"中的一个数据集。

在英美两国,证券公司的中国墙安全策略是有法律效力的,因此,不管是以手工方式还是自动化的方式来执行,它都代表了一种强制安全策略。此外,因为该策略提供了很好的防御措施来防止某些不恰当的访问,所以该策略的正确实施对英国金融机构是很重要的。

2. BN 模型的数据组织

BN 模型将所有的公司数据分成三层,如图 4-4 所示。

(1) 最低层:客体,它是单个公司信息项,每个信息项都是关于一个公司的信息。

(2) 中间层:公司数据集,它是关于一个公司的所有客体的集合。

(3) 最高层:利益冲突类,它是所有有利益冲突关系的公司数据集的集合。

在这里,引入 BLP 模型中主体的概念来代表用户。令 S 为主体的集合,O 为客体集合($o \in O$),L 为安全标签(x, y),每个标签都与一个客体相对应。函数 $X(o)$ 和 $Y(o)$ 分别确定了给定客体 o 的标签 x 和 y。将 x 作为利益冲突类,y 作为公司数据集,x_i 和 y_i 分别代表 $X(o_i)$ 和 $Y(o_i)$。所以对于每个客体 o_i,x_i 为它的利益冲突类,y_i 为它的公司数据集。

定理 4-6.1　$y_1 = y_2 \Rightarrow x_1 = x_2$ 即如果两个不同的客体 o_1 和 o_2 属于同一个公司数据集,那么它们就属于同一个利益冲突类。

推论 4-6.1　$x_1 \neq x_2 \Rightarrow y_1 \neq y_2$,即如果任意两个客体 o_1 和 o_2 属于不同的利益冲突类,那么它们就不在同一公司数据集。

由定理 4-6.1 和推论 4-6.1 可以得出:利益冲突类是等价类,即一个公司的信息项只属于一个公司数据集,一个公司数据集只属于一个利益冲突类。

3. BN 模型的访问控制策略

1) 简单安全性

简单安全性读访问规则是允许一个用户访问与他曾经访问过的公司没有利益冲突的公司信息。简单安全性直接反映了中国墙安全策略的访问控制的机制,即初始时,一个主体可以自由访问任意的公司信息,不存在访问的强制性限制。一旦初始访问确定后,则他不能再访问该公司数据集所属的利益冲突类中的其他公司数据集,就好像在访问过的公司数据集周围建立了一道"中国墙"。此外,该主体仍然可以访问其他利益冲突类下的公司数据集,该访问一旦确定,这个新的数据集就被包含在"中国墙"之中。由此可以看出,中国墙策略是自由选择和强制控制的微妙组合。

举个例子来阐明简单安全性。假设有三个公司数据集分别来自 A 银行、A 石油公司和 B 石油公司,一个新的用户在第一次访问时可以自由地选择他想要访问的公司数据集。假设这个用户第一次选择访问 A 银行,则他拥有了这个公司数据集的信息。然后,该用户又请求访问 A 石油公司的数据集,由于 A 石油公司和 A 银行在不同的利益冲突类中,所以这个请求被允许。该用户再次请求访问 B 石油公司,由于 B 石油公司与 A 石油公司在同一个利益冲突类中,那么这个请求将被拒绝。

下面可以用矩阵来记录主体对客体的访问。

定义 4-6.1　令 N 为布尔矩阵,N 的每一行对应一个主体,N 的每一列对应系统中的一个客体。如果主体 s_u($s_u \in S$)已经访问过客体 o_v($o_v \in O$),那么矩阵元素 $N(u,v)$ 的值为 True,否则为 False。令 $R(u,v)$ 为主体 s_u 对客体 o_v 的访问请求。一旦主体 s_u 对客体 o_v 的访问请求 $R(u,v)$ 被允许,那么将 $N(u,v)$ 置为 True。

定理 4-6.2　主体 s_u 对客体 o_v 的访问请求被允许当且仅当对所有 $N(u,v)=$ True 的 o_r,有(根据定义 4-6.1,s_u 访问过 o_v)($x_v \neq x_r$) $||$ ($y_v = y_r$)。

但是仅有定理 4-6.2 是不够的,还必须对矩阵 N 进行初始化,此外,还需要定义在初始状态下,主体的初始访问请求这样的一个概念。因此引出了定理 4-6.3 和定理 4-6.4。

定理 4-6.3　$N(u,i)=$ False,代表初始时的安全状态,即主体 s_u 没有访问过任何的客体。

定理 4-6.4　如果对于所有的客体,$N(u,i)=$ False,那么主体 s_u 对任何客体 o_i 的访问请求 $R(u,i)$ 都将被授予。也就是说,主体 s_u 在过去没有访问过任何的客体,所以在 s_u 在做初始访问时可以自由选择。

定理 4-6.1 至定理 4-6.4 是将中国墙安全策略公式化,并且可以证明与该策略相关的一系列理论。

定律 4-6.1　一旦一个主体访问过一个客体,那其余可以被该主体访问的客体必须满足:与主体访问过的客体在同一个公司数据集内,或在不同的利益冲突类中。

定律 4-6.2　一个主体最多只能访问每个利益冲突类中的一个公司数据集。

2) 清洁信息

在中国墙安全模型的应用中,公司的数据集通常会存在大量的敏感信息,且有利益冲突的部分通常是商业信息。然而,能够与其他同类公司比较这部分的信息又被认为是在公司经营过程中非常重要的环节,所谓"知己知彼,百战不殆"。但是,问题就出现了:如果使用简单安全规则,那么对某些公司的访问请求将会由于过去的访问记录被拒绝。例如,有三个公司数据集:A 银行、A 石油公司和 B 石油公司,那么一个主体永远不能比较

A 石油公司和 B 石油公司的公司信息；如果一个主体曾经访问过 A 银行和 B 石油公司，那么他也不能比较 A 银行和 A 石油公司的公司数据。若是对一些敏感的信息进行清洁，则会避免这些阻止。

对敏感信息的清洁表现为对公司信息进行伪装，尤其是那些可能识别公司身份的信息。有效的清洁是指即使有充分的信息，也无法逆向推导出这些信息的起源。可以认为，所有的公司都拥有属于自己公司的特定敏感信息，去除这些敏感信息，保留剩余信息作为所有公司的清洁信息，记为 y_o。

定义 4-6.2 对于任意的客体 o_s（y_s 是 o_s 所在的公司数据集），

(1) 若 $y_s = y_o$，则 o_s 是清洁信息；

(2) 若 $y_s \neq y_o$，则 o_s 包含敏感信息。

由于清洁信息不存在公司的敏感信息，所以可以不用限制对清洁信息的读访问请求。

3) ∗特性

简单安全性不能保证有利益冲突的公司之间没有信息流动。例如，有两个主体 s_u 和 s_v，三个公司数据集：A 银行、A 石油公司和 B 石油公司。s_u 可以访问 A 石油公司和 A 银行，s_v 可以访问 B 石油公司和 A 银行。如果主体 s_u 读取了 A 石油公司的信息，然后写到 A 银行，那么，s_v 通过读取 A 银行的信息后也就知道了 A 石油公司的信息。由于 A 石油公司和 B 石油公司有利益冲突，所以根据简单安全性的规定，这样的访问是不被允许的。∗特性即写访问规则可以避免这样的非法访问。

定理 4-6.5 任何主体 s_u 对客体 o_b 的写访问请求被允许，当且仅当 $N(u,b) = \text{True}$，并且 s_u 没有读访问过满足以下条件的 o_a：$(y_a \neq y_b) \wedge (y_a \neq y_o)$。

根据定理 4-6.5 可知，主体 $s \in S$ 允许写访问客体 $o \in O$ 必须满足：

- s 按照简单安全特性可以读 o；
- s 没有访问过 o 所属的公司数据集或清洁数据以外的任何公司数据集信息。

定律 4-6.3 非清洁的信息只局限在本公司数据集内部，不能随意流动；而清洁后的信息可以在系统中自由地流动。

4. 侵略型中国墙安全模型（T.Y.Lin 模型）

1989 年，T. Y. Lin 指出 BN 模型所基于的假设是不正确的，因为 BN 模型所假设的利益冲突关系（Conflict of Interest Relation，CIR）是等价关系，最高层次的利益冲突类为等价类。显然，这样的假设是不符合实际的。例如，A 公司和 B 公司有利益冲突，B 公司和 C 公司有利益冲突类，根据等价关系的传递性可知，A 公司和 C 公司一定有利益冲突，可是在现实的商业活动中，这种关系并不总是成立的。

中国墙安全策略一开始并没有在商业安全领域得到广泛的应用和推广。主要是因为没有人能指明 CIR 是如何构造的。粗糙集理论的创始人 Pawlak 从完全不同的角度，创新了冲突分析的方法。T. Y. Lin 在 BN 模型的基础之上，结合 Pawlak 基于粗糙集理论的冲突分析的方法，并增加了不确定因素，提出了一个修正性模型——侵略型中国墙安全模型。

1) Pawlak 的冲突分析的基本描述

20 世纪 80 年代中期,粗糙集创始人 Pawlak 基于粗糙集理论提出了一种冲突分析的方法[10]。冲突分析的目的在于找出局中人和争端问题之间的关系,并探讨如何才能解决冲突。在这个方法中,首先选取冲突的问题及参与冲突的实体并确定他们在冲突中的立场:冲突,联盟还是中立。该方法利用信息系统来分析冲突。

定义 4-6.3 信息系统:信息系统为二元组 $S=(U,A)$,$U=\{u_1,u_2,\cdots,u_n\}$ 为非空有限对象集,$A=\{a_1,a_2,\cdots,a_m\}$ 为非空有限属性集。任一 $a\in A$ 定义了一个函数 $a:U\to V_a$,其中 V_a 为 a 的值域。对冲突问题来说,集合 U 中的元素表示局中人,集合 A 中的元素表示争端问题,而 $V_a=\{-1,0,1\}$,-1、0 和 1 分别代表局中人 $u_x(u_x\in U)$ 对争端 $a(a\in A)$ 持反对、中立和赞成的态度。该信息系统 $S=(U,A)$ 被称为冲突系统。在 Pawlak 冲突模型中,定义任意局中人 u_x 和 u_y 关于争端 a 的三个基本二元关系如下:同盟关系、中立关系和冲突关系。下面定义如下函数来说明这三种关系:

$$\Phi_a(u_x,u_y)=\begin{cases}1, & \text{如果 } a(u_x)a(u_y)=1 \text{ 或 } u_x=u_y \\ 0, & \text{如果 } a(u_x)a(u_y)=1 \text{ 且 } u_x\neq u_y \\ -1, & \text{如果 } a(u_x)a(u_y)=-1\end{cases}$$

如果 $\Phi_a(u_x,u_y)=1$,则局中人 u_x 和 u_y 在争端 a 上具有相同的观点,而 u_x 和 u_y 是同盟关系;若 $\Phi_a(u_x,u_y)=0$,则 u_x 和 u_y 中至少有一个对争端 a 持中立态度,因而具有中立关系;$\Phi_a(u_x,u_y)=-1$ 则 u_x 和 u_y 中对争端 a 持相反的观点,所以它们具有冲突关系。即当且仅当 $\Phi_a(u_x,u_y)=1$,有 $R_a^+(u_x,u_y)$;当且仅当 $\Phi_a(u_x,u_y)=1$,有 $R_a^0(u_x,u_y)$;当且仅当 $\Phi_a(u_x,u_y)=1$,有 $R_a^-(u_x,u_y)$;分别定义为同盟关系、中立关系和冲突关系。

同盟关系满足如下性质:

① 自反性:$R_a^+(u_x,u_x)$。

② 对称性:$R_a^+(u_x,u_y)\Leftrightarrow R_a^+(u_y,u_x)$。

③ 传递性:$R_a^+(u_x,u_y)\wedge R_a^+(u_y,u_z)\Rightarrow R_a^+(u_x,u_z)$。

冲突关系有如下性质:

① 反自反性;

② 对称性:$R_a^-(u_x,u_y)\Leftrightarrow R_a^-(u_y,u_x)$;

③ $R_a^-(u_x,u_y)\wedge R_a^-(u_y,u_z)\Rightarrow R_a^+(u_x,u_z)$;

④ $R_a^-(u_x,u_y)\wedge R_a^+(u_y,u_z)\Rightarrow R_a^-(u_x,u_z)$。

性质⑥可以解释成"我的敌人的敌人是我的朋友",性质⑦可以解释成"我的朋友的敌人是我的敌人"。

中立关系的性质如下:

① 反自反性;

② 对称性:$R_a^0(u_x,u_y)\Leftrightarrow R_a^0(u_y,u_x)$。

定义 4-6.4 冲突系统中的争端 a 在冲突系统中的冲突程度(简称冲突度)。

$$\text{con}(a)=\frac{\sum\limits_{((u,u')\Phi_a(u,u)=-1)}|\Phi_a(u,u')|}{2\left[\dfrac{n}{2}\right]\left(n-\left[\dfrac{n}{2}\right]\right)} \tag{4-1}$$

定义 4-6.5 冲突系统 S 的冲突度：

$$con(S) = \sum_{i=1}^{|A|} \frac{con(a_i)}{|A|} \tag{4-2}$$

定义 4-6.6 冲突系统中局中人之间的冲突度：

$$c(x,y) = \frac{\sum_{a\in A}\Phi_a(x,y)}{|A|} \tag{4-3}$$

下面举一个中东冲突的例子来阐明 Pawlak 的冲突分析的基本原理。在此使用信息表来分析冲突。

假设有六个局中人：

1—以色列；

2—埃及；

3—巴勒斯坦；

4—约旦；

5—叙利亚；

6—沙特。

五个冲突问题：

a—约旦河西岸和加沙地带的巴勒斯坦国家自治；

b—约旦河建立以色列军事基地；

c—以色列保留东耶路撒冷；

d—戈兰高地建立以色列军事基地；

e—阿拉伯国家对选择留在其境内的巴勒斯坦人授予公民身份。

每个局中人与各个冲突问题之间的关系可以用表的形式来说明，如表 4-2 所示。

表 4-2　局中人与冲突问题的关系

U	a	b	c	d	e
1	−	+	+	+	+
2	+	0	−	0	−
3	+	0	−	−	0
4	0	−	−	0	−
5	+	−	−	−	−
6	0	+	−	0	+

符号+、−、0 表示局中人对这些问题持有的态度分别为支持、反对、中立。每一行都代表一个局中人对这六个有争端的问题的态度。正如 Pawlak 所说的冲突分析的主要目的是找出参与纠纷的局中人之间的关系，并探索出怎样解决这些冲突。

2) 侵略型中国墙安全模型

侵略型中国墙安全模型在 Pawlak 的冲突分析的基础上引入了两个核心概念：利益

冲突关系(CIR)和同盟关系(IAR)。利益冲突关系在数学上是一个二元关系,可以记作 CIR＝{(u,v)}⊆U×U。一般来说,利益冲突关系不是等价关系,而是一个加权二元关系。在现实世界中,完全的 CIR 几乎是不可能存在的,每一个二元关系(u,v)都应该对应一个权重,则有这样的一个映射：F：CIR∈U×U→[0,1]。F(u,v)可以被定义为：

(1) 可能性,如果样本空间存在；

(2) 信任度,如果可能的环境存在；

(3) 仅仅是一个主观估计。

在数学上,这就是一个模糊二元关系。

(1) 二元关系和最近邻域。

定义 4-6.7　利益冲突关系的形式化表示：

CIR-0 CIR 是一个二元关系；

CIR-1 CIR 具有对称性；

CIR-2 CIR 具有反自反性；

CIR-3 CIR 具有反传递性。

很明显,利益冲突关系是二元关系,并且满足 CIR-1 和 CIR-2。对于 CIR-3,可以举出如下的例子来证明：假设 O＝{美国,英国,前苏联},令 CIR＝"在冷战"。如果"在冷战"具有传递性,那么可以得到以下两个叙述：美国与前苏联在冷战,前苏联和英国在冷战。可以得到这样的一个结论：美国和英国在冷战。这显然是荒谬的。所以说 CIR-3 成立。在此,引出 CIR 的"反义词"——"同盟关系"(记为 IAR)。IAR 是等价关系。从直观上讲,IAR 代表朋友,而 CIR 代表敌人。

定义 4-6.8　最近邻域系统：点 p 的最近邻域系统是与该点邻近的元素的集合。可以表示为 $Np＝\{u|(u,p)∈B\}$。其中,二元关系 $B⊆U×U$ 是点 p 的最近邻域。所以最近邻域亦可以表示为 $B＝\{(u,p)|u∈Np\}$。

(2) 数据组织。侵略型中国墙安全模型的数据组织在最高层上与 BN 模型不同。

① 最底层：单个的公司信息项。

② 中间层：公司数据集,是与某个公司相关的所有客体的集合。

③ 最高层：利益冲突域,是与公司 X 有利益冲突关系的公司数据集的集合,记为 $CIN(X)＝\{Y|(X,Y)∈CIR\}$。

(3) 访问控制策略。

令 S 为主体集合；O 为客体集合,$o_i∈O$；$Y(o_j)$ (简记为 y_j)是客体 o_j 的公司数据集。令 N 为一个矩阵,元素 $N(i,j)$ 相当于 $S×O$ 的集合元素,其值属于 $M＝\{-1,0,1\}$。主体 s_i 对客体 o_j 的访问请求记作 $R(s_i,o_j)$ (简记为 $R(i,j)$)。

定理 4-6.6　中国墙安全策略模型是一个四元组 (S,O,N,R),满足：

CW-1 初始时,对所有的 i 和 j,$N(i,j)＝-1$。

CW-2 如果 $N(i,j)＝1$,则 $R(i,j)$ 被授予。

CW-3 如果 $N(i,j)＝0$,则 $R(i,j)$ 被拒绝。

CW-4 如果 $N(i,j)＝-1$,则 $R(i,j)$ 被授予,并且矩阵 N 的第 i 行也要做相应的改变：

① $N(i,j)=1$;

② 如果 $N(i,h)=-1$,并且若 y_h 与 y_j 有利益冲突关系,则 $N(i,h)=0$ $(j\neq h)$。

根据 BN 模型,假设 o_o 为清洁数据,那么,o_o 可以被所有的主体访问,为了避免间接违反中国墙安全策略,则提出 CW5 来加强安全策略。

CW-5 主体 s_i 可以写访问客体 o_j 当且仅当 $N(i,j)\neq 0$,并且对客体 o_k 满足 $N(i,k)=0$,$(k\neq j,k\neq o)$。

讨论:

① 如果所有 $N(*,*)$ 都不等于 -1(例如,在所有主体已经访问过一些客体后),那么 $N(*,*)$ 就等同通常的拒绝优先访问矩阵。

② 值得注意的是,该模型如果授权 S_i 访问 O_j 则不允许系统更新 $N(i,j)$。但是,实际上,我们可以清洁 S_i(如果很长一段时间过后,S_i 没有再访问 O_j)和重新初始化 $N(i,*)$ 行。

CW-6 矩阵 N 中唯一可以改变值的是 $N(i,j)=-1$。

定律 4-6.4 一旦主体 s_i 访问过客体 o_j,那么其余可以被 s_i 访问的客体必须与 o_j 属于同一个公司数据集或与 o_j 在不同的利益冲突域。

3) 加权的侵略型中国墙安全模型

(1) 加权利益冲突关系(WCIR)和加权邻域系统(WCIN)。

① 加权利益冲突关系是一个映射:$\text{WCIR}:U\times U\rightarrow[0,1]$。

② p 的最近加权邻域是一个映射:$\text{WCINp}:U\rightarrow[0,1]$。

③ 加权邻域系统:$\text{WCIN}:p\rightarrow\text{WCINp}$。

④ 加权二元关系定义最近加权邻域系统。

$$p\rightarrow\text{WCINp}; \quad \text{WCINp}(u)=\text{WCIR}(u,p)$$

反之

$$\text{WCIR}:U\times U\rightarrow[0,1]; \quad \text{WCIR}(u,p)=\text{WCINp}(u)$$

(2) 加权模型。该模型的所有数据基本上与传统模型相同,只是将利益冲突关系和邻域改成加权的形式。

定理 4-6.7 加权侵略型中国墙安全模型满足:

CW-1 初始时,对所有的 i 和 j,$N(i,j)=-1$。

CW-2 如果 $N(i,j)=1$,则 $R(i,j)$ 被授予。

CW-3 如果 $N(i,j)=0$,则 $R(i,j)$ 被拒绝。

CW-4 如果 $N(i,j)=? 1$,则 $R(i,j)$ 被授予,并且同时要改变矩阵 N 的第 i 行的值:

① $N(i,j)=1$;

② 如果 $N(i,h)=-1$ 并且 $\text{WCIR}(y_h,y_j)\geqslant\text{threshold}$,则 $N(i,h)=0(j\neq h)$。

CW-5 主体 s_i 可以写访问客体 o_j 当且仅当 $N(i,j)\neq 0$,并且对客体 o_k 满足 $N(i,k)=0$,$(k\neq j,k\neq o)$;

CW-6 矩阵 N 中唯一可以改变值的是 $N(i,j)=-1$。

其中,threshold 是一个阈值,两个公司数据集的冲突关系只有大于这一阈值,才会被认为这两个公司是有冲突的。

定律 4-6.5 一旦一个主体 s_i 访问过客体 o_j，则其他可以被 s_i 访问的客体 o_k 满足 $WCIR(y_k, y_j) \leqslant threshold$。

4.6.2 基于角色的存取控制（RBAC）模型

1. RBAC 的基本概念

基于角色的存取控制模型（RBAC）提供了一种强制存取控制机制。在一个采用 RBAC 作为授权存取控制的系统中，根据公司或组织的业务特征或管理需求，一般要求在系统内设置若干个称为"角色"的客体，用以支撑 RBAC 授权存取控制机制的实现。所谓角色，用普通业务系统中的术语来说，就是业务系统中的岗位、职位或者分工。例如在一个公司内，财会主管、会计、出纳、核算员等每一种岗位都可以设置多个职员具体从事该岗位的工作，因此它们都可以视为角色。

在一个采用 RBAC 机制作为授权存取控制机制的系统中，由系统管理员负责管理系统的角色集合和存取权限集合，并将这些权限（不同类别和级别）通过相应的角色分别赋予承担不同工作职责的终端用户，而且还可以随时根据业务的要求或变化对角色的存取权限集和用户所拥有的角色集进行调整，这里也包括对可传递性的限制。

在 RBAC 系统中，要求明确区分权限（Authority）和职责（Responsibility）这两个概念。例如在有限个保密级别的系统内，访问权限为 0 级的某个官员，就不能访问保密级别为 0 的所有资源，此时 0 级是他的权限，而不是他的职责。再如一个用户或操作员可能有权访问资源的某个集合，但是不能涉及有关授权分配等工作；而一位主管安全的负责人可以修改访问权限，可以分配授权给各个操作员，但是不能同时具备访问/存取任何数据资源的权限。这就是他的职责。这些职责之间的不同是通过不同的角色来区分的。

美国国家标准技术研究所（NIST）对 28 个组织进行的调查结果表明，RBAC 的功能相当强大，适用于许多类型（从政府机构到商业应用）的用户需求。Netware、Windows NT、Solaris 和 SeLinux 等操作系统中都采用了类似的 RBAC 技术作为存取控制手段。

2. 角色及用户组

把用户组作为存取控制的单位的做法常见于许多存取控制系统中。用户组和角色之间最主要的区别在于，用户组作为用户的一个集合对待，并不涉及它的授权许可；而角色则既是一个用户的集合，又是一个授权许可的集合。

在 UNIX 中用户组在两个文件中加以定义（/etc/passwd 和 /etc/group），因此很容易判定一个用户属于哪个组，授权则以组为单位进行。系统中的每个文件或目录都与这些组确立了存取访问的授权关系，因此系统对每个用户都可以判定其是否可以访问某个文件或目录。

与基于纵向划分的安全级别和类别的安全控制机制相比，RBAC 显示了较多机动灵活性的优点。最主要的特点是 RBAC 在不同的系统配置下可以具备不同的安全控制功能，这样既可以构造具备自主存取控制类型的系统，也可以构造强制存取控制类型的系统，甚至可以构造同时兼备这两种存取控制类型的系统。

3. RBAC 模型的构成

一般认为 RBAC 存取控制机制的发展已经经历了四代，它们组成一个家族系列。

图 4-5 给出了它们之间的相互关系。

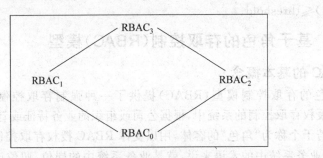

图 4-5 RBAC 家族系列关系示意图

1) 基本模型 RBAC。

RBAC。由四个基本要素构成,即用户(U)、角色(R)、会话(S)和授权(P)。一个系统中有多个用户和多个角色,同时对每个角色设置了多个授权关系,称这种授权关系为权限的赋予(PA)。在 RBAC 存取控制体系中,用户与角色的关系是多对多的关系。在英文中常常使用 Authorization、Access Right、Privilege 和 Permission,中文的含义就是授权。另外,应该注意的是在某些文献中所定义的负授权,实际上就是定义一些条件,令某些用户在某种条件下不能访问某些数据资源。也有些文献中不使用负授权的说法,类似的机制通过约束条件(Constraint)来达到,本书采第二种方法。授权机制从某个角度看可以视为在系统内通过特定的操作将主体与动作客体联结起来,语义可以是允许读、允许修改、允许创建等。系统不同,客体的种类可能不同。在操作系统中,通常考虑的客体是文件、目录、端口、设备等,操作则为读取、写入、打开、关闭及运行等。RBAC 模型中的授权,就是将这些客体的存取访问的权限在可靠的控制下联带角色所需要的操作,一起提供给那些角色所代表的用户。通过授权的管理机制,可以给予一个角色多个授权,而一个授权也可以赋予多个角色。同时,一个用户可以扮演多个角色,一个角色可以接纳多个用户。不难看出,相对用户和授权之间直接关联的方法,RBAC 系统能够以简单的方式向最终用户提供语义更为丰富、得到完整控制的存取功能。

2) 会话(Session)

在 RBAC 系统中,每个用户进入系统得到控制权时,就得到了一个会话。每个会话都是动态产生的,从属于一个用户。只要静态定义过这些角色与该用户的关系,会话就会根据用户的要求负责将它映射到多个角色上。一个会话可能激活的角色是该用户的全部角色的一个子集。对于该用户而言,在一个会话内可以获得全部被激活的角色所代表的授权。在工作站环境下,一个用户可以同时打开多个会话,每个会话与一个窗口相关联。引入会话概念后,可以允许在一个系统中并存两个以上的存取控制机制。角色和会话的设置带来的益处之一是容易实施最小特权原则(Least-Privilege Principle),即在一个安全系统内部,不会给予用户超过执行任务时所需特权以外的特权。

3) RBAC。的形式定义

定义 4-6.9 RBAC。模型包括下列几个部分:

U、R、P 及 S(用户、角色、授权和会话)

$PA\subseteq P\times R$,PA 是授权到角色的多对多关系。

$UA\subseteq U\times R$,UA 是用户到角色的多对多关系。

$\text{roles}(S_i)\subseteq\{r\,|\,(\text{user}(S_i),r)\in UA\}$

其中

user：$S\to U$,将各个会话映射到一个用户的函数 $\text{user}(S_i)$。

roles：$S\to 2^R$,将各个会话 S_i 与一个角色集合连接起来的映射,随时间变化可以变化,且会话 S_1 的授权 $\bigcup r\in\text{roles}(s_i)\{p\,|\,(p,r)\in PA\}$。

在 RBAC 中每个角色至少具备一个授权,每个用户至少扮演一个角色,虽然从形式定义上看并不要求这一点。

4) 角色的层次结构 $RBAC_1(RH)$

在一般的单位或组织中,特权或职权通常具有线性关系,因此在 RBAC 中引进一定的层次结构。在多级安全控制系统内,存取类的保密级别是线性排列的。例如

公开<秘密<机密<绝密

其中安全策略的一个要求是,要想合法获得信息,提出存取请求人员的存取类的级别要大于信息的存取类级别。$RBAC_1$ 中支持的层次关系,可以容易地实现多级安全系统所要求的保密级别的线性排列要求。

多级安全系统的另一个要求是支持范畴,范畴是互相独立和无序的。为了获得信息的存取权,提出存取请求的人员必须具备一定的存取类,他的存取类范畴的集合应该包括信息存取类的全部范畴。角色层次结构 $RBAC_1(RH)$ 中的角色,可以容易地实现所要求的保密存取类的范畴要求。

用数学的语言来说,就是要求所使用的安全模型必须是偏序的。$RBAC_1$ 对层次角色的支持包括对偏序模型的支持。限于篇幅此处只简单介绍 $RBAC_1$ 的形式定义。

5) $RBAC_1$ 形式定义

定义 4-6.10 $RBAC_1$ 模型包括下列几个部分：

U、R、P 及 S(用户、角色、授权和会话)

$PA\subseteq P\times R$,PA 是授权到角色的多对多关系。

$UA\subseteq U\times R$,UA 是用户到角色的多对多关系。

$RH\subseteq R\times R$,RH 是角色的一个偏序关系,称为角色层次关系或支配关系,一般记作"$\geqslant$"。

$$\text{roles}(S_i)\subseteq\{r\,|\,\exists(r'\geqslant r)[(\text{user}(S_i),r)\in UA]\}$$

其中

user：$S\to U$,将各个会话映射到一个用户的函数 $\text{user}(S_i)$。

roles：$S\to 2^R$,将各个会话 S_i 与一个角色集合连接起来的映射,随时间变化可以变化,且会话 S_1 的授权 $\bigcup r\in\text{roles}(s_i)\{p\,|\,(p,r)\in PA\}$。

6) 约束模型 $RBAC_2(RH)$

$RBAC_0$ 的另一个增强方向是 $RBAC_2$,即所谓约束模型。$RBAC_1$ 和 $RBAC_2$ 之间是互不相关的,因此是不可比较的。作为一个完整的安全模型,约束增强是非常重要的性能。在绝大多数组织中,除了角色的层次关系以外,经常要考虑的问题还有:一个公司的

采购员和出纳员虽然都不算是高层次的角色,但是任何一个公司都不会允许同时分配给某一个具体人员这两个角色。不论一个系统是否具备层次角色的机制,约束机制都很重要。特别对高级决策者,约束机制更为重要。实际上通过约束机制,RBAC 可以实现强制安全控制,包括对 RBAC 本身的管理和控制。

定义 4-6.11 RBAC$_2$ 约束模型定义为:

RBAC$_2$ 包含 RBAC$_0$ 所有基本特性,并增加了对 RBAC$_0$ 所有组成元素的核查过程,只有有效的元素才可被接受。

在 RBAC$_2$ 中约束条件指向 UA、PA 和会话中的 user、role 等函数。一般说来最好是根据其实际的类型和属性加以陈述。这样就要考虑语言等环境,所以较难给约束模型以一个严格的形式定义。在实际的安全系统中,约束条件和实现的方式各有不同,多数专家倾向采取尽可能简单和高效的约束条件,作为实际 RBAC 系统的约束机制。

7) 角色互斥及其他常用的约束

RBAC 模型中最常见的约束条件就是角色的互斥状态,一个用户在两个互斥的角色集中只能分配给它其中一个集合中的角色。上面提及的采购员和出纳员的互斥就是典型的角色互斥的例子。

与角色互斥相似的是授权的互斥机制,显然在特权授予过程中的双重约束可以提供进一步的安全保证,对特权授予予以约束的根本目的在于防止系统内重要特权的失控。

由于 RBAC 存取控制机制成功实现了用户-角色和角色-授权过程的完全分离,所以可以方便地在这两个过程中依据企业的安全策略施加各种附加的约束,从而实现了对用户存取信息活动的灵活控制,这就是 RBAC 存取控制机制在授权控制方面优势所在。例如有时依据企业的特定安全策略,可以对角色授予不同用户的次数进行约束,譬如某个岗位只允许安排两个用户。这样系统管理员在执行 UA 时就受到公司规定的有效约束。此外,可以对角色施加前提约束,即某个用户被指派为角色 A 的前提条件是已经被指派为角色 B。例如要扮演董事长的角色,必须先选入董事会;要成为项目的测试组成员,必须首先成为项目组的成员等。

4.6.3　域型强制实施(DTE)模型

DTE 模型最初由 Boebert 和 Kain 提出,经修改后在 LOCK 系统中得到实现。与其他访问控制机制一样,DTE 将系统视为一个主动实体(主体)的集合和一个被动实体(客体)的集合。每个主体有一个属性——域,每个客体有一个属性——类型,这样所有的主体被划分到若干个域中,所有的客体被划分到若干个类型中。

DTE 需要建立两张表,其中一张表是"域定义表"(Domain Definition Table),描述各个域对不同类型客体的操作权限;另一张表是"域交互表"(Domain Interaction Table),描述各个域之间的许可访问模式(如创建、发信号、域转换)。

系统运行时,依据访问的主体域和客体类型,查找域定义表,决定是否允许访问,访问模式包括:

(1) 文件类:文件读(r),文件写(w),文件执行(x),文件追加(a)。

(2) 目录类:目录读(l),目录写(c),目录执行即目录查找(d)。

当一个域执行另一个域的入口点文件时,有三类可能的域转换:

(1) 自动转换(auto)。每次执行 execve 调用时,必须检查被执行的文件是否为当前域能 auto 访问的目标域的入口点,如果是,就自动进行域转换。

(2) 自愿转换(exec)。若被执行的文件是当前域能 exec 访问的目标域的入口点,而进程又要求进行这个域转换,那么域转换发生。

(3) 空的域转换(none)。域没有发生变化。

因此,在 DTE 模型中,进程只携带它本身运行的域的指示器,这决定了进程的访问权限。进程只在文件执行可以进入一个新的域(因而改变其访问权)。

DTE 模型有策略中立的优势,但在实际应用中,它的两张访问控制表会迅速膨胀,变得很复杂,很难验证其安全性。

4.7　安全性分析模型

这里主要介绍可用于安全性分析(如隐蔽通道)的信息流模型和无干扰安全模型。

4.7.1　信息流模型

1. 信息流模型概述

许多信息泄露问题(如隐蔽通道)并非存取控制机制不完善,而是由于缺乏对信息流的必要保护。例如遵守 BLP 模型的系统,应当遵守"下读上写"的规则,即低安全进程不能读高安全级文件,高安全级进程不能写低安全级文件。然而在实际系统中,尽管不一定能直接为主体所见,许多客体(包括缓冲池、定额变量、全程计数器等)还是可以被所有不同安全级的主体更改和读取,这样入侵者就可能利用这些客体间接地传递信息。要建立高级别的安全操作系统,必须在建立完善的存取控制机制的同时,依据适当的信息流模型实现对信息流的分析和控制。

信息流模型是存取控制模型的一种变形。这类模型不检查主体对客体的存取,而是试图控制从一个客体到另一个客体的信息传输过程,根据两个客体的安全属性来决定是否允许当前操作的进行。信息流模型与存取控制模型之间的差异很小,但就是这很小的差别,却足以帮助我们完成存取控制模型无能为力的工作——识别隐蔽通道。隐蔽通道的核心是低安全等级主体对于高安全等级主体所产生信息的间接读取,信息流分析能保证当对敏感信息存取时不会造成信息的泄露。

下面主要以 D. Denning 提出格模型为例来介绍信息流模型。

2. 格结构

通用的有界格是由一个有限的偏序集构成的、有最小上界和最大下界操作符的数学结构。为表明 $(S, \rightarrow, +, *)$ 构成一个这样的格,必须证明下列性质:

- $(S, \rightarrow)$ 是个偏序集(即具有自反性、传递性和反对称性);
- S 是有限的;
- S 有下界 L,对于 S 中的所有 A,有 $L \rightarrow A$;

- ＋是 S 上的最小上界操作符。

这些假定意味着在 S 上存在最大下界操作符(用 $*$ 表示),进而还可以推出存在唯一的上界 H。从而结构 $(S, \rightarrow, +, *)$ 是格,上界是 H,下界是 L。最小上界操作符用下面的方式定义:

对于 S 中的所有 a 和 b,存在唯一的类 $c \in S, c = a + b$,使 $a \rightarrow c$ 和 $b \rightarrow c$,且若 $a \rightarrow d$ 和 $b \rightarrow d$,则对于 S 中所有的 d,有 $c \rightarrow d$。

最大下界操作符用下面的方式定义:

对 S 中的所有 a 和 b,存在唯一的 $c \in S$,$c = a * b$,使 $c \rightarrow a$ 和 $c \rightarrow b$,且若 $d \rightarrow a$ 和 $d \rightarrow b$,则对于 S 中所有的 d,有 $d \rightarrow c$。

3. 典型的格结构

图 4-6 和图 4-7 是两种常见的格结构。图 4-6 是 n 个类 $0, 1, \cdots, n-1$ 上的线性优先权格,箭头表示 $i \rightarrow j$。线性格是最简单的一种格,它的流关系常用 $\leqslant$ 表示。这个格描述了 n 个类之间的线性次序,对所有的 i 和 $j \in [0, n_1]$,$i + j = \max(i, j)$,$i * j = \min(i, j)$,$L = 0$,$H = n_1$。这种格可用于简单的约束问题,即 $n = 2$,其中非机密是 0,机密是 1;也可以用于普通军事安全问题,即 $n = 4$,其中不保密是 0,机密是 1,秘密是 2,绝密是 3。

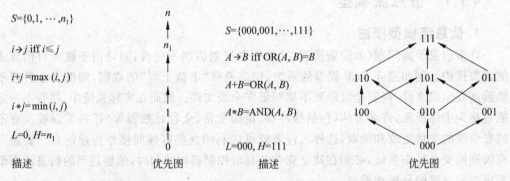

$S = \{0, 1, \cdots, n_1\}$

$i \rightarrow j$ iff $i \leqslant j$

$i + j = \max(i, j)$

$i * j = \min(i, j)$

$L = 0, H = n_1$

$S = \{000, 001, \cdots, 111\}$

$A \rightarrow B$ iff OR$(A, B) = B$

$A + B = $ OR(A, B)

$A * B = $ AND(A, B)

$L = 000, H = 111$

描述　　　　　　优先图　　　　　　描述　　　　　　优先图

图 4-6　线性优先权格　　　　　　图 4-7　$n = 3$ 时的所有权格

图 4-7 表示一种更复杂的所有权格。它描述了 2^n(这里 $n = 3$)个子集之间的包含关系,这是一种非线性次序,箭头代表所有权关系。该图可以推广到任意的 n 值,并且可用于有如下特性的系统:信息只能流向与出发点的类至少有相同的所有权的类。这种格中,流关系通常用 $\subseteq$ 表示。最小上限对应于集合中的并集,最大下限对应于集合中的交集,最低类对应于空集,最高类对应于全集。

这种格比较适合说明任意的输入输出关系。假定一个程序有 m 个输入参数 $x_1, \cdots, x_m$ 和 n 个输出参数 $y_1, \cdots, y_n$,使得每个输出参数只决定于某些输入。所有权格可以从 $X = \{x_1, \cdots, x_m\}$ 的子集构造。与每个输入 x_i 相联系的类是单元素集合 $\sharp x_i = \{x_i\}$,并且与每个输出相联系的类是集合 $\sharp y_j = \{x_i \mid x_i \rightarrow y$ 是容许的$\}$。所有权格也可以描述策略,其中 X 是范畴的集合,范畴组合为类。当且仅当 b 至少具备 a 的性质时,客体 a 的信息才允许流入客体 b。

线性格和所有权格的组合可以构造出更丰富的格。军事多级安全策略的安全类是由安全级的线性格和范畴的所有权格的笛卡儿积决定的格。令 (A,C) 和 (A',C') 为安全类,其中 A 和 A' 是安全级,C 和 C' 是范畴。则

$$(A,C) -> (A',C') \text{ 当且仅当 } A \leqslant A', C \subseteq C'$$
$$(A,C) + (A',C') = (\max(A,A'), C \bigcup C')$$
$$(A,C) * (A',C') = (\min(A,A', C \bigcap C'))$$
$$L = (0,\{\}) = (\text{不保密},\{\})$$
$$H = (3,X) = (\text{绝密},X)$$

其中,X 是全集。可见格模型确实是 Bell LaPadula 模型的扩展。

4. 信息流格模型中的信息状态和策略描述

系统的信息状态由系统中每个客体的值和安全类描述。客体可以是一种逻辑结构(如文件、记录、记录中的字段或程序变量等)或物理结构(如存储单元、寄存器等)。一个流可以用 $(S, \rightarrow)$ 表示,其中 S 是安全类的集合,$\rightarrow$ 是说明两个类之间可容许的流的一个流关系。每个存储客体 x 被指定一个安全类,表示为 $\sharp x$。用记号 $\sharp x \rightarrow \sharp y$ 表示流策略容许从客体 x 到客体 y 的流。客体的类可以不变,也可以改变。采用不变类或静态连接时,在 x 存在期间,客体的类保持不变;采用可变类或动态连接时,客体的类随着它的内容而变化。

给定客体 x 和 y,当且仅当 $\sharp x \rightarrow \sharp y$ 时,根据流策略从 x 到 y 的流是许可的;若 y 有可变类,则在这个流之后的 $\sharp y$ 就是它的类。假定每个客体与某个安全类的绑定关系是静态的,并且可以由程序声明。多级安全的信息流策略允许信息在一类之中或向上一级类流动,但不允许向下或向无关的类流动。对安全类 $\sharp x$ 和 $\sharp y$,关系 $\sharp x \rightarrow \sharp y$ 意味着类 $\sharp x$ 的信息低于或等于类 $\sharp y$ 的信息。因此,当且仅当 $\sharp x \rightarrow \sharp y$ 时,类 $\sharp x$ 的信息才可以允许流入类 $\sharp y$。

假定安全类是有限个,并且流关系具有自反性(即 $\sharp x \rightarrow \sharp x$)、传递性(即若 $\sharp x \rightarrow \sharp y$ 和 $\sharp y \rightarrow \sharp z$,则 $\sharp x \rightarrow \sharp z$)和反对称性(即若 $\sharp x \rightarrow \sharp y$ 和 $\sharp y \rightarrow \sharp x$,则 $\sharp x = \sharp y$)。这样就可以假定 $(S, \rightarrow)$ 是格。这意味着对应于任何两个类,只有唯一的上界和下界。如果 $(S, \rightarrow)$ 不是格,可以把它变形为一个格,不过要加上新的必要的类,并且不改变原来的类之间的流,如图 4-8 所示。格性质被用来构造一个有效的证明机制。

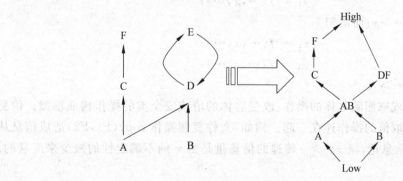

图 4-8　非格策略变成格

用符号＋和 * 分别表示格上的结合和交换的最小上界和最大下界操作符。定义最小上界，使得 $\sharp x_i \rightarrow \sharp y$ 对每个 $i = 1, 2, \cdots, m$，等价于关系 $\sharp x_1 + \sharp x_2 + \cdots + \sharp x_m \rightarrow \sharp y$。这等于说，来自不同操作数类的流在流向一个指定的结果类时必须经过一个特定的公共类。同时，定义最大下界，使得 $\sharp x \rightarrow \sharp y_j$ 对每个 $j = 1, 2, \cdots, n$，等价于关系 $\sharp x \rightarrow \sharp y_1 * \sharp y_2 *, \cdots, * \sharp y_n$，就是说，来自一个给定的操作数类的流在流向不同的结果类时必须经过一个公共类。有一个最大的类 H，它是所有类的最小上界；还有一个最小类 L，它是所有类的最大下界。

各种不知名的编程语言常数都是 L 的成员。这个假定是合理的，因为流入一个变量（例如 x）的一个普通常数（例如 100）流不能把其他客体的任何信息带入 x。仅当已知 100 是客体 y 的值时，才需要防止 $\sharp y \rightarrow \sharp x$。不过，这是要约束来自 y 的流，而不是要约束来自 100 的流完成的。

5. 状态转移和信息流

只要存储在客体 x 中的信息被传向客体 y，或 x 被用于推导传向 y 的信息，就有从 x 到 y 的信息流存在，用 $x \Rightarrow y$ 表示。当一个程序语句的执行可以导致一个流 $x \Rightarrow y$ 时，该程序语句指定一个流 $x \Rightarrow y$。流可以是显式的或是隐式的。一个显流 $x \Rightarrow y$ 是指生成这个流的操作是独立于 x 的值的。赋值语句、I/O 语句、返回数值的函数调用都生成显流。一个隐流 $x \Rightarrow y$ 是指一个语句指定一个从一些任意的 z 到 y 的流，但是执行依赖于 x 的值。例如考虑语句

```
y:=1;
if x=0;
then y:=0;
```

其中，x 要么是 0，要么是 1。执行这些语句的结果，无论 then 从句是否执行，都有 $x = y$。因此，if 语句导致一个隐流 $x \Rightarrow y$。一般而言，几乎所有的条件结构都生成隐流。

$\Rightarrow$ 关系是传递性的，就是说，$x \Rightarrow y$ 和 $y \Rightarrow z$ 意味着 $x \Rightarrow z$。如果由于某个以 x 为操作数的函数把值存储在 y 中而使 $x \Rightarrow y$，该流就是直接流，否则就是间接。赋值语句

$$y := f(\cdots, x, \cdots);$$

导致直接流 $x \Rightarrow y$；而语句

$$z := f(\cdots, x, \cdots);$$
$$y := f(\cdots, z, \cdots);$$

间接导致流 $x \Rightarrow y$。

状态转移以生成或删除客体的操作、改变客体的值或安全类的操作构成模型。信息流总是与改变客体取值的操作连在一起。例如，文件复制操作 copy(F1,F2)造成信息从 F1 流向 F2。按照信息论，流 $x \Rightarrow y$ 传递的信息量是由 x 的不确定性的减少来度量的。考察语句系列

$$z := x;$$
$$y := z;$$

这个系列的执行导致通过中间变量 z 的一个间接流 $x=\!>y$ 和直接流 $x=\!>z$，但是未造成流 $z=\!>y$，因为 y 的终值没有揭示有关 z 的初值的任何信息。

6. 安全要求与证明机制

一个程序 **p** 是安全的，当且仅当执行 **p** 不能导致流 $x=\!>y$，除非 $\sharp x \rightarrow \sharp y$。从而，安全的一个充要条件是

$$\text{仅当 } \sharp x \rightarrow \sharp y \text{ 时，} \quad \text{对于 } p \text{ 的某个执行，} \quad \text{有 } x=\!>y \tag{1}$$

不过，条件(1)一般是不可判定的。任何假定能判定条件(1)的程序都有可能用于语句"**if** f(x)中止 **then** y:=0"，并进而为任意递归函数的中止问题提供一个解决方案。

如果用下面的安全条件

$$\text{仅当 } \sharp x \rightarrow \sharp y \text{ 时，} \quad \text{由 } p \text{ 指定 } x=\!>y \tag{2}$$

代替(1)，不可判定性就被消除了。对这个条件，前面的 if 语句可以被明确检验。但是，在程序验证中，安全条件(1)比条件(2)更精确，例如，考虑程序

if x=0 **then** **if** x<>0 **then** y:=z

和一个不允许 $z=\!>y$ 的流关系。按条件(1)，该程序是安全的，因为它的执行不会导致 $z=\!>y$，但是用基于条件(2)的机制它就不能被验证，因为它指定 $z=\!>y$。但是，这种精确度的损失是不可避免的。

尽管精度差些，一般采用的证明机制仍然是基于条件(2)的。该条件能确定一个给定的程序是否导致有效的流，不管该程序是否能执行那些能导致流的语句。

如果变量的安全类已经在程序中声明并且是静态的，那么把证明进程嵌入到编译器的分析阶段中是一件很容易的工作。这种机制以证明语义学为表现形式，只要识别出一串给定的语法类型，该机制就会连同通常的语义动作(例如类型检查和代码生成)一起，以辅助编译的形式出现。

当外部客体(例如文件或已被分别编译的程序)被连接到某程序上时，连接器必然核实每个这样的客体的实际安全类是否正确地对应于程序为它正式声明的安全类。这一步必须在程序执行前完成。

证明机制利用格性质提高效率。传递性的流关系暗示安全直接流序列是安全的，从而语义分析只需要证明每个语义类型指示的直接流是安全的。最小上界和最大下界性质极大地简化了为追踪流的源点和目的地所需要的信息数量。假设对于接收客体 y 而言，$x_1,x_2,\cdots,x_m$ 是信息的源点，其是用"$y:=f(x_1,x_2,\cdots,x_m)$"或者"**output** $x_1,x_2,\cdots,x_m$ **to** y"来指定的。编译器构造 $A=\sharp x_1+\sharp x_2,\cdots,+\sharp x_m$ 作为被识别的源点，而不是用"对每个 i，有 $\sharp x_i \rightarrow \sharp y$"表示，因为仅需要验证 $A\rightarrow \sharp y$，即用一个内部变量来表示所需源点客体的最大类。又如，假设 $y_1,y_2,\cdots,y_n$ 将要接收来自源点客体 x 的信息，用"**input** y_1，$y_2,\cdots,y_n$ **from** x"或一个结构来指定，该结构生成从条件表达式中的客体 x 到该结构范围内的客体 y_j 的隐流。编译器构造 $B=\sharp y_1 * \sharp y_2,\cdots,* \sharp y_n$ 作为被识别的接收客体，而不是用"对每个 j，有 $\sharp x \rightarrow \sharp y_j$"表示，因为仅需验证 $\sharp x\rightarrow B$，即用一个单独的内部变量表示需要的接收客体的最小类就行了。

整个机制可以分为四部分，即赋值、输入输出、简单控制结构，一般控制结构和复杂数

据结构,程序调用,以及例外情况处理。

4.7.2　无干扰模型

Goguen 与 Meseguer 在 1982 年提出了一种基于自动机理论和域隔离的安全系统事项方法,这个方法分为四个阶段。

(1) 判定一给定机构的安全需求;

(2) 用正式/形式化的安全策略表示这些需求;

(3) 把机构正在(或将要)使用的系统模型化;

(4) 验证此模型满足策略的需求。

Goguen 与 Meseguer 把安全策略与安全模型明确地区分开来。一般来说,安全策略是非常简单的,而且很容易用适当的形式化方法表示出来。他们提出了一种非常简单的用来表达安全策略的需求语言,该语言是基于无干扰概念的:

有两组用户,每组用户分别使用一组命令,如果一组用户所使用的命令不会对另一组用户能访问的数据产生影响,那么说这两组用户间是无干扰的(互不干涉)。

无干扰模型包括以下内容:

- 一个用户集合 $\{u_1, u_2, \cdots, u_n\}$,他们的安全级或高或低;
- 一个输入集合 $\{w_1, w_2, \cdots, w_n\}$,其中 w_i 表示用户 u_i 对系统的输入;
- 一个输入流 w,w 由 $\{w_1, w_2, \cdots, w_n\}$ 中的所有输入组成;
- 一个输出集合 $\{[w,1], [w,2], \cdots, [w,n]\}$,其中 $[w,i]$ 表示用户 u_i 收到的系统输出;
- 一个净化函数 $\mathrm{PG}_i([w,i])$,它依据剔除用户 u_j 的输入流 w 产生输出序列。

无干扰模型如图 4-9 所示。

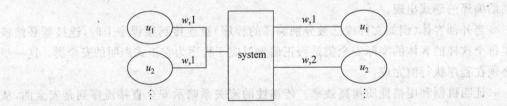

图 4-9　无干扰模型

如果系统对所有用户的输出序列,等同于剔除安全级更高用户的输入之后的输出序列,则称这种系统是无干扰安全的。即如果低安全级的用户观察系统的输出时,该系统中存在更高安全级用户,那么满足无干扰安全的条件是,使低安全级的用户观察到的结果与不存在更高安全级用户是一样的。条件可以表达如下:

$$\mathrm{label}(u_i) > \mathrm{label}(u_j) => [w,j] = \mathrm{PG}_i([w,j])$$

无干扰安全的条件,看起来没有 BLP 模型的"不上读,不下写"直观,但很多研究者认为它最接近保密性安全的实质。

从无干扰理论的架构可以看出,它处理的主要是主动实体之间相互有无干扰的问题。自从无干扰理论的提出,无干扰理论研究主要集中在两方面:一方面是推广无干扰的定义,另一方面是应用于实际系统的研究。在推广无干扰定义方面,主要是寻找无干扰可复合性的限制。在应用与实际系统的研究方面,无干扰理论曾用于描述 SAT 的两个安全策略:多级安全策略(MLS)和多域安全策略(MDS)。第一次指出了策略的两个属性:可传递性和不可传递性,并指出 MLS 是可传递的,而 MDS 是不可传递的,并给出了形式化的非传递性无干扰模型,防止无干扰策略过于严格。所以,通道控制(channel-control)和 TE(Type Enforcement)等策略的形式化规范可以采用非传递性无干扰安全策略。LOCK 系统也正是采用了这种无干扰理论实际分析出了系统中存在的隐蔽通道。

4.8 本章小结

安全模型,特别是形式化安全模型,是对安全策略所表达的安全需求的简单、抽象和无歧义的描述,建立安全模型是建立安全操作系统的一个基本要求。在本章中首先介绍了安全模型的作用和特点以及进行形式化模型设计方面的一些内容,然后对作为形式化安全模型的状态机原理做了一些说明,最后在此基础上比较详细地介绍了在多级安全系统中应用最为广泛的 BLP 机密性安全模型;第一个完整性模型——Biba 完整性安全模型;被认为是完整性模型里程碑的 Clark-Wilson 完整性安全模型;在商业安全领域中处以很高地位的中国墙安全策略;近年来得到业界和学术界推崇的 RBAC 模型和 DTE 安全模型,主要用于隐通道分析的信息流安全模型和无干扰安全模型。

4.9 习题

1. 何谓系统安全需求、安全策略以及安全模型?试述它们三者之间的关系。

2. 为什么在高等级安全操作系统中强调使用形式化的安全模型?一个形式化安全模型的设计步骤是什么?

3. 什么是状态机模型?为什么状态机模型在安全模型中得到了成功的应用,而没有在软件开发中得到广泛推广?

4. 简述 BLP 安全模型,谈谈已有的一些对 BLP 安全模型的看法。

5. 简述 Biba 和 Clark-Wilson 这两种完整性模型,比较它们之间的优缺点。

6. 简述 BN 中国墙模型与侵略型中国墙模型设计思想,比较它们在冲突类定义上的区别。

7. RBAC 存取控制机制的要点是什么?试述 RBAC 存取控制机制的主要类型和各自的特点。

8. 试述信息流模型结构和隐通道分析之间的关系。

9. 试述无干扰模型主要思想及其用途。

第5章 安全体系结构

随着计算机系统的广泛应用,特别是在金融、政府及军事等重要部门的应用,人们越来越关注计算机系统的安全问题。通过对入侵测试(penetration testing)技术和老虎队分析(tiger team analysis)方法研究的不断深入和逐渐广泛的使用,使潜藏在目前计算机系统中的大量安全问题逐渐暴露出来,这些问题将会在专门章节中介绍。这其中有些问题可以在现有系统上通过打补丁的方式来排除,而有的是无法在原有系统上进行补救的,只有重新改造系统,甚至于重新设计系统才能有效解决。

造成这种情况的原因是多方面的,但其中的两方面最值得注意,一方面是由于旧系统有了新的应用;另一方面是系统设计时考虑得不充分。前者是人力无法预测的,因此一个系统有了新应用时必须慎之又慎,要求使用"善意黑客(ethical hacking)"方式多角度分析;后者则是系统缺乏有效的系统安全体系结构所致,这好比建一幢大楼,如果建筑师在结构上不考虑防震,那么并不很强的地震也有可能造成大楼的坍塌。本章的主题就是讨论构建安全操作系统时的安全体系结构,先描述安全体系结构的含义;之后给出构造安全操作系统的安全体系结构的基本原理;最后叙述几个比较有影响的安全体系。

"老虎队"和"善意黑客"主要是企业为了解决互联网上日益严重的安全问题,逐渐意识到用来评估对他们利益的入侵威胁的最好方法之一是利用独立计算机安全专业人员来试图攻破他们的计算机系统,这种方案和一个组织中使用一个独立的审计员来验证他们的账簿记录相似。在计算机安全中,这些"老虎队"或者"道德黑客"将使用和入侵者同样的工具和技术,但是他们既不破坏目标系统,也不窃取信息,而是通过评估目标系统的安全性,给系统所有者报告他们所发现的脆弱性,并且建议如何去补救这些漏洞。

5.1 安全体系结构概念

建立一个计算机系统往往需要满足许多要求,如安全性要求、性能要求、可扩展性要求、容量要求、使用的方便性要求和成本要求等,这些要求往往是有冲突的,为了把它们协调地纳入到一个系统中并有效实现,对所有的要求都予以最大可能满足通常是很困难的,有时也是不可能的。因此系统对各种要求的满足程度必须在各种要求之间进行全局性地折中考虑,并通过恰当的实现方式表达出这些考虑,使系统在实现时各项要求有轻重之分。这就是体系结构要完成的主要任务。

5.1.1 安全体系结构含义

所谓一个计算机系统(特别是安全操作系统)的安全体系结构,它主要包含如下几方面的内容：

(1) 详细描述系统中安全相关的所有方面。这包括系统可能提供的所有安全服务及保护系统自身安全的所有安全措施，描述方式可以用自然语言，也可以用形式语言。

(2) 在一定的抽象层次上描述各个安全相关模块之间的关系。这可以用逻辑框图来表达，主要用于在抽象层次上按满足安全需求的方式来描述系统关键元素之间的关系。

(3) 提出指导设计的基本原理。根据系统设计的要求及工程设计的理论和方法，明确系统设计的各方面的基本原则。

(4) 提出开发过程的基本框架及对应于该框架体系的层次结构，它描述确保系统忠实于安全需求的整个开发过程的所有方面。为达到此目的，安全体系总是按一定的层次结构进行描述，一般包括：

① 系统开发的概念化阶段。它是安全概念的最高抽象层次的处理，如系统安全策略、要求的保障程度（保障级别）、系统安全要求对开发过程的影响及总体的指导原则。

② 系统开发的功能化阶段。当系统体系已经比较确定时，安全体系必须进一步细化来反映系统的结构。

安全体系结构在整个开发过程中必须扮演指导者的角色，所以应该确立它的中心地位。要求所有开发者在开发前对安全体系结构必须达成共识，并在开发过程中自觉服从于安全体系结构，从而达到在它的指导下协同工作的目的。即使在工程的实现阶段，编程人员也必须在一些来自体系结构、编程标准、编码审查及测试的指导原则下进行工作，这就要求安全体系结构只能是一个概要设计，而不能是系统功能的描述。另外，安全体系结构不应当限制不影响安全的设计方法，也就是说安全体系结构应该有模块化的特性。

为了获得有效的测评认证，开发安全操作系统时必须充分参考美国国防部的"可信计算机系统评测准则"（简记为 TCSEC）及"信息技术安全性评估准则"（简记为 CC）。在TCSEC 中虽然没有直接给出安全体系结构这个名词的定义，但对系统的体系结构和系统设计的文档资料提出了定性的要求，而且给出了顶层规范的定义。从定义可以看出，它是此处定义的安全体系结构的功能部分的细化。在 CC 中也没有对安全体系结构进行界定，而是把这个复杂的概念融进 CC 标准庞大的结构体系中。

5.1.2　安全体系结构类型

在美国国防部的"目标安全体系（DoD Goal Security Architecture）"中，把安全体系划分为以下四种类型。

1. 抽象体系（abstract architecture）

抽象体系从描述需求开始，定义执行这些需求的功能函数。之后定义指导如何选用这些功能函数及如何把这些功能有机组织成为一个整体的原理及相关的基本概念。在这个层次的安全体系就是描述安全需求，定义安全功能及它们提供的安全服务，确定系统实现安全的指导原则及基本概念。

2. 通用体系（generic architecture）

通用体系的开发是基于抽象体系的决策来进行的。它定义了系统分量的通用类型

(general type)及使用相关行业标准的情况,它也明确规定系统应用中必要的指导原则。通用安全体系是在已有的安全功能和相关安全服务配置的基础上,定义系统分量类型及可得到的实现这些安全功能的有关安全机制。在把分量与机制进行组合时因不兼容性而导致的局限性,或安全强度的退化必须在系统的应用指导中明确说明。

3. 逻辑体系（logical architecture）

逻辑体系就是满足某个假设的需求集合的一个设计,它显示了把一个通用体系应用于具体环境时的基本情况。逻辑体系与下面将描述的特殊体系仅有的不同之处在于:特殊体系是使用系统的实际体系,而逻辑体系是假想的体系,是为理解或者其他目的而提出的。因为逻辑体系不是以实现为意图的,因此无须实施开销分析。在逻辑安全体系中,逻辑设计过程往往伴随着对特殊体系中实现的安全分析的解释。

4. 特殊体系（specific architecture）

特殊安全体系要表达系统分量、接口、标准、性能和开销,它表明如何把所有被选择的信息安全分量和机制结合起来以满足我们正在考虑的特殊系统的安全需求。这里信息安全分量和机制包括基本原则及支持安全管理的分量等。

上面从内涵、结构和作用方面描述了安全体系结构,接下来描述计算机系统的安全体系结构设计的基本原则。

5.1.3 安全体系结构设计原则

面对一个复杂计算机系统的设计,如何才能提出一个好的安全体系结构,使系统很好地满足系统设计时提出的各种要求。人们经过大量的实践,在总结经验、分析原型系统开发中失败原因的基础上,提出了在安全体系结构设计中应该遵守的基本原则。

1. 从系统设计之初就考虑安全性

在不少系统的设计中开发者的开发思想都是:先把系统建成,再考虑安全问题。其结果是有关安全的实现无法很好地集成到系统中,为了获得所必需的安全性,不得不付出巨大的代价。例如在 Linux 设计之初,并未考虑各种安全问题,特别是只有通过密码技术才能有效解决的安全问题,为了解决这些问题人们或是改进内核,或建立专门的系统,前者要求人们重新开发各种应用软件,而后者更是需要人们花费大量的人力、物力建立并维护新系统。之所以会出现这样的情况,是因为设计一个系统时可以达到系统要求的方法是多种多样的,有的对安全有利,有的则对安全不利,在这种情况下如果没有一个安全体系结构来指导系统设计的早期决策,就完全有可能选择了有致命安全缺陷的设计思路,从而只能采取在系统设计完成后再添加安全功能的补救手段,但此时必须付出比选择其他方案要多很多倍的代价才能获得相应的安全特性和保证。而且正如经验丰富的系统设计专家 M. Gasser 所指出的:已有的大系统开发实践经验表明,除非在系统设计的早期考虑了安全对系统的影响,否则最后设计出来的系统很少会获得有意义的安全性。因此在考虑系统体系结构的同时就应该考虑相应的安全体系结构。

2. 应尽量考虑未来可能面临的安全需求

安全体系结构除了充分考虑当前的安全需求外还应着眼于未来,考虑一些没有计划要直接使用的潜在的安全属性,由于设计时已经纳入了这些"预设的"安全问题,这样一来,当未来系统要实施安全增强时,其开销显然很小,而且开发时由于预留了接口而带来很大方便。即使预留的安全特性在系统的后续开发中从未用过,但系统因预留了接口而造成的损失往往也是很小的。

系统要实施安全增强包括两方面的问题:第一,改进系统原有的安全性。但随着技术的进步,人们对系统的安全参数及对系统进行保护的技术的要求是不同的,增大参数及替换使用原有技术所实现的相关安全部件就成了改进系统安全性的两个重要的常见手段。第二,给系统增加新的安全属性。经验表明许多系统的安全性是无法进行改进的,其中的根本原因在于系统的功能是以本质地依赖于系统的不安全属性的方式来定义的,在这种情况下,一旦改变系统这些属性,系统就不再按我们希望的方式工作。因此就要求超前考虑安全需求。

当在安全体系结构的设计中考虑未来安全需求时,将面临这样的问题:如何考虑这些"预设的"安全问题才是恰当的? 对这个问题,下面的三方面是应该注意的:

首先,不能把"预设的"安全问题定得太特殊,或太具体;否则,会损失系统的灵活性。

其次,要从适当的抽象层次来理解安全问题,也就是说要从问题类的角度来理解安全问题,而不是针对具体的问题。完成未来安全需求的足够细化的分析是该设计必须包含的部分。

最后,设计计划必须特别关注安全策略的定义,因为安全策略的改变会给系统带来灾难性的影响,之所以会出现这样的情况,是因为应用系统与这些策略紧密相关,在旧策略下运行良好的应用系统完全有可能在新策略下无法正常工作。

3. 隔离安全控制,并使其极小化

为了获得高可信的安全系统,设计者应该极小化系统内部设计中安全相关部分的复杂性及规模尺度,也就是说应尽量优化结构,使其复杂性尽可能极小化,同时还应该尽量保障各相对独立功能模块在程序量上的极小化。操作系统的巨大规模是人们从整体上难以把握它的根本原因,由于系统规模太大,人们永远也无法彻底排除程序错误或一些缺陷,这就意味着系统总存在着不可预测的行为,或可被利用的缺陷,从而使系统产生一些难以预料的后果,因此构造操作系统的安全系统时必须限制规模,避免因规模巨大而导致的上述种种弊端。除此之外,在体系结构设计中考虑安全控制的隔离性和极小化,还可以确保设计者在向系统添加新的、有用的安全属性时,系统的可靠性不发生改变。

为了实现安全控制的隔离性和极小化,在设计时必须注意以下几方面:

(1) 并不是所有的从软件工程的角度看有效的设计原则都很好地适用于操作系统安全部分的设计。M. Gasser 指出,机制的经济性(economy of mechanisms)原则就是其中的一个例子。所谓机制的经济性是指,系统应尽可能地使用少量不同类型的实施机制,这样一来就可以迫使安全行为仅在很少几个隔离的系统部分中发生。但是由 Saltzer 和 Schroeder 提出的这个原则在安全设计中难以实施的根本原因在于:其一,安全问题是与系统的多个不同的功能域紧密相关的,这些功能域主要包括文件系统处理、存储管理、进程控制、输入输出及大量的管理功能等。因此在不同功能域中几乎相同的安全问题往往

需要使用不同的安全机制,才能获得好的安全控制。其二,相同的机制用于多种应用系统的保护通常也是缺乏灵活性的。最后,当在旧系统中引入新的、更灵活的安全机制时,它们常常与现存的机制是不兼容的,然而现实又需要它们彼此兼容共存。

(2) 尽管机制的经济性目标很难达到,但是系统中的安全相关机制还是应尽量简洁,易于确认,且相对独立,这样有利于实现附加的控制来保护它们,免受系统其他部分出错时带来的危害。

(3) 数据隔离必须适度,不能走极端。高度的隔离可以带来高安全,但也导致效率的大幅下降,因此安全与效率往往要折中考虑。

4. 实施特权极小化

与隔离安全机制紧密相关的概念就是最小特权原理,该原理的基本点是:无论在系统的什么部分,只要是执行某个操作,执行该操作的进程(主体)除能获得执行该操作所需的特权外不能获得其他特权。通过实施最小特权原理,可以限制因错误软件或恶意软件造成的危害。POSIX.1e 中的分析表明,要想在获得系统安全性方面达到合理的保障程度,在系统中严格地实施最小特权机制是必需的。最小特权原理的内涵是简洁的,但是其外延却是丰富的,对于安全操作系统的构筑,它主要包括以下几方面:

(1) 与硬件机制相关的最小特权,即硬件特权。当处理器不是以特权模式或特权域的方式进行操作时,必须限制特殊指令的使用,而且限制对某些存储区的访问;这就是最小特权原理在硬件机制上的反映。

(2) 与软件相关的最小特权,即软件特权。它是由操作系统指派给某些程序的特权,这些特权允许程序超越在用户程序上实施的常规访问控制,或者调用所选择的系统函数。具有多种类型软件特权的系统允许在最小特权方面实施细粒度的控制,但是这不等于说特权机制就是补充缺乏灵活性和有效性的访问控制的万能之术。事实上依赖于复杂纷繁的特权来完成常规的系统安全相关功能的系统可能是访问控制设计很糟的系统。

(3) 最小特权的实施方法。要求系统在构造时必须按一定的技术进行,例如模块化编程及结构化设计等。历史的经验表明,分层体系的使用在增加安全操作系统可靠性方面迈出了很大的一步。

(4) 最小特权总是包含用户的行为及系统管理者的行为。用户和系统管理员不应当获得多于完成它们工作需要的访问。管理功能可以与安全无关,也可与安全相关,但它们都是特权化的,因为这些功能的恶意使用可以危害系统。

5. 结构化安全相关功能

系统体系应该可以比较容易地确定系统安全相关的方面,以便可以很快地对系统的大部分进行检验,这对安全系统是非常重要的。一个好的安全体系必须是:安全控制是隔离的、极小化的、对安全相关的功能有一个清晰的且易于规范的接口。

6. 使安全相关的界面友好

在设计安全机制时,遵循如下的原则是有帮助的:

(1) 安全不应当对服从安全规则的用户造成功能影响;

(2) 给予用户访问应该是容易的;

（3）限制用户访问应该是容易的；

（4）建立合理的默认规则。

7. 不要让安全依赖于一些隐藏的东西

系统安全体系的一个重要目标就是让安全避免依赖于系统安全机制的任何部分的保密，也就是说作出如下的假设是不安全的：用户不能突破系统，是因为用户没有用户手册或软件的资源列表。

5.2　权能（capability）体系

权能体系是较早用于实现安全内核的结构体系，尽管它存在一些不足，但是作为实现访问控制的一种通用的、可塑性良好的方法，目前仍然是人们实现安全比较偏爱的方法之一。权能体系的最大优点就是：

- 权能为访问客体和保护客体提供了一个统一的、不可旁过（noncircumventable）的方法，权能的应用对统筹设计及简化证明过程有重要的影响。
- 权能与层次设计方法是非常协调的，从权能机制很自然可导致使用扩展型对象来提供抽象和保护的层次。尽管对权能提供的保护及权能的创建是集中式的，但是由权能实现的保护是可适当分配的，也就是说，权能具有传递能力。这样一来，权能促进了机制与策略的分离。

1976 年，Linden 在他的著名报告"支持安全和可靠软件的操作系统结构"（operating system structures to support security and reliable software）里，总结分析了权能体系。本节就以他的工作为基础来叙述权能体系。

5.2.1　权能的一般概念

一般而言，权能可以看成是对象（或客体）的保护名。不同的系统使用权能的方法可能差异极大，但是权能都具有如下的性质：

- 权能是客体在系统范围使用的名字，也就是说它在整个系统中都是有效的，而且在整个系统范围内是唯一的。一个主体只有在具有客体所具有的权能的前提下才能访问该客体。
- 权能必须包含一部分用以决定该权能允许的对以它命名的客体的访问权，也就是说，这部分权能决定了对该客体进行访问必需的权利。
- 权能只能由系统特殊的底层部分来创建，而且除了约减访问权外，权能不允许修改。拥有某个权能的主体有权把它作为参数移动、拷贝或传递它。

权能一般由以下几部分组成：用于标识客体的标识符、定义客体类型的域及定义访问权的域。当一个客体被创建时，该客体的权能也随之创建，客体的初始权能包含所有对该客体的访问权，客体的创建主体可以拷贝该客体的权能给其他主体，一个权能拷贝的接收主体可以使用它来访问相应的客体，或者产生新的拷贝传给其他主体。当一个权能被传递给另一个主体时，权能的访问权可以被限制，这样一来，权能的每次拷贝都有可能产生对客体的不同的访问权。传递给另一个主体的权能的访问权不能大于对该权能拷贝所获得的访问权。

5.2.2　对权能的控制及实现方法

为了阻止用户通过创建权能来获得非授权的访问权，对权能进行控制是必需的。获取这种控制的方法有两种：第一种方法是一直让权能存储在特殊的位置上，例如，权能段和权能寄存器；第二种方法是在每个存储字后加上一个额外的标签比特，它必须是用户不能访问的。这个标签比特确定了这个字是否包含一个权能，接着硬件按权能确定的方式修改这个字。其中第二种方法避开了对权能如何存储、移动及拷贝的各种严格限制，因为标识符可以是指向客体的指针，它可以包含客体的地址和地址上界，或者它可以通过间接表或页表间接地指向客体；标识符也可以是长期与客体共存的唯一的编码，这一般叫做唯一标识符。

5.2.3　权能系统的局限性

用单个操作系统机制来支持广泛的安全策略不是一个新的方法。20 世纪 70 年代开发的 Hydra 系统在它的安全策略定义中分离了访问控制机制。Hydra 是一个基于权能的系统，虽然系统开发者意识到单个功能模块的限制，并在基本权能机制上引入多种加强。这种 Hydra 方法甚至在以后的 KeyKOS 和 EROS 系统中被采用。虽然流行，但是基于权能的机制不能很好地适合提供策略可变通性，因为它们允许权能的持有者控制这种权能的直接遗传，然而支持安全策略的重要要求是控制协调于策略的访问权遗传的能力。Hydra 和 KeyKOS 引入的加强试图限制这种遗传，但是产生的系统通常仍然只能支持它设计时要满足的特定策略，而且付出明显的复杂性代价，这种代价使得最初的权能模式减少了它的吸引力。

主要出于在一个基于权能系统中解决支持多层安全策略的兴趣，一些基于权能的系统（例如，SCAP、ICAP、Trusted Mach）引入使每一个遗传或者与安全策略相悖的权能应用生效的机制。Kain 和 Landwehr 开发了一个分类法来刻画这些系统。在这些系统中，权能机制的简单性被保留了，但是权能仅服务于最小特权机制，而不是为记录和遗传安全策略的机制。这是权能的一个潜在的有效利用。然而，这些系统的设计没有定义安全策略能用于查询的机制，通过查询而使权能生效，这些机制在提供策略可变通性上是重要的。Flask 体系能被用来提供需要使权能生效的安全决策。在 Flask 原型中，体系正是这样使用的。

5.3　Flask 体系

5.3.1　背景介绍

通过 Internet 联结的显著增长使得计算机安全成了一个极为重要的环节，但是没有一个安全的定义能够适应这种状况。Internet 联结的一个主要特征是异质互连,意味着在 Internet 中普遍存在着不同的计算环境以及运行在上面的应用,它们往往有着不同的安全需求。另一方面任何安全概念都是被一个安全策略限制着,所以就存在着许多不同的安全策略甚至许多不同类型的策略。为了获得大范围的使用,安全方案必须是可变通的,足以支持大范围的安全策略。在今天的分布式环境中,这种安全策略的可变通性通常由操作系统的安全机制来支持。

支持策略可变通性在操作系统中是件比较棘手的事情,其困难程度往往要超过对多策略的支持。这种可变通性要求这种系统必须支持对底层客体的精细的访问控制,以便执行安全策略控制的高层功能。同时,系统必须确保访问权限的增长和安全策略保持一致。最后,策略在通常情况下不是固定不变的。为了解决策略的变化和支持动态策略,系统必须有一种机制来撤销以前授予的访问权限。早期的系统能够提供支持多安全策略的机制,但是由于它们不能满足上述三个要求中的任何一个,因而通常对策略可变通性的支持是不足的。

Flask 体系结构使策略可变通性的实现成为可能。通过对 Flask 体系的微内核操作系统的原型实验表明,它成功地克服了策略可变通性带来的障碍。这种安全结构中机制和策略的清晰区分,使得系统可以使用比以前更少的策略来支持更多的安全策略集合。Flask 包括一个安全策略服务器来制定访问控制决策,一个微内核和系统其他客体管理器框架来执行访问控制决策。虽然原型系统是基于微内核的,但是安全机制并不依赖微内核结构,意味着这个安全机制在非内核的情况下也能很容易地实现。

由此产生的系统提供了策略的可变通性,也支持策略的广泛多样性。通过确保安全策略已经考虑了每个访问决策来控制访问权限的增长。由直接集成到系统的服务来提供组件的执行机制,支持精细访问控制和允许对以前授予访问权限的撤回的动态策略。此外,有原始的性能结论和对编码变化的数量和扩散统计显示,系统安全策略的可变通的影响能被保持到最小。

Flask 系统的安全结构来源于之前的 DTOS 系统原型(它有相似的目标)。但是,尽管 DTOS 安全机制在许多特定的安全策略中是独立的,它们并不是丰富到足以支持许多策略,特别是动态安全策略的程度。

在最高层的抽象中,Flask 可变通性安全模式与访问控制通用框架(GFAC)是一致的。然而 GFAC 模式假定系统所有的控制操作是由同样的策略考虑的原子操作来执行的,在实际系统中非常难以达到,这也是 Flask 系统必须克服的主要障碍。

吊销问题在操作系统设计中并不是一个新问题,但它很少受到重视。Multics 通过验证段描述符有效地提供对内存许可权的快速回收。虽然都没有真正实现,但 Redell 和 Fabry,Karger 和 Gong 都描述了各自不同的撤销以前授予功能的方法。Spring 实现了一个权能吊销技术,不过仅仅是权能被撤销,迁移许可权却没有被撤销。内存许可权的撤销通常由基于微内核的系统来提供,同时还需要外部页面调度的支持,如 Mach,但是撤销不能被扩展到其他许可权。DTOS 中的安全服务器能够取消以前授予的许可权,并将其保存在微内核的许可权缓存中。然而它只采用像 Mach 的内存许可权机制,并不能提供对迁移许可权的撤销。

Flask 原型由一个基于微内核的操作系统来实现,支持硬件强行对进程地址空间的分离。但也有一些最近的努力已经展示了软件强行进程分离的效果。对 Flask 结构而言,这种区别本质上是不相关的。它认为所提供的进程分离的形式才是主要的,但 Flask 结构并没有强制要某一种机制。Flask 结构为达到其他系统常见的可适应性,将采用 DTOS 结构在 SPIN 中的安全框架。进一步来讲,Flask 结构也可以适用于除操作系统之外的其他软件,例如中间件或分布式系统,但此时由底层操作系统的不安全性所导致的脆弱性仍然被保留。

5.3.2 策略可变通性分析

当最初试图定义安全策略的可变通性时,常给出所有知道的安全策略的列表并通过这个列表来定义可变通性。这样虽然保证了定义可以反映现实世界看法的可变通程度。遗憾的是,这种简单的定义是不现实的。因为现实世界中计算机系统的安全策略被目前这种系统提供的机制所限制,导致在怎样把现实中笔和纸反映的安全策略转换到计算机系统中并不总是很清晰的,所以就需要一个更好的定义。

将计算机系统抽象成一个状态机,执行原子操作完成从一个状态到另一个状态的转换,对定义安全策略的可变通性会很有用。在这种模式下,如果安全策略能被原子地插入到系统的操作执行中,一个系统可以被考虑成提供整个安全策略的可变通性,例如允许操作的运行,操作的拒绝,甚至引起系统自身的操作。在这样的系统中,如果当前系统状态包括系统的历史,则安全策略可以利用对当前系统状态的全部的认知来做出决策。因为插入所有访问请求是可能的,所以修改现存的安全策略和撤销任何以前授予的许可权也是可能的。

以上定义更准确地抓住了策略可变通性的根本,但是出于实际的考虑产生了一个稍微受限的观点。在一个现实系统中,基于针对所有当前系统状态的所有可能操作的安全策略决策是不可能的。相反一个更现实的方法是区分那些潜在的与安全相关的系统状态部分,并控制影响这部分状态和被它所影响的控制操作。这个系统的可变通程度自然依赖于控制操作集合和与安全策略相关的目前系统部分状态的完整性。此外,控制操作的粒度会影响可变通程度,因为它能影响共享受控粒度。

这种策略可变性的描述在三个方面受限制:它允许一些操作在安全策略的控制外执行,它严格限制可能由安全策略引发的操作,它允许一些安全策略范围以外的系统状态存在。实际上,这些显式的限制中每一个都是必要的特性,因为许多内部操作和系统状态对任何安全策略没有明显的用途和关联。

一个策略可变通的系统必须能够支持广泛多样的安全策略。安全策略可以根据一些明确的特性来分类。这些特性包括对撤销以前授予访问权限的需求、做访问决策所需的输入类型、策略决策对诸如历史和环境等外部因素的敏感性以及访问决策的传递性等。支持策略撤销是这些支持特性中最困难的。

即使最简单的安全策略也面临改变(例如用户授权的改变),一个策略可变通的系统必须能支持策略改变。因为策略变化可能和控制操作的执行产生交叉,系统会面临根据废弃的策略执行访问权限的危险,所以在策略改变和控制操作的交叉使用时必须保持原子性。

取得这种原子性一个基本困难是确保以前授予的许可权能随策略的改变而撤销,系统必须确保这项许可权控制的任何服务都不再提供,除非许可权在后来再次被授予。撤销是一个非常难以满足的特性,因为许可权一旦被授予,有在全系统发生迁移的倾向。撤销机制必须保证所有这些被迁移的许可权真正地收回了。

一个许可权迁移的例子是:在 UNIX 系统中,当一个文件被打开时,写文件的访问决策被执行,授予的许可权被缓存在文件描述符中,在写操作时用来进行有效的写访问的验证。在 UNIX 系统中,撤销对该文件的写访问仅仅防止以后试图以写访问方式打开此文件,但对已存在于文件描述符中的被迁移的权限却无法影响。这种撤销支持可能不足以满足安全策略需求。这种类型的情况并不少见,被迁移的权限可以在系统的其他地方发现,包括权能、页表中的访问权限、打开的 IPC 连接和当前正在运行的操作。更复杂的系统可能在更多的地方产生许可权的迁移。

在大多数情况下,撤销能简单地通过改变数据结构来完成。但是,如果有一个正在运行的操作已经检查过它的许可权,想撤销它的许可权就是件比较复杂的事情了。撤销机制必须能够识别所有被这个撤销请求所影响的正在运行的操作,并选用三种可能的方法之一来处理这些请求。第一种方法是中止正在运行的操作,并返回一个错误状态。第二种方法是重启操作,并允许对撤销许可权的另一次检查。第三种方法是等待操作的自行完成。通常来说,前两种是安全的。只有当系统能够保证操作在不引起撤销请求无限阻塞时能完成(例如,如果所有适当的数据结构已经被锁且没有外部依赖关系),第三种方法才会被采用。因为阻塞撤销可以有效地拒绝撤销请求并引发安全威胁,所以这样做很危险。

5.3.3 Flask 体系的设计与实现

这里定义 Flask 安全结构的组件并标识每个组件为适应系统目标必须满足的需求。Flask 安全结构的描述虽然是建立在其实现于微内核的多服务器操作系统基础上,但是它仅需要操作系统包含一个引用监控器。特别是,Flask 体系结构要求其满足完备性和隔离性,尽管可验证性在结构的任意实现中肯定也是必需的。

Flask 原型来源于 Fluke 微内核操作系统。由于缺少全局资源和 API 的原子属性,Fluke 微内核特别适合用来实现 Flask 体系。但是最初的 Fluke 系统是基于权能的,而且自己不能满足 Flask 体系结构的需求。

图 5-1 说明实施安全策略决策的组件称为对象管理器(object manager);向客体管理器提供安全决策的组件称为安全服务器(security servers);决策子系统可能包括其他组件,例如,管理接口和策略数据库,但这些组件之间的接口是策略依赖的,所以在结构中不说明。

1. 结构概览

Flask 安全体系结构如图 5-1 所示,描述了实施安全策略决策的子系统和做决策的子系统之间的相互操作,以及每个子系统内部组件的需求。该体系结构的最基本目标是提

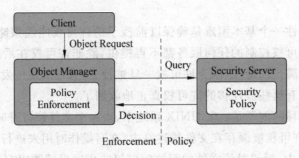

图 5-1　Flask 安全体系结构

供安全策略的可变通性,确保这些子系统无论如何做出决策、如何随时变化,都有一致的策略决策。它的第二个目标包括应用透明、深度防御、易于论证和性能影响最小化等。

　　Flask 安全结构为客体管理器提供了三个主要要素:

　　(1) 提供从一个安全服务器重新访问、标记和多实例决策的接口。访问决策规定在两个实体间(特别是一个主体和客体之间)的一个特定的许可权是否被允许。标记决策规定预分配给客体的安全属性。多实例化决策规定多实例资源集的哪个成员被特定的请求访问。

　　(2) 提供一个访问向量缓存器(AVC),允许客体管理器缓存访问决策结果,减小性能损耗。

　　(3) 提供客体管理器接收和处理安全策略变动通知的能力。

　　客体管理器负责定义机制来为它们的客体分配标记。一个控制策略规定了安全决策如何被用于控制客体管理器所提供的服务,每个客体管理器必须定义和实现它们的控制策略。这个控制策略通常用于处理各种威胁,主要是通过提供该安全策略控制客体管理器所提供的所有服务,以及允许这些控制是可依据威胁配置的。每一个客体管理器对策略变化时的调用必须定义处理的流程。对于多实例化的所有使用,每一个客体管理器必须定义相应的机制选择适当的资源实例。

2. 常规支持机制

　　这一节描述所有客体管理器的常规支持机制,它主要用来支持策略可变通性。尽管Flask 结构是简单的,但在实现中仍有一些微妙之处,下面将进行讨论。

　　1) 客体标记

　　所有安全策略控制的客体同时被安全策略赋予了安全属性集标记,也就是安全上下文。此体系中的一个基本问题是怎样实现客体和其安全上下文的关联。一个简单的解决办法是定义一个策略无关的数据类型,作为与每个客体相关联的数据的一部分。但是,没有一种数据类型能够很好地适应系统中所使用标记的所有不同形式。Flask 体系为标记提供了两种策略无关的数据类型来满足这些冲突的需求。

　　第一个策略无关的数据类型是安全上下文,它是一个长度可变的字符串,能被任何了解安全策略的应用或用户解释。一个安全上下文可以由几个属性组成,例如用户标志、密级、角色和域,但这取决于特定的安全策略。当安全上下文是模糊的字符串时,就不会损害客体管理器的策略可变通性。然而使用安全上下文来标记,查找策略决策效率低下,而且还会增加特定策略逻辑被引入客体管理器的可能性。

第二个策略无关的数据类型是安全标志符(SID),它被 Flask 定义为固定长度的值,只能被安全服务器解释并由安全服务器映射到一个特定的安全上下文。拥有给定安全上下文的 SID 并不具有安全上下文的任何权限。SID 映射通过其安全服务器或不同结点上的安全服务器的执行(重启)都可能不一致。因此 SID 可能是轻量级的。在实现中,SID 是简单的 32 位的整数,没有特定的内部结构,其任何内部结构只能被安全服务器获知。SID 允许大多数客体管理器的交互不仅仅在安全上下文的内容上无关,而且在安全上下文的格式上也无关。通过简化客体标记和接口来协调安全服务器和客体管理器间的安全策略。但是在一些情况下,例如标记持久客体或标记输出到其他结点的客体时,客体管理器必须处理安全上下文。

当一个客体被创建时,它被分配一个 SID 来显示它的安全上下文。典型地,这个上下文依赖于客户对客体创建的请求和创建的环境。例如,一个新创建的文件的安全上下文依赖于它创建时目录的安全上下文和请求创建它的客户的安全上下文。因为一个新客体和改变的客体的安全上下文计算涉及特定策略逻辑,其不能由客体管理器自身来操作。一个新客体的标记在图 5-2 中描述。当一个客户需要从安全管理器创建一个新客体时,微内核为客体管理器提供客户的 SID。以客户的 SID、相关客体的 SID 和客体类型作为参数,客体管理器向安全管理器请求一个新客体的 SID。安全服务器参考策略逻辑的标记规则,决定新客体的安全上下文,返回符合安全上下文的 SID。最后客体管理器把新客体和返回的 SID 绑定。对一些安全策略,像 ORCON 策略,即使某种类型的主体和客体是在相同的安全上下文中创建的,也要求唯一性地区分开来。对这些策略,SID 必须由安全上下文和安全服务器选择的一个唯一性标记来计算。

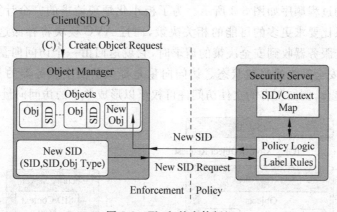

图 5-2　Flask 的客体标记

2) 客户和服务器鉴别

当发出请求的客户 SID 是安全决策的一部分时,客体管理器必须能够鉴别这个 SID。同时,有必要使客户能够鉴别一个服务器的 SID,以确保服务是来自一个恰当的服务器,所以 Flask 结构需要底层系统为进程间通信(IPC)提供客户服务器的鉴别形式。但是,如果不提供客户和服务器一种超越鉴别的方法,这个特性是不完全的。例如对基于权能的机制,当一个主体发出请求影响到另一个主体的利益时,限制它自身的特权是必要的。除了限制特权之外,超越其实际鉴别可以用来提供通信匿名或允许透明插入,就像在分布式系统中通过网络 IPC 服务器连接客户和服务器。

Flask 微内核提供这个服务直接作为 IPC 处理的一部分,胜于依赖复杂而潜在花费高的外部认证协议。微内核和客户的请求一起提供客户到服务器的 SID。利用通信能力,客户可以发一个内核调用来鉴别服务器 SID。当发一个 IPC 请求时,客户可以指定一个不同的 SID 作为它的有效 SID 来超越它与服务器的鉴别。当准备接收请求时,服务器也可以指定一个有效的 SID。在两种情况下,规定一个特殊有效的 SID 的许可权由安全服务器来决定,并由微内核执行。所以,Flask 微内核支持结构需要的基本的访问控制和标记操作,并能提供最小特权、匿名和透明插入的可变通性。

3) 请求和缓存安全决策

在最大可能简化的实现中,对象管理器每次都能向安全服务器请求一个所需的安全策略。但是,为缓解服务器因决策的计算和传送每个决策的通信而造成的工作压力,Flask 体系在对象管理器内提供了缓存安全决策结果的机制。

在 Flask 体系中,缓存机制提供的不仅仅是缓存某个个体的安全决策结果。缓存访问向量(AVC)模块提供了对象管理器和安全服务器之间的协调策略,这里缓存访问向量是由对象管理器共享的一个公共资源库。这个协调策略既表达了来自对象管理器对策略决策的请求又表达了来自服务器对策略变迁的请求。前者将在本节讨论,而后者留待后面探讨。

在 Flask 体系中,一个对象管理器必须决定可以为一个主体所访问的是一个具有某些许可权的对象,还是一个具有一组许可权的对象。这是一种典型的控制操作。请求和缓存安全决策的过程顺序如图 5-3 所示。为了极小化烦琐请求的安全计算的报头,安全服务器可以提供比要求更多的可能的相关决策,而且 AVC 模块将存储这些决策以备未来之用。当安全服务器收到安全决策的请求时,它就返回由一个访问向量表示的一组许可权,用以描述安全策略的当前状态。访问向量是提供给安全服务器的 SIDs 对的相关许可权的一个集合,例如所有的文件访问许可权可以形成单个的访问向量。

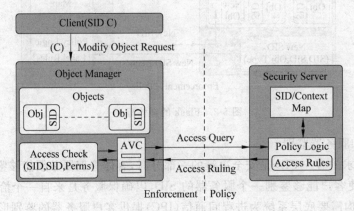

图 5-3 在 Flask 中请求和缓存安全决策

4) 支持多实例化

必须有一个安全策略支持这样的事实,即通过多实例化某资源及按群划分终端实体,使得每个群中的实体能共享该资源的相同实例化,从而限制固定资源在终端实体间的共享。例如,具有多级安全特性的 UNIX 系统频繁划分/tmp 列表,但是为每个安全级保留独立的子列表。Flask 体系支持多实例化是通过提供一个接口来实现的,安全服务器凭借该接口可以区分哪个实例化可被一个特殊的终端实体访问。终端实体和实例化都是由 SIDs 来唯一确定。实例化被称为 members(成员)。选择一个成员的一般过程如图 5-4 所示。在图 5-4 中,客户请求创建来自对象管理器的新对象,而且微内核为对象管理器提供客户的 SID。对象管理器发送获得成员对象的 SID 请求给安全服务器,该请求还以客户 SID,多实例化对象的 SID 及对象的型为参数。安全服务器依据策略逻辑中的多实例化规则,为成员决定安全上下文。最后,对象管理器选择基于返回的 SID 的一个成员,并创建一个对象作为该成员的子对象。

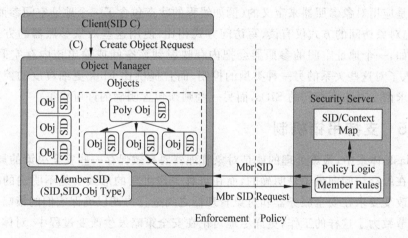

图 5-4 在 Flask 中的多实例化

5.3.4 特殊微内核特征

前一节描述了 Flask 对象管理器的公共的安全功能。本节将讨论增加到微内核的特殊特征。但是对吊销的支持将独立地讨论。

源于 Fluke 体系的要求,每个活动的内核对象都对应一小块物理内存。尽管内存本身在微内核中并不是一个对象,但是微内核为内存管理及绑定 SIDs 到每个内存段这两项服务提供了基础。每个内核对象的 SIDs 和与之对应的内存段的 SIDs 是一致的。在内存标签(label)和与该内核相关的内核对象的标签之间的这种关系允许实现 Flask 微内核对控制器件(leverage)的控制,而不是像在 DTOS 中那样引入正交保护模型,这里控制器件是现存的 Fluke 的保护模型。但是这也可能引发标签标识灵活性的潜在丢失,因为内存的分配粒度要比内核对象的分配粒度疏松得多。

Flask 通过基于地址空间的 SID 和内存段的 SID,把每种访问模式与 Flask 许可权结合起来,为内存访问模式的传播提供直接的安全策略控制。这些内存访问模式相对于这些内核对象而言,它们的作用恰如权能(capabilities)。当初次试图访问内存映射时,微内核验证是否安全策略已明确地授予了对每个被请求的访问模式的许可权。在 Fluke 中,内存许可权并不是在任意接口的层面上都被计算的,只有在出现页错误时才被计算;因此,这个控制提供了这样的例子,它表明仅有截获请求是不够用的。因为内存段的 SID 是不可改变的,所以如果一个策略发生了变化,正如在 5.4 节中讨论的那样,Flask 许可权必须重新验证合法性。

在 Fluke 中,一个端口参照器(reference)作为权能,可执行 IPC 到相关端口集上的服务器线程的操作。虽然 Fluke 在对传播的控制中通过使用典型的插入技术来完成,但是与此不同,Flask 对这一类端口参照器的应用提供直接的控制,控制经由下述方式来完成:对两个主体而言,如果它们获得适当的许可权,则在它们之间允许建立 IPC 连接。这些直接的控制使得使用策略来完成对权能的应用管理成为可能。

Flask 微内核的一个有趣方面是强加在两个对象之间关系之上的控制。在 Fluke 中,这些关系是应用对象参照器来定义的(例如线程的状态包含了一个地址空间参照器)。遗憾的是,与对象访问的方式仅有读、写访问方式相比,使用这些对象参照器的方式是多样化的。例如,一个地址空间的参照器会把内存映射到该空间或输出该内存空间。因此,Flask 引入了对这些关系的另一种类型的控制,而且提供比 Fluk 更细粒度的控制。某些控制仅要求两个对象有相同的 SIDs,而另一些则须包含明确的许可权集。

5.3.5 支持吊销机制

在 Flask 体系中,最难处理的就是对象管理器要高效保存一些安全决策的局部拷贝。这些决策在缓存访问向量中是明确的,而在可移去许可权的形式下是不明确的。所以安全策略的改变要求在安全服务器和对象管理器之间进行协调以确保它们的策略表达是一致的。本节致力于这样的工作,更详尽地讨论在安全策略发生改变过程中,对体系要素的要求的变化情况。

通过在系统上强制实施两个要求,可获得第二节中所述的有效原子性的需求。第一个要求是在策略变动完成后,对象管理器的行为必须反映这个变化。如果没有一个子顺序过程实现策略变化,那么吊销许可权的进一步受控制的操作是不允许执行的。第二个要求是对象管理器必须采用实时的方式完成策略变化。

第一个要求仅是就对象管理器而言的,但是当用一个合理定义的协议把对象管理器和安全服务器联系起来,它将给出系统级策略的有效原子性。这个协议分三步实施:首先,安全服务器让所有对象管理器注意到任何以前提供的现已改变的策略。其次,每个对象管理器更新内部状态以反映这些变化。最后,每个对象管理器让安全服务器注意到改变已完成。

对要求策略变更按特殊顺序发生的那些策略的支持而言,该协议的最后一步是根本的。例如,某策略可以要求吊销一定的许可权得先于承认某些新的许可权。安全服务器不能认为策略变更已完成,除非所有影响到的对象管理器已完成它。由于安全服务器能作出决定什么时候策略变更对所有相关的对象管理器是有效的,这使实现系统级策略变更的有效原子性成为可能。这个协议并没有把在状态管理方面不应有的负担强加给安全服务器。在许多系统中对象管理器的数量相对较小,而且仅有的那些需要额外状态处理的情况是对象管理器开始时颁发一个访问查询以获取一个认可的许可权,进一步,安全服务器可以以可变的粒度跟踪认可的许可权,从而约减安全服务器记录状态的数量。

强加于对象管理器的实时性要求使协议提供的原子形式是合理的。由不可信软件行为引起的吊销请求的任意延时一定是不可能的。每个对象管理器一定有能力进化自己的状态,而不会受挫于端实体不确定的阻挠。当这种实时性要求被推而广之用于系统级策略变更时,它也牵涉到系统的另两个组成部分:微内核,它必须在对象管理器和安全服务器之间提供实时的通信;调度程序,它必须为对象管理器提供 CPU 资源。

通用 AVC 模块的功能是处理所有策略变更请求的初始进程,且适当地优化缓存。该模块仅有的另一个必须执行的操作是吊销已移走的许可权。

在图 5-5 中,当收到来自安全服务器的吊销请求时,微内核首先更改它的 AVC,接着检查线程和存储状态,并根据需要执行吊销。

在升级缓存后,AVC 模块请求已由对象管理器为吊销已移走的许可权注册回函。文件服务器支持已移入文件描述对象的许可权的吊销,但是目前还不能支持截断正在进行中的操作。为吊销已移走许可权的完整的回函目前仅在 Flask 微内核内实现,如图 5-5 所示。

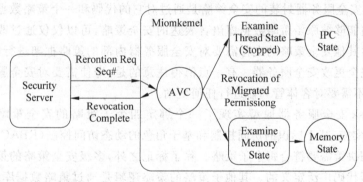

图 5-5 微内核许可权吊销

Fluke API 的两个性质简化了微内核的吊销机制:它提供了线程状态的及时、完全的输出,且确保所有内核的操作或是原子的,或是清楚地被划分为用户可视的原子阶段。第一条性质允许内核吊销机制访问内核的状态,包括当前进程中的操作。吊销机制会安全地等待进程中操作的结束或者按照快速保护而重起,第二个性质允许将 Flask 的许可检查如同它控制的服务一样装入同样的原子操作中,这样可以避免在吊销完成之后服务的重新产生。

5.3.6 安全服务器

像以前描述的一样,安全服务器需要提供安全策略决策,保持 SIDs 和安全上下文之间的映射,为新创建的客体提供 SIDs,提供成员客体的 SIDs,控制客体管理器的访问向量缓存。此外,大多数安全服务器的执行会对载入和改变策略提供功能。除了客体管理器中的缓存机制以外,对安全服务器提供一个自己的缓存机制会有很大的好处,它用来保持访问计算的结果。这一点是很有利的，安全服务器可以利用以前被缓存的大量的客户需求访问计算结果来缩短它的反应时间。

对安全服务器提供的服务而言，安全服务器是一个典型的策略强制执行者。表现在：首先，如果安全服务器对改变策略提供了接口，它必须对主体能够访问的接口强制执行安全策略。第二点，它必须限制能够获取策略信息的主体。这在用许可权需求作为策略的情形当中尤其重要，例如一个利益(interest)策略的动态冲突。如果策略信息的机密性很重要，客体管理器必须负责为它缓存的策略信息提供保护。

在一个分布式或者网络的环境中，一个诱人的建议是将每个结点的安全服务器仅仅作为该环境策略的一个本地缓存。然而，为了支持不同种类的策略环境，一个值得的做法是每个结点都有它自己的安全服务器，有一个本地定义的策略组件和在一个比较高的级别的某种程度的协调性。即使是在一个同类的策略环境中，有必要为结点本地化地定义一个安全策略的内核部分，用来将系统安全地引导到一个可以和环境的策略进行协商的状态。对一个分布式安全服务器与环境中对等结点的安全服务器的协调的发展仍然是将来的工作。对许多策略来说，安全服务器应该能够容易地升级和复制，因为大多数的策略几乎不需要在不同结点的安全服务器之间有交互性。然而，一个安全策略，例如基于历史的策略，就需要在安全服务器之间有很强的协调性。

被 Flask 安全服务器封装的安全策略是通过对它的代码和一个策略数据库的绑定来定义的。任何能够被原始策略数据库语言表达的安全策略，可以仅仅通过改变策略数据库来实现。对其他安全策略的支持需要对安全服务器内部的策略框架进行改变，可以改变代码或者完全更改安全服务器。有一点值得注意的是，即使需要对安全服务器的代码进行改变，也不需要对客体管理器进行任何变动。

当前 Flask 安全服务器原型实现了一个绑定四个子策略的安全策略：多级安全(MLS)、类型实施、基于标识的访问控制和基于角色的动态访问控制(RBAC)。安全服务器提供的访问决策需要符合每个子策略。除了标记之外，多级安全策略的策略逻辑是通过安全服务器代码广泛定义的。其他子策略的策略逻辑是通过策略数据库语言定义的。这四种子策略并不是 Flask 体系结构和执行中所支持的策略的全部。选择它们作为安全服务器原型的实现是为了体现该体系结构的主要特征。

因为 Flask 的成果主要集中在策略实施机制和这些机制与安全策略的协调，其他能够仅仅通过改变策略数据库就可实现的安全策略受到一定的限制。这是当前原型的一个缺点，并不是体系结构的特征。还没有为 Flask 开发一种有表现力的策略规范语言或者策略配置工具。这种工具会使在当前原型中为新安全策略的定义提供帮助。现有一些最近的设计，考虑了如何配置安全策略的一些灵活性工具，它们通过提供某种管理 Flask 提供的机制的方式来对 Flask 的成果进行了精细的补充。

5.3.7 其他 Flask 对象管理器

以下各节描述了某些 Flask 用户空间的对象管理器的特征。虽然它们对于了解 Flask 的结构并不是必需的，但它可以使我们了解一个完整的系统是怎样实现策略的灵活性的。

1) 文件服务器

Flask 的文件服务器提供四种类型的可控制（标签化）客体：文件系统、目录、文件和文件描述符客体。因为文件系统、目录和文件是永久性客体，所以，赋予它们的标签也必须是永久性的。绑定这些客体及其永久性标签的方法如图 5-6 所示。文件服务器的永久性标签的策略并没有牺牲策略灵活性和系统的性能，该策略将安全上下文作为不透明的字符串，通过向安全服务器提出请求的方法获得与安全上下文相映射的 SID，其主要在文件服务器内部使用。对文件描述符客体的控制是独立于对文件本身的控制的，这使得策略可以控制对文件描述符客体的访问权限的传递。

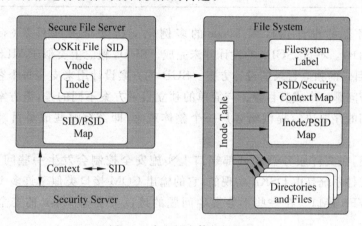

图 5-6　永久性客体的标签化

在图 5-6 中，文件服务器在每个文件系统中维护着一张表，该表标识了文件系统以及系统中每个文件和目录的安全上下文，这保证了文件系统即使移到别处，这些客体的安全属性也不会丢失。该表可分为两种映射：安全上下文和永久性 SID（PSID）的映射、客体和 PSID 的映射。PSID 是文件系统内部的抽象概念，在每个文件系统中都有独立的名字空间。

相对于 UNIX 的文件存取控制，Flask 文件服务器定义了对每个文件或目录状态进行监测和修改的权限，例如，UNIX 系统中，进程对文件的 stat、unlink 操作只需进程具有访问该文件父目录的权限，而在 Flask 文件服务器中，除此之外，还要有对文件本身的存取权限。这种权限方面的支持对于支持受限制的安全策略是必需的。Flask 文件服务器的服务之间的区别比较细粒度化。例如，文件的 write 和 append 权限、目录的 add_name和 remove_name 权限是独立的，这也体现了其策略的灵活性。

文件服务器支持重新为文件或目录赋安全性标签的操作。相对于简单地把客体复制为新的客体然后赋上另外一个标签，这种操作要高效得多。该操作很复杂：首先，已转移的文件的权限可能会再被取消。例如，改变文件的 SID 可能会影响到已经存在于文件描述符客体中的文件的写权限。因此，所有这些权限都要重新计算，必要时给予取消。

其次，重置标签的操作不仅仅通过客户端主体和文件的 SID 控制，而且也关系到最近被申请的 SID。如表 5-1 所示，完成重置标签的操作需要三种权限。一个简单的重置标签操作也有助于理解策略的灵活性，因为策略的逻辑关系可以直接由多个这样的可能是三个一组的 SID 组体现。相对地,控制文件复制操作的权限通过相关 SID 之间更为微弱的关系也可实现一个相同的策略逻辑关系,但实现起来要相对复杂得多。

表 5-1 对文件重置标签的权限

SOURCE	TARGET	PERMISSION
Subject SID	File SID	RelabelFrom
Subject SID	New SID	RelabelTo
File SID	New SID	Transition

文件服务器的设计预计用 Flask 的多例化支持安全关联目录(security union directory,SUDs)。不过,SUDs 的设计并未完成。SUDs 概念上类似于 MLS UNIX 系统中对于/tmp 目录的独立目录的设计方案。SUD 的方案设计用来支持每个客户决定默认情况下首选访问哪一个成员目录。与简单的独立目录方案不同的是,该方案根据客户和成员目录之间的存取决定提供给客户一个整体观念,即都有哪些成员目录可以由客户存取。

如前所述,在文件服务器的外部端口上实施安全控制会发生一些问题。Flask 文件服务器的文件系统是由 OSKit 实现的,它的输出 COM 接口类似于许多 UNIX 系统中使用的内部 VFS 接口。在一些不会发生问题的接口上实施 Flask 的安全控制也是可能的。

2) 网络服务器

概括地说,Flask 的网络服务器保证每个网络上的 IPC 都经过安全策略的认证。当然,网络服务器并不能独立保证网络的 IPC 根据本结点的策略得到安全认证,因为它在数据向对等结点的处理进程分发时并没有端到端控制。实际上,网络服务器必须将其一定程度的可信级扩展到对等结点的网络服务器,已强制实施自身的安全策略,或将自身的安全策略与对等结点的安全策略结合。这就需要安全策略之间的协调,需要有一个独立的协调服务器来解决这个问题。当前的协调服务器局限于用 ISAKMP 协议来协调网络安全协议和加密方案。策略中定义了信任的精确程度和可向对等网络服务器扩展的可信度。策略灵活性在网络环境的扩展是需要复杂的信任关系的支持的。

网络服务器中受控制的客体类型主要是 socket。对于维护消息边界(如数据报)的 socket 类型,网络服务器为通过其发出或接收的每个消息绑定一独立的 SID。对于其他 socket 类型,每个消息都隐含地与发送该消息的 socket 的 SID 关联。因为消息超过了网络服务器的控制边界,甚至可能跨越了策略域的边界,所以,为了保证策略要求的安全性,网络服务器需要对消息实施密码保护,网络服务器还必须能实施消息和消息的安全属性的绑定。网络服务器模型采用 IPSEC 协议实现该目的,并由协调服务器建立安全关联。协调服务器不可以在网络上传输内部标识符 SID,它传输的是真实的安全属性,对等结点可据次得到自己的与此安全上下文对应的 SID。协调服务器虽然要处理安全上下文,但并不需要对它们做出解释,这样就保证了策略的灵活性。安全属性的翻译和解释必须由相应的安全服务器根据策略一致的原则完成。

网络服务器的控制是根据网络协议的分层结构分层的。所以,网络高层 IPC 服务的抽象控制包括了网络上每一层的抽象控制,如表 5-2 所示。

表 5-2　网络协议栈的层次控制

SOURCE	TARGET	LAYER
Process SID	Socket SID	Socket
Message SID	Socket SID	Transport
Message SID Node SID	Node SID Net Interface SID	Network

每一层可直接访问的抽象客体都分配有 SID,可供安全策略实施控制。网络服务器所在结点的 SID 由独立的网络安全服务器提供,有时需要查询分布式数据库来获得安全属性。网络接口的 SID 可在本机配置。

分层控制使得网络上的操作可以根据关于安全决定的信息由策略更精确、更规范地控制,也使得策略可以利用不同协议的特征灵活配置(如 TCP 中的客户机/服务器关系)。网络服务器同样也面临完善服务器外部接口的安全控制的问题。这类问题存在是因为外部有必要对抽象客体进行控制、有必要介入网络服务器外部接口没有提供的操作。

因为 TCP 和 UDP 的端口空间资源固定,所以网络服务器利用 Flask 结构的多例化支持安全关联端口空间(security union port spaces, SUPs)。SUP 类似于 SUD,多例化支持用来在端口和 Socket 绑定时、进入包的目的端口号存在于多个成员端口空间时,决定采用哪一个端口空间。该方案根据存取决定提供了一个整体观念,即都有哪些端口空间在多例化的端口空间中可以访问。

Flask 的网络服务器的一些细节和其他对其提供支持的服务器不在本节的讨论范围。

3) 进程管理器

Falsk 的进程管理器完善了 POSIX 中的进程抽象体,支持 fork、exec 等一些函数。这些高层的进程抽象体在层次上高于 Flask 进程,它们包括一个地址空间和相关联的线程。进程管理器提供了一个可控制的对象类型——POSIX 进程,并对每个 POSIX 进程绑定一个 SID。与 Flask 的 SID 不同的是,POSIX 进程的 SID 可通过 exec 发生改变。SID 转换由进程新旧 SID 之间的转换权限控制。这种控制可以规范进程向不同安全域的转换。策略的默认客体标签化机制中定义了默认的转换规则。

进程管理器的使用是与文件服务器和微内核相结合的。进程管理器保证每个 POSIX 进程能被安全初始化,文件服务器保证可执行的内存被标识了文件的 SID,微内核保证进程只可以执行具有 execute 访问权限的内存。进程管理器对可转换的 POSIX 进程的状态进行初始化,并在策略需要的情况下对环境进行初始化。

5.4 LSM 安全框架

5.4.1 LSM 设计思想

Linux 内核只是提供了自主访问控制,缺乏对增强访问控制机制的直接支持。由于 Linux 支持动态加载核心模块(Loadable Kernel Modules)的机制比较成熟,所以从原理上讲,增强的访问控制模块可以作为 Linux 核心安全模块来实现,实现灵活的动态加载从而支持安全策略的多样性。

实际上,安全模块的有效创建存在一些问题,因为核心并不提供任何基础框架,来允许核心模块仲裁对核心客体的访问。因此,核心模块典型地要诉诸于系统调用的插入来控制核心操作,这种访问控制的方法严重受限。另外,这些核心模块经常需要重构所选的核心功能,或者需要给核心打补丁,以支持模块。因此,很多项目对 Linux 内核实现增强访问控制框架和模块都是以核心补丁的形式实现的。

基于 Linux 核心,NSA 发布了 SELinux,它在 Linux 核心实现了一个灵活的访问控制体系结构 Flask,强调了在主流 Linux 核心中这种支持的需要。作为对 NSA 发布 SELinux 的反应,Linux 的创始人 Linus Torvalds 本人也认为对 Linux 核心的通用访问控制框架是必需的,它是一个新的基础框架,以提供对核心安全模块必要的支持。

LSM(Linux Security Module)项目便是在 Linus 的指导下开发的,它为主流 Linux 核心开发了一个轻量级的,通用目的的访问控制框架,使得很多不同的访问控制模型可以作为可加载的安全模块来实现。现在的 LSM 已应用于许多现有增强访问控制机制,如 POSIX.1e 的权能机制、SELinux、DTE 均可作为可选的安全模块加载。

LSM 框架满足使得许多不同的安全模型能够在同一基本 Linux 内核加载的目标,而对 Linux 内核的影响最小。LSM 的通用性允许有效地实现增强访问控制安全模块,而不需要额外的核心补丁。LSM 还允许现有 POSIX.1e 权能的安全功能能够从基本核心分离开来。这样可以满足用户的特别需要,也使得 POSIX.1e 权能的开发能够用更独立于系统基本核心的方式,继续开发。

总之,LSM 具备如下三个特征:

(1) 真正通用,不同的安全模型的实施仅仅是加载不同的安全模块;

(2) 概念上简单,最小的扩散,有效;

(3) 能够作为一个可选安全模块,支持现有的 POSIX.1e 权能逻辑。

这个通用安全框架将提供一组安全"钩子"(hooks)来控制对核心客体的操作,提供一组在核心数据结构中不透明安全域来维护安全属性。此外,这个框架也能被用作可加载核心模块,通过这种方式来在系统中实现任何所需安全模型。

另外,各种不同的 Linux 安全增强系统则希望能够允许它们以可加载内核模块的形式重新实现其安全功能,并且不会在安全性方面带来明显的损失,也不会带来额外的系统开销。

LSM 在核心数据结构中增加安全域(void ∗ security),在核心代码中管理安全域和在实现访问控制的关键点插入对"安全钩函数"(hook)函数的调用。它也增加了注册和注销安全模块的函数,增加了通用的 security 系统调用,来实现对安全相关应用的支持。访问控制的关键点的作用在于仲裁对核心内部客体的访问。LSM 试图来回答如下问题:"一个主体 S 可以对核心内部客体 O 执行核心操作 OP 吗?",即 (S,O,OP) 判定问题。

LSM 通过在访问之前的核心代码中放置"钩函数"(hooks)来仲裁对核心客体的访问,如图 5-7 所示。就在核心要访问一个内部客体之前,LSM 的"钩函数"调用安全模块提供的一个函数。安全模块来判断该访问或者可以发生或者拒绝访问,强制返回一个错误码。

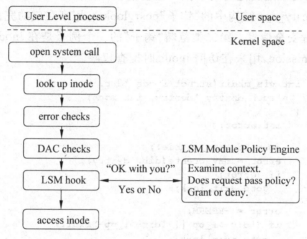

图 5-7 LSM"钩子"调用

LSM 框架利用核心现有机制来将用户空间的数据转化成内核空间数据结构,使得 LSM 框架能在核心实际实施所请求的服务之前,存取到完整的核心上下文,直接仲裁对核心数据结构的访问。这样提高了访问控制的粒度,并避免了反复从用户空间拷入数据和重复检查带来的效率低的问题。很多安全模型需要对核心客体绑定安全属性,为了便于此,LSM 提供不透明的安全域,这些域与各式各样内部核心客体联系起来。但是,这些域的管理由安全模块完全负责,包括分配、释放和并发控制。

对于 LSM 的设计来说,安全策略由安全模型实施,为了实现安全策略的多样性,LSM 允许使用模块堆栈,而处理模块堆栈的大多数工作也由模块自身完成。如一个系统中既采用 DTE 策略,又采用 POSIX1.e 的 capability 机制,此两种策略将实现各自的安全模块,并通过模块堆栈的形式实现合成。

5.4.2 LSM 实现方法

Linux 安全模块(LSM)目前作为一个 Linux 内核补丁的形式实现,LSM 主要在以下五个方面对 Linux 内核进行了修改。

1. 在特定的内核数据结构中加入安全域

安全域是一个 void ∗ 类型的指针,它使得安全模块把安全信息和内核内部对象联系起来。这些被修改加入安全域的内核数据结构包括 task_struct 结构、linux_binprm 结构、super_block 结构、inode 结构、file 结构、sk_buff 结构、net_device 结构、kern_ipc_perm 结构等。

2. 在内核代码中的管理域和实现访问控制的关键点插入对钩子函数的调用

每一个 LSM 的钩子调用可以很容易地在内核源代码中通过查找 security_ops->找到,如图 5-8 所示。所有的 LSM"钩子"可被分为两个主要范畴:用来管理安全域的"钩子"和用来实施访问控制的"钩子"。属于第一类范畴的"钩子"例子包括 alloc_security 和 free_security"钩子",它们定义了每一个含有安全域的核心数据结构,并用来分配和释放核心客体的安全结构。这类范畴的"钩子"也包括在分配以后用以设置安全域中的信息,例如在 inode_security_ops 结构中的"钩子"post_lookup 用来在成功完成搜索(lookup)操作后,为 inode 设置安全信息。第二类范畴"钩子"的一个例子是在 inode_security_ops 结构中的"钩子"permission,用来在访问 inode 时检查权限。

```
int vfs_mkdir(struct inode *dir,
  struct dentry *dentry, int mode)
{
  int error;

  down(&dir->i_zombie);
  error = may_create(dir, dentry);
  if (error)
    goto exit_lock;

  error = -EPERM;
  if (!dir->i_op || !dir->i_op->mkdir)
    goto exit_lock;

  mode &= (S_IRWXUGO|S_ISVTX);
  error =
<-> security_ops->inode_ops->mkdir(dir,
                           dentry, mode);
  if (error)
    goto exit_lock;

  DQUOT_INIT(dir);
  lock_kernel();
  error = dir->i_op->mkdir(dir, dentry, mode);
  unlock_kernel();

exit_lock:
  up(&dir->i_zombie);
  if (!error) {
    inode_dir_notify(dir, DN_CREATE);
<-> security_ops->inode_ops->post_mkdir(dir,
                           dentry, mode);
  }
  return error;
}
```

图 5-8 LSM"钩子"函数示例

3. 加入一个通用的安全系统调用

LSM 提供了一个通用的安全系统调用，允许安全模块为安全相关的应用编写新的系统调用，其风格类似于原有的 Linux 系统调用 socketcall()，是一个多路的系统调用。这个系统调用为 security()，其参数为(unsigned int id, unsigned int call, unsigned long * args)，其中 id 代表模块描述符，call 代表调用描述符，args 代表参数列表。大多数安全模块都可以自己定义这个系统调用的实现。

4. 提供函数允许内核模块注册为安全模块或者注销一个安全模块

在内核引导的过程中，LSM 框架被初始化为一系列的虚拟钩子函数，以实现传统的 UNIX 超级用户机制。当加载一个安全模块时，必须使用 register_security() 函数向 LSM 框架注册这个安全模块，从而使内核转向这个安全模块询问访问控制决策，直到这个安全模块被使用 unregister_security() 函数从 LSM 框架中注销。

5. 将大部分权能逻辑移植为一个可选的安全模块

Linux 内核现在通过对 POSIX.1e 权能的一个子集提供支持，提供了划分传统超级用户特权并赋给特定的进程的功能。LSM 设计的一个需求就是把这些功能移植为一个可选的安全模块，它保留了用来在内核中执行 capability 检查的现存的 capable() 接口，但把 capable() 函数简化为一个 LSM 钩子函数的包装，从而允许在安全模块中实现任何需要的逻辑。这些实现方法都最大程度地减少了对 Linux 内核的修改影响，并且最大程度保留了对原有使用权能应用程序的支持，同时满足了设计的功能需求。

5.4.3 LSM 钩函数调用说明

本节详细描述 LSM 是如何在底层实现它的安全访问控制。在内核中，LSM 的接口其实是一张大的钩函数表，且与系统中执行传统超级用户 DAC 策略控制的系统调用放置在一起。这些钩函数并不指明该函数功能的具体实现，LSM 将函数具体实现的任务留给安全模块的开发者，使他们能够按照自己的安全策略实现不同的安全需求。下面按照 LSM 对系统中不同客体的划分，详细地描述各部分钩函数的调用说明。

1. 系统钩函数(System Hooks)

LSM 定义了一组混杂的钩函数，用来控制不被其他钩函数控制的其他系统敏感行为。这些钩函数主要用来控制系统级别的操作，比如设置系统的主机名和域名、系统重启动、I/O 端口的访问。虽然现存的权能检查已经保护了一些系统操作，但是 LSM 钩函数提供了更加细致的访问控制能力。

LSM 接口按照现存的系统内核中的 POSIX.1e 权能体系结构进行了适当的调整。虽然系统中的权能检查能够超越标准的 DAC 检查，但是此权能检查受限于一个描述系统权能的 32 位矢量，例如，CAP_DAC_OVERRIDE，因此它仅仅为模块提供了受限的上下文，影响了进行访问决策的能力。LSM 提供了一个系统级的 capable() 钩函数，并把它放置在已有的 capable() 函数内，使它获得与 POSIX.1e 很好的兼容性，并且获得了能够超越 DAC 检查的适当能力。

LSM 框架还增加了一个新的 security 系统调用，该调用仅仅是一个外壳，通过它可以容易地调用到 LSM 的 sys_security() 钩函数。该系统调用只是一个简单的混合调用体，它允许模块定义一组策略特殊的系统调用，它的处理方式与标准的 Linux 系统中的 sys_socketcall(2) 的处理方式类似。

2. 程序加载钩函数（Program Loading Hooks）

结构体 linux_binprm 用来描述一个通过 execve(2) 加载的可执行程序。LSM 提供了一组可执行程序钩函数来管理和控制可执行程序的加载。许多安全模型，包括 Linux 的权能，需要具有能够在可执行程序加载时改变特权的能力。因此，LSM 在可执行程序加载的许多重要点设置了钩函数调用，用来检查一个进程执行可执行程序的能力和管理进程中安全域的改变。

LSM 为 linux_binprm 新增了一个安全域，在调用 execve(2) 并且一个程序文件被打开后，调用钩函数 bprm_alloc_security() 来分配该安全域。钩函数 bprm_set_security() 用来将安全信息保存在安全域中，该钩函数可能在一个 execve(2) 执行时被调用多次。这两个钩函数都可以阻止程序的加载。在程序加载的最后阶段，调用 bprm_compute_creds() 来设置通过 execve(2) 转换出的新进程的安全属性。一般而言，该钩函数会结合旧有的安全属性和保存在 linux_binprm 安全域中的安全信息来设置新的安全属性。一旦新程序被加载，内核调用 bprm_free_security() 钩函数来释放 linux_binprm 中的安全域。

3. 文件系统钩函数（File System Hooks）

Linux 在虚拟文件系统（VFS）层定义了三个主要的客体用来封装底层文件系统开发所直接面对的接口，它们是 super block、inode 和 file。每一个客体定义了一组操作来控制 VFS 和具体文件系统之间的交互接口，所以，该接口是 LSM 用来进行文件系统访问控制的最佳的设置点。下面分别讲述三类钩函数。

1）超级块钩函数（Super Block Hooks）

内核中的 super block 代表一个文件系统，该结构在装载和卸载一个文件系统，或者获得文件系统统计特性时使用。LSM 定义了一组 super block 钩函数，用来控制与 super _block 有关的各种操作。例如，在一个进程试图获得文件系统的统计特性时就会调用 sb_statfs() 钩函数进行检查。

当加载一个文件系统时，内核首先调用 sb_mount() 钩函数进行验证，假定成功返回，系统就会创建一个新的 super block，内核然后调用 sb_alloc_security() 钩函数在 super block 中分配安全域。接着，当 super block 被添加到系统全局链表时，会调用 sb_check_sb() 钩函数来验证该文件系统是否真正能够被加载到它所请求的加载点，如果成功返回，系统调用 sb_post_addmount() 钩函数来同步化安全模块的状态。当卸载一个文件系统时，调用 sb_umount() 钩函数进行检查，如果成功返回，系统调用 sb_umount_close() 钩函数来同步化安全模块的状态，例如，关闭所有被安全模块打开的文件系统中的所有文件。一旦该 super block 不再指向任何文件系统时，就会被删除，在此过程中，系统调用 sb_free_security() 钩函数释放它的安全域。

2）结点钩函数（Inode Hooks）

内核中的 inode 结构代表了一些基本的文件系统客体,例如,文件、目录和链接。Inode 钩函数用来管理和控制这些基本的内核数据结构。内核中已近定义了一组关于 inode 的操作,inode_operations,它描述了能够在 inode 上进行的操作,create()、unlink()、lookup()、mknod()、rename()等。这种封装为 LSM 控制 inode 客体的访问提供了一个良好的接口。LSM 在 inode 结构体中添加了一个安全域,并且定义了相应的钩函数对该安全域进行管理和操作。

文件的 lookup 操作或者文件系统的客体创建操作会在内核中生成 inode 缓存。对于一个已创建的 inode,安全模块调用 inode_alloc_security()钩函数为 inode 分配安全域。通过 inode_post_lookup 或者 inode_post_create 可以为新创建的客体进行安全标识。当 inode 链接数减到 0 时,可以调用 inode_delete()钩函数清除安全标识。最后,当一个 inode 被删除时,调用 inode_free_security 钩函数释放为它分配的安全域。

在大多数情况下,LSM 中有相应的 inode 钩函数与 inode_operations 对应。对于所有的能够创建新文件系统客体的 inode_operations 来说,都有一个 post 钩函数与之相对应,用来完成一些相关的安全标识。例如,当一个进程创建了一个新的链接时,首先调用 inode_symlink()钩函数检查创建一个 symlink 的权限,如果该 symlink 创建成功,就会调用 inode_post_symlink 钩函数对新创建的 symlink 设置安全标识。

只要有可能,LSM 都会权衡和利用现存的内核安全体系结构。内核中标准 UNIX DAC 通过检测 uids、guids 和 mode bits 对文件系统客体的访问进行控制。LSM 利用了 VFS 层已经存在一个 permission()函数,把它的 inode_permission()钩函数加入该函数中。

3) 文件钩函数(File Hooks)

内核的 file 结构代表了一个打开的文件系统客体,它包含一个 file_operations 结构,指向可以对该文件进行的所有操作。例如,一个 file 可以被读出或者写入、搜索、映射到内存,等等。与 inode 钩函数类似,LSM 也提供了 file 钩函数管理和控制对 file 的访问,并且为 file 结构体增加了一个安全域。

当一个文件被打开时,就会创建一个新的 file 客体,此时会调用 file_inode_security()钩函数分配和标识该安全域。该安全标识一直存在到该 file 被关闭,file_free_security()钩函数释放该安全域为止。

钩函数 file_permission()用来重新验证对 file 的读写访问,它对内存映像文件的读写不起作用,因为这种对页面级的重新验证是不实际的,对系统的改动和影响太大。实际上,对一个文件的映射操作是通过 file_mmap()钩函数控制和保护的,此外,改变映像文件的保护位必须通过 file_mprotect()钩函数的控制检查。

当用锁机制来同步多个读和写操作时,进程必须通过 file_lock()钩函数的权限检查才能对一个 file 进行锁操作。

如果设置了一个文件的 O_ASYNC 标志,当文件准备好输入或输出时,非同步的 I/O 就绪信号就会发送给文件的所有者。LSM 用 file_set_fowner()控制和保护指定一个进程来接受 I/O 就绪信号的能力。同理,用 file_send_sigiotask()文件钩函数控制实际信号的发送。

LSM 用 file_ioctl()和 file_fcntl()钩函数控制 ioctl(2)和 fcntl(2)接口中封装的其他

对文件的各种操作。另一个 file_receive()钩函数用来保护通过 socket 控制信息接收文件描述符的能力。

4. 进程钩函数（Task Hooks）

结构体 task_struct 是一个表示内核进程调度的客体，它包含基本的进程信息，比如用户和组 ID、资源限制、调度策略和优先级。LSM 提供了一组进程钩函数控制对这些基本信息的访问。此外，钩函数还控制进程发送和接收进程间通信的信号。LSM 在 task_struct 结构中增加了一个安全域，使安全模块可以根据不同的安全策略赋予进程安全标识。

LSM 的进程钩函数覆盖了进程的整个存活周期。通过调用 task_create()进程钩函数，可以验证一个进程是否可以创建一个新的进程。如果成功返回，将创建一个新的进程，并且使用 task_alloc_security()进程钩函数为新进程分配一个安全域。如果一个进程已存在，当它向父进程发送信号时，会调用 task_kill()进程钩函数进行验证。同样，task_wait()进程钩函数用来验证父进程是否能够接收子进程的信号。进程中止时，调用 task_free_security()进程钩函数释放安全域。

此外，在进程的存活周期内，它可能会试图改变自己的一些信息，例如，进程可能调用 setuid(2)。LSM 中有相应的 task_setuid()进程钩函数对它进行控制。如果成功返回，内核就改变该进程的用户标识符，并且通过 task_post_setuid()进程钩函数通知策略模块。这种通知能够允许模块改变它的状态，例如，改变进程的安全域。为了避免泄露进程的潜在的信息，LSM 还会控制查询一个进程状态的能力。例如，查询任意一个进程的组 ID 和调度策略是通过 task_getpgid()和 task_getscheduler()进程钩函数来分别控制的。

5. 网络钩函数（Network Hooks）

Linux 内核支持扩展的网络协议和相关的支撑组件。因为网络是 Linux 的一个重要特点，LSM 将它通用的安全框架也扩展到内核的网络部分中。由于 Linux 网络栈利用了 Berkeley 套接字模型，LSM 利用它提供的套接字钩函数为基于套接字的协议提供了粗略的控制。此外，LSM 为 IPv4、Unix domain 和 Netlink 协议提供了更加细致的控制。这些协议被认为是实现一个最小化可用系统不可缺少的部分。为其他协议提供的相应的钩函数可能会在以后的阶段实现。LSM 对底层网络组件的支持是有一定的限度的，比如路由表和流量分类器。因为如果对这些组件进行细致的访问控制需要对内核的代码改动太大，而且对这些组件的控制可以在系统高层实现（例如，通过系统调用 ioctl(2)），尽管它可控制力度可能会受到 TOCTTOU 的影响。此外，现有的内核代码中利用了 CAP_NET_ADMIN 能力需求控制进程对网络支持组件的写入操作。

1) 套接字和应用层（Sockets and Application Layer）

应用程序对网络的访问是通过 socket 钩函数进行控制的。当一个应用程序试图通过 socket(2)系统调用创建一个 socket 时，socket_create()钩函数就会在实际创建之前对它进行检查。如果创建成功，就会调用 socket_post_create()钩函数改变与该 socket 相关联的 inode 的安全状态。

因为每个活动的用户 socket 都有一个相关的 inode 结构体，所以 LSM 并没有在

socket 结构中或者底层的 sock 结构中另外增加一个安全域。然而,一个没有 socket 和 inode 结构体的 socket 也是可能存在的。因此,网络钩函数需要谨慎对待 socket 安全域。

LSM 为每一个 socket 系统调用提供了相应的钩函数进行控制。例如,bind(2)、connect(2)、listen(2)等。具体的协议信息可以通过 socket 结构体传输给所有这些钩函数,这给传输层属性的控制,例如 TCP 的连接状态,提供了便利。这也是为什么 LSM 没有为传输层提供显式的钩函数。

当一个数据包第一次与某个 socket 相关联时,调用 socket_sock_rcv_skb()钩函数,该钩函数利用接收 socket 的安全信息和通过底层网络栈传输上来的 sk_buff 中的安全信息进行决策控制。

LSM 还提供其他 socket 钩函数控制抽象命名空间中的 UNIX domain 通信。钩函数 unix_stream_connect()允许对流连接进行控制,而基于数据报通信的控制可以通过 unix_may_send()钩函数对单个消息的控制实现。

2) 数据包(Packets)

数据包在网络栈中的传输是通过封装在结构体 sk_buff(socket buffer)中来实现的。该 sk_buff 结构体存储了数据包数据和网络栈中各层的相关信息。LSM 在该结构体中添加了一个安全域。对于 LSM 来说,与该 sk_buff 的整个生存周期中相关的主要行为是 allocation、copying、cloning、setting ownership to sending socket、datagram reception 和 destruction。LSM 为每一个行为提供了一个相应的钩函数,但是这些钩函数的作用只是对 sk_buff 中的安全域进行维护管理,而对该安全域的编码、解码和解释是由 socket 层和网络层的钩函数完成的。一般而言,只有当数据包通过不同的网络层需要进行状态维护时才使用 sk_buff 钩函数和安全域。

3) 网络层(Network Layer IPv4)

LSM 在网络层为 IPv4 提供了一些钩函数,这些钩函数为如下网络操作的控制提供了便利:集成的包过滤、为具有安全标识的网络进行解码、分段数据报的管理和网络层封装(例如,安全 IP 通道)。利用现有的 Netfilter 钩函数,可以实现对 IP 数据报在 pre-routing、local input、forwarding、local output 和 post_routing 阶段的访问控制。通过这些钩函数,LSM 可以截获标准的基于 iptables 的访问控制和传输机制之前和之后的数据包。借用 Netfilter 的钩函数不会使 LSM 对标准内核的代码修改增加任何代价。

4) 网络设备(Network Devices)

在 Linux 的网络栈,硬件和软件等网络设备被封装在一个 net_device 的结构体中。LSM 在此结构体中增加了一个安全域,使得可以维护和控制每个设备的安全状态信息。在 net_device 结构中的安全域是在该结构第一次使用时的初始化阶段分配的,当该结构被删除时,就会调用一个钩函数将以前分配的安全域释放。

5) 网络连接(Netlink)

Netlink socket 是 Linux 特有的内核与用户空间的通信机制,它有些类似 BSD 中的 route socket,相对更一般化。由于 Netlink 是一种无连接通信而且是非同步处理的,与应用层相关的安全状态信息需要首先存储在 Netlink 数据包中,然后在向内核模块发送时进行检查。LSM 利用 netlink_send 钩函数存储应用程序层的安全状态信息,当数据包被目的地内核模块接收时,用 netlink_recv()钩函数提取出安全状态信息并且决定最终的发送。

6. 模块钩函数(Module Hooks)

如果 LSM 不对模块的加载和卸载进行有效控制,那它必定是不完善的。LSM 的模块钩函数为可加载模块的创建和初始化,以及卸载提供了权限检查。

7. 进程间通信钩函数(IPC Hooks)

Linux 内核提供了标准的 SysV IPC 机制:共享内存、信号量和消息队列。LSM 定义了一组 IPC 钩函数对内核中 IPC 的访问进行控制。在内核 IPC 结构体的基础上,LSM 定义了一组通用的钩函数,并针对不同的 IPC 客体分别定义了一组钩函数。

1) 公共 IPC 钩函数(Common IPC Hooks)

在内核中,IPC 客体共享一种客体数据结构,kern_ipc_perm。该结构在内核 ipcperms()函数被使用,用来检查 IPC 权限。LSM 在该结构中增加了一个安全域,并且在 ipcperms()中插入了一个 ipc_permission()钩函数,使安全模块可利用现存的控制点对 IPC 的访问进行管理。LSM 还定义了一个 ipc_getinfo()钩函数控制对 IPC 客体信息的查询。

2) 客体关联 IPC 钩函数(Object Specific IPC Hooks)

LSM 为不同的 IPC 客体都定义了 alloc_security()和 free_security()钩函数管理每个客体数据结构 kern_ipc_perm 中的安全域。一个 IPC 客体是随着初始的 get 请求创建的,它触发了每个不同客体的 alloc_security()钩函数。如果 get 请求发现一个已经存在的客体,就调用不同客体相应的 associate()钩函数进行权限检查,如果成功返回,则返回该客体。

IPC 客体的控制命令,例如 shmctl(2)、semctl(2)和 msgctl(2)是通过不同客体的 ctl 钩函数进行控制的。例如,当产生一个 SHM_LOCK 请求时,就调用 shm_shmctl()钩函数进行权限检查。

任何试图改变信号量计数的操作都被 sem_semop()钩函数所保护。绑定一个共享内存数据段的操作是由 shm_shmat()钩函数进行控制的。对一个消息队列的接收和发送消息是通过 msg_msgsnd()和 msg_msgrcv()进行控制的。像处理消息队列一样,对于单个的消息,LSM 也对它进行权限验证。当创建一个新的消息时,msg_msg_alloc_security()钩函数在消息数据结构中分配一个安全域。在消息接收时,msg_msgrcv()钩函数能够对消息和队列中的安全域进行验证。

5.5 本章小结

本章首先指出了安全体系在安全内核设计中的重要性,分析了安全体系的基本内涵,试图提供对安全体系的一些直观认识。此外,对安全体系设计的基本原则的系统性的分析,以对这些原则必要性的认识也是本章的一个重点。

本章介绍了曾被广泛使用的权能机制,在简单性和效率方面,权能体系具有自己的优势。详细分析了目前非常著名的安全体系——Flask 体系,Flask 体系支持多策略,而且支持策略的可变通性。介绍了 Linux 核心实现的灵活支持 Flask 的安全体系框架 Linux Security Module(LSM),给出了 LSM 设计思想、实现方法和所提供钩函数的调用说明。

5.6 习题

1. 何谓安全体系结构?其出现的背景是什么?

2. 安全体系结构主要类型有哪些?

3. 列举计算机系统安全体系结构设计的基本原则。

4. 简述 Flask 安全体系结构。

5. 什么是策略的可变通性?意义是什么?

6. 何谓策略的吊销?试分析实现的困难性。

7. Flask 体系和权能体系能不能算一个完整的体系?请说明理由。

8. 分析 Flask 体系和通用存取框架(GFAC)之间的关系。

9. 试述软件体系与安全体系的关系。美国国防部的计算机系统安全评估准则及 CC 标准中安全系统的开发模式与软件系统的开发模式有何异同?它们可以统一吗?

10. 试述 LSM 安全框架设计思想与实现方法,以及对 Flask 体系结构的支持。

第6章

形式化规范与验证

操作系统安全是计算机系统安全和计算机网络安全的基础,所以在信息系统中考虑信息安全时,首先关注的是操作系统的安全。操作系统安全中的最主要的方面是依据所期望的安全策略来增强现有操作系统的安全或者设计安全的操作系统。实践表明对于前者只能达到较低的安全级别(一般安全级不超过橘皮书所要求的 B1 级),因此常用形式化的设计手段来进行高等级安全操作系统的设计。在这个过程中所采用的主要手段是在操作系统设计中的采用形式化程序规范和验证技术,从某种程度上来讲,程序规范和验证技术已经影响了安全操作系统的设计工作,并且也被操作系统安全领域内的工作所影响。

由于安全操作系统验证本身问题域的内在复杂性,所以使得目前被认为主体是软件的操作系统一直没有完全达到程序验证的实践地步,这些验证活动仅仅只是部分地涉及整合操作系统设计,这部分通常称为"安全内核",但是在这部分中已经包括了足够多的用以保护自身和用户文件免受非授权存取的关键函数调用。

在安全操作系统的形式化验证中,常采用具有可推理特性的规范语言和相关辅助验证工具来协助验证工作。当前与安全相关的形式化验证规范语言集和工具主要有 Gypsy 验证环境(Gypsy Verification Environment,GVE)、形式化开发方法(Formal Development Methodology,FDM)、层次开发方法(Hierarchical Development Methodology,HDM)、AFFIRM 以及 Z 语言,其中 Gypsy 和 FDM 为橘皮书所建议使用的安全操作系统形式化验证工具,特别是 Gypsy 语言由于其特有的过程抽象技术特性,使其在诸如 LOCK 和 ASOS 等安全操作系统的设计中得到了较为成功的应用。而 Z 语言则是近些年比较活跃的、应用范围较为广泛的一种形式化验证工具,但它在安全操作系统验证中应用并不是很多,较为有名的就是在 DTOS 原型系统设计中的应用。由于有多个特性各异的形式化验证语言和环境,所以在安全操作系统开发过程中的如何选用具体形式化验证技术、规范语言和工具就是一个比较重要的问题。

形式化安全验证技术属于形式化技术在安全信息系统规划、设计和开发过程中的应用,它作为一种形式化技术肯定具有一般形式化技术的基本技术原理要求和特点,但是作为一种通用技术在安全信息系统这一特定相关领域内的应用,特别是在安全操作系统相关领域的应用,要求具有一些适合该领域的专有特性。这主要是由安全操作系统开发中的特定问题域所决定的。另外,由于历史的原因所形成的适用于安全操作系统开发过程的形式化验证工具的可利用性,也是一个选用适当形式化安全验证工具的重要因素。

虽然各个形式化验证工具所依赖的规范语言的数学注释、验证规范等特性各异,但是它们在安全操作系统设计和实现中的验证目标和验证过程都是相类似的,所以首先从形式化验证技术的原理看起,依次对在安全操作系统形式化验证过程中所涉及的安全验证目标、安全操作系统模型、形式化顶层规范描述、验证方法等方面进行叙述,同时为了增强对形式化验证方法的实际使用能力,本章的后半部分重点以 Gypsy 语言在美国军队安全操作系统(The Army Secure Operating System,ASOS)的成功应用实例为背景,来介绍形式化验证技术在安全操作系统中的具体应用细节,至于各种形式化语言的详细数学注释和具体验证工具的使用情况,详见有关参考文献。

6.1　形式化安全验证技术原理

安全验证的形式化方法基于 20 世纪 70 年代的理论工作,在 20 世纪 70 年代后期和 20 世纪 80 年代初期也随之出现了一些实验性质的验证工具,并在这期间的一些安全操作系统原型(SAT,PSOS,Multics)的开发中得到了应用。随后在 20 世纪 80 年代的专用安全操作系统 ASOS,20 世纪 90 年代的通用安全操作系统 LOCK,以及以 LOCK 作为安全底座的邮件服务器(SMG)和商用互联网防火墙(Sidewinder)的开发中得到了更为广泛、深入的应用。

6.1.1　形式化验证技术

形式化验证技术的目标在于提供一种方式:"允许在一个计算机系统的功能规范、开发过程和验证过程中使用一种严格的数学注释。使用一种形式化规范语言去描述一个系统以使得它的一致性、完备性和正确性可以用一种系统的方式来获得"。证明检查器和模型检查器是主要用以完成上述目标的两类工具。

证明检查器(有时也称为定理证明器)是不断地把从逻辑和集合理论中所得来的定理应用到一个假设集上,直到一个所期望的目标被达到;模型检查器则用以枚举一个系统可以处于的所有可能状态,并且依据由用户所规定的规则和条件来检查每一个状态的合法性。从报告问题的角度来看,使用符号逻辑的证明检查器将报告在一个特定证明中哪一步是非法的,而使用有限状态机的模型检查器将报告哪一步导致了一个非法状态。

如同其名字所示,证明检查器它们自己并不产生整个证明,而是仅仅辅助用户从一个代数规范中构造一个证明,并且自动执行一个定理证明过程中的冗长部分。这就意味着用户自己必须自始至终知道如何去实战证明,在这个过程中定理证明器仅仅起到了辅助作用。所以要求用户需要知道足够多的数学知识用以构造证明和进行证明,而且它们必须能够识别为证明器所登记的错误途径的实例。因为证明器无法自动完成证明,所以从证明检查器的行为中用户不可能识别一个证明是处于即将被完成的过程中,还是在一个不可能被完成的证明中,这种实际情况使证明检查器稍微难以使用。

和证明检查器相反,模型检查器作用在一个系统的一个特定模型上(通常是一个有限状态机),枚举系统可以进入的每一个状态并且依据一定的约束来检查这个状态。一个状态机使用具有值返回函数(V-functions,提供这个状态的细节)的状态和具有观察函数(O-functions,定义变换)的变换来定义。一个观察函数通过改变由一个值函数所返回的有关这个状态的细节来工作的。在 Inajo 验证系统中,观察函数被用来为一个验证条件产生器提供输入和输出的断言,因为随着系统复杂度的增加系统状态是以指数增长的,所以模型检查器易于产生不可忍受的资源竞争现象。当模型检查器由于内存耗尽而无法发现任何问题时,对于这个问题的一个解决办法或是求助于使用一个证明检查器,或是同时结合使用这两种不同的、互为补充的形式化方法,以期一种方法的长处将会克服另一种的不足之处。另外,一个可选的解决办法是通过应用更多数量的抽象来克服状态爆炸问题。例如在一个具有 2^{87} 个状态的模型中,要完全搜索完所有状态约需 10^{12} 年,但是如果将系统进一步划分为等价类(这里假设它们之间是互相独立的,所以它们可以单独验证),并且剔除模型中与一致性验证过程关系并不密切的信息的手段,则仅产生 6 个合法性类(在每一个合法性中大约需要检查 100 000 个状态),这就比较容易检查所有的状态空间。

6.1.2 与安全操作系统开发相关的形式化验证技术

在安全操作系统开发中,可用形式化规范与形式化验证等形式化开发手段来提高系统的可信程度。一般来说形式化验证可分为两个基本阶段,及形式化安全策略模型和形式化规范之间一致性验证,以及形式化规范和系统具体代码实现之间的对应性验证。在当前的技术手段和理论水平下,对于系统实现和形式化规范之间的一致性证明还不太常见,其主要原因在于虽然从大的方面来讲,进行系统实现和形式化规范之间的一致性验证在技术和方法上都没有本质性的差异,但是由于系统实现的复杂性,使这个方面的一致性形式化验证主要处于对系统内核进行验证的层次和规模上,在没有更加先进的技术和辅助验证工具出现之前,显然这种情况还得维持很长时间。

形式化规范的目的在于通过精确而又清晰的、可进行计算机处理的方法描述系统的功能。用计算机处理是为了减少对规范进行形式化验证时所可能产生的人为错误,从而提高人们对于所验证系统的信心。形式化规范可用于检验与系统设计有关的很多部分,但在这里只关心形式化规范与系统安全特性相关的部分。

在一个形式化的规范中,层次概念通常是一个用于简化问题复杂度的最主要手段,如图 6-1 所示。采用规范层结构的目的在于用来将模型和代码间的巨大差别划分为一些小的、易于掌握的部分。在这种层次结构中,顶层是模型,底层是代码,层次之间的证明用于保证从上到下的一致性。以规范层结构为基础对系统进行层次划分的几种技术手段将在本章后面论述。

具体到安全操作系统的设计中,形式化验证可以分为几个详细不同的阶段按实际要求和技术能力分步进行,形式化验证是在形式化模型的基础上进行的。如果说模型的形式化验证表明将要设计的系统所依赖的安全数学模型是完备的并且一致的,那么对于规范的形式化验证则是试图把这种安全性保证带到系统的具体实现中。

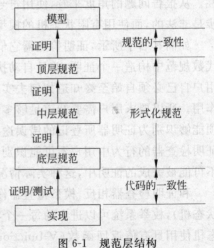

图 6-1 规范层结构

一般认为一个安全操作系统的形式化设计首先是从形式化规范(FTLS)设计开始

的,形式化规范的目标在于使用一种简洁的、无二义的且可被计算机处理的方式描述系统的功能行为。在这其中首先要对系统安全模型进行必要的改写、扩充,以便形成一个形式化顶层规范(FTLS),在这个形式化顶层规范中包含了用数学可验证形式来表示的安全策略。为了确保形式化顶层规范的正确性,接着必须进行形式化顶层规范与系统安全模型之间的一致性证明。类似地,形式化顶层规范被改写、扩充为更为详细地形式化高层规范,并且证明形式化高层规范的正确性。理论上这个过程可以一直进行下去,结果是形成了一系列的逐次叠进的低层次的形式化规范,直到一个实现变成实际代码的层次被达到。

但是往往从底层形式化规范到代码的形式化验证中,所采用的技术和其他高层规范之间所采用的验证技术是不同的,这就需要引入异质的验证方式和工具(和前面在较高层规范一致性验证过程中所采用技术不同),这就增加了系统验证的复杂性从而需要许多额外的开销。在这一点上相对而言,Gypsy 验证系统由于本身的一些特殊特性,使得它可以应用在安全操作系统形式化设计的各个阶段。这也是 Gypsy 为什么被广泛应用于安全操作系统设计的一个重要因素。

下面主要介绍形式化验证中的层次分解技术,主要包括数据结构精化、算法精化和过程抽象等。

6.1.3　形式化验证中的层次分解技术

如前所述,几乎所有主流形式化验证系统都显式地支持规范的某种形式的层次开发方式。层次方法使得从最高层或者最抽象层向下分步实施一个验证变得容易些。一般来说,一个具体的安全操作系统的表示方式从抽象到具体可以为:

- 安全模型;
- 形式化规范;
- 实现。

此时形式化安全验证的主要目的是,用以表明这个安全操作系统的三个不同抽象程度的表示方式是内在一致性的。由于在安全模型和实现之间存在着巨大的跨度,这时仅用一个单独层的形式化规范处理这之间存在的过多细节,显然是过度复杂的,于是就要求在形式化验证过程中采用层次分解技术。形式化验证中的层次分解技术通常是从一个规模相对小的抽象的高层规范开始,然后在几个包括越来越多设计细节的验证阶段中不断对这个规范进行精化,直到一个可以直接导出具体的实现代码的层次为至,这样在这个过程中形成了规范的几个层。这些不同层次的规范一般是通过对算法和数据结构进行不断精化得到的,此外在 Gypsy 验证环境中还采取了一种特有的过程抽象技术。下面分别介绍它们。

1. 数据结构精化

在安全操作系统的形式化验证中,数据结构精化通常应用在层次开发机制(FDM)中,它使用了一个在不同抽象层次上的细节精化。每一个规范层都是一个可以完整描述该系统的状态机。顶层规范是最抽象的,通常它在一些简单的函数中包含了多种数据类型、变量和函数。第二层增加了一些细节,有可能把在顶层的关于主、客体的全局函数划分为关于每一类别的具体客体的具体函数。一旦第二层写好并完成与高一层对应(如同规范与模型的对应一样)的一致性验证后,高层的形式化规范就不再需要了,此时第二层是对系统更具体的描述,当它满足映射的不变量和约束时,它也满足与顶层同样的安全性质。

类似地,可以在紧接着的下一层增加更多的细节,也可以有更多的函数。一旦增加一层并且与上一层的完全对应(一致性)得到证明时,那么上一层也就不需要了(除非有时想修改和重新证明底层)。底层(与实现最接近的那一层)也许与代码中的变量和函数相当一致,对系统接口进行了非常精确和详细的描述,要求根据这个描述设计者能实现这个系统。

数据结构优化技术并未提供任何系统内部设计的线索,最底层描述也仅仅描述了系统接口而并未表明应该如何设计。要建造与自变量一致的可靠代码,使下面的软件精确地实现这个规范,必须用传统的软件工程技术(如代码检查和代码测试)来保证实现与底层规范之间的一致性。

2. 算法精化

和数据结构精化技术相反(数据精化技术的最底层规范表示了系统的外观),如表 6-1 所示的在 HDM 中用到的算法精化技术,可以说明一些系统的内部结构。这种技术把系统看作为一系列分层的抽象状态机,每个状态机(处于特定层上的状态机)构造一套为高层状态机所使用的函数,状态机中每一个函数都包括了一个受上层状态机函数调用的抽象程序,最底层的状态机提供系统最基本的函数——那些再不能被分解的函数。

表 6-1　算法精化

层	形式化规范	抽象程序
	系统接口 ↓	
N	顶层抽象机(接口规范) func A func B	proc A_N　　　　proc B_N call A_{N-1}　　　call B_{N-1} call C_{N-1}　　　call A_{N-1} return　　　　　return
$N-1$	中间层抽象机(接口规范) func A func B func C	proc A_{N-1}　　proc B_{N-1}　　proc C_{N-1} call A_{N-2}　　call B_{N-2}　　call C_{N-2} call C_{N-2}　　call A_{N-2}　　return return　　　　return　　　　call A_{N-2} 　　　　　　return
$N-2$	中间层抽象机	proc A_{N-2}　　proc B_{N-2}　　proc C_{N-2} ···
⋮	⋮	⋮
1	中间层抽象机	proc A_1 proc B_1 ···
0	底层抽象机	proc A_0 proc B_0 ···

在表 6-1 中,使用定义分层抽象机的方法能使系统内部结构模型化(在顶层接口卡之下),顶层机提供了系统接口可见的功能。

抽象状态机的概念可用一个实现文件系统的三层状态机的例子说明,如表 6-2 所示。在表 6-2 所示的三层抽象状态机中,最底层的状态机(状态机 0)只知道磁盘、磁盘块和内存,它提供一些基本函数,例如:

```
disk_block_read(disk_name,block_address,buffer_address)
```

而对于文件和存取控制的概念一无所知。

表 6-2 三层状态机系统示例

抽象状态机	数据结构	功　　能
状态机 2	文件、目录	创建(删除)文件/目录,读(写)文件,存取控制功能
状态机 1	文件、文件描述符	创建(删除)文件,读(写)文件
状态机 0	磁盘块	读(写)磁盘块

状态机 1 提供一个原始的平面文件系统,包括文件系统管理程序的典型函数:

```
file_descriptor= open(file_index)
file_read(file_descriptor,offset,buffer)
```

这里 file_index 是指向磁盘文件的一个整数,状态机 1 中的函数包括利用状态机的函数从磁盘块生成文件系统的抽象程序,利用(存储在磁盘块上的)文件索引跟踪多个文件,以利于内存中的文件描述程序跟踪打开的文件。

状态机 2 实现了包括目录和目录中文件的分层文件系统,它以字符方式提供文件名,并有控制文件存取的功能,它用状态机 1 的文件产生存储文件名和存取控制信息的目录。在算法精化技术中最高层状态机实现的是系统接口,接口的每一次函数调用导致了对低层状态机函数的一系列调用。

当用这种技术写形式化规范时,要为每个抽象状态机写两样东西:一个是形式化的状态机规范,该规范类似与在数据结构优化技术中的那种单层规范;另一个是状态机中各个函数的抽象程序,它通过对低层状态机的函数调用提供了函数的算法规范。使用这种规范的代码一致性检验需要证明各层中的抽象程序与系统中的实际程序一致。

用这些技术开发出来的规范的证明,首先需要检验最高层状态机的规范与模型一致,这与在数据结构精化技术中用于检测规范所用的方法一样。然后已知较低一层状态机的函数规范,必须检验最高层状态机的抽象程序正确地实现了它的规范,就像检验各层间映射的一致性一样(实际上两者区别很大),往下重复这个进程直到最底层。这里还得假设最底层原始状态机的形式化规范已被正确实现。在整个检验中,有必要定义每个状态机的数据结构如何与相邻低层的状态机对应。

实际系统中的每一层与形式化规范中的每一层一致,其中的功能与抽象程序中的功能紧密对应,结果是在这种情况中,规范与代码一致性的讨论应比在数据结构精化技术中仅有接口规范时容易。在整个检验中,有必要定义每个状态机的数据结构是如何与相邻低层的状态机对应。

但是算法精化技术也有几个缺点,使得它更多地被应用在理论上而非实际中(虽然已有实际系统的某些部分已用这种技术开发出来,并且显示了良好的前景)。最主要的一个缺点是抽象算法证明十分困难,原因在于检验一个算法比检验一个映射要困难得多,而且这种证明除了针对相当小算法的证明之外,利用它进行其他规模的稍微复杂一点的证明几乎是不可能的。理论上来讲,对抽象程序的证明和对具体程序的检验做法相差不多,相对而言,由于抽象程序能用高度限制性的语言书写,所以在证明中不必涉及实际程序设计中的许多细节,因此对抽象程序的证明应该容易一点。

算法精化的另一个缺点是顶层规范的结构非常复杂,因为它表示子系统的实际接口。由于这种规范与真实系统是如此接近,在直接检验它与模型的一致性时,与在数据结构精化技术中所面临的问题时相同的,都需要在模型与代码之间提供单一的、非常详细的规范。但是这个缺点并非致命的,因为在顶层抽象状态机之上应用多层数据结构技术不受任何限制(如图 6-2 所示),利用这种方法,可以两全其美。

图 6-2 说明,数据结构精化与算法精化技术的结合可以相得益彰。

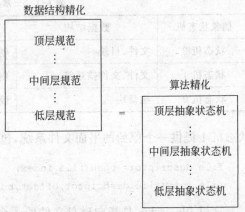

数据结构精化与算法精化技术的结合可以相得益彰

图 6-2 规范技术的综合

3. 过程抽象

Gypsy 的形式化规范技术又称为过程抽象。Gypsy 用一组嵌套的过程调用直接按系统实现的方式建立系统的抽象模型。在算法精化技术中,每一个 Gypsy 规范中的函数与实现时的函数是等价的,但是 Gypsy 并不需要 HDM 那样分层建立系统。Gypsy 规范中的函数说明了如何控制它的自变量,但并未说如何影响系统的全局状态。此外,Gypsy 比 HDM 和 FDM 更深入一步,允许定义系统每一个内部过程的函数,而不仅仅是系统的接口或各层的接口。

因为 Gypsy 规范与代码如此一致(实际上,Gypsy 语言含有类 Pascal 程序设计语言),Gypsy 更应该被视为一个程序检验系统而不是形式化规范系统,但 Gypsy 允许写没有代码的规范,目的在于不写程序就能检验这些规范的抽象性质。用这种方法时顶层过程的规范能从系统外得到,这与 HDM 中顶层接口机制的规范和 FDM 中的底层接口规范类似。

现在的现状是 Gypsy 在安全系统,特别是安全操作系统的开发中是用得最多的形式化方法,所以将在 6.3 节对其进行较为详细的介绍。

6.2 形式化安全验证系统结构

形式化安全验证系统又称为安全规范和安全验证系统,它们至少由下列组件来构成:

· 规范语言处理器;

- 验证条件生成器；
- 定理证明器。

6.2.1　规范语言和处理器

规范语言是指从数学、逻辑和程序设计中派生出的形式化注释,它们的目的是用一种简捷的详细方式精确地陈述由一个给定程序系统所提供的功能。出于和软件工具相兼容的目的,这些语言的语法已经被修改使其具有适合机器处理的形式。用这样的语言所写成的规范就叫做"形式化"规范,以便和那些依赖于自然语言描述的规范相区别。现在有把"规范"一词用作包括那些不在实现和编程语言中出现的所有东西的趋势,但是除非特别指出,这里仅在狭义上使用这个词,意指"功能规范"。一个功能规范是对一个系统的输出是如何和它的输入自恰的描述。

从抽象系统属性到程序断言这个形式化验证过程序列来看,不同验证系统中的规范范畴是相当不同的。但是现有的验证系统大都支持"模块"规范的形式,这种形式的规范可以看作为与一个通用数据结构一起工作的子例程操作集,并且用这些语言写成的规范是非过程化的。

虽然编程语言也可以用于书写规范,但是要在不损害用于规范的、为验证过程所需的信息的前提下,消除一个程序中的实现细节是很困难的,而且那些没有清晰语义的编程语言断言也很难达到精确描述这一规范目标。

一个规范处理器可以仅对规范进行语法检查,也可以产生用以表示安全性、一致性或者其他特性的逻辑表达式或者公式。

6.2.2　验证条件生成器

验证条件生成器(VCGs)在当前程序验证方式中扮演了一个不可或缺的角色。一个条件产生器把一个程序和有关这个程序的一些断言是作为输入,生成用以宣称这两者是一致的公式。通过把有关程序变量值的断言插入到不同点的方式,一个程序就被准备为一个验证条件生成器的输入。最少来说,在程序体的入口处有一个进入断言,并且在程序退出的地方有一个退出断言,这里假定在执行前如果进入断言是真的,则在执行后退出断言也将是真的(进入和退出断言通常是从程序的形式化规范中导出)。另外,在程序中的每一个循环必须为一个循环断言所"截"。循环断言依赖于程序实现细节,所以有时创建既精确又强壮的循环断言是很难的。对于在程序中相邻两个断言之间的每一个途径,一个条件生成器都为之创建一个公式(验证条件),这个公式声称如果第一个断言为真,则第二个断言也为真,并且介于这两个断言之间的、将被执行的代码也将是正确的。如果所有的验证条件都可以被证明,则程序就是部分正确的。因此为了得到完全正确性,还得要求一个附加的终止证明,也就是说这个程序不含有死循环,是可终止的。由于形式化验证系统中的证明规则和公理指定了程序断言的语义,所以验证条件是在证明规则或者公理的帮助下产生的。

6.2.3　定理证明器

一个定理证明器用于处理由一个规范处理器，或者一个验证条件生成器所产生的公式。不同形式化验证系统中的定理证明器对于从用户处获得协助的数量和类型的要求是各不相同的，一些需要高度的人机交互，而其他仅仅接受用于定理证明的、以公理或者其他建议形式来表示的帮助。在这里不准备对各种主流的定理证明器进行深入比较，具体内容请参见各自相关的验证环境手册。

6.3　一个形式化验证技术在安全操作系统内核设计中的应用实例

LOCK、ASOS 和 DTOS 被公认为形式化验证方法在系统设计中应用较为成功的几个项目，前两者使用 Gypsy 验证方法学，后者使用 Z 语言作为规范语言，其中 LOCK 的开发历时十多年业已初步达到了通用操作系统的可用性，这说明把形式化规范语言特别是 Gypsy 规范应用于高等级安全操作系统的设计是可行的。ASOS 和 LOCK 项目中所采用的形式化验证策略基本上是相同的，所以在这里主要以 ASOS 项目为例说明形式化规范语言在安全操作系统设计中的应用。

在本节中首先介绍 Gypsy 验证环境、ASOS 项目背景以及保障目标概览，较为详细地说明了 ASOS 安全模型和形式化顶层规范的形成方法，最后具体描述对于 ASOS 安全内核的验证过程，以期对一个具体安全操作系统内核验证过程的各个方面有一个较为全面的认识。

6.3.1　Gypsy 验证环境（GVE）简介

Gypsy 验证环境（GVE）是美国得克萨斯州立大学计算机科学和计算机应用学院在 D. I. Good 教授的指导下开发的，始于 1974 年，起先是为了满足建造具有很高可靠性的用以实现关键功能的小规模系统在正确性验证方面的需求。

Gypsy 方法学以结构化程序设计、递归证明和规范方法为基础，提供了一种形式化设计和验证的集成环境。这种集成从横向来看，主要是程序设计、规范方法和证明方法的集成，从纵向上来看则是实现方法、语言和工具的集成。集成的结果是形成一种形式化验证语言，其称为 Gypsy。

Gypsy 形式化验证环境（GVE）的突出特点主要表现在以下几个方面：第一，可以在规范、实现和验证过程中采用增量和并行的处理手段，是这种语言和验证方法的一个十分有用的重要特性。第二，GVE 验证系统也支持自动证明，主要是通过对并发存取控制、例外处理和数据抽象等的支持实现的。第三，特别需要指出的是，组成 Gypsy 系统的语言和工具既不隐含一个特定的开发策略又不假设任何诸如多级安全那样的特定应用，而且验证环境的不但可以用于设计证明，而且也擅长处理实现证明。正是由于 GVE 系统具有这些十分实用的重要特性，使它在高等级安全操作系统的开发中得到了较为成功的应用。

　　和许多其他可用于安全操作系统设计的形式化验证系统相比较,GVE 是一个相对比较完备的验证系统,其主要包括一个语法指导编辑器、一个语法分析器、一个验证条件生成器、一个定理证明器、一个执行程序和一个单独的编译器。GVE 的结构如图 6-3 所示。

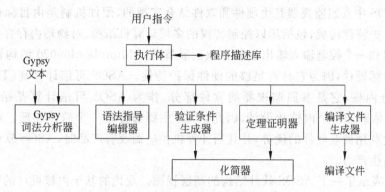

图 6-3　Gypsy 验证环境组成

　　语法指示编辑器允许用户直接编辑用于语法分析的 Gypsy 语句,语法分析器通过检查 Gypsy 规范,找出可能的语法和语义错误,并且生成一个可用于系统其他部分的中间形式的代码。验证条件生成器首先确定通过一个例程(或者函数)的所有途径,然后为每一个途径生成一个验证条件。定理证明器试图证明每一个定理,执行程序则负责协调其他部件,提出可能的行动建议和处理终端通信。另外,还有一个单独的交叉编译器用于接收验证系统的输出并且生成 LSI-11 平台的代码(其实对于 Gypsy 而言,其早期的一个重要设计目标是直接利用 Gypsy 这种可验证的程序语言生成运行代码,因此,在 GVE 中就包含了一个针对 LSI-11 平台的 Gypsy 语言编译器。由于受与 Gypsy 语言编译相关的各个部件复杂性的影响,这部分功能并未如同把 Gypsy 作为一种规范语言那样得到较为广泛的应用,所以这里仍把 Gypsy 作为一种规范语言而非运行程序代码来看待,因此,并不对 Gypsy 的编程特性做过多介绍,这里列出交叉编译器的主要目的是用以维持 GVE 的完整性)。

　　GVE 系统的一种重要特征是允许增量验证。也就是在对一个程序单元进行验证时,仅仅使用其他单元的外部规范,也就是说只要外部规范没有被改变例程就可以被替换,并且早期相关单元的证明仍然是合法的。要求执行程序维护每个单元的状态,并且确定什么时候一个单元必须被重新证明。

　　Gypsy 编程语言是基于 PASCAL 的,并且许多类似之处被保留下来,但是增量开发、严格验证以及用于并发和例外处理等功能要求已经导致了几个相当的不同之处。

6.3.2　ASOS 项目简介

　　作为美国军队的军用计算机家族(the Army's Military Computer Family,MCF)程序的一部分,ASOS 项目开始于 1982 年,目的是开发用以支持运行于 MCF 计算机上的基于 Ada 战术应用的 MLS 和 DS 操作系统。1983 年的概念定义阶段开发了功能需求和一个初步的顶层设计,从 1984 到 1986 年 ASOS 项目的过渡时期,产生了一个运行在 MCF 计算机原型上的 DS 操作系统原型,在 1986 年和 1989 年之间 ASOS 项目的结果是开发出了 MLS(A1)和 DS(C2)两个操作系统,其运行在无须修改的 Sun-3/280 硬件上。它们是一个包括安全注册、系统操作、系统管理和安全打印池等功能的全功能可信软件。

在 ASOS 中参照监视器是由硬件和软件结合实现的,硬件机制是由目标计算机硬件所提供的保护特性构成,包括用以控制特权的多域计算机结构、对物理内存存取进行限制的内存管理和一个控制输入输出设备存取的装置等,Motorola M68020 结构被 ASOS 作为初始的目标硬件,因为它具有足够的硬件保护特性。ASOS 可信计算基(TCB)的核心是它的安全内核,它是参照监视器的软件部分,作为 ASOS 可信计算基结构的基础,ASOS 十分依赖于一个内核化设计,因此,TCB 主要部分是一个软件实现。这种方式具有能够有效利用商业硬件的优势,并且当计算机供应商改善产品时,ASOS 软件的移植性也可以提高生产力。

图 6-4 表示了一个 ASOS 软件结构的高层视图。现代的基于内核设计的安全操作系统几乎都具有这种相似的层状结构,这个结构有三个软件层,其中两个在操作系统内。在这种设计中,内核位于最底层(紧接着硬件)并且在目标计算机所提供的最大特权域(超级用户态)内执行。较高的一个抽象层是非内核 OS 软件,其包括 Ada 运行支持库(RSL)函数,并且为应用程序提供接口、向内核颁发服务请求等,和可信程序绑定在一起的非内核 OS 软件是 TCB 的一部分,但是和非可信程序绑定的就不属于 TCB。ASOS 为每一个程序维持一个非内核 OS 数据的隔离副本,一个应用程序和它的非内核 OS 软件副本被认为是在一个较小特权域(用户态)内执行的一个单独安全主体,并且运行在一个特定安全级上。主体安全级决定了什么客体可以被用什么模式来存取。ASOS 确保所有的主体和客体都是互相隔离的并且只有当存取符合相关安全策略时才是被允许的。

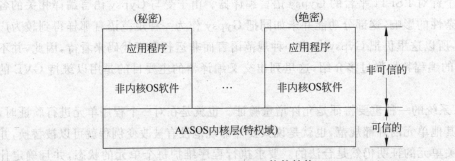

图 6-4　ASOS 软件结构

6.3.3　保障目标及技术路线概览

形式化设计验证的目的在于严格证明一个 TCB 的顶层设计实现了在一个安全模型中所体现出来的安全策略需求。ASOS 的形式化设计是用 Gypsy 语言和 Gypsy 验证环境(GVE)完成的。为了实现一个设计证明,要求用同一种语言表示安全模型和形式化顶层规范(FTLS),在 ASOS 形式化设计中使用 Gypsy 语言分别描述安全模型和 FTLS,证明还要求一个全局框架用于定义形式化实体,并且比较它们之间的关系。

为了验证 ASOS 内核,具体做法是在一个常规的状态机框架中采用 GVE 去证明 BLP 类型的多级安全特性。下面就是这种途径的要点:

- 安全模型特性用 Gypsy 表示为关于保护状态值的关系,有两种类型的特性被强调:状态不变量和变换约束。
- 内核 FTLS 使用 Gypsy 过程构造,它们的退出断言标识了内核服务的效果。
- 为了方便验证条件(VCS)的生成,引入了基于 Gypsy 编程语言结构的显式状态机表示,这就允许使用 GVE 的 VC 产生器自动导出所需要公式的内置特性。
- 使用 GVE 的交互式证明器实施 VCS 的证明,为了模块化证明和控制复杂度引入了几个定理层。

状态机框架假设有两种不同状态注释:

- 保护状态是一个用以表现有关安全模型特性通用信息的抽象表示,这里的安全模型特性大部分基于 BLP 保护状态概念,它仅仅代表了参照监视器状态的关键保护方面。
- 另一方面内核状态是一个 ASOS 数据结构的更具体的表示,并且被用在内核的 FTLS 当中,其差不多包括了内核状态变量的各个方面,并且它的详细程度是和真正实现活动十分贴近的。

内核证明方法所需的一个关键元素是具体内核 FTLS 实体和出现在安全特性中的抽象模型概念之间的过渡,这个过渡采用一个把低层 FTLS 内核状态映射到高层抽象模型状态的解释函数形式:

$$I:KS \rightarrow PS$$

公式 I 为所引入的 Gypsy 函数定义,I 的应用提供了一种解释有关安全模型特性的 ASOS 内核服务效果的严格方式。图 6-5 描述了在内核调用执行的状态变换模型中所涉及不同状态值之间的关系。函数 f_j 表示在内核状态上的内核调用 j 的效果,其由 Gypsy FTLS 表现。但是函数 f_j' 从来不被显式地表现,它是由 f_j 和 I 决定的,而且 I 常为特征函数,也就是说内核调用 j 当 I 常为特征函数时是安全无关的。

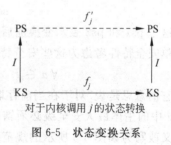

对于内核调用 j 的状态转换

图 6-5　状态变换关系

6.3.4　ASOS 安全模型

ASOS 采用了一个扩展形式的 BLP 模型,它包括两种类型的安全特性:

(1) 具有如下形式的安全状态不变量

$$p:PS \rightarrow \{T, F\}$$

(2) 具有下面形式的安全转移约束

$$Q:PS \times PS \rightarrow \{T, F\}$$

这里 T 和 F 的定义如同 BLP 模型中的定义,分别为状态序列的索引值和安全级矢量。

模型特性表现了在一个操作系统的主体和客体之间所要求的关系,在 ASOS 模型中主体代表了活动计算实体,而客体则代表受保护的信息容器,模型特性使用通用的主体和客体术语表示,在形式化模型阶段没有 ASOS 设计的细节特性。

保护状态是结构化对象,它具有下列组件。

- **当前存取集**:由当前被授予的由每一个主体、客体和存取模式组合而成三元组(s, o, m)构成。
- **自主许可矩阵**:给出了每一个主体对每一个客体被许可的存取模式。
- **存取安全级**:定义客体存取安全级和主体的最大存取安全级,ASOS 中的存取安全级包括机密性安全级和完整性安全级。
- **客体层次**:标明客体当前是否是激活的,并且描述了对象之间的父/子关系。
- **主体属性**:标明主体当前是否是激活的,给出特定可信主体的特定权限,并且记录代表一个主体执行的用户和组。

相应地,一个适当的 Gypsy 类型声明集合被构造用以表示这些信息。

在 ASOS 模型中安全特性被归为三个不同概念断言的集合。

- **安全状态**:一个状态不变量,是简单安全特性、* 特性、自主安全特性和简单完整性特性的合取,ASOS 模型特性是 BLP 和 Biba 模型相应特性的剪裁版本。
- **安全变换**:一个变换约束由强制变换特性和自主变换特性构成,两者都要求对安全属性的改变应在可控条件下进行。
- **活动特性**:在安全状态特性证明中所需的一个辅助的状态不变量,要求存取只能被授予代表激活主体的激活对象。

在用 Gypsy 改写的 ASOS 模型中,所有函数使用下列函数收集和打包:

$$\text{security\_properties}(ps1, ps2, s)$$

这里 ps1 和 ps2 表示变换前后的保护状态(参见图 6-5),s 为引起这个变换的主体。把简单安全特性考虑为这些安全特性公式化的一个例子,其可以使用下列公式来表示:

$$\forall a \in B, a.m \in \{r,w\} \Rightarrow f_s(a.s).s \geq f_o(a.o).s$$

它的意思是说"对于在当前存取集 B 中的所有具有 read 和 write 存取模式的存取元组 a,a 中的主体最大安全级必须辖 a 中客体的安全级"。可用 Gypsy 函数把简单安全特性定义改写为如图 6-6 所示的规范文本。

```
function simple_security_property(s : protection_state) : boolean =
begin
    exit(assume result iff all a : access_tuple, a in s.b &
        ((a.mode = read) or (a.mode = write))

        dominates(a.fs[a.subject].sec, a.fo[a.object].sec));
end
```

图 6-6　用 Gypsy 写成的简单安全特性函数

6.3.5　形式化顶层规范

在 ASOS 的形式化验证过程中,内核 FTLS 被组织为具有 32 个 Gypsy 范围(scope)

的集合,ASOS 形式化安全模型和操作规则形成了两个以上的范围,其使用内核 FTLS 的通用定义,它们和 FTLS 一起打包提供。FTLS 内部的范围间依存关系也设计为一个概念上的层次结构,这个层次结构的元素从最低到最高可排列如下:

- **共用定义**　这个范围全局性地包含大量的在整个 FTLS 中都使用的基本常量和类型定义。

- **类型定义**　几个范围组成了对于各种内核函数(诸如任务管理、文件管理等)的类型声明,每一个都是内核状态类型结构的组成部分。

- **内核状态**　一个范围提供定义内核状态结构的顶层类型声明。

- **工具函数**　几个范围包括如同 global_services 这样的提供为 FTLS 的其他部分所用的各种工具函数,这些函数的大部分是关于内核状态值的操作。被包括在这类中的还有模型解释范围,其包含了 interp 函数的定义,作用是把内核的状态值映射到模型的保护状态值上。

- **内核调用**　在层次机构的顶部是内核调用范围,这些范围由过程定义组成,这些过程定义用以详细说明使用 6.3.6 节所列技术的内核调用的效果,此外在这些范围内还包括完成这个规范所必需的各种支持函数。

在 ASOS 内核验证过程中所用的形式化规范主要牵扯到内核状态描述、模型解释、内核调用规范等几方面的内容。

1. 内核状态描述

内核状态特意去模型化在 ASOS 内核实现中所使用的状态变量集合,为方便起见,这些变量概念性地被认为组成了一个单个的、很大的数据结构,其作为一个参数传给各种 FTLS 函数和过程,其仅仅是为了形式化规范的目的所做的一个约定,在内核设计中它并不隐含一个数据集合的对应,因为在内核设计中已经采用了适当的模块化和数据隐含原则。

在下面所描述的内核状态的主要组件阐明了内核状态变量的本质。

- **全局索引和标量**:这些包括对于当前运行程序实例和任务的索引值。

- **程序控制块(PCB)**:包含了用于控制程序实例执行的域,PCB 分为用于被内核其余部分所使用的 OS 全局部分和仅为任务管理函数所使用的本地部分。

- **任务控制块(TCB)**:包含用于控制任务执行的域。

- **程序描述符块(PDB)**:包括大部分用于描述应用程序重要性质的静态数据。

- **信道表**:用于跟踪在管理程序间通信的信道中所使用的控制和数据。

- **I/O 缓存器**:表示了磁带和终端 I/O 的输入和输出缓存器。

- **设备属性表(DAT)**:包含了用于管理 I/O 设备的重要控制信息。

- **磁盘头**:是一个用于描述某个磁盘描述符信息的数据抽象。

- **文件属性表(FAT)**:描述了用于定义文件和目录的关键属性。

- **文件信息表(FIT)**:用于跟踪从打开和关闭文件(目录)的请求中所导出的当前文件存取。

对于内核 FTLS 和它的验证而言,内核状态结构是中心,其他东西都是服务于这个数据类型和在内核状态之内的单个表之间的关系。

2. 模型解释

为了把具体的 ASOS 实体解释为抽象模型实体，我们必须首先标识为存取控制策略所辖的显式主体和客体。为了形式化规范的目的，ASOS 程序实例被认为是主体，客体被称为信道（对于程序间通信而言）、设备（用户所有）和文件（也包括目录）等，其他类型的信息资源，或者为 TCB 所有，或者静态地分配给主体（例如内存段就是以这种方式处理的）。

解释策略的关键是首先把特定的低层内核对象属性映射到中间层通用对象属性，然后这些通用对象属性被收集起来，并且映射到保护状态的适当模型对象结构。作为一个额外的好处，这种两阶段解释方法在实现层次证明方案中允许导入各种中间定理。注意到对每一个内核客体类合成客体属性时，一般仅要求一个或者两个内核状态表，因此就要选择性地掩蔽那些在一个给定状态变换中没有牵扯到的表。

为了方便对一些内核调用的证明，我们发现引入受限的内核状态解释是必要的，这个概念的关键之处在于仅映射一个内核状态客体的一个子集到一个保护状态值上，通过忽略系统的其他无关部分从而使得可以把注意力集中在所期望的子集上。作为一个注释性的辅助，引入其他函数定义：

(1)（信道）I_C:KS→PS；

(2)（设备）I_D:KS→PS；

(3)（文件）I_F:KS→PS。

这些受限解释的每一个仅等价地映射一类 ASOS 客体到它的保护状态，其他两类就都被忽略了。通过使用这种方式，受限解释可以有效创建一个单个客体系统的保护状态镜像。如同在后边将要看到的，这种允许一个证明不受系统中其他客体细节干扰的措施有力增强了证明能力。

3. 内核调用规范

对内核调用的详细描述是通过把它们声明为 Gypsy 例程实现的，例程声明仅仅包括一个参数列表和一个退出断言，退出断言用以申明例外条件和结果，这里结果的形式为参数的输入和输出值之间的一个关系，内核状态参数的输出值是和它的输入值以及其他参数的值相关的。这就是用来声明状态变量变化如何依赖于一个内核调用的方法。

由于 Gypsy 没有全局变量的概念，所以要求声明内核状态变量为内核操作的显式参数。这个做法可以理解为这些参数传递在实现中并不真正出现，而只是一个对内核数据结构存取手段的模型化，如同本章稍后所述，使用一个被传往每个内核调用的单个数据结构来代表内核状态变量的全部集合。这就使形式化规范是一致的，并且方便了证明和隐通道分析。

图 6-7 为一个内核规范的通用形式。内核状态作为一个 var 参数来声明，任何返回结果的实参将必须用这种方式声明。在 Gypsy 中引用有关输入的一个 var 参数值的方法是附加上一个"'"，这样 ks'就表示内核状态变量的旧值，而 ks 则是指它的新值。E1,…，Ek 是内核调用规范的例外名称，一个用来返回内核操作例外状态的显式结果参数也包括在参数列表中。退出断言必须与所模拟的例外和状态相适应，并且退出值只能为它们之

一。有关这种方式的几个重要方面应该被注意到：

（1）在例外条件中评估次序是通过使用 Gypay 的 if 表达式的 elif 子句决定的，每一个条件假设都是所有前边条件句的否定。

（2）Gypsy 是允许状态的部分改变的，于是为了表明当一个例外发生时状态仍为旧状态就必须使用 ks＝ks'来把状态恢复到旧状态。

（3）正常子句（没有例外出现）是用于标明被修改状态值的子句，这通常使用一个如下所示的叫做修改子句的 Gypsy 结构完成：

$$ks = ks' \text{ with } (.v1 := expr; \cdots)$$

这里一个"with 子句"返回一个除去部分组件被修改后的相关"剩余"旧状态 ks'，括号中的列表表明 ks' 被选择修改的组件，所有其他值不变化的条目被从列表中略去。

```
procedure K(x1 : T1; ···; xn : Tn;
              var ks : kernel_state_type;
              var status : kernel_exception_type) =
begin
  exit if   C1   then status = E1 & ks = ks'          {exceptions}
        elif C2   then status = E2 & ks = ks'
            ⋮
        elif Cm   then status = Em & ks = ks'
            else status = no_exception
            & ks = ks' with (.v1 := F1(···);          {effects}
                              ⋮
                            .vk := Fk(···))
        fi;
end;
type kernel_exception_type = (no_exception, E1, E2, ···, Ek);
```

图 6-7 使用 Gypsy 过程说明 ASOS 内核调用

6.3.6 具体验证过程

前面部分给出了如何用 Gypsy 表示模型和 FTLS 实体，这部分重点介绍在 ASOS 内核验证中所采用的证明策略，主要是使用定理层次结构完成复杂的证明。此外，还详细介绍了应用分割-征服方法来克服证明困难性的特别方法。

1. VC 生成

内核形式化验证的最终目的是表明内核操作集和一个初始状态值一起是可以保持相关安全模型的安全特性的。具体做法是首先表明初始状态满足安全特性，然后必须证明每一个内核调用（其用一个过程声明来表示）是单独的安全保持。实际上在证明一个不变量被维持时，就是努力去验证在每个内核调用之后新保护状态是安全的。另外，还必须表明每一个相邻状态对满足安全变换约束。内核 FTLS 对应于内核状态而非保护状态，这就首先要求引入把内核状态映射到保护状态的解释函数。

假设有一个理想化的机器，在其中内核被运行并且服从内核 FTLS 的规范，而且运行在这个机器上的非内核软件或者执行一个通常的指令，或者调用一个内核操作。如果使用一个 Gypsy 过程(它调用其他代表内核调用的 Gypsy 过程)模型化这个理想化的机器,则 GVE 可以自动地产生验证条件(VCs),这就提供了用以证明 FTLS 和安全模型相一致的全部公式集合。图 6-8 用于说明一个简化了的把安全特性表示为循环不变量的机器模型,其被用于引导一个内核 FTLS 的证明。$K_1, \cdots, K_n$ 表示内核调用过程,并且过程指令表示了一个正常(非特权)机器指令的执行。

```
procedure machine(var ns : non_kernel_state) =
begin
  var ks, prev_ks : kernel_state_type;
  var subj : subject;
  var status : kernel_exception_type;

  ks := initial_kernel_state;
  prev_ks := ks;
  loop
    assert security_properties(interp(prev_ks), interp(ks), subj);
    prev_ks := ks;
    subj := ks.current_pcb_ptr;
    case op_code(ns)
      is 1 : k1(..., ks, status);
      is 2 : k2(..., ks, status);
             ⋮
      is n : kn(..., ks, status);
        else : instruction(ns);
    end;
  end;
end;
```

图 6-8　用于内核证明的状态机模型

使用刚才所提出的理想机器模型,内核验证将牵扯到一个初始化定理的证明(这个初始化定理是一个平凡的安全保持定理),和从 n 个内核调用导出的 n 个安全保持定理,这个 n 个定理围绕着图 6-9 所示的简化结构。

并且对应于所有内核调用之中一个被调用的情形,这里 ks_0、ks_1 和 ks_2 分别对应于前面、当前和下一状态的值,被调用的内核调用把机器从 ks_1 带到 ks_2。对于这些公式的假设将从位于 FTLS 中的退出断言中析出。于是 GVE 针对所有可能内核调用的调用产生一个逻辑公式集合,其中的每一个公式代表一个围绕状态机模型循环的迭代。当使用图 6-6 所给出的内核调用规范形式时,GVE 所产生真正的 VCs 具有更多的如图 6-9 所示的具体形式,图 6-10 显示了具有 GVE 印刷形式的对于 close_directory 内核调用的 VC,图 6-10 中假设 H3 来自于过程 close_directory 的退出断言。

```
security_properties(interp(ks0),
                    interp(ks1),
                    s0)
& < exception and effects >
━━━━━━━━>
security_properties(interp(ks1),
                    interp(ks2),
                    s1)
```

图 6-9　用于内核证明的简化结构

```
H1 : 0 = KERNEL_CALL(NS)
H2 : SECURITY_PROPERTIES(INTERP(PREV_KS), INTERP(KS), SUBJ)
H3 : if DISK_MOUNTED(KS)
        then if CURRENT_DIRECTORY_OPEN(CLD1(NS), READ_FILE, KS)
                then UPDATE_CLOSE_DIRECTORY_OF_FILE(CLD1(NS), KS)
                    = KS#1 & NO_EXCEPTION = STATUS#1
                else KS = KS#1 & STATUS_ERROR
            fi
        else DEVICE_ERROR = STATUS#1 & KS = KS#1
    fi
H4 : 0 ≠ KS.OS_PCB[KS.CURRENT_PCB_PTR].PROGRAM_ID
H5 : 0 ≠ KS.CURRENT_PCB_PTR

C1 : SECURITY_PROPERTIES(INTERP(KS), INTERP(KS#1), KS.CURRENT_PCB_PTR)
```

图 6-10　内核 VC 样例(close_directory 内核调用)

2. 证明过程

ASOS 内核调用的 VCs 结构要求证明

```
security_properties (interp(ks1),
                     interp(ks2),
                     s1)
```

在几个不同条件集下成立。每一种情况都假设 ks_2 等价于 ks_1 或者 ks_1 的一些函数 F。

解释函数 I 的出现引入了内核状态相异的可能性,尽管在 I 下它们的镜像是相同的。这种情况当 ks_1 的状态变化是安全无关时出现,此时如果比较 $I(ks_1)$ 和 $I(ks_2)$,这种潜在的影响是不可见的。由于这种情形,就不能够区分下面三种相关的可能情况:

(1) ks2＝ks1;

(2) ks2≠ks1 ∧ I(ks2)＝I(ks1);

(3) ks2≠ks1 ∧ I(ks2)≠I(ks1)。

这三种情况的存在要求有三种不同种类的内核调用证明,从而增加了证明过程的困难度。另外,在一个单独的内核调用中还可能有可以被归结为这三种之一的子情况。典型的困难情况是当内核调用的 VCs 有几个平凡子情况(在这种情况下内核安全状态并不发生变化)和一个非平凡子情况(在 I 下内核状态和保护状态都发生变化)。

如果给定这种分类,证明内核调用 VCs 的基本方法是基于例外条件构造一个情况分析,对于每一种情况,采用如下的顺序去构造一个证明:

(1) 如果 ks2＝ks1,并且 I(ks2)＝I(ks1),这种情况允许应用定理

$$SP(ps0, ps1, s_0) \wedge ps2 = ps1 \Rightarrow SP(ps1, ps2, s_1)$$

这里 SP 为函数 security_properties 的缩写形式,因为每一个内核调用 VC 的假设都包括一个 $SP(I(ks0), I(ks1), s_0)$ 的实例(参见图 6-10 的 H2),可以平凡地递归 $SP(I(ks1), I(ks2), s_1)$ 直到完成 VC 的证明。

(2) 如果 ks2≠ks1,但是它可以表明 I(ks2)＝I(ks1),还可以使用上面所述的定理。

许多内核调用的效果可以使用 $ks2 = F(ks1)$ 的形式表示,在这种情况下 F 和模型特性是不安全相关的,其必须有 $I(F(ks2)) = I(ks1)$,并且通过引用对于这个结果的定理为证,这样就获得了对 $I(ks2) = I(ks1)$ 的证明。这样定理的证明通常是很直接的,主要是由解释函数定义的扩展构成,然后对例程进行简化。

(3) 当 $I(ks2) \neq I(ks1)$ 时,就需要一个复杂得多的证明。表明在 I 下对于保护状态的改变使 SP 对于新的保护状态对的维持是必需的,这些证明必须考虑相关的每一个安全特性的变化。一个把证明层次的分解为次级定理是解决这个问题的主要方法,主要用到这种方式的两个变种:

① 在一个比较直接的变种中,$SP(I(ks0)$,$I(ks1)$,$s_0)$ 的证明经由一个由顶向下的步骤序列进行的,这些步骤牵扯到函数 SP、I 和它们的次级函数的扩展。接着是简化、情况分析以及定理的应用请求。通过提示在适当的位置插入中间定理,这种情况有时导致产生很大的证明树。导致复杂性的根源在于在内核状态解释函数 I 的内在复杂细节。

② 在其他变种中,一个更加精妙的办法是基于一大群通用目的模型解释定理,采用分割-征服方法,这种方法将在本节第 4 条中详细描述。

3. 证明层次体系

对 ASOS 内核要求控制证明复杂性是引导一个证明工作的内在问题,把证明工作分解并且模块化以避免一次面临太多的细节是很重要的。一个自顶而下的类似于软件开发的分解手段极大增强了证明的顺序推导能力。定理引入是实现这种模块化的最主要的手段,每一个定理仅代表一个递归,它们中的几个或许可以完成一个顶层证明。这些定理本身也可以被证明直到达到一个期望的详细水平,在这个细节水平上的定理可以用 GVE 内置定理证明器的推论来证明。

在 ASOS 内核证明中引入了三种类型的定理:

(1) 经过剪裁的适合特定内核调用的定理。

(2) 用以声明关于安全特性事实的定理。

(3) 用以声明关于辅助函数的定理。

验证条件和这三个定理组可以被认为形成了一个松散的四层证明层次结构,其中细节是递增的,也就意味着高层接近 VC 证明分解的顶层,较低层定理提供更通用的可重复使用的验证结果,所以后两个定理组通常被引用为"通用"定理。

使用 GVE 定理证明器证明的实际过程是高层次定理首先被用于证明验证条件,在定理证明器内通过用户命令,定理被显式地引用;这些被引用的定理然后使用较低层定理和定理证明器的内置简化来证明自身。GVE 并不要求一个定理在使用之前就已经被证明,这就允许在证明单个 VCs 时采用从上到下的过程。

如果把在上述层次结构中的三组定理分成组 1、组 2 和组 3,则对于这种抽象的证明分解方式有下面几点看法。

① 对更加困难的验证条件的证明首先通过引用针对特定 VCs 创建的组 1 的定理来实施,一些其他定理偶尔也会用到。内核调用证明最困难的步骤在于对组 1 定理的有效归类。虽然有许多内核调用,但是那些结果并非十分安全相关的调用证明则可以很容易

地使用组 2 中的定理完成。

② 组 1 中的定理被设计成为形成证明一个内核调用,或者内核调用集的重要部分,于是它们的公式,特别是假设的选择,折射了十分特定的条件,这些条件起源于在内核调用规范中的所有例外条件的否定。这个组的证明包括最多的复杂性,在定理组中还有一些层次结构,所以组 1 中的定理使用组 1 中其他定理和从组 2 和组 3 中的定理证明。尽管复杂,但这些证明并不需要很深的数学基础。总体来讲,它们引用了大量的数学分析。

③ 组 2 中的定理被设计为建立在由状态转移所引发的各种条件下的安全特性真值。下面是一些相关的例子:

- 对于一个添加到当前存取集合的新元组,如果一个适当的支配关系保持,则简单安全特性就扩展到下一个状态。
- 如果没有相关状态组件被改变,则称在下一状态简单安全属性将会保持。

在这个组中的定理一般使用直接证明,即使一些是很烦琐的,但它们首先通过函数定义的扩展,然后在组 3 定理的帮助下被证明。

④ 组 3 中的定理声明了各种支持函数的较低层特性,下面是两个很简单的例子:

- 如果 x 在当前从 S 中删除 y 所产生的存取集合中,则 x 必在 S 中。
- 从 S 中删除一个所产生的当前集合,则当前集合是 S 的一个子集。

组 3 中的许多定理是和组 2 中的定理差不多一样复杂,尽管它们证明经常引用其他组 3 中的定理,但是它们首先还是使用定理证明器原语。在这个组中的定理证明易于牵扯到诸如递归证明这样的数学相关技巧。

4. 详细证明方案

这部分主要描述对于一些内核调用证明的一个证明分解方案,其产生了上面所描述的组 1 中的几个定理,它依赖于一个大的可重用定理集(组 2、组 3)去缓冲在许多内核调用上的证明工作的复杂性。它还描述了一个专门为每一个特定内核调用所构思的定理集。

适合这种方法的内核调用是那些它的结果被限于对一个单个客体改变内核状态。这个方法的关键之处在于分割-征服技术的使用,在这种技术中被分割的实体是一个客体属性结构(OA)。通过不断地把证明缩减到客体属性结构中越来越窄的部分,最终达到一个可以被表明是根据这个内核调用的否定例外条件所得出的证明。

证明步骤的典型序列处理依赖于客体属性结构,其包括:

(1) 全部客体属性($OA_1@\cdots@OA_n$);

(2) 对于一个单个客体类(OA_i)的属性,为{channel, device, file}之一;

(3) 对于一个在这个类($OA_i[j]$)中的单个客体的属性;

(4) 对于(由一些主体)所授予单个客体($OA_i[j]$ with (. accesses:=$[a]$))的单个存取属性。

图 6-11 刻画了一种持续窄化我们的焦点到与真正变化相关的状态组件的方法。它最终戏剧性地减少了用于证明在一个单个客体系统中安全性保持过程中所需的步骤数,这样使得较之直接证明原来的 VC 容易多了。另外,虽然必须表明其他状态组件没有受

到影响,但这种情况仅仅要求适当数量的工作。

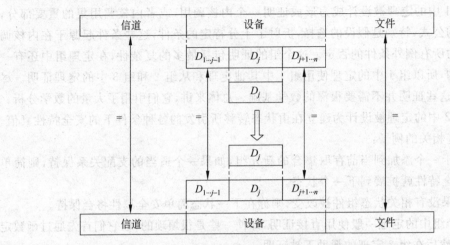

图 6-11　在从旧状态到新状态过程中的客体分离步骤

为了方便这种分割,事先大量通用目的支持定理已经被设计。这就允许在一个方案中每次仅仅只有三个(或四个)特定内核调用定理需要被引入:

(1) 对于受限客体类(OA_i)的安全特性保持;

(2) 从旧值的角度等价声明新客体属性值(OA_i);

(3) 对于在这个类中的单个客体($OA_i[j]$)的安全特性保持;

(4) 对一个单个客体($OA_i[j]$ with (. accesses:=$[a]$))的单个存取的安全特性保持。

对于更加复杂的内核调用,其常常需要提供上述定理的次级附加定理。

对一个内核调用的顶层证明牵扯到几个从例外条件所导出的平凡情况和一个非平凡情况,假设后者作为出发点,它们有通用形式:

$$
\begin{aligned}
&SP(I(ks0), I(ks1), s_0) \wedge \\
&P(ks1) \wedge \\
&ks2 = F(ks1) \\
&\Rightarrow \\
&SP(I(ks1), I(ks2), s_1)
\end{aligned}
\tag{1}
$$

$P(ks1)$项代表了一个否定例外条件和杂类条件,并且函数 F 表示有关这个状态的内核调用的结果(P 和 F 可以有不同的参数)。

把这个顶层证明简化到一个证明,这个证明引用一个有关单个客体类受限解释。为了不丧失普遍性,使用 device 客体类作为它们的一个例子。

第一步是使用如下形式的一个通用定理

$$
\begin{aligned}
&SP(I(ks0), I(ks1), s_0) \\
&\Rightarrow \\
&SS(I_D(ks1)) \wedge AP(I_D(ks1))
\end{aligned}
\tag{2}
$$

也就是说,在一个完全解释状态上保持的不变量,在一个受限设备($I_D(ks1)$)状态上仍然保持。由于牵扯到前一状态对(ks0→ks1)的变换是与当前状态变换的安全性无关的,所以,只有安全状态(SS)和活动特性(AP)断言被使用,AP 是一个为 SS 证明所需的导出不变量。可以从原始 VC 的假设(1)去推理

$$SS(I_D(ks1)) \wedge AP(I_D(ks1)) \tag{3}$$

接着创建一个这个内核调用的特定定理,它具有如下形式:

$$\begin{aligned}
&SS(I_D(ks1)) \wedge \\
&AP(I_D(ks1)) \wedge \\
&P(ks1) \wedge \\
&ks2 = F(ks1) \\
&\Rightarrow \\
&SP(I_D(ks1)), I_D(ks2), s_1)
\end{aligned} \tag{4}$$

推理

$$SP(I_D(ks1)), I_D(ks2), s_1) \tag{5}$$

最后,使用通用定理

$$\begin{aligned}
&SP(I(ks0)), I(ks1), s_0) \wedge \\
&SP(I_D(ks1)), I_D(ks2), s_1) \wedge \\
&NC_D(ks1, ks2) \\
&\Rightarrow \\
&SP(I(ks1)), I(ks2), s_1)
\end{aligned} \tag{6}$$

这里 NC_D 代表了与内核状态组件相关的不变条件,并且这些内核状态组件从属于其他客体类型。如果可以表明 $NC_D(ks1, F(ks1))$ 从 $P(ks1)$ 中导出,则可以推断

$$SP(I(ks1)), I(ks2), s_1) \tag{7}$$

是原始 VC(1)的结论,于是(6)就代表了图 6-9 所示的最终推论。

前面所述的步骤创建了一个相当简单的顶层证明,并且把困难工作分解到低层步骤,特别是在(4)中的定理需要被证明以表明对于设备客体内核是安全保持的,它可以通过相同技巧的其他使用来证明,所以定理(4)在组 1 中,而定理(2)和(6)在组 2 中。

6.4 本章小结

在操作系统设计中的采用形式化程序规范和验证技术是研制高安全等级安全操作系统的一个必要的保障手段,所以本章主要介绍了与安全操作系统设计相关的形式化验证技术的原理及其应用。

形式化验证的目标在于提供一种允许在一个计算机系统的功能规范生成、开发过程和验证过程中使用一种严格的数学注释,从而使得对一个系统的一致性、完备性和正确性可以用一种系统的方式来获得。证明检查器和模型检查器是与形式化验证技术相关的两种最主要的方法。在安全操作系统的开发中采用形式化验证技术的主要目的是提高系统的可信程度,这种保障主要通过形式化规范与形式化验证来实现。为了有效降低安全操作系统设计中形式化验证工作的复杂度,在验证过程中常采用层次分解技术,其主要有数

据结构精化、算法精化和过程抽象等。一个典型的形式化安全验证系统至少要由规范语言处理器、验证条件生成器和定理证明器等构成。

最后为了较为详细地描述形式化验证方法在安全操作系统开发中的具体应用过程，以 Gypsy 语言在美国军用安全操作系统(ASOS)的成功应用实例为背景，介绍了形式化验证技术在安全操作系统开发中的具体应用细节。这里特别注意的是分割-征服技术是克服通常与安全操作系统设计相关的形式化验证过程所固有的复杂性的一种有效的手段，正是由于采用了这种分割-征服技术，才使得 ASOS 项目得以顺利完成。

6.5 习题

1. 什么是形式化验证技术、形式化安全验证技术？简述两者之间的关系。
2. 简述可用于安全操作系统的形式化开发学的主要要点。
3. 可用于形式化验证中的主要的层次分解技术有哪几种？分别简述其主要特点。
4. 构成形式化验证系统的主要结构有哪些？它们的主要功能是什么？
5. Gypsy 规范语言的主要特点有哪些？
6. 列举 Gypsy 验证环境(GVE)的主要组件的功用。
7. ASOS 系统设计中形式化安全验证的主要保障目标是什么？简述相应的技术路线。
8. 为什么在 ASOS 系统证明中使用分割-征服的技术？简述这种技术的要点。

第7章　隐蔽通道分析与处理

安全计算机系统使用自主访问控制和强制访问控制策略约束合法通道中的信息流动，这里文件和共享内存等都可以视为计算机系统中信息流动的通道。然而人们在实践中发现，用户还可以利用计算机系统中原本不用于通信的通道，这些通道常见的有系统存储位置和定时设备等，常称为隐蔽存储通道和隐蔽定时通道。一般来讲，计算机系统的访问控制机制很难对这些存储位置和定时设备加以控制，所以也就很难对通过这些通道的通信行为进行控制，因此对这些隐蔽通道的分析与处理在高安全等级操作系统的设计中是非常困难，也是非常值得关注的一个方面。

尽管不排除高级用户本身利用隐蔽通道向低级用户发送消息的可能性，但是实际上对隐蔽通道的使用绝大多数是利用特洛伊木马的形式来实现的。所谓特洛伊木马，就是一些程序或子程序，它们伪装成用于实现某种功能的无害程序，当可信用户在合法工作中执行其所宣称的功能时（如字处理程序、编译程序或游戏程序），该程序在后台不知不觉地完成了合法用户未曾预料的非法功能。

一般的恶意程序攻击总是由入侵者从远程终端向本地系统输入并遥控执行的方式不同的是，而特洛伊木马攻击并非如此。例如有这样一个嵌入在文本编辑程序中的简单特洛伊木马，它能复制用户要编辑的文件，并且将这些拷贝放在特洛伊木马的属主将来能访问的地方。由于系统通常很难区分特洛伊木马和合法程序，因此，只要不知情的用户继续自愿地使用这个文本编辑程序，系统就不能阻止特洛伊木马的操作。特洛伊木马通过执行它的系统用户的身份标识（ID）来获得系统优先权和存取权，所以能在不违反系统的任何安全规则的情况下进行拷贝活动。特洛伊木马一旦完成拷贝，下一步就要利用系统的进程间通信通道将取得的数据信息传递给特洛伊木马的属主，此时安全操作系统采用的强制访问控制策略将发挥作用，具体做法是禁止从高级进程到低级进程或者安全级不可比进程间的通信。为此特洛伊木马必须找到不受强制访问控制机制保护的通道，才能完成偷窃信息的任务。隐蔽通道正是这种能绕过系统的强制安全策略检查的通道。图7-1表示了隐蔽通道的一般工作模式。

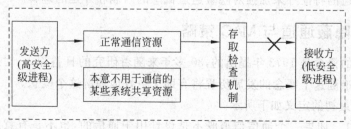

图7-1　隐蔽通道的一般工作模式

　　为了应对隐蔽通道的威胁,在橘皮书中要求 B2 级别以上的系统评估必须包括隐蔽通道分析的内容,并且随着评估的级别的升高,对隐蔽通道的分析要求越来越严格。隐蔽通道分析的目的在于找出系统的漏洞,并进一步分析这些漏洞,以确定其潜在危害。为此需要构造隐蔽通道的真实使用场景,并计算通道的最大可达带宽,然后采用相应的对策(例如审计通道使用或者重构系统)。

　　本章首先讨论隐蔽通道的概念,然后分别介绍隐蔽通道的标识、带宽计算和处理技术。隐蔽通道的标识是整个隐蔽通道分析的关键环节,这是因为一方面这个步骤是构造场景、计算带宽和处理隐蔽通道的前提,另一方面它也是难度最大的步骤。因此本章用了较大篇幅详细介绍各种标识技术。必须指出,这些技术都不是完美的,都有局限性。总的来说,这里所提及的隐蔽通道标识技术仍然有很大的改进余地。

7.1　隐蔽通道的概念

　　隐蔽通道的概念是 B. W. Lampson 在"论限制问题"一文中引入的。所谓限制问题,是指进程 B 调用程序 A 时,系统能限制 A 在运行期间向 B 以外的其他进程传送消息。Lampson 发现,即便在采用强制访问控制的系统中,如果采用适当办法,进程 A 仍然可以向 B 以外的进程传送消息。他在这篇文章中将这些"适当"的方法归结为合法通道、存储通道和隐蔽通道三类。后来的研究表明,合法通道乃是一种阈下通道,与后两种通道有重要区别,进一步根据具体使用场景不同,后两种通道也分别改称为隐蔽存储通道和隐蔽定时通道。

　　隐蔽通道(Covert Channel),在国内文献中也叫做泄露路径、隐通道或者隐蔽信道,公认的定义是"允许进程以危害系统安全策略的方式传输信息的通信信道"(见中国国家标准 GB 17859—1999《计算机信息系统安全保护等级划分准则》)。这是因为从世界各国发布的信息安全产品评估标准来看,无论是美国国防部发布第一个《计算级安全产品评估标准》(DoD 5200.28-STD,1985,通常简称 TCSEC 或者橘皮书),还是最新出版的中国国家标准《信息技术　安全技术　信息技术安全性评估准则》(GB/T 18336,2001),都把普遍沿用美国橘皮书中对隐蔽通道的定义、解释和规定,故在下文的介绍中以橘皮书中的相关定义、解释和规定为准。

　　下面主要从隐蔽通道与 MAC 策略之间的关系、隐蔽通道的分类、有关的模型解释的缺陷及隐蔽通道的特征等来加强对隐蔽通道概念的内涵和外延的理解。

7.1.1　隐蔽通道与 MAC 策略

　　隐蔽通道的概念是 1973 年提出的,30 多年来随着研究的日益深入,对此概念的理解也不断深化。追溯这个概念的发展历程将有助于更好地理解这个概念。

　　Lampson 最初的定义如下所示。

　　定义 7-1.1　如果一个通信信道既不是设计用于通信的,也不是有意用于传递信息的,则称该通信信道是隐蔽的。

这个定义含义比较含糊,既没有说明隐蔽通道的发生机制,也没有说明隐蔽通信的目标。因此,当 M. Schaefer,J. Huskamp,R. Kemmerer,C. Tsai 等人面对具体工程问题时,他们根据具体分析对象,各自从不同的角度分别重新阐述了隐蔽通道的概念。

1977 年,Schaefer 给出下列定义。

定义 7-1.2 如果一个通道的通信机制是如下传递方式:通过存储单元传输到描述资源状态的变量,则称这个通信信道是隐蔽的。

1978 年 Huskamp 提出了下述定义。

定义 7-1.3 隐蔽通道是资源分配策略和资源管理实现的结果。

1983 年,Kemmerer 提出了下述定义。

定义 7-1.4 隐蔽通道就是使用系统的非正常数据客体项,从一个主体向另一个主体传递信息的通道。

1987 年,Tsai 的定义如下所示。

定义 7-1.5 给定一个强制安全策略模型 M,及其在一个操作系统中的解释 $I(M)$,$I(M)$ 中的两个主体 $I(S_h)$ 和 $I(S_l)$ 之间的通信是隐蔽的,当且仅当模型 M 中的对应主体 S_h 和 S_l 之间的任何通信都是非法的。

上述定义都是针对设计特定操作系统的具体工程目的提出的,因此显然具有很强的可行性。不过定义 7-1.2~7-1.4 都没有给出隐蔽通道与强制访问控制策略在系统实现中的关系。橘皮书的定义说"隐蔽通道是允许进程以危害系统安全策略的方式传递信息的通道",也就是说,隐蔽通道与系统安全策略应该有关系。上述定义中,只有 Tsai 定义清楚显示了隐蔽通道与不同的访问控制策略之间的关系。正因为这个原因,美国国防部推荐采用 Tsai 定义作为隐蔽通道的推荐定义。从这个定义可以看出:

1. 隐蔽通道与自主安全策略无关

Tsai 的定义表明:隐蔽通道只与强制安全策略有关,而与自主安全策略无关。这是因为无论在一个操作系统的实现中如何解释系统的自主安全策略模型,它都无法抵御特洛伊木马的攻击。自主安全策略模型允许用户将私有信息的访问权分配给其他用户,这样取得高级用户身份的特洛伊木马就可以给予特洛伊木马的属主对高级数据的访问权。因此系统实现无法确定代表一个用户的程序是否是以合法的方式代表该用户取得信息。由于取得信息的路径可能是文件、目录、消息等共享内存客体,所以代表用户的木马可以使用合法的操作系统请求取得用户私密信息。尽管系统开发者可以采用一些限制代表用户的程序能力的措施,但是仍然没有通用的方法约束这些程序的办法——除了对系统操作实施强制访问控制策略。由于自主模型不能防止程序以合法的动作取得敏感信息,再去考虑这些程序如何利用隐蔽通道非法泄露信息就毫无意义了。

自主安全策略虽然不能抵御特洛伊木马和病毒的攻击,但在一个没有特洛伊木马和病毒的相对良性的环境中,系统的自主安全策略却能让用户保护自己的信息不被其他未授权用户访问;而强制安全策略的作用主要是限制包含特洛伊木马和病毒的程序的动作,B2 级以上系统实施的强制安全策略必须能够处理通过隐蔽通道进行的未授权访问。

2. 隐蔽通道依赖于强制安全策略

隐蔽通道依赖于系统采用的强制安全策略,下面用一个简单的例子说明这种依赖性。

假设有这样一个强制信息隔离策略 M，它禁止两个主体 S_h 和 S_l 之间的任何信息流动，另外再假设存在一个多级安全策略 M'，当且仅当 S_h 的安全级支配 S_l 的安全级时，它允许从 S_l 到 S_h 的信息流动。S_h 和 S_l 之间的某些通信可以被 M' 授权。对比这两个策略会发现，按照策略 M' 实现的安全操作系统中出现的隐蔽通道集合将是按照策略 M 实现的操作系统中出现的隐蔽通道的一个子集。原因很简单，在策略 M 的解释中从 S_h 流向 S_l 的通道是隐蔽通道，这种通道在策略 M' 的解释中却是授权的合法通道。标识隐蔽通道时要考虑到通道对策略的依赖性，否则只分析系统实现的句法而不考虑安全策略的实现语义的隐蔽通道分析无法避免出现伪非法流（就是在规范中存在，而系统运行时却不出现的信息流）。图 7-2 显示了 BLP 强制安全策略中的信息流。图中，——→表示合法流，┄┄→表示非法流，×表示不成功，＞＝表示具有支配关系，＞＜表示没有关系。

尽管隐蔽通道依赖于系统所实施的强制安全策略，但是这不意味着仅仅改变策略就能消除隐蔽通道。某些隐蔽通道在任何强制访问控制策略模型下都会存在。

3. 隐蔽通道与完整性策略有关

隐蔽通道的概念除了与保护信息流的安全策略有关之外，与系统的完整性策略也有关系。在实现强制安全策略（如 BLP 安全策略）的系统中，隐蔽通道分析要确保能找出所有从特定安全级到低安全级或者不可比安全级的非法泄密路径。同样在实现强制完整性策略（如 Biba）的系统中，隐蔽通道分析要确保能找出所有从特定完整级到低完整级，或者不可比完整级的非法泄密路径。

图 7-2 和图 7-3 分别显示了特定强制安全策略（BLP）和完整性策略（Biba）中的合法流与非法流。

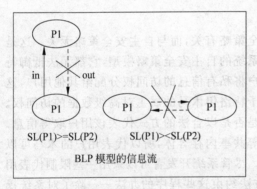

SL(P1)>=SL(P2)   SL(P1)><SL(P2)

BLP 模型的信息流

图 7-2　安全性策略中的合法流与非法流

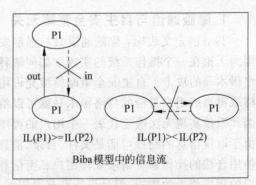

IL(P1)>=IL(P2)   IL(P1)><IL(P2)

Biba 模型中的信息流

图 7-3　完整性策略中的合法流与非法流

4. 隐蔽通道与 TCB 规范的语义有关

隐蔽通道与系统 TCB 规范的语义也有关系，原因在于改变系统的规范可能消除或者引入新的隐蔽通道。系统的 TCB 规范包括对系统的主体、客体、访问特权、安全级和访问授权、客体/主体建立/删除规则进行操作的所有系统操作原语的规范。下面给出两个相关的规范变化示例。

例 7-1　客体分配/回收隐蔽通道

在分配器分配用户可见客体（如内存段）的情况下，如果分配器的规范中包含显式分配和回收的 TCB 操作,主体可以动态调用这些操作并且各个主体可以共享它们,则使用这些用户可见客体的主体之间存在隐蔽通道。

这个通道是改变 TCB 规范就能消除隐蔽通道的一个典型例子。对策是修改动态分配器的规范,使之不许动态分配/回收共享内存区域中的客体,这样一来隐蔽通道就消失了。共享内存区域中的静态客体分配和回收,或者一个按照安全级分割的内存区域中的动态客体分配都不必改变系统中主体和客体的解释,而只需要改变有关建立和删除客体的规则的规范。虽然消除资源的动态共享、预先分配客体或者按照安全级分割资源都是消除隐蔽通道的有效方法,但是由于这些方法导致系统性能损失,所以实际上并不必要,有时也不可能这么做。

例 7-2　多级目录通道

在有关隐蔽通道的文献中,多级目录通道(Upgraded Directory Channel)是最常被提及的例子。这个例子充分显示了隐蔽通道定义对 TCB 规范的依赖性。

考虑在支持强制安全的系统中建立和删除一个多级目录的情况。使用的规范接口类似于 UNIX(在 UNIX 中系统操作原语就是系统调用)的系统中,一个高安全级(L_i)用户要在高安全级(L_i)上删除一个多级目录,这个删除操作将失败,见图 7-4,原因是强制授权检查要求进行删除操作的进程的安全级 L_i 等于父目录的安全级 L_j(图中——表示成功操作,┄┄表示失败操作)。

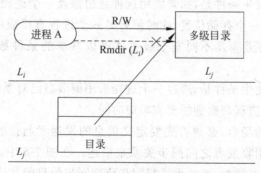

图 7-4　删除目录级别 L_i 上的多级目录失败

相反,低安全级(L_j)的进程进行的同样删除操作就可以成功,见图 7-5(图中——表示成功操作,┄┄表示信息泄露)。然而此时会出现隐蔽通道,原因是删除操作 Rmdir 的

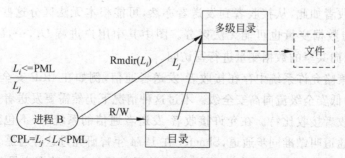

图 7-5　仅当目录内不含文件时 Rmdir 可以成功

语义规定"不能删除非空的目录"。因此,如果在 L_i 登录的用户要从高安全级 L_j 删除多级目录,这个用户有机会发现这个目录里是否存在文件。于是另一个高级用户进程就可以通过在多级目录里创建/删除文件向低级用户发送一个比特的消息。

这个通道的对策是修改系统调用 Rmdir 的语义。不过这种修改会带来很多麻烦,因为这意味着凡是调用这个系统调用的用户程序都要面临修改。

7.1.2　隐蔽通道的分类

根据不同的分类标准,可以将隐蔽通道分为存储通道/定时通道或者噪音通道/无噪通道。

1. 存储通道和定时通道

在工程实践中,完成场景构造以后,要区分隐蔽存储通道和隐蔽定时通道。这个划分最初是 S. Lipner 在 1975 年提出的。尽管从理论上看二者没有重大区别,但是这种划分有助于工程处理,所以,认为存储通道与定时通道是不同的。此外在橘皮书中,对 B2 级与 B2 级以上级别(B3 和 A1)安全系统开发中的隐通道分析和处理的要求是不同的,即 B2 级只要求识别并处理隐蔽存储通道,而 B3 和 A1 则要求同时必须识别和处理隐蔽存储通道与隐蔽定时通道。

隐蔽存储通道的发生条件是,如果使用这种通道涉及一个进程(例如 $I(M)$ 的一个主体)直接或者间接写入一个存储位置,此时便有另一个进程直接或间接读这个存储位置。一般来说,隐蔽存储通道涉及不同安全级主体可以共享的某种数量有限的资源(例如硬盘)。

隐蔽定时通道的发生条件是,通过一个进程采用调节自己对系统资源(例如 CPU)的使用,从而影响另一个进程观察到的真实响应时间。

在使用隐蔽通道的场合,必须首先要定义信息的发送者与接收者之间的同步关系。这样隐蔽通道还可以用收发者之间同步关系来描述。在图 7-6 中,发送者和接收者是异步进程,为了接收和解释数据,要首先进行同步化。同步的目的是让一个进程通知另一个进程它已经完成读写数据变量的操作。因此一个隐蔽通道可能不仅包含隐蔽数据变量,还要包含两个同步变量,一个用于发送方-接收方同步,一个用于接收方-发送方同步。任何形式的同步通信都要求双方显式的或者隐式的同步。注意同步操作双向传递信息,即从发送者到接收者如此,从接收者到发送者亦然,可能根本无法区分这些操作与数据传递,因此同步与数据变量也可能无法区分。图中其中用户进程 $U_h, \cdots, U_l, U_m, \cdots, U_n,$ $U_p, \cdots, U_q$ 可以向共享的数据变量进行写访问。

有些安全策略允许系统中存在接收者-发送者通信,例如在 BLP 安全策略中允许向上写,即信息从低安全级流向高安全级。不过这种情况下仍然需要发送者-接收者同步变量以便告知接收者接收比特。在允许接收者-发送者通信的系统中,不包含发送者-接收者同步变量的通道叫做准同步通道,Shaefer 在 1974 年曾研究过这种通道。

在所有的发送者-接收者同步过程中,同步数据必须包含在数据变量本身之中,因此通道要付出一定的带宽代价。以太网中的包格式比特可以算是同步数据与要传送的信息

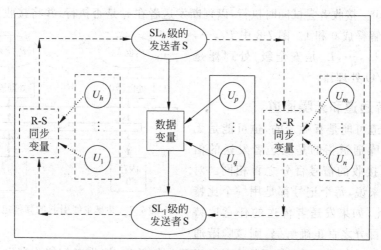

图 7-6　发送者 S 与接收者 R 之间的隐蔽通道

一起发送的一个例子。在这样的情景中,就不需要额外的发送者-接收者同步变量。在一个实现了强制存取控制安全策略的系统中,只要发送者的安全级支配接收者的安全级,就允许从接收者向发送者发送消息,这种情况下也不需要专门的接收者-发送者同步变量。

图 7-6 还可用来区分隐蔽存储通道和隐蔽定时通道。例如存储通道的同步和数据传送使用存储变量,定时通道的同步和数据传送使用公共时钟。二者都至少使用一个存储变量用于信息传递,不过定时通道中存储变量是短时性质的,也就是说一旦接收者接收信息后信息就消失了。只要引入存储变量用来同步,定时通道就可以变成存储通道,反之,把存储通道中的同步变量替换成参考时钟,则存储通道就变成定时通道。下面举例说明定时通道。

例 7-3　CPU 调度引起的定时通道

如图 7-7 所示,发送者与接收者共享 CPU,二者达成协议,在相继的两个 CPU 时间片之间,发送者在时间 t_i 执行表示发送 1,不执行表示发送 0。接收者尝试同时执行,以判断发送者在 t_i 是否执行,并将接收到的成功与失败的记号解释成 0 和 1。

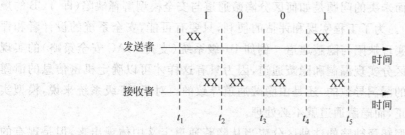

图 7-7　CPU 调度引起的定时通道

例 7-4　共享硬件资源(主线)引起的其他定时通道

其他共享硬件资源也能提供定时通道。例如图 7-8 表示的通道中,每个处理器使用主线时都要先锁定该主线资源。主线的控制器能够检测锁冲突。当不需要执行主线占用命令时,就释放主线。发送者与接收者的协议是:发送者在时间 t_i 执行表示发送 1,不执

行表示发送 0。接收者尝试同时执行,以判断发送者在 t_i 是否执行,并将接收到的成功与
失败的记号解释成 0 和 1。图 7-8 中 $P_1,\cdots,$
P_n 是进程,$L_h,\cdots,L_i$ 是安全级,处理器是
CPU 或者 I/O 处理器。

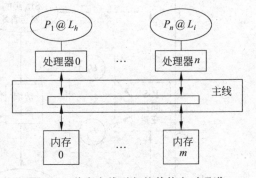

2. 噪音通道和无噪通道

隐蔽通道可能是有噪音的,也可能是无
噪音的。无噪通道指的是发送者发送的信
号与接收者接收的信号百分之百相同。对
于隐蔽通道来说,每个记号都是用一个比特
来表示,因此,如果发送者传送的任意比特
接收者都能百分之百正确解码,则该隐蔽通

图 7-8 共享主线引起的其他定时通道

道是无噪音的。也就表明不管系统中其他进程如何动作,接收者都能收到发送者传送的
每一比特信息。

例 7-2 中的隐蔽通道是无噪通道。接收者和发送者可以建立和删除私有多级目录,
其他用户无论如何动作都不能接收者接收 error/no-error 信号。因此接收者可以百分之
百解释发送者发送的每个比特。与此相反,例 7-3 和例 7-4 中的通道是有噪音的,只要存
在发送者和接收者之外的第三个进程使用该共享资源,接收者就不能完全正确地解释接
收到的信号。使用纠错码有助于提高解码的正确率,不过必然会降低带宽。

3. 通道集成

发送者与接收者使用的同步变量或者信息可以用于对多个数据变量的操作。可独立
用作隐蔽通道变量的多个数据变量可以作为一组来使用,以分摊同步信息的代价。这样
的通道叫做集成通道。根据发送者和接收者如何设置、读、重置通道变量,集成通道可以
分为并行通道和串行通道,或者串并混合通道。

7.1.3 模型解释缺陷

目前的一个悬而未决的问题是如何区分隐蔽通道与安全模型解释缺陷(即 TCB 的规
范错误和实现错误)。为了工程实现和评估的便利,只要有可能,安全系统的设计者和评
估者总希望能区分实现缺陷与隐蔽通道。例如 B1 级系统(支持 MAC 安全策略)的实现
者和评估者很在意区分实现漏洞和隐蔽通道,因为只有这样才可以确定机密信息的泄露
到底是由系统实现的漏洞导致的,还是由隐蔽通道导致的。对于 B1 级系统来说,模型实
现的漏洞必须要改正,而隐蔽通道就不必处理。

隐蔽通道与模型解释缺陷的这种区分应当从隐蔽通道定义中体现出来,但是现有的
隐蔽通道定义(包括前面给出的定义 5),都不区分隐蔽通道与 TCB 规范和代码的实现错
误。因为定义 5 认为,从根本上讲,隐蔽通道是强制访问控制策略实现中的漏洞,这些漏
洞有时在工程实践中是不可避免的。不过"模型实现"概念的定义同时也给出了区分不同
类型的隐蔽通道与实现漏洞的一个判据。

为了定义区别判据,可以回顾前面的例 7-1、例 7-2 和例 7-3、例 7-4。前两个例子表明

通过改变特定系统中 TCB 的规范,原则上可以消除当前存在的隐蔽通道。与此相反,后两个例子则表明在任何允许共享 CPU、主线、内存、输入输出(I/O)及其他硬件资源的系统中,TCB 的规范中都一定有隐蔽通道存在。同时例 7-2 进一步说明了通过改变 TCB 规范消除隐蔽通道在很多系统中都是不可行的,这主要是考虑到对 TCB 进行的改造可能带来与给定系统现存接口的兼容性的显著下降。当然同样也可以找到成功改造 TCB 规范的例子(如例 7-1),但这种改造是在付出一定功能或者性能损失代价的情况来完成的。

下面判据用于在工程中区分不同类型的隐蔽通道或者漏洞,从而确定哪些应该在 B1 级处理,哪些应当在 B2-A1 级处理。

基本通道:在 TCB 规范中,导致隐蔽通信的漏洞是基本通道,当且仅当该漏洞在任何操作系统的任何强制安全模型解释中都会出现。

特定 TCB 通道:在 TCB 规范中,导致隐蔽通信的缺陷是特定 TCB 通道,当且仅当该漏洞仅在给定操作系统的特定强制安全模型解释中出现。

不合理的通道:在 TCB 规范中,导致隐蔽通信的漏洞是不合理通道,当且仅当该漏洞仅在给定操作系统的特定的,并且不合理的强制安全模型解释中出现。特定 TCB 通道与不合理通道的基本区别在于:有某种根据表明存在这种通道。

按照上述判据,例 7-3 和例 7-4 是基本通道,而例 7-1 和例 7-2 是特定 TCB 通道。

上述区分不同类型隐蔽通道(或者漏洞)的判据表明,B1 和 B2~A1 系统要求采用不同的处理策略:B1 级别系统不必处理基本通道;B2~A1 级别系统应处理特定 TCB 通道;不合理通道应当通过改变 TCB 规范或者 B 级系统模型实现来消除。

7.1.4　隐蔽通道的特征

R. Kemmerer 在 1983 年总结了隐蔽通道的判定特征。他指出一个存储通道必须至少满足下列判定规则:

(1) 发送方和接收方进程必须有权存取共享资源的同一属性。

(2) 发送方进程必须有办法改变该共享资源。

(3) 接收方进程必须有办法侦查该共享资源的改变。

(4) 必须存在某种机制,使发送方和接收方进程能启动隐蔽通信并正确给事件排序。该机制可能是另一条较小带宽的隐蔽通道。

如果满足判据(1)~(3),就要找出满足判据(4)的场景。如果可以找到这样的场景,表明存在隐蔽存储通道。尽管通过使用 SRM 法,可以很容易标识和抛弃不满足判据(1)~(3)的共享资源属性,但最后一步仍要求较强的想象力和对系统的深入洞察力。

类似方法可以发现定时通道,不过要使用不同的判据。一个定时通道至少需要满足的判定规则是:

(1) 发送方和接收方进程必须有权存取共享资源的同一属性。

(2) 发送方和接收方进程必须有权存取一个时间参照,如实时时钟。

(3) 发送方进程必须能够调整接收方进程侦查共享属性的变化所用的响应时间。

(4) 必须存在某种机制,使发送方和接收方进程能启动隐蔽通信并正确给事件排序。该机制可能是另一条较小带宽的隐蔽通道。

对于 PC 来说,系统中至少处理器是共享的,因此系统中运行的各个进程至少存在一个共享属性——CPU 的响应时间。接收方进程通过监视时钟就能侦查到响应时间的变化。

7.2 隐蔽通道的标识技术

本节主要介绍在安全操作系统中标识隐蔽通道的方法,并对迄今为止曾经在各种项目中使用过的隐蔽通道标识方法加以评述。

20 世纪 80 年代以前,隐蔽通道分析的对象基本上是特定的系统机制或者特定系统功能(如多级目录机制)。在这些隐蔽通道标识技术中,D. Denning 在 1977 年提出的信息流法是一种比较有影响力的分析方法,但用这种方法来分析庞大而又复杂的操作系统内核是比较困难的。共享资源矩阵法(SRM 法)是 20 世纪 80 年代初由 R. Kemmerer 发明的,这种方法本来是用于描述系统中可以用于发送信号的属性,标识系统运行中未被使用的属性,从而让分析者能把更多的精力放在处理有用的属性上。但当把这种分析技术引入隐蔽通道分析中后,成了迄今最著名的隐蔽通道分析技术。在 20 世纪 80 年代中期,一些研究者开始使用无干扰方法分析操作系统。这种方法中,凡是用"展开定理"无法证明的地方都须仔细考虑信息流问题。与 SRM 一样,这种方法本来也不是用于隐蔽通道分析的,但分析者可以使用 SRM 和无干扰法可以得到信号的发送序列,并确定它们是否可以用于隐蔽通道。1986 年美国马里兰大学的 Tsai 等人发展了语义信息流分析技术,在专用的流分析工具的帮助下,他们分析了安全 Xenix 的内核,并找出若干隐蔽通道。相比这些方法,隐蔽流树(CFT)是一种较新的方法,这种方法使用树结构将从一个共享属性到另一个共享属性的信息流动建模。这种方法系统的搜索所有用接力方式通过共享属性传递信息,并最终使接收方进程侦察到信息内容的操作序列。横截 CFT 路径可以得到全面的、支持通过特定资源属性通信的操作序列。

最终标识出的隐蔽通道可以用一个 TCB 内部变量与两个 TCB 原语来表示,其中一个原语(PA_h)写访问该变量,另一个原语(PV_l)读访问这个变量,从而构成绕过强制访问控制策略的隐蔽通信。有关读访问和写访问这个变量的原语有可能不止一个,在读写操作完成以后,发送者或接收者可能还要设置发送/接收下一个比特的环境,因此,隐蔽通道标识的首要目标是找出所有 TCB 内部变量,以及能读访问/写访问这些变量的 TCB 原语(即所有的三元组 $<Var, PA_h, PV_l>$)。标识技术的另一个目标是确定在通道的原语内部安置延迟、噪音(例如随机化客体标识符等)和审计代码的 TCB 位置,以降低通道的带宽和监督通道使用情况。另外除了内核与可信进程实现的 TCB 原语和变量外,隐蔽通道还可以使用硬件处理器指令和用户可见的寄存器。因此完整的隐蔽通道分析应当考虑到系统使用的硬件的结构,而不仅是内核与可信进程。

7.2.1　标识技术的发展

1. 隐蔽通道分析的层次性

隐蔽通道分析与安全操作系统抽象的层次有关,系统抽象的层次见图 7-9。

图 7-9 同时也显示了安全操作系统开发的大致过程。隐蔽通道
分析可以在从抽象的安全模型到系统机器代码的任何一个层次上
进行。分析系统的高层抽象可以在系统开发的早期发现安全漏洞。
在设计过程的早期引入的安全漏洞通常会成为系统规范和代码的
一部分,因此漏洞发现得越早,修改系统设计的代价就越小。

系统规范主要指安全操作系统的描述性顶层规范(DTLS)和形
式化顶层规范(FTLS)。通常只有 A 级系统的开发者这才会写形式
化顶层规范,而 B 级系统的开发者只需要写描述性顶层规范。大多
数隐蔽通道分析方法把注意力集中在对系统规范层(特别是描述
性顶层规范)的分析。

图 7-9　操作系统抽象的层次性

系统实现是指内核的源代码。对于隐蔽通道分析者来说,动辄
上百万行的现代操作系统的内核实在是个过于庞大的分析对象,因此迄今为止只有很少
的开发者对代码进行隐蔽通道分析。

在机器代码层进行隐蔽通道分析仅有理论上的意义,这是因为操作系统的开发者对
机器硬件的选择余地不大,通常在系统设计开始之前就已经选定了机器硬件,或者说系统
的设计开发必须迁就于选定的硬件。硬件特征当然也可能被用作隐蔽通道,如内存管理
单元、共享内存、I/O 主线、设备控制器等。如果在硬件层发现了高带宽的发送信号机制,
除了尽量避免使用这些机制以外,系统开发者往往别无选择。此外随着现在共享内存的
多处理器越来越普及,想避免使用共享内存的隐蔽通道也就越加困难。

2. 橘皮书所建议采用的隐蔽通道分析资源

根据上面的分析,橘皮书建议隐蔽通道标识可以采用的系统资源包括:

- 系统参考手册,其中包括对 TCB 原语的描述,CPU 和 I/O 处理器指令以及它们
  对系统客体和寄存器的作用,TCB 参数或者指令域等。
- B2-A1 系统的详细的描述性顶层规范(DTLS)和 A1 系统的形式化顶层规范
  (FTLS)。
- TCB 源代码和处理器微指令代码。

(1) 采用系统参考手册作为系统 TCB 原语和处理器指令描述的唯一优点在于:系统
参考手册都属于常备资料,所以对任何操作系统而言这些信息很容易找到。不过根据这
种资料分析隐蔽通道也有明显的缺点。第一,如果使用系统参考手册分析隐蔽通道,那么
TCB 和处理器就要被视为黑匣子,因为从手册无法得知系统的实现细节。这样一来,使
用系统参考手册就可能达不到"发现全部隐蔽通道"的目标。如果采用系统参考手册作为
隐蔽通道分析的唯一信息来源,那么标识通道的工作就不得不较多地依赖于分析者的猜
测,以及与其他已知包含隐蔽通道的系统的规范进行类比。第二,根据系统参考手册进行

分析对于采取处理隐蔽通道措施而言时间上的延迟太多。因为一旦系统已经实现并且写好了手册，就不太可能通过改变 TCB 接口的方法来消除隐蔽通道。第三，系统参考手册对系统的描述精度比较低，因此用这种资料作为分析的基础，难免会漏掉系统中的许多重要的隐蔽通道。

（2）目前已经开发的多数标识方法使用 FTLS 作为隐蔽通道标识的主要资料来源。这样做的优势在于：首先，这些规范所包含的信息要比系统参考手册中的详细和相关得多；其次，使用顶层规范有助于预先发现可能在系统实现中出现的、导致隐蔽通道的系统设计漏洞，从而尽早纠正设计错误，减小纠错成本；最后，可以利用现成的 FTLS 层标识工具，从而可以进一步发现更多的隐蔽通道。

但是同时应当看到，在顶层规范进行通道标识也有两个不可忽视的缺点：第一，不能保证发现代码实现中可能出现的全部隐蔽通道。迄今为止还没有证明顶层规范中的信息流与代码实现中的信息流一致性的方法，因此就不能保证找出了代码实现中的全部隐蔽通道。目前为止对规范-代码一致性进行的唯一有意义的工作 Benzel 等对 Honeywell 的SCOMP 所做的工作，但是采用的方法是非形式化的。他的工作表明，大量的实现代码并没有对应的形式化规范，这些代码通常执行监视、审计、调试等功能，虽然被认为与安全策略无关，但是可能包含提供潜在隐蔽通道的变量。第二，FTLS 和 DTLS 都可能未包含关于侦察 TCB 代码中的间接信息流所需的数据结构和代码的细节。这些用于信息流和隐蔽通道分析的规范的细节十分重要，如果没有这些细节就会使强制访问控制和处理机制的无法恰当地实现。工程实践表明，仅依据顶层规范分析的结果，基本上不能确定设置访问检查、通道审计和时间延迟措施的确切位置。

（3）大多数研究者致力于从设计规范中寻找隐蔽通道，很少有人研究源代码层和硬件层隐蔽通道分析技术。但是从源代码中标识隐蔽通道具有下列明显的优点：

- 能找出所有隐蔽存储通道（除了硬件导致的通道以外）；
- 能找出放置审计代码、延迟和噪音的位置；
- 能评估访问检查的位置是否合适。

虽然在源代码中标识隐蔽通道具有上述诸多有点，但是由于源代码的规模庞大和结构复杂，分析源代码极其费时费力，所以致使对这一层面的隐蔽通道标识技术的研究工作基本上没有什么大的进展。据报道，对安全 Xenix 源代码的隐蔽通道标识工作消耗了两人年的工作量。

3. 橘皮书各个级别对隐蔽通道分析的不同要求

橘皮书的 B2-A1 级别要求识别隐蔽通道。B2 要求"系统开发者要彻底搜寻隐蔽存储通道……"对于 B2 级来说，搜寻隐蔽存储通道应当在系统参考手册和 TCB 的描述性顶层规范（DTLS）上进行。虽然橘皮书不要求分析 TCB 源代码和硬件微代码规范，但是如果进行这种分析将有助于确保识别结果的完整性。虽然橘皮书没有规定特定的识别方法，但是建议不要使用未经检验的方法，特别是系统评估者无法重复分析过程的方法。橘皮书规定，系统开发者必须进行彻底的隐蔽存储通道搜索，而评估者可以重复分析过程，评估搜索的结果。

在非形式化顶层规范上进行隐蔽通道标识往往得不到完备的结果,因此有必要在代码层进行隐蔽通道分析,否则就不能满足橘皮书的隐蔽通道标识的彻底性要求。同时在代码层进行隐蔽通道分析还能找出隐蔽通道的场景,从而区分潜在的隐蔽通道和真实的隐蔽通道。因此,事实上橘皮书推荐同时使用对 DTLS 的分析和对源代码的分析。

B3 要求将隐蔽通道分析扩展到所有的隐蔽通道,即还要包含定时通道。虽然对识别方法没有什么补充要求,但是要求找出定时通道场景。这些场景包括所有独立定时的系统资源,例如 CPU 和 I/O 处理器。分析过程只有包含了所有这些资源,才能保证没有遗漏的定时通道。Huskamp 在 1978 年曾提出了一个定时通道的例子,就是前面提到的例 7-3。

A1 对隐蔽通道分析的要求包含了 B2 和 B3 对隐蔽通道的要求,并且要求"使用形式化方法分析隐蔽通道"。

开发者可以对形式化顶层规范和系统 TCB 的源代码使用隐蔽通道分析(covert channel analysis,CCA)。这种方法的实例包括句法信息流分析,共享资源矩阵法和无干扰法。当然还可能存在其他的形式化方法分析隐蔽通道。开发者选择的标识方法应当可以用于 FTLS,除非该系统证明了规范-代码的一致性,否则就要使用形式化或者非形式化源代码分析来补充 FTLS 分析的不足。否则就有可能存在没有发现的隐蔽通道。

7.2.2　句法信息流分析法

正如前面所说,D. Denning 提出的信息流分析(Syntactic Information-Flow Analysis)是第一个比较系统的隐蔽通道分析方法,但是这种方法不宜分析操作系统内核这样规模的程序,因而从未应用到真实的系统分析中。但是相比于以前的只能针对某项具体功能的分析方法,这种方法使研究者第一次看到了系统化分析操作系统内核中的隐蔽通道的希望,同时还为后来出现的 SRM 等方法奠定了概念基础。

该法的目标是标识系统中的非法信息流,为此必须首先识别系统中的两类基本的流——明流和暗流。所谓明流,指的是诸如下面的赋值语句

$$B:=A$$

导致的从 A 流向 B 的流,用 B←A 表示。所谓暗流,指的是诸如下面的条件语句

$$if\ A:=X\ then\ B:=Y$$

这类条件语句导致的流,表示为 B←A(当然此时也同时存在明流 B←Y)。这些流确实存在,并且可以用信息论计算出每个语句导致的具体的信息流量。

在这种方法中,需要给每个程序变量赋予安全级标签。进而需要定义流策略:

"如果信息从变量 A 流向变量 B,则 B 的安全级必须支配变量 A 的安全级"。

当流策略应用于程序代码时,可以从代码中生成流公式。例如,从赋值语句 X:=Y 中,可以得到流公式:SL(X)≥SL(Y)。假定 SL 是安全级函数,SL(X)表示变量 X 的安全级。

下一步要证明从程序中得到的所有流公式都是正确的。如果某一条流公式无法被证明是正确的,这条语句蕴涵的流就可能导致隐蔽通道。对于这种语句,必须进一步分析,通过研究该语句的语义,确定这个不能证明的流(叫做"潜在隐蔽通道")是否真的导致隐

蔽通道。潜在通道不能成为真实的隐蔽通道的原因是：有的流条件在程序运行的情况下从来也不能发生，于是可能导致隐蔽通道的非法流也就从来不能真正出现在系统中。因此确定潜在隐蔽通道能否成为真实的隐蔽通道的关键判据是可否找出非法流的真实使用场景。

用句法信息流法标识隐蔽通道有如下优点：

* 可以直接实现自动化；
* 可以用于形式化规范和源代码；
* 可以增量分析单个函数或者 TCB 原语；
* 不会错过任何可以导致隐蔽通道的非法流。

但是该方法从未在真正的系统设计中系统性的得以应用，原因是各种句法信息流分析方法都不能避免下面三个缺点：

(1) 这种方法不够精确，总是会找出很多伪非法流。为了消除这些伪非法流，就需要额外的手工语义分析。美国国家计算机安全中心(National Computer Security Center, NCSC)的一篇报告指出，使用各种流分析工具都会出现类似的问题。例如，使用 Ina 流工具分析用 Ina Jo 形式化规范语言编写的一个仅仅 21 行的程序，结果竟然找出了 117 个非法流，其中只有一个是真实非法流。

(2) 不能分析非形式化规范(如自然语言描述的规范)。

(3) 无助于找出安放隐蔽通道处理代码的 TCB 位置，要找出这样的位置只能依靠对规范或者代码的语义分析。

上述句法信息流分析方法关注的是实际代码是否满足安全模型的信息流策略，而不是标识隐蔽通道。所有的句法信息流分析方法都假定每个变量(或者客体)已经标记了(显式的说着隐式的)安全级标签。这意味着实际上句法信息流法仅提供了隐蔽通道标识的一部分必要条件。Kemmerer 曾指出，隐蔽通道使用的通信实体不通常为数据客体类的东西，因此这些实体就不一定能被赋予特定安全级标签，从就可能不是给定强制安全模型在操作系统中解释的一部分。相反它们往往对内核或者可信进程而言是内部数据，其安全级可能根据有安全级标签的客体之间的信息流而动态变化。这样一来，对这些变量赋予特定安全级标签以发现内核代码中全部非法流的方法势必导致出现大量的伪非法流。

另外，安全模型的解释可能未能包含一些系统实现细节之类的资源，因此要对系统进行隐蔽通道标识，就要让流分析包含那些安全模型的解释中未曾包含的变量。

7.2.3　无干扰分析

无干扰分析法(Noninterference Analysis)把可信计算基(TCB)视为一个抽象机。这从用户进程的角度来看，这种抽象是合理的，因为确实可以把 TCB 视为提供某种服务的黑匣子。通常一个进程的一个请求操作会得到一个响应，例如一个数据值，一个正确响应，或者一个出错消息，因此该抽象机把一个进程的请求作为输入，把对它的响应作为输出，任意给定时刻抽象机内部变量和数据结构的内容就是抽象机的当前状态。分析系统时，源代码或者更抽象一些的形式化/描述性顶层规范都能使用这些变量和数据结构。

"无干扰"概念是 J. Goguen 和 J. Meseguer 在 1982 年定义的,其假定这个抽象机有一个初始状态或者启动状态。一个用户进程与另一个进程**无干扰**,指的是当系统删除来自第一个进程自从初始状态起的所有输入时(就像系统中从未有这些输入一样),第二个用户进程观察到的输出结果没有变化。Goguen 和 Meseguer 认为,如果来自一个用户进程的输入不能影响另一个进程的输出,则第一个进程就不能向第二个进程传送消息。

令 X 和 Y 表示抽象机 TCB 的两个用户进程,令 w 为机器的一个输入序列,此序列必须以来自 Y 的一个输入结尾。假定输入 w 时该机器处于初始状态,并且对最后一个输入的响应输出是 $Y(w)$。又假定 w/X 是从 w 中删除所有来自 X 的输入后剩下的子序列。这样就可以用精确语言表述的无干扰概念如下:

如果对于以来自用户进程 Y 的一个输入结尾的任意可能的输入序列 w,都有 $Y(w)=Y(w/X)$,则进程 X 与进程 Y 无干扰。

无干扰概念将整个输入序列(包括来自 X 的输入和来自 Y 的输入)与一个 Y 输出联系起来。传统的隐蔽通道分析认为只要进程 X 和 Y 之间存在隐蔽通道,则每个 X 输入都对下一个 Y 输出有影响。然而无干扰分析并不这样看。注意到用户进程 Y 可以进行一次输入以要求任意时刻的一个输出。假定每次 X 进行输入时 Y 都跟着做一次输入,忽略其他输入,则总输入序列将是:

$$X_1 Y_1 X_2 Y_2 \cdots X_n Y_n$$

对整个序列的所有原始序列都应用无干扰的定义(对整个序列也这么做),即:

$$X_1 Y_1$$
$$X_1 Y_1 X_2 Y_2$$
$$\vdots$$
$$X_1 Y_1 X_2 Y_2 \cdots X_n Y_n$$

无干扰概念要求每个 Y 输出不受此前所有 X 输入的影响。假定每个 X 输入在经过一段延迟后都被一个 Y 输出报告出来,那么无干扰就要求分析此前的所有 X 输入。原因是如果 X 输入在后面的一个 Y 输出中出现,那么就出现了隐蔽通道。由于无干扰可以用当前状态,而不是用整个历史输入来表述,所以当前状态具有确定下一个 Y 输出所需的全部信息,因此就没有必要分析此前的所有 X 的输入。

显然如果 X 与 Y 无干扰,则一个 X 输入就不能对下一个 Y 输出有丝毫影响。无干扰概念实际上比这个要求还要强,它要求一个 X 输入对任意 Y 输出的子序列都没有丝毫影响。为了避免去分析无穷多的输入序列,可以进一步把 TCB 的状态分成若干等价类。

这种等价类的划分方法是:如果两个状态是 Y 等价的,则应满足下列条件

(1) 它们对相同的 Y 输入必须响应相同的 Y 输出;

(2) 任意输入后对应的下一个状态也是 Y 等价的。

这是一个递归定义。Goguen 和 Meseguer 还证明了一个展开定理(Unwinding Theorem),该定理陈述如下概念:X 与 Y 无干扰,当且仅当每个 X 输入都使状态转化为一个 Y 等价状态。J. Rushby 于 1985 年给出了该定理证明的一个简化版本。展开定理对于无干扰分析非常重要,因为它给出了一个检查无干扰的实用方法。在给出表明 TCB 状态和状态转移的形式化规范的情况下,利用这个定理就可以进行无干扰分析了。

多级安全策略要求每个给定安全级的进程 X 只许与相等安全级的或者更高安全级的进程 Y 存在干扰。在无干扰分析的实践中应用这个策略时,需要定义一个抽象机状态变量,并确定 Y 等价状态。标识多级安全系统中的 Y 等价状态的一个最直接的方法是用安全级标签标记状态变量。设 Y 的安全级是 sl,如果其安全级低于 sl 的状态变量值相等,则两个状态是 Y 等价的。

在无干扰分析中必须证明三个性质:

(1) 给状态变量赋予安全级必须满足如下条件:任意输入把等价状态仍须转换成等价状态,即不可见变量不能影响状态的可见部分;

(2) 反馈给 Y 的任意返回值仅取决于 Y 可见的变量,即安全级别等于或低于 Y 的级别的变量;

(3) 来自高安全级进程 X 的任意输入不能影响用户进程 Y 可见的变量。

无干扰分析方法有很多优点,例如:

- 这种方法可以用于系统的形式化规范和源代码;
- 可以避免发现伪非法流;
- 可以用于分析单个的 TCB 函数和原语等。

但是这种方法的缺点也相当明显。一方面,无干扰分析是一种"乐观"的方法,就是说,它要证明的是 TCB 规范或者代码中根本不出现干扰。因此用这种方法最好是分析可信进程隔离的 TCB 规范,而不是用在包含大量共享变量的 TCB(如内核)组成部分,并且迄今为止还没有开发出与无干扰法配套的自动化工具,分析过程完全依赖于人工操作,因此,对于大型系统(变量数目很多)应用这种方法显得难以胜任。这种方法曾经用于 LOCK 系统的隐蔽通道分析。T. Haigh 在 1987 年报告了使用 Gypsy 系统验证无干扰目标的过程,他得到的结论是:真实的安全操作系统一般无法保证进程间操作的无干扰性。

7.2.4 共享资源矩阵分析法

共享资源矩阵分析法(Shared Resource Matrix,简称 SRM)是 R. Kemmerer 在 1982 年提出的,该方法曾经用于多个项目。在共享资源矩阵法中,首先要统计主体可以读或写的所有共享资源(系统变量),然后检查每个共享资源,确定它是否可能被用来在各个主体之间隐蔽地传递信息,要完成这一步需要仔细研究每个 TCB 原语的描述。由于两个进程可能读写同一个共享资源的不同属性,因此还要进一步精化,指出共享资源的每个属性。例如,第一个进程只能确定一个共享文件是否是锁住的,而第二个进程只能观察文件的大小。

使用共享资源矩阵法分析隐蔽通道一般需分四步完成:

(1) 分析所有的 TCB 原语操作,确定通过 TCB 接口可以读写的变量;

(2) 建立共享资源矩阵,该矩阵的行头是用户可读/可写的 TCB 变量(这些变量代表共享资源属性),列头是用户可以使用的 TCB 原语,矩阵项<TCB 变量,TCB 原语>是 R(该原语能读该变量)或者 W(该原语能写该变量)。既不能读又不能写的变量合成一行,分析时视为一个变量。

为了说明这个问题,Kemmerer 曾经提出一个虚拟的操作系统中,其中对原语操作

Write_File 的 DTLS 的内容列示如下：

> **If** the file is locked and the current process locked it, **then** the value of the
> file is modified to contain the contents of the current process's buffer.

分析者看到关键字 if，就可以知道其后的东西可能指的是被读访问的属性。于是在
该操作中，文件的 locked 和 locked by 属性以及 current process 属性都被读访问。关键
字 modify 提醒分析者某种属性被根据某些属性写访问。该操作中，文件的 value 属性被
改为该进程的 buffer 属性中的值。这样 Write_File 列的 buffer，locked by，locked 和
current process 行包含 R(表示读访问)，value 行包含 W(表示写访问)，该列的其他行保
持"空"。对系统的每个原语反复进行这个过程，得到图 7-10 所示的矩阵。

		Write_file	Read_file	Lock_file	Unlock_lock	Open_file	Close_file	File_locked	File_opened
Process	Id								
	Access rights			R		R		R	R
	Buffer	R	W						
Files	Id								
	Security classes			R		R		R	R
	Locked by	R		W	R				
	Locked	R		R,W	R W	R		R	
	In-use set		R	R		R,W	R,W		R
	Value	R	R						
Current process		R	R	R	R	R	R	R	R

图 7-10　从英语系统描述得到的共享资源矩阵

(3) 对共享资源矩阵完成传递闭包，这是因为用上述方法得到的共享资源矩阵并不
完备。一个系统原语操作读访问的属性可能已被另一个原语修改过，而后者还访问过别
的属性。一个 TCB 原语间接读属性变量 y，指的是该原语可以读的属性变量 x 能被某个
TCB 函数写访问，而该 TCB 函数能够读变量 y。这一步就是要指出对变量的所有间接读
操作，并把相应的项加入到矩阵中。

例如，假定一个操作 Login 读访问 password 文件并且写访问 Active_User 属性。进
而假定第二个操作读访问 Active_User 属性。这两个操作的共享资源矩阵会指示出对
Active_User 的访问，但是不能指示出第二个操作对应的列对 password 文件的访问，这
样一个用户可以用写入 Active_User 属性的方式传送 passwd 文件。所以在分析矩阵中
的隐蔽通道时要保证对 Active_User 的写访问没有泄露有关 passwd 文件的信息，就必须
找出矩阵中这类间接读访问。寻找间接读的过程叫做生成传递闭包。

生成矩阵的传递闭包要靠观察包含 R 的每一项来完成。如果在这项出现的行中有
一个 M，则必须检查包含该 M 的列，看它是否访问了任何第一个原语没有访问的属性。

就是说如果包含该 M 的列在任意一行有一个 R,而在第一列的相应行没有 R,那么就在第一列的相应行加上一个 R。

例如考虑图 7-10 中 Write_File 所在的列。在该列的 locked 行有一个 R,而 locked 属性被 Lock File 原语写访问。因此还必须看写访问之前读访问了哪个属性,这里属性 access rights,security classes,locked,in-use set 和 current proces 被读访问了。显然 Access rights,security classes,和 in-use set 没有被 Write_File 原语直接访问,因此必须把它们加入到该列中。重复这个过程,直到不能再向矩阵中增加新项。得到的矩阵就是原来矩阵关于访问的传递闭包。对图 7-10 中的矩阵完成传递闭包,得到如图 7-11 所示的矩阵。

		Write _file	Read _file	Lock _file	Unlock _lock	Open _file	Close _file	File _locked	File _opened
Process	Id								
	Access rights	R	R	R	R	R	R	R	R
	buffer	R	R,W						
File	Id								
	Security classes	R	R	R	R	R	R	R	R
	Locked by	R	R	R,W	R	R	R	R	R
	Locked	R	R	R,W	R,W	R	R	R	R
	In-use set	R	R	R	R	R,W	R,W	R	R
	Value	R,W	R						
Current process		R	R	R	R	R	R	R	R

图 7-11 传递闭包

这里应当注意的是,如果对系统参考手册中定义的 TCB 接口的非形式化规范应用 SRM 法,而不是对每个原语的内部 TCB 规范进行 SRM 分析,那么进行这一步骤只能标识出 TCB 外面的进程如何隐蔽地使用通过 TCB 接口获得的信息。如果使用 SRM 法分析隐蔽通道时把 TCB 视为黑匣子,就可以省略传递闭包的步骤,原因是传递闭包不能给出关于 TCB 规范和代码内部的信息流的更多的信息。

(4) 分析每一行,找出同时包含 R 和 W 的行,并删除其他行。在一个进程可以读该变量而另一个进程可以写该变量时,如果后一个进程的安全级高于前一个进程的安全级,则这个变量就可以支持隐蔽通信。通过这些矩阵项的分析,可以得到四种可能的结论:

① 如果两个通信进程中间存在一条合法通道(已授权通道),则该通道不是隐蔽通道,标记为"L";

② 如果从这条通道无法得到有用的信息,就标记为"N";

③ 如果发送进程与接收进程是同一个进程,就标记为"S";

④ 如果不是前面三种情况,就是潜在隐蔽通道,标记为"P"。

在总结分析结果的时候,每一个通道的标签都会被用到。

(5) 分析该矩阵的所有项,找出潜在隐蔽通道的使用场景。只有找出使用场景的通道才是真实隐蔽通道。

SRM 法应用范围广,使用灵活方便,因此在使用中表现出很大的优越性,具体来说,SRM 法有如下优点:

- 该方法不但可以用于分析 TCB 软件和硬件的形式化和非形式化规范(如 DTLS 和 FTLS),还可以用于 TCB 源代码分析。共享资源矩阵法的优点是可以用于系统的各种描述形式,也是唯一一种可以用于 DTLS 的隐蔽通道分析方法。

- 它不区分隐蔽存储通道和隐蔽定时通道,原则上可以分析这两种通道。不过实际分析隐蔽定时通道还需要若干假设条件。

- 该方法不要求对矩阵中出现的内部 TCB 变量赋予安全级标签,从而消除了伪非法流的隐患。

但是不给变量赋予安全级标签也有一些副作用:

- SRM 不能证明单个的 TCB 原语(或者原语对)是安全隔离的,即没有非法流存在。因此增量分析新的 TCB 原语十分不便。

- SRM 分析可能会标识出一些采用信息流分析法本来应当自动过滤掉的潜在隐蔽通道。

虽然 SRM 可以用于分析源代码,但是至今仍然没有自动从 TCB 源代码中构造出共享资源矩阵的工具出现,恰恰这是个最耗时间、最费力的步骤。同时用手工方法从源代码中构造矩阵还很容易出错。

SRM 法相比于句法信息流法的最大优势是:它可以用于分析 TCB 的非形式化顶层规范。不过如果 DTLS 细节过少,这种优势就意义不大了。因此用于隐蔽通道分析的 DTLS 一定要比较详细地对系统进行了描述。

7.2.5　语义信息流分析法

如前所述,Denning 的信息流方法首先假定了每个变量或客体都带有特定安全级标签或存取类(显式的或者隐式的),但是这个假定是不太合理的。这是由于隐蔽通道使用的变量并非平时视为数据客体的变量,从而也就不是操作系统的指定非自主安全模型的解释的一部分,所以它们未必能被标记上特定的(固定)安全级。这些变量的安全级别能根据有标签的客体之间的信息流而动态变化。Tsai 与 Gligor 等从修改这个假定入手,借鉴了 Denning 信息流分析和 Kemmerer 共享资源矩阵法的优点,设计出语义信息流法(Information-Flow Analysis with Semantic Component),并在安全 Xenix 项目中用这种方法进行了隐蔽通道分析工作。

这种标识方法是建立在如下工作的基础上的:

(1) 分析编程语言的语义、代码和内核中使用的数据结构,找出变量的可见性/可变更性。

(2) 解决内核变量的别名,确定其间接可变更性。

(3) 通过对代码的信息流分析,确定内核变量的间接可见性。

确定变量经过内核原语的可见性/可变更性、解决变量别名和对代码的信息流分析是标识潜在隐蔽存储通道的关键步骤。其中确定变量经过一个或多个内核原语的可见性/可变更性，以及确定内核原语共享的变量都要经过一系列的步骤。完成这些步骤之后，才能把安全模型解释中所指定的，并在代码中实现的强制规则（即安全或完整性规则）应用到共享变量和内核原语上。由于此时共享变量的安全级已经可以从包含在变量之间的信息流内的客体的级别加以确定，因此这种方法避免了"伪非法流"。这种方法还有一个优点，它能找出内核代码中共享变量被查看/变更的位置，从而有助于确定安置处理隐蔽通道所用的审计代码和时间延迟变量的位置，以及实施非自主策略的存取检查的具体位置。

采用语义信息流法标识隐蔽通道的一般方法分为三个步骤：

1. 选择内核原语以便分析

Tsai 认为，并非所有内核原语都能构成隐蔽通道。在安全 Xenix 的隐蔽通道分析中，特权内核原语（用于审计、挂装/卸装文件系统、设置时钟、关闭系统、设置安全/完整性标签等的原语）和只有特权（管理）用户可用的原语都被排除在分析之外。

2. 确定内核变量的可读性和可写性

（1）通过分析编程语言语义确定内核变量的直接可读性和可写性。

如果调用内核原语的用户进程能侦查到一个变量的值变化，则该变量对于这个原语而言是可读的。从下列判据可以确定变量的直接可见性：

- 变量的值从原语的入口点函数返回。
- 从原语的入口点函数至少可以返回变量两个不同的值。

在两种情况下，原语可以返回变量的值：原语完成或者发生了某种错误条件导致原语执行终止。

如果一个变量的值能被构成这个原语的任意内部函数修改，则称该变量对于这个原语而言是可写的。导致变量直接可变更的动作包括变量值的增/减，赋值操作，插入列表，删除列表项，分配表格项，释放表格项等。

通过信息流分析确定间接可读性。Tsai 首先推导出 C 语言的语句蕴涵的信息流语义，即执行一条 C 语句能够导致的信息流动。如果用 Vb←Va 表示从一个变量 Va 到另一个变量 Vb 的信息流动，则可以得到一系列变量之间信息流动的规则。例如：对于选择语句 if，有

```
if(va==k){vb=m;} else {vc=n;}=>[(vb←va,vc←va)]
```

然后利用信息流关系的传递性，可以找出一个原语间接可读的内核变量。

（2）决定每个原语内的变量别名。

系统中表示同一个变量的变量名称称做变量别名。为了编程的方便，一个变量往往拥有几个名字。在分析系统的隐蔽通道时，应该解决变量别名问题，统一变量的名字。在分析中通常把所有的别名都用其最初的变量名代换。这样代表同一个客体的变量只有一个名字。

（3）标识在原语间共享的用户进程可读/可写的变量，去掉局部变量。

3. 通过对共享变量和内核原语应用由安全模型解释来的强制存取规则来分析共享变量和标识隐蔽通道

这种分析与 SRM 法中对每个矩阵项进行的分析一样，分析结果也采用 Kemmerer 提出的记号法。

这种方法是第一种形式化的隐蔽通道分析方法，成功地分析了安全 Xenix 系统中的隐蔽存储通道。在真实系统中应用这个方法需要投入大量手工劳动，并且需要高超的技巧。因此在真实系统分析中使用这个方法最好能使用自动化的工具。尽管理论上这种方法可以用于采用任何编程语言实现的系统，不过自动分析工具必须为不同的编程语言构造不同的词法分析器和流生成器。

He 与 Gligor 等开发了一种完成语义信息流分析的自动化工具，这种工具用于检查通过一个 TCB 可以看到的信息流，并且能从找出的流中挑出非法流。这种分析使用系统的强制安全模型在源代码的中解释，因此没有伪流的问题。虽然这种方法原则上可以用于各种系统，不过由于强制安全模型在不同系统代码中的解释可能各不相同，所以该工具的语义分析部分必须做出相应修正。从潜在通道中分离出真实的通道的唯一手段仍然是手工构造使用场景，不过与从非法流中分离潜在隐蔽通道相比，从潜在通道中分离出真实通道的工作量要小很多，原因是潜在通道的数目远远小于通过 TCB 接口的信息流的数目（一般要差若干个数量级）。

7.2.6　隐蔽流树分析法

这种方法是 R. Kemmerer 和 P. Porras 在 1991 年提出的，可以视为对 SRM 法的一个发展。隐蔽流树（CFT）使用树结构将信息从一个共享资源向另一个共享资源的流动过程建模，实现了对通过共享变量属性发送、能被监听进程接收的通信的系统化搜索，从而提供了查找隐蔽通道场景的方法。

本方法借鉴了故障树分析的思想。故障树分析是一种广泛应用于工程实践中的系统可靠性和可用性预测方法，它在系统设计过程中，通过对可能造成系统失效的各种因素（例如硬件、软件、环境、人为等因素）进行分析，画出逻辑框图（即故障树），从而确定有关系统失效原因的各种可能组合方式。

CFT 的基本思想是：一个不直接泄露系统资源属性内容的系统原语操作，可能在泄露资源属性信息的系列动作中发挥中介作用。按这样的思路构造的 CFT 类似于搜索树，从最终目标出发，找出要达到这个目标必备的条件，这些条件本身成为了子目标，子路径就此延伸下去，直到子路径以无条件的原语结束，或者因迭代次数达到了预定的数值而终止（因为子路径可能是无限的），这样通过演绎推理就可以找出场景。

CFT 的目标是标识出能直接或者间接读出特定资源属性内容的操作序列。这种"读"指的是进程能侦测到属性发生了变化，而并非是进程要确知属性的新值，因此下面用"识别"来表示这种读操作。识别分为两种：直接识别和间接识别。前者指的是返回属性的值的操作，后者指的是基于该属性（如 A）的值修改另一属性值（如 B）的操作。如果 B

被修改了,那么就出现了一个子目标,应该按照上述过程迭代下去。

构造 CFT 使用了五种记号,见图 7-12。

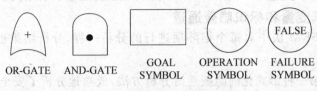

图 7-12 构造 CFT 使用的记号

前两个是构造树所用的门符号,包括或门和与门。第三个是目标符号。目标符号表示为达到最终目标而需要满足的子目标。CFT 中规定了 6 个子目标:修改、识别、直接识别、间接识别、通过推断、识别新状态。第四个是操作符号,相应于电路图中的基本事件符号。这些符号被用于树的叶子,代表一个原语操作。最后一个是失败符号,用来中止那些不能被满足的子路径。

构造隐蔽流树所需的信息与共享资源矩阵法需要的信息完全相同。不过这里把每个操作都用三个列表表示:引用列表、修改列表和返回列表。引用列表包含该原语操作进行读访问的系统资源属性,修改列表包含该原语操作进行写访问的系统资源属性,返回列表包含该原语操作能够返回其状态的系统资源属性。

下面介绍分析过程。首先确定要分析的系统资源属性,把这个属性作为树的根结点。隐蔽流树由发送者所做的对资源属性的修改动作序列,和由接收者所做的察觉对该资源属性的修改的侦察动作序列组成。CFT 的左子树是由发送者所做的修改该资源属性的动作序列组成的,而 CFT 的右子树则是由接收者所做的察觉对该资源属性的修改的侦察动作序列组成的。

于是左子树被称为修改子树,其先把修改目标符号链接到根目标符号上,这个符号代表发送者必须有能力修改属性 A。然后那些能够使发送者修改属性 A 的操作符号被链接到修改符号上。如果没有任何操作能够修改属性 A,那么算法就认为属性 A 不能用于隐蔽通道可以利用的信息载体。如果有至少一个操作可以修改属性 A,那么树算法会接着转向构造识别子树的阶段。

类似的右子树被称为识别子树,其首先添加一个识别目标符号到根的与门,表示接收者有能力识别属性 A 的修改。识别能通过两种方法实现:直接识别和间接识别。因此把两种符号通过或门都链接到识别符号。

为完成直接识别子路径,任何返回列表中包含属性 A 的操作都被链接到直接识别符号。如果没有操作在返回列表中包含属性 A,则一个失败符号就被链接到直接识别符号。

第二个识别属性值的方法是通过推断识别。推断识别需要满足以下两个条件:第一,必须有一个操作参考属性 A 的值;第二,对于每个参考属性 A 的值的操作,其修改列表中必须至少包含一个属性。为完成推断识别路径,一个通过推断符号被链接到间接识别符号上。如果没有操作满足这些条件,那么就把失败操作符号链接到间接识别符号上。然后每个通过推断符号被链接两个子符号:一个是满足间接识别方案的符号,另一个是识别新状态符号,它说明了一个指向识别那些新被修改的属性的路径。这两个符号通过与门链接到通过推断符号。识别新状态符号继续扩展子路径,为每个被修改的属性都有一个识别符号被链接到识别新状态符号。每个识别符号都以类似的方式处理。因此识别每个被修改的属性都是这样循环进行的。如前所述,最后的目标是直接识别出最后被修改的属性。为了使树不会无限制地增长,设定一个参数 REPEAT 用来控制在识别路径上一个属性最多可以被重复识别的次数,通过控制树的深度可以避免因树无限制的增长而耗尽内存资源。图 7-13 是由 Kemmerer 给出的一个隐蔽流树的例子。

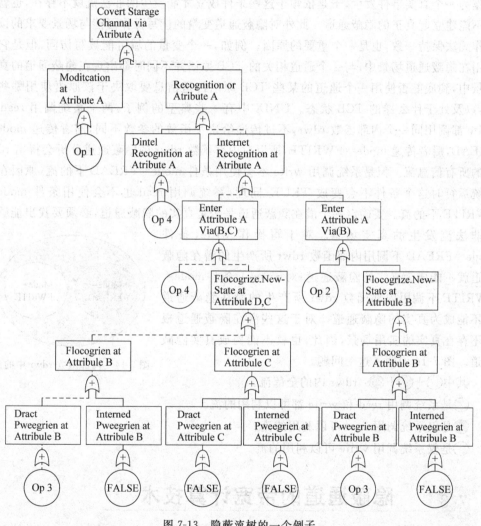

图 7-13　隐蔽流树的一个例子

　　周游 CFT 就能得到发送者发送信息和接收者接收信息的动作序列。分析 CFT 产生的操作序列要分三步。首先,要简化或者扩展每个操作序列,删除冗余的序列。第二步,识别并删除要求发送方和接接收方拥有可以合法通信特权的操作序列。第三步,使用剩下的操作序列构造隐蔽通道场景。

7.2.7　潜在隐蔽通道

对顶层规范（包括描述性顶层规范 DTLS 和形式化顶层规范 FTLS）进行静态的隐蔽通道分析得到所有可能存在的隐蔽通道，或者说潜在的隐蔽通道。其中的一些潜在隐蔽通道并没有真实的使用场景，永远也不会成为真正的安全威胁。系统动态运行时，只有特定的条件才能促使发生特定的流，每个流都是在一定条件下发生的。潜在隐蔽通道不一定能成为真实隐蔽通道，原因在于：系统运行的时候，有些代码或规范中存在的条件不能作为一个真实事件发生，于是依赖于这些条件成立才能发生的非法流就不存在，也就根本不能建立起真正的隐蔽通道。此外对隐蔽通道变量的读写操作可能与场景要求的读写操作无法保持一致，也是一个重要的原因。例如，一个变量的域可能被写访问，但是它不能用在隐蔽通道场景中；与一个通道相关的 TCB 原语并不同时都出现在隐蔽通道的真实场景中，到底能否使用一个通道的某些 TCB 原语传送信息要取决于该原语使用哪些参数，以及处于什么样的 TCB 状态。UNIX 中有一些典型的例子，两个系统调用 read 和 write 都调用同一个内部函数 rdwr，不过传递给这个函数的参数不同，前者传递 mode＝FREAD，后者传递 mode＝FWRITE，所以对内部函数 rdwr 的隐蔽通道分析会得出 rdwr 内的所有信息流。但是系统调用 write 不会使用条件 mode＝FREAD 下的流，原因在于系统运行时这个条件不会变成 TRUE；同理，系统调用 read 也不会使用条件 mode＝FWRITE 下的流。要确定一个潜在隐蔽通道是否是真实的隐蔽通道，必须要找出能够促使非法流发生的真实场景。对于写操作 write，条件 mode＝FREAD 下调用内部函数 rdwr 所产生的潜在隐蔽通道就不能成为真实的隐蔽通道；对于 read，条件 mode＝FWRITE 下调用内部函数 rdwr 所产生的潜在隐蔽通道也不能成为真实的隐蔽通道。对于这些潜在隐蔽通道根本不存在真实的实用场景，因此，也就不能构成真实隐蔽通道。图 7-14 说明了这个问题。

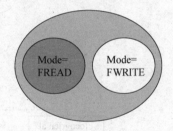

图 7-14　内部函数 rdwr 中的流

其中○＋◑＋●：rdwr 内的全部流。

◑是系统调用 read 和 write 都可以利用的流。

●是仅系统调用 read 可以利用的流。

○是仅系统调用 write 可以利用的流。

7.3　隐蔽通道的带宽计算技术

隐蔽通道最重要的参数是带宽（bandwidth），带宽就是通道中信息传递的速率，即既定时间内在通道中通过的信息量，其单位是比特/秒。通过带宽评估确定，可以帮助判断已识别隐蔽通道的危险性。

橘皮书要求计算隐蔽通道的带宽："系统开发者要确定（通过实测或者工程估算）每个已标示通道的最大带宽"。计算最大可达带宽时总是假定隐蔽通道没有噪声（即进行测量时系统中没有发送者和接收者之外的进程），并且进程同步时间可以忽略不计。无论采用哪种方法计算带宽，选择 TCB 原语都要以通道的真实使用场景为基础，并且要考虑到与通道有关的 TCB 状态依赖参数。橘皮书还要求说明每次测量的系统配置和结构参数，用以保证这种测量过程的可重复性，以便评估人员评估系统开发者的带宽测量结果。此外，橘皮书还对 A1 级别评估特别提到了方法上的要求：“在（隐蔽通道）分析中要使用形式化方法”。

本节首先讨论影响隐蔽通道带宽计算的各种因素，这些因素包括选择的 TCB 原语，参数和状态，以及通道集成等。然后介绍两种计算带宽的方法，一种是基于信息论的形式化方法，一种是基于马尔科夫过程的非形式化方法。

7.3.1　影响带宽计算的因素

隐蔽通道的带宽受下列因素影响。

1. 噪声和延迟

在操作系统或者硬件平台中，影响隐蔽通道带宽的两个最重要的因素就是通道的发送和接收过程中出现的噪音和延迟。图 7-6 中出现的进程 $U_p,\cdots U_q$ 就是噪声源，各种硬件资源在接收者和发送者之间调度时，这些进程的介入能使得通道带宽明显降低（据 Tsai 等人的分析，可以把通道带宽降低 75%）。不过带宽降低能否到达这个程度要取决于多道程序系统的结构以及系统的载荷。

2. 编码和记号分布

一般来说，最大可达带宽跟接收者与发送者共同选取的编码方案有关。Millen 指出总是存在与消息空间的记号分布相对应的最大可达带宽的编码方案。不过非形式化隐蔽通道分析通常假定一个 0 或者一个 1 代表每个要传递的记号。这样 0 和 1 的分布就成了影响带宽计算的重要因素。如果传递一个 0 与传递一个 1 所需时间大致相等，就可以假定以近似相等的频率使用 0 和 1。这种假定建立在离散无记忆通道的带宽只有在这种分布下才能最大化这个基础上。后文介绍的计算最大带宽的两种方法中，非形式化方法假定这种分布，而基于信息论的方法则不需要这种假定。

非形式化带宽计算方法通常无法算出最大可达带宽，原因是未必恰好使用最佳的编码技术。形式化方法不仅能精确算出最大可达带宽，还能帮助找出达到最大可达带宽的编码方案。

3. TCB 原语的选择

大多数系统中，每个隐蔽通道都是多个 TCB 原语有关。例如多数 UNIX 隐蔽通道变量都能被 10～40 个原语写访问或者读访问。这些原语中间，有的带宽较大，有的带宽较小，应该选取能达到最大带宽的原语计算这个通道的带宽。虽然计算每个原语的速度时假定系统中只有发送者和接收者两个进程，但是不能脱离通道的使用场景（即使用通道时不能忽略对参数和 TCB 状态条件的使用）。否则计算出的带宽就会偏高或者偏低。这样在做通道处理决策时，就可能会疏忽了本该处理的通道（根据偏低的带宽），或者采用了过分降低系统性能的延迟措施（根据偏高的带宽）。

4. 测量和使用场景

隐蔽通道的 TCB 原语的性能测量不仅要求包含读访问原语和写访问原语,还要包括为读写变量设置环境的初始化原语。读写原语的环境初始化原语可能不同,例如写访问一个变量以传递一个 1 与写访问一个变量以传递一个 0 所用的初始化原语就可能不一样,读访问一个变量以接收一个 1 与读访问一个变量以接收一个 0 所用的初始化原语也可能不一样。进而同一个原语在设置(读)一个 0 或者一个 1 时所用时间也可以不一样(是否返回一个 error)。隐蔽通道的场景决定了需要考虑哪些环境初始化原语。下文将举例说明不同的环境初始化原语在两个真实 UNIX 隐蔽通道中的使用情况。

需要测量的还有进程间切换时间和上下文切换时间,原因是用隐蔽通道传送每个信息比特期间需要在发送者和接收者之间至少进行两次控制权转移。在多数操作系统中,测量最短进程切换时间是一件相当复杂的任务。原因是每次进程切换的测量环境都不同,每次测得的切换时间可能得到相差很大的值。有时一次进程切换可能使一些原语产生调用的副作用,这时就很难精确测出一次进程切换的时间。在进程从一个进程切换到另一个进程的过程中,系统还可能调度其他进程,从而给切换时间增加了无规则的延迟。消除每次进程切换时间测量值差异的一个办法是保证测量时系统中只有几个进程,然后反复测量多次(如一万次),以增加测量结果的可信度。

隐蔽通道的真实使用场景还包括收发同步。这个同步延迟了隐蔽通道,降低了通道的带宽,然而由于不能预计同步场景(这属于收发者之间的私人约定范围),一般忽略同步导致的带宽降低。这个假定有助于计算最大带宽。

所有的原语测量和进程切换时间测量方法都必须是可以重复的,以便其他人可以验证带宽计算结果。

5. 系统配置和初始化

TCB 原语测量和进程间切换时间都跟系统结构参数关系密切,具体来讲这些参数有:

- 系统各部分的速度(例如磁盘、内存和 CPU 的速度);
- 系统配置(例如是否使用高速缓存);
- 各个配置的大小(如内存大小,高速缓存大小);
- 配置的初始化。

隐蔽通道对内存大小的依赖性不是很明显。但是对除内存大小外,完全相同配置的两个系统的进行同样的测量也可能会得到不同的结果,原因在于内存小的那个系统的原语设置环境时由于需要较多的交换和缓存管理而显得比较慢,当然这只是在内存小过一定限度时才会发生这样的情况,这个限度就是当前内存太小,以至于已经影响到了系统的正常调度活动。

6. 瞬间通道

这种通道专指传送完一定数目的数据后就消失的通道。正常情况下,带宽计算方法适用于可以持续存在的通道,而瞬时通道不算这种通道。不过如果从瞬时通道能泄露大量数据,就要在带宽计算时考虑它,因为其威胁已经是真实存在的。

7.3.2　带宽计算的两种方法

1. 基于信息论的形式化方法

J. K. Millen 在 1989 年提出一种基于信息论的计算带宽方法。这种方法假定隐蔽通道没有噪声，通道工作期间系统中没有接收者和发送者之外的进程，收发同步也不需要时间。在计算最大可达带宽的前提下，这些假设都是合理的。根据这些假定，可以把多数隐蔽通道建模成有限状态机（见图 7-15），而这些图都是确定性的，原因是对于任意状态转移而言，图中与每个给定通道记号（例如 0 或者 1）相对应的只有一个下一状态。下面的图 7-15 是一个两状态图。工程实践中出现的隐蔽通道大都可以用两状态图表示，这是因为多数隐蔽通道的当前状态都依赖于最近发送的记号，只要两个状态就能抓住信息传递场景的本质。

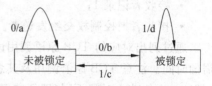

图 7-15　用两状态图表示隐蔽通道

首先来看一个利用文件锁的隐蔽通道例子。假设一个系统，有 lock 和 unlock 等基本原语操作，其中 lock 禁止其他进程访问被锁定的文件，当一个进程写文件时会首先锁定该文件，以防止由于其他进程在更新结束以前读该文件的信息所导致的不一致。当一个进程锁定该文件时，其他进程如果要访问或者锁定该文件就只能得到一个出错信息。Unlock 是开锁原语。利用这两个原语可以构造一个锁隐蔽通道。假设双方约定利用某文件是否锁定发送二进制编码的信息。发送方 lock 该文件表示发送 1，不锁表示发送 0；接接收方试图访问该文件，成功则表明该文件处于未被锁定状态，就得到一个 0，反之得到一个 1。显然该通道有两个状态，一个是文件被锁定，一个是未被锁定。发送方要发一个 0 或者一个 1。接接收方进程试图访问该文件，然后根据出错信息判断该比特是 0 还是 1。如果成功，就释放访问权，以便发送方发送下一个比特。

(1) 在未锁状态发送 0：
- 发送方把控制权交给接收者；
- 接收者试图访问该文件，成功；
- 接收者记录 0；
- 接收者释放访问权；
- 接收者把控制权交给发送者。

(2) 在锁定状态发送 0：
- 发送者 unlock 该文件；
- 发送方把控制权交给接收者；
- 接收者试图访问该文件，成功；
- 接收者记录 0；
- 接收者释放访问权；
- 接收者把控制权交给发送者。

(3) 在未锁状态发送 1：
- 发送者锁定该文件；

- 发送方把控制权交给接收者；
- 接收者试图访问该文件，失败；
- 接收者记录 1；
- 接收者把控制权交给发送者。

(4) 在锁定状态发送 1：

- 发送方把控制权交给接收者；
- 接收者试图访问该文件，失败；
- 接收者记录 1；
- 接收者把控制权交给发送者。

通过列出对应的 TCB 原语调用读序列并合计其时间，可以确定发送一个 0 或者 1 所需的时间。注意 TCB 原语调用及其总持续时间依赖于通道的状态，并且读访问(不只是设置)一个 0 获 1 时间不同(即便它们是用同一个 TCB 原语调用表示的)。例如，如果在 1 状态读访问一个 0 用 open 原语调用成功返回表示，而在其他状态用 open 原语失败返回表示，则在两个状态下语一个 0 所用时间是不同的，后者用时总是比较短。使用两状态图传递 0 和 1 必需的 TCB 原语调用序列可以是不同的，因此可能出现四种不同的时间单元，这里分别称为 a、b、c 和 d 时间单元。

要确定两状态图表示的隐蔽通道的带宽 $N(t)$，就要找出时间 t 内所有可能的传递数。通道带宽可以表示成：

$$C = \lim (\log_2 N_h(t))/t \tag{7.1}$$

为了找出 $N_h(t)$，令 $N_0(t)$ 为在 t 时间内从两状态之一开始的可能的传递数，令 $N_1(t)$ 为在 t 时间内从另一个状态开始的可能的传递数。一般来说，当 h 为状态集合的值域时，对第 h 个状态就有一个 $N_h(t)$。传递数满足一个差分方程组。对于文件锁通道，可以得到下面的差分方程组：

$$N_0(t) = N_0(t-a) + N_1(t-c)$$
$$N_1(t) = N_0(t-b) + N_1(t-d) \tag{7.2}$$

一般来说，$N_h(t) = \sum N_i(t - T_{hi})$，其中 T_{hi} 是从状态 h 转移到状态 i 所用的时间。

注意，$N_0(t)$ 仅对于可以表示为多个 a、b、c、d 之和的时间 t 是非零值。根据 Shannon 的信息论，要确定这个通道的带宽，只需要找出 t 趋近于极限时 $N_0(t)$ 的渐进上限。该上限可以取如下的形式：

$$N_h(t) = A_n X^t \tag{7.3}$$

代入方程，得

$$A_n X^t = \sum A_i X_{hi}^{t-T} \tag{7.4}$$

于是当 t 趋近于无限时，

$$C = \lim (\log_2 (A_h X^t))/t = \log_2 X \tag{7.5}$$

注意，对于上面的方程，X 可以有多个解。一般取最大的解作为带宽。

例如，对公式(7.2)表示的文件锁通道，从式(7.4)得

$$X^{-(a+d)} - X^{-a} - X^{-d} + 1 - X^{-(b+c)} = 0 \tag{7.6}$$

解这个方程,就能得到变量 X,然后根据计算式(7.2),就可以求得该通道的带宽。

2. 基于马尔科夫过程的非形式化方法

Tsai 和 Gligor 在研究安全 Xenix 的隐蔽通道时提出了一个计算最大可达带宽的一个简单公式。该公式为:

$$B(0) = b(T_r + T_s + 2T_{cs})^{-1} \tag{7.7}$$

该公式中,b 是编码因子,在多数情况下都是 1。T_r 和 T_s 是传送过程结束后设置和读取一个 1 和 0 所需的时间,T_{cs} 是设置读一个 0 或者一个 1 的读环境所需时间。用非形式化进行通道带宽估计必须测量通道最快的原语,并给 T_{cs} 选择最小的实测值。

这种非形式化方法基于如下假定:

- 环境设置和读都是由接接收方进程完成的。
- 假定设置 0 和 1 用时相等,并且传送的 0 和 1 分布相同。

对这种非形式化的方法,这里不做进一步介绍。

3. 两种方法的比较

Tsai 等人在安全 Xenix 中进行了两种方法的对比实验。实验结果表明,上述两种方法得到的隐蔽通道带宽数值大体相等。如果设置传递环境和传递一个 0 的时间不同于设置传递环境并传递一个 1 所用的时间,那么用 Millen 的方法得到的带宽会高于用 Tsai 的方法得到的数值。特别是在一个通道的某些(但不是全部)TCB 原语中(例如在一个使用该通道所需的原语的出错返回路径上)设置一些延迟时,这一点就尤其明显。采用两种方法计算加入延迟的通道的带宽可能得到差异不小的结果。即便在传递 0 和传递 1 所用时间相差无几的安全 Xenix 中,两种方法得到的带宽最大差 20%。

Millen 方法优于 Tsai 等人的方法,不仅是因为能算出最大可达带宽,还因为这种方法要求定义一个真实的使用场景。建立使用场景的过程有助于消除误解,原因是不同方可能使用不同假设定义隐蔽通道的环境设置时间。

由于橘皮书对于 A1 级别评估特别要求使用形式化,因此测量带宽时只能使用 Millen 法这类基于信息论的隐蔽通道带宽计算方法。对于 B2-B3 级别,则可以任选使用形式化方法和非形式化方法。

7.4　处理技术

对隐蔽通道的常见处理技术包括消除法、带宽限制法和威慑法等。橘皮书对隐蔽通道处理的要求包含在审计和文档要求中。"TCB 应当能审计可以用作隐蔽存储通道的已标识事件"。设计文档要求"还要给出隐蔽通道分析的结果以及约束通道所采用的折中办法,要标识所有使用已知隐蔽存储通道的可审计事件。要提供审计机制不能侦察的已知通道的带宽"。

橘皮书建议结合使用消除法、带宽限制法和威慑法这三种方法,基本原则是:

(1) 通道带宽低于某个预先设定的值 b 的隐蔽通道都是可以接受的。

(2) 带宽高于 b 的隐蔽存储通道都应当可以审计。所有不能审计的存储通道的带宽要记入文档。这使得管理员可以察觉并从程序上采取纠正措施对付重大的威胁。

(3) 带宽高于预先设定的上限 $B(B>b)$ 的隐蔽通道代表重大威胁,应当尽可能把消除或者把其带宽降低到 B 比特/秒以下。

根据橘皮书发布时的具体情况,还具体提出了下面的处理策略:

(1) 对于通道带宽大于 0.1 比特/秒的通道,只要有可能,就要采用消除法;

(2) 只要有可能,就采用带宽限制法每个无法消除的通道,使之最大带宽降低到 1 比特/秒以下;

(3) 使用威慑法(即审计法)处理所有带宽大于 0.1 比特/秒的通道;

(4) 对于带宽低于 0.1 比特/秒的通道,可以不作处理。

按照这一策略,允许存在不可审计的存储通道(策略(4)),并且允许存在带宽高于 $B=1$ 比特/秒的存储通道和定时通道(策略(2))。建议的阈值 $b=0.1$ 比特/秒和 $B=1$ 比特/秒可以根据特定策略进行调整。确定上述阈值的依据是:隐蔽通道处理会影响系统性能,而对于多数系统环境而言,1b/s 的带宽都是可以接受的。不过橘皮书认为带宽高于 100b/s 的隐蔽通道不能接受,原因是在 20 世纪 80 年代初,老式计算机的终端的运行速度都是在这个数量级。对现在的系统设计者来说,B 和 b 值的设定要根据具体的安全需求和应用环境等情况而定。

下面分别介绍这三种隐蔽通道处理方法。

7.4.1 消除法

第一种方法是消除隐蔽通道。消除隐蔽通道需要改变系统的设计或实现,这些改变包括:

- 消除潜在隐蔽通信参与者的共享资源。方法是预先向参与者分配一个最大资源需求,或者按照安全级分割资源;
- 清除导致隐蔽通道的接口和机制。

先看第一种情况。在动态分配/回收客体引发动态分配内存段的隐蔽存储通道的例子中,如果内存按照每个进程或者每个安全级分配,就不再有这一通道。不过有时这类方法会导致系统性能显著降低,从而不可取。例如在瓜分内存的情况下,必然有的部分使用率高些(使用频繁),有的地方使用率低些,总地看来系统性能必然会降低。适于使用这类方法的一个例子是 UNIX system V 进程间通信客体的名字空间,按安全级分配名字空间不会导致系统性能显著降低。

有时按照用户、进程瓜分资源并不可行,例如主线(bus)就不能瓜分。但是按照安全级瓜分时间这种资源却是可行的。就是说同一时间运行的进程安全级必须相同。这是定时通道的问题,这里不做过多的讨论。

再看第二种情况。UNIX 接口惯例要求不能删除非空目录。改变接口惯例实际上是不可能的,因为应用程序都是按照接口惯例编写的。不过有时可以采用这种方法,例如程序用调整对某种系统资源使用的程度来编码机密信息,而机密信息最终反映在返回给用户的不同的账目信息里。删除这个账目通道的方法是消除用户级的账单,即给资源使用的程度(如固定的最大 CPU 时间、固定的最大 I/O 时间等)一个统一的限制。另外通过按每个用户级别生成账目信息也能消除这个通道。不过两种方法在实践中都是很费事的。

7.4.2　带宽限制法

处理隐蔽通道的第二种方法是带宽限制法。带宽限制的策略是设法降低通道的最大或者平均带宽,使之降低到一个事先预定的可接受的程度。限制带宽的方法有:

- 故意引入噪声,即用随机分配算法分配诸如共享表、磁盘区、PID 等共享资源的索引,或者引入额外的进程随机修改隐蔽通道的变量。
- 故意引入延时。

PID 通道是事件计数型通道,在多数系统中带宽为 10 到 500b/s。出现这个通道是因为系统在建立新进程时一般采用递增 PID 的办法,这样接收进程可以通过 PID 是否是连续的数目来判断发送方是否发送了 0 或 1。对策就是让系统改变 PID 分配算法,即系统用随机的、不单调的次序分配未使用的 PID。在其他客体标识分配算法中也有这个问题,也采用同样方法加以处理。这种方法对系统性能影响不大。

Hu 在 1991 年引入了一种名为"模糊时间(fuzzy time)"的概念。内核让用户进程只能使用虚时间,即只与用户进程的动作有关,而与系统真实时间无关的时间概念。这种虚时间与真实时间之间的关系是随机的。这种处理方法对系统性能的影响不大(Hu 在 VAX 系统上的实验结果是降低 5%~6%)。

另一种方法是引入额外的进程,即让一个用户级进程随机改变通道变量(当然这些进程也可以引入延时)。Tsai 和 Gligor 在 1988 年的研究指出这种方法可以使通道带宽降低 75%。不过这种方法显然会显著影响系统性能。

向系统引入延时的方法只用于限制资源耗尽型通道。延时只在隐蔽通道启动后才发挥作用,如果通道不启动,延时就不会降低系统性能。资源耗尽型隐蔽通道利用资源耗尽异常(即 error 返回)返回来传递比特。把延时放在资源耗尽异常的返回路径上,就能使通道带宽的降低程度正比于通道用户使用的编码中 0 或 1 的使用频率。正常情况下系统性能降低应该是不明显的,因为资源耗尽异常一般出现频率比较低(除非使用通道)。

一般建议采用这种方法,原因是:首先,这种方法让系统管理有机会确定在每个通道上设置延时导致的系统性能下降程度;其次,如果操作系统的硬件平台发生了变化,对延时加以调节(增加或减少)就行了。

但是安置延时并不容易,主要困难在于选择放置位置。如果放在靠近 TCB 接口的地方(即高层函数),对系统性能的影响无疑是可以尽量减小,而且可以一个一个地处理 TCB 原语。这种情况下需要较多的编码工作,原因是每个涉及通道的原语都需要单独处理。同时这种做法可能达不到最小延时值,原因是从高层 TCB 函数的角度不易搞清低层函数使用了什么变量和哪些其他函数。

工程实践中通常把延时加在低层函数。这是因为在实践中每个 TCB 中的资源都由若干个专门函数管理,于是所有使用这个资源的用户进程都共享这些低层资源管理函数。把延时加在低层函数实际上延迟了所有使用这个资源的原语。

7.4.3　威慑法

第三种方法是威慑法(deterrence)。这种方法假定用户都知道存在哪些通道,但是系统采用某种机制让恶意用户不敢使用这些通道。最重要的威慑手段是通道审计,即使用有效的审计手段毫不含糊地监视通道的使用情况,让隐蔽通道使用者知难而退。橘皮书只要求系统提供审计隐蔽通道的能力,而未要求实际审计隐蔽通道,所以某种程度上影响了审计作为一种威慑手段的效果。

隐蔽通道审计要求审计数据记录了足够的数据,确保能够:

- 标识每次隐蔽通道的使用事件;
- 识别通道的发送者和接收者,即通道的用户。

审计要注意的问题是不能被绕过,不能误报。如果隐蔽通信绕过了审计机制,系统就不能侦察此次信息泄露事件。误报也是审计的大忌,因为它会混淆用户的合法通信动作与隐蔽通信动作。

一旦通过审计记录确定了一个隐蔽通道使用事件,就能够进行实际通道的带宽估算。一般来说,很难从审计记录中找出通过隐蔽通道泄露的信息,原因是用户多半会在通信前进行加密处理。同样,区分真正的信息与检查审计记录导致的噪声也不容易。只有 0 或者 1 的常数流可以明白无误地确认为噪声。

在审计中有关隐蔽通道的标识问题多为基础性的,并且在多数操作系统中都会出现。这些问题包括:

- 不能区分隐蔽通道的使用事件与 TCB 原语的合法使用事件。
- 很难从隐蔽通道用户中区分发送者和接收者。

出现这些问题的原因是单个 TCB 原语既可以读访问一个变量或属性,也可以写访问一个变量或属性,到底进行的是哪种操作,要根据该原语的参数值和系统的状态而定。还有一个原因是不同的隐蔽通道可以共享 TCB 原语。这类原语使合法用户和使用隐蔽通道的用户相混淆,从而绕过审计或者导致误报。

设计隐蔽通道审计机制的关键问题是:为了保证发现所有使用隐蔽通道的事件,要明确审计机制应该记录什么事件,和审计工具应该维护什么数据。由于标识隐蔽通道可以归结为确定 $<PA_h, Var, PV_i>$ 三元组,故而记录所有包含 $<PA_h, Var>$ 和 $<PV_i, Var>$ 数据的事件就是隐蔽通道审计的充要条件。然而在记录这些事件时必须要考虑到当前使用的审计记录格式和机制。

在资源耗尽型隐蔽通道中,有时可以从记录的原语标识符和事件结果中标识出 $<PV_i, Var>$ 对。例如只要事件结果是一个必定与某个隐蔽通道变量相关的出错消息,则审计可以推断记录的原语标识符代表 PV_i。不过只要事件结果不是出错消息,并且 $PV_i = PA_h$,则审计就不能确定记录的原语标识符是 PV_i 还是 PA_h 原语;并且只要 PV 不是 PA,就不能确定记录的原语标识符是代表一个原语的 PA 还是代表一个无害的 TCB 原语。对一个 TCB 原语的使用到底是无害的,还是跟隐蔽通道有关,要根据系统的状态和原语的参数值才能确定。因此记录通道变量对于隐蔽通道相关原语的所有非出错结果都是必要的。

记录隐蔽通道变量的根本难题在于：很多 TCB 原语都是被若干个隐蔽通道共享,因此一个 PA 或者一个 PV 原语可以涉及几个通道的变量,于是即便已知所有潜在隐蔽通道变量,已知一个 PV 的出错结果可以确定无疑地跟某个通道变量相联系,也不能断定实际上使用了哪个具体变量。例如一个用户可以从一个共享 PV 原语对一个变量的出错结果推断出该原语对另一个变量的非出错结果,这使用户可以把使用一条通道的过程伪装成在多个通道上的噪音(例如 0 或 1 的常数串)。这样审计必须维护额外的信息来侦察潜在通道使用。

此外并非所有的隐蔽通道使用事件都可以审计,例如前面提到的定时通道就是无法审计的。

7.4.4 进一步讨论

橘皮书提供的阈值 b(0.1b/s)和 B(1b/s)并不令人满意,原因是隐蔽通道造成的威胁与特定的应用环境有关,只有根据特定应用环境里的威胁情况才能评价阈值 b 和 B 是否恰当,所以在设计和评估中不宜指定阈值。最理想的情况是系统向系统的安全管理员提供可调的隐蔽通道延迟值,由管理员决定阈值选取。

隐蔽通道造成的威胁还跟隐蔽通道本身的特点有关。例如,

- 有些隐蔽通道的最大可达带宽可以很高,但是系统正常负载情况的噪音和延迟使该通道的实际带宽低于可以接受的上限 B。
- 使用场景比较简单的隐蔽通道更容易被使用。
- 出现在系统低层的隐蔽通道无法审计。
- 有的通道可以集成起来使用已获得较高的带宽,也有的通道不能集成。

通过分析这些原因可以得到结论：b 和 B 的阈值只能在考虑了上述因素的威胁分析之后才能确定。下面的例子用以说明对安全系统使用环境进行威胁分析的必要性。

考虑下面的应用环境：处理分类的卫星图像(例如某些国家的不同农作物的卫星图像)。每幅图像帧包含 512×512 个像素,每个像素有 8bit,每个应用程序最多包括 10 000 个帧。这里使用了一个多级安全系统,它有一条带宽为 10 000b/s 的隐蔽通道。这意味着使用该通道在大约 200s 内就可以传送一幅图像帧。1h 内这样失密的图像帧最多可达 18 幅。需要操作通道一个小时以上才能泄露 0.2% 的数据,因此这个通道可以忽略不计。由于这个操作的使用周期很长,用离线审计方法察觉该通道的可能性非常高。因此阈值 b 可以设成 10 000b/s 甚至更高。当然关于卫星图像的资源的信息可能等级更高,这个信息面对可能隐蔽通道相当脆弱,因此需要使用可信软件而不是不可信应用程序单独处理它。

与此相反,考虑一个生成 64 比特密钥的应用环境,这个密钥的生命周期大致为一次登录会话(即 8 小时左右)。即便这些密钥加密存储在存储器中,应用软件使用它们时也是用明文形式。如果安全系统包含一个 0.1b/s 的隐蔽通道,那么只需 11 分钟就可以让一个会话密钥失密,这使得密钥在其大部分生命周期中十分脆弱。用离线审计查出使用这个通道情况的可能性通常不会很大,原因是通道使用周期相对太短了。在线审计可能性更小。因此在这个环境下,B 就不能设成 0.1b/s,而是应当设为更低的值,例如

0.002b/s(这样获得这个密钥需要至少 8 个小时)。

威胁分析还要考虑到可信系统处理的信息的分级范围,进而还要考虑可信系统分级(即 B2-A1)。一个只处理绝密和秘密信息的 B2 系统也许可以容忍较高带宽的隐蔽通道(如 1000~10 000b/s),因为这个系统不可能将信息泄露给秘密以下的级别。与此相反,在处理多级信息的 A1 系统中就可能不容忍这样的通道存在,原因是绝密信息的泄露可以成为真正的威胁。

在威胁分析中,还要考虑每个隐蔽通道的自身特性。例如在 1978 年 Huskamps 的研究中,CPU 调度通道的带宽可以是 5~300b/s(取决于操作系统和调度参数),然而与多级目录通道相比,CPU 调度通道很不容易使用,原因是不能控制调度参数,并且其他进程引入的噪音无法避免。因此相对于没有噪音的多级目录通道,这些通道(还有前面提到的硬件共享通道)使用的可能性实际上都不大。从另一方面来看,使用其他的噪音通道(如各种标识符通道)的可能性比使用多级目录通道更大,原因是正确审计一个无噪音通道比正确审计一个噪音通道的可能性更大。因此易审计性影响了对多级目录通道的使用。

这个例子表明,要在每个分析环境和系统的基础上建立威胁分析策略,并且威胁分析不能在脱离应用环境的系统评估时进行。

7.5 本章小结

本章介绍了隐蔽通道的概念和分析技术。

自从 1973 年 B. Lampson 第一次提出隐蔽通道的概念,特别是美国国防部发布的"橘皮书"将隐蔽通道分析作为评估 B2 级以上安全信息系统的标准以来,隐蔽通道的标识和处理技术得到长足发展。广为人知的隐蔽存储通道标识方法有 D. Denning 提出的句法信息流分析法,Goguen 和 Mesenger 提出的无干扰分析法,R. Kemmerer 提出的共享资源矩阵分析法和 Tsai 等人提出的语义信息流分析法。而对于隐蔽定时通道,目前还没有系统的标识方法。

带宽是隐蔽通道传送数据的速度。目前计算带宽的方法主要是 J. Millen 提出的形式化方法和 Tsai 等人提出的非形式化方法。从计算结果的准确程度来看,形式化方法更理想一点。

常见的隐蔽通道处理技术包括消除法、带宽限制法和威慑法。

隐蔽通道分析是一个处于发展中的技术。

7.6 习题

1. 何谓隐蔽通道?其特征是什么?

2. 隐蔽通道主要分为哪几类?

3. 简述隐蔽通道分析与自主访问控制策略(DAC)和强制访问控制策略(MAC)的

关系。

4. 当前主流的隐蔽通道分析技术有哪些？比较分析各种隐蔽通道分析技术的优劣。

5. 给出实现 SRM 分析法的传递闭包的操作算法。

6. 请比较 Denning 信息流法与 Tsai 信息流法的异同。

7. 在一个文件锁通道中，如果测得 $a=1.000, b=1.414, c=1.586, d=2.000$，请计算这个通道的最大可达带宽。

8. 请比较隐蔽通道带宽计算的形式化方法和非形式化方法在假设前提和计算结果上有何不同。

9. 简述隐蔽通道的处理技术，并具体分析系统审计在隐蔽通道处理中的作用和优缺点。

第 8 章 安全操作系统设计

8.1 设计原则与一般结构

萨尔哲(Saltzer)和史克罗德(Schroder)提出了安全保护系统的设计原则:

(1) 最小特权。为使无意或恶意的攻击所造成的损失达到最低限度,每个用户和程序必须按照"需要"原则,尽可能地使用最小特权。

(2) 机制的经济性。保护系统的设计应小型化、简单、明确。保护系统应该是经过完备测试或严格验证的。

(3) 开放系统设计。保护机制应该是公开的,因为安全性不依赖于保密。如果以为用户不具有软件手册和源程序清单就不能进入系统,是一种很危险的观点。当然如果没有上述信息,渗透一个系统会增加一定难度。为了安全起见,最保险的假定是认为入侵者已经了解了系统的一切。其实设计保密也不是许多安全系统(即使是高度安全系统)的需求,理想的情况应是将必要的机制加入系统后,使得即便是系统开发者也不能侵入这个系统。

(4) 完整的存取控制机制。对每个存取访问系统必须进行检查。

(5) 基于"允许"的设计原则。应当标识什么资源是应该是可存取的,而非标识什么资源是不可存取的,也就意味着许可是基于否定背景的,即没有被显式许可标识的都是不允许存取的。

(6) 权限分离。理想情况下对实体的存取应该受到多个安全条件的约束,如用户身份鉴别和密钥等。这样使得侵入保护系统的人将不会轻易拥有对全部资源的存取权限。

(7) 避免信息流的潜在通道。信息流的潜在通道一般是由可共享实体的存在所引起的,系统为防止这种潜在通道应采取物理或逻辑分离的方法。

(8) 方便使用。友好的用户接口。

操作系统安全的可信性主要依赖于安全功能在系统中实现的完整性、文档系统的清晰性、系统测试的完备性和形式化验证所达到的程度。操作系统可以看成是由内核程序和应用程序组成的一个大型软件,其中内核直接和硬件打交道,应用程序为用户提供使用命令和接口。验证这样一个大型软件的安全性是十分困难的,因此要求在设计中要用尽量小的操作系统部分控制整个操作系统的安全性,并且使得这一小部分软件便于验证或测试,从而可用这一小部分软件的安全可信性来保证整个操作系统的安全可信性。

安全操作系统的一般结构如图 8-1 所示,其中由安全核用来控制整个操作系统的安全操作。可信应用软件由两个部分组成,即系统管理员和操作员进行安全管理所需的应用程序,以及运行具有特权操作的、保障系统正常工作所需的应用程序。用户软件由可信软件以外的应用程序组成。

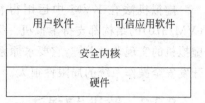

用户软件	可信应用软件
安全内核	
硬件	

图 8-1　安全操作系统的一般结构

高安全级别的操作系统首先对整个操作系统的内核进行分解用来产生安全内核,因此安全内核是从内核中分离出来的、与系统安全控制相关的部分软件。例如 KSOS 和 UCLA Secure Unix 就具有这种结构,它们的安全核已经足够小,所以能够对其进行严格的安全性验证。

低开发代价的安全操作系统则不再对操作系统内核进行分解,此时安全核就是内核。这种结构的例子有 LINVS IV、Secure Xenix、TMach 和 Secure TUNIS 等。

操作系统的可信应用软件和安全核组成了系统的可信软件,它们是可信计算基的一部分,系统必须保护可信软件不被修改和破坏。

8.2　开发方法

从总体上看,设计安全内核与设计操作系统类似,要用到常规的操作系统的设计概念。但是在设计安全内核时,优先考虑的是完整性、隔离性、可验证性等三条基本原则,而不是那些通常对操作系统来说更为重要的因素,例如灵活性、性能、开发费用、方便性等。

采用从头开始建立一个完整的安全操作系统(包括所有的硬件和软件)的方法在安全操作系统的开发中并不常见,常遇到的是在一个现有非安全的操作系统(ISOS)上增强其安全性。基于非安全操作系统开发安全操作系统,一般有以下 3 种方法,如图 8-2 所示。

图 8-2　安全操作系统的开发方法

8.2.1　虚拟机法

在现有操作系统与硬件之间增加一个新的分层作为安全内核,操作系统几乎不变地作为虚拟机来运行。安全内核的接口几乎与原有硬件编程接口等价,操作系统本身并未意识到已被安全内核控制,仍像在裸机上一样执行它自己的进程和内存管理功能,因此它可以不变地支持现有的应用程序,且能很好地兼容 ISOS 的将来版本。

虚拟机法在 KVM 中运用得相当成功,这是由于硬件(IBM370)和原有操作系统(VM/370)的结构都支持虚拟机。采用虚拟机法增强操作系统的安全性时,硬件特性对虚拟机的实现非常关键,它要求原系统的硬件和结构都要支持虚拟机。因此用这种方法开发安全操作系统的局限性很大。

8.2.2 改进/增强法

在现有操作系统的基础上对其内核和应用程序进行面向安全策略的分析,然后加入安全机制,经改造、开发后的安全操作系统基本上保持了原 ISOS 的用户接口界面。

由于改进/增强法是在现有系统的基础上开发增强安全性的,受其体系结构和现有应用程序的限制,所以很难达到很高(如 B2 级以上)的安全级别。但这种方法不破坏原系统的体系结构,开发代价小,且能很好地保持原 ISOS 的用户接口界面和系统效率。

8.2.3 仿真法

对现有操作系统的内核做面向安全策略的分析和修改以形成安全内核,然后在安全内核与原 ISOS 用户接口界面中间再编写一层仿真程序。这样做的好处在于在建立安全内核时,可以不必受现有应用程序的限制,且可以完全自由地定义 ISOS 仿真程序与安全内核之间的接口。但采用这种方法要同时设计仿真程序和安全内核,还要受顶层 ISOS 接口的限制。另外根据安全策略,有些 ISOS 的接口功能不安全,从而不能仿真;有些接口功能尽管安全,但仿真实现特别困难。

下面假定应用改进/增强法对 UNIX 操作系统的某版本进行安全性增强为例来详细说明安全操作系统的开发方法。

在该版本 UNIX 操作系统中,系统运行状态分用户态和核心态两种,认为运行于内核中程序的进程处于核心态,运行于内核之外的程序进程处于用户态。系统保证用户态下的进程只能存取它自己的指令和数据,而不能存取内核和其他进程的指令和数据,并且保证特权指令只能在核心态执行,比如说所有的 I/O 指令等在用户态下不能使用。用户程序只能通过系统调用陷入核心才能存取系统资源(文件、目录、设备等),运行完系统调用后又返回用户态。系统调用是用户在编写程序时可以使用的界面,是用户程序进入 UNIX 内核的唯一入口。一旦用户程序通过系统调用进入内核,便完全与用户隔离,从而使内核中的程序可对用户的存取请求进行不受用户干扰的访问控制。因此 UNIX 支持存取控制机制的开发,从而支持安全性的增强。所以采用改进/增强法来达到对该版本 UNIX 操作系统的安全性进行增强的目的,如图 8-3 所示。其中以系统调用为基元,通过引入可信计算基机制,分别在系统调用中实现了安全强制存取控制、自主存取控制、审计、最小特权管理、可信通路等机制,并进行了对隐通道的分析和处理。另外还新增加了一部分用以支持现安全机制本身的系统调用。

具体地说,对该 UNIX 操作系统主要进行如下安全性增强:

(1) 对 UNIX 实用程序进行面向安全策略的分析后将它们分成两部分:可信程序和一般应用程序。可信程序主要包括注册程序、用户管理程序、特权用户程序等,它们主要

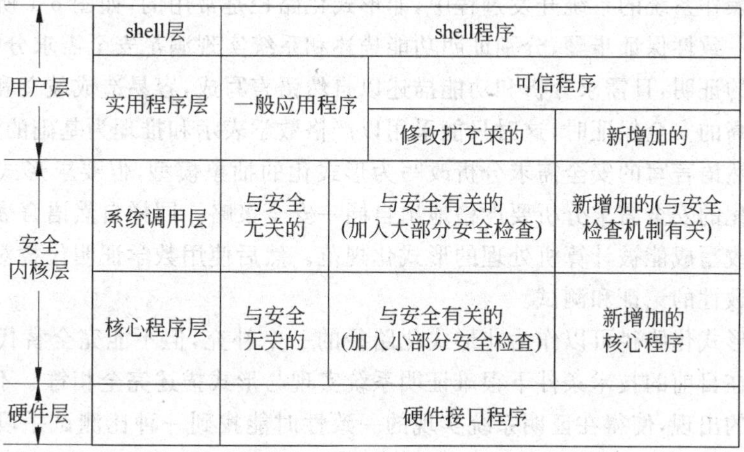

	shell层	shell程序		
用户层	实用程序层	一般应用程序	可信程序	
			修改扩充来的	新增加的
安全内核层	系统调用层	与安全无关的	与安全有关的(加入大部分安全检查)	新增加的(与安全检查机制有关)
	核心程序层	与安全无关的	与安全有关的(加入小部分安全检查)	新增加的核心程序
硬件层	硬件接口程序			

图 8-3　某版本 UNIX 操作系统的安全性增强设计方法

有两个来源:一部分是对原有程序进行安全性扩充来的,另一部分是新编写开发的,它们与核心的安全机制有关。

（2）面向安全策略逐个分析 UNIX 系统调用的安全性。对所有涉及安全事件的系统调用进一步给出相应的安全检查策略,然后加入相应的安全检验机制。新增加一些系统调用,它们包括对审计机制相应的操作、主体安全级的设置和读取、客体安全级的设置和读取以及特权操作等。

（3）将核心程序分解为安全相关的和安全无关的两部分。安全相关部分指涉及安全事件的系统调用的执行实体,可把在系统调用层不易实现的少部分安全检查放在这些核心程序中完成。另外新增加一部分核心程序,作为安全检验的执行体和新增加系统调用的执行体。

8.3　一般开发过程

任一系统的开发过程一般都包含以下几个步骤。

- 系统需求分析:描述各种不同的需求。
- 系统功能描述:准确定义应完成的功能,而且还应包括描述验证,即证明描述与需求分析相符合。
- 系统实现:设计并建立系统,也包含实现验证,即论证实现与功能描述相符合。

安全需求分析是从安全策略中得到的,它是从整个系统需求分析中抽取的一小部分。功能描述及系统实现部分是完整的,并不是只抽取涉及安全的部分。安全需求分析的主要工作是对描述的验证（或论证）。这种论证是非形式化的,同时安全分析比起对所有功能需求分析所做的描述验证来说工作量要小得多,因为描述中所提到的许多功能对安全几乎没有任何影响。显然如果功能描述使其中安全相关的功能尽可能地独立,验证就会容易得多。

在安全操作系统的系统开发过程中,非形式化路径是常用的,如图6-1所示。通过论证和测试等一致性保证步骤,分别证明功能描述和系统实现满足安全需求分析,但是没有经过数学上的证明,且需求分析和功能描述以自然语言写成,容易造成歧义和遗漏。当系统要求相当高的安全保证时,这时只能采用以严格数学表示和推理为基础的形式化路径。可以把用自然语言写的安全需求分析改写为形式化的抽象模型,但要求形式化的抽象模型与非形式化的安全需求分析要严格地出自同一安全策略。同样自然语言表示的功能描述也可以被改写成能被计算机处理的形式化规范。然后使用数学证明代替对规范和安全模型之间一致性的论证和测试。

开发的形式化路径可以作为非形式化路径的一个补充,但不能完全替代非形式化路径。实际上在目前的技术条件下很难证明系统实现与形式描述完全相符。不过由于形式化开发路径的出现,使得在证明系统实现的一致性时能找到一种比测试手段更可信的半形式化论据。形式化路径在哪一个阶段使用以及在各阶段应使用到什么程度,都根据安全保证的强弱要求而变化。例如可以选用一个抽象模型作为安全需求分析的附属部分而不用形式化描述,但这时必须说明非形式化验证功能规范和模型是否相符。另外还可以既建立一个模型又做出形式化描述,但省略形式化证明过程,但这时要求利用非形式化论据论证系统实现、形式化规范和模型三者是一致的。

安全操作系统的一般开发过程见图8-4。

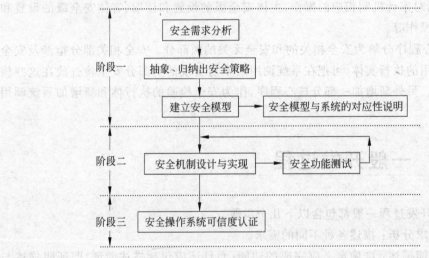

图8-4 安全操作系统的一般开发过程

1. 建立一个安全模型

对一个现有操作系统的非安全版本进行安全性增强之前,首先得进行安全需求分析。也就是根据所面临的风险、已有的操作系统版本,明确哪些安全功能是原系统已具有的,哪些安全功能是要开发的。只有明确了安全需求,才能给出相应的安全策略。计算机安全模型是实现安全策略的机制,它描述了计算机系统和用户的安全特性。建立安全模型有利于正确地评价模型与实际系统间的对应关系,帮助我们尽可能精确地描述系统安全相关功能。

另外,还要将模型与系统进行对应性分析,并考虑如何将模型用于系统开发之中,并且说明所建安全模型与安全策略是一致的。

2. 安全机制的设计与实现

建立了安全模型之后,结合系统的特点选择一种实现该模型的方法。使得开发后的安全操作系统具有最佳安全/开发代价比。

3. 安全操作系统的可信度认证

安全操作系统设计完成后,要进行反复的测试和安全性分析,并提交权威评测部门进行安全可信度认证。

8.4　应注意的问题

8.4.1　TCB 的设计与实现

要设计一个安全的操作系统,必须从安全功能和安全保证两方面考虑其安全性。就安全保证的技术要求来说,需要特别注意 TCB 的设计与实现中以下几个方面问题:

- 配置管理;
- 分发和操作;
- 开发;
- 指导性文档;
- 生命周期支持;
- 测试;
- 脆弱性评定。

1. 配置管理

配置管理是一种在 TCB 运行中实现的建立功能要求和规范的方法,具体要求可从配置管理自动化、配置管理能力和配置管理范围三个方面予以说明。

1) 配置管理自动化

应通过配置管理自动化增加配置管理系统的有效性,使所设计的 TCB 不易受人为错误或疏忽的影响。这里的 TCB 是就纯软件而言的,通过引进自动化的配置管理来协助 TCB 配置项的正确生成,并确定 TCB 与其以前版本之间的变化,以及预测将来版本的可能改变。

配置管理自动化分为:

(1) 部分配置管理自动化。应确保 TCB 的实现表示是通过自动方式控制的,从而可以解决由于复杂实现、众多合作者合作开发、开发过程中的多种变化情况等所引出的人工难以解决的问题,并确保这些变化都是由已授权的行为所产生的。部分配置管理自动化要求:

- 通过由配置管理系统所提供的自动方式,TCB 开发者应确保 TCB 的实现表示只

能进行已授权的变化,并能以自动方式来支持 TCB 的生成;

- 开发者所提供的配置管理计划应描述配置管理系统中所使用的自动工具,并说明如何使用这些工具。

(2) 完全配置管理自动化,除了与上述部分配置管理自动化有相同的内容外,还能自动确定 TCB 版本间的变化,并标识出哪个配置项会因其余配置项的修改而受到影响。

2) 配置管理能力

应确保 TCB 在提交用户运行之前是正确和完备的,所有配置项不会缺少,并能防止对 TCB 配置项进行未授权的增加、删除或修改。

配置管理能力的设计应满足以下要求:

(1) 版本号,要求开发者所使用的版本号与所应表示的 TCB 样本应完全对应,没有歧义。

(2) 配置项,要求配置项应有唯一的标识,从而对 TCB 的组成有更清楚的描述。这些描述与部分配置管理自动化的要求相同。

(3) 授权控制,要求开发者用对 TCB 的唯一引用作为其标签,从而使 TCB 的使用者明确自己使用的是哪一个样本;控制机制使 TCB 不会受到未经授权的修改,从而确保 TCB 的完整性。

为此,授权控制要求:

- 配置管理计划应描述系统是如何使用的,并说明运行中的配置管理系统与配置管理计划的一致性;
- 配置管理文档应足以说明在配置管理系统下有效地维护了所有的配置项;
- 配置管理系统应确保对配置项只进行授权修改。

(4) 生成支持和验收过程,要求在上述版本号、配置项、授权控制的基础上确认对配置项的任何生成和修改都是由授权者进行的。为此配置管理系统应支持 TCB 的生成,此外验收计划应描述用来验收修改过的或新建的配置项的过程,并把它们两者作为 TCB 的一部分。

(5) 进一步的支持,要求集成过程有助于确保由一组被管理的配置项生成 TCB 的过程是以授权的方式正确进行的,并要求配置管理系统有能力标识用于生成 TCB 的主拷贝的材料,这有助于通过适当的技术,外加物理的和过程的安全措施来保持这些材料的完整性。为此配置管理的进一步支持要求:

- 配置管理文档除应包括配置清单、配置管理计划外,还应包括一个验收计划和集成过程,集成过程主要用于描述在 TCB 制作过程中如何使用配置管理系统;
- 配置管理系统应要求将一个配置项接收到配置管理中的不是该配置项的开发者;
- 配置管理系统应明确标识组成 TCB 安全功能(TSF)的配置项;
- 配置管理系统应支持所有对 TCB 修改的审计,至少应包括操作者、日期、时间等信息;
- 配置管理系统应有能力标明用于生成 TCB 主拷贝的所有材料;
- 配置管理文档应标明配置管理系统与开发安全方法相联系的使用,并只允许对

TCB 作授权的修改；
- 配置管理文档应标明集成过程的使用能够确保 TCB 的生成,并以授权的方式正确进行；
- 配置管理文档应标明配置管理系统足以确保负责将某配置项接收到配置管理中的不是该配置项的开发者；
- 配置管理文档应能证明接收过程对所有配置项的修改都提供了充分而适当的复查。

3) 配置管理范围

应通过确保配置管理系统跟踪所有必需的 TCB 配置项来保证这些配置项的完整性。对配置管理范围的要求包括以下内容：

(1) TCB 配置管理范围,要求将 TCB 的实现表示、设计文档、测试文档、用户文档、管理员文档、配置管理文档等置于配置管理之下,从而确保对它们的修改是在一个正确授权的可控方式下进行的。

为此要求：
- 开发者所提供的配置管理文档应展示配置管理系统至少能跟踪上述配置管理之下的内容；
- 文档应描述配置管理系统是如何跟踪这些配置项的；
- 文档还应提供足够的信息来证明达到所有要求。

(2) 问题跟踪配置管理范围,除 TCB 配置管理范围描述的内容外,要求特别强调对安全缺陷的跟踪。

(3) 开发工具配置管理范围,除问题跟踪配置管理范围所描述的内容外,要求特别强调对开发工具和相关信息的跟踪。

2. 分发和操作

分发和操作是指对 TCB 产品进行正确的分发、安装、生成和启动。

1) 分发

应通过系统控制、分发工具和分发过程确保接收方所收到的 TCB 产品正是发送者所发送的,且没有任何修改。分发控制的主要目标是在分发过程中能够检测和防止对 TCB 的任何修改。

(1) 分发过程,应将对 TCB 全部或部分的分发以文档形式提供给用户。分发文档应描述向用户分发 TCB 的各版本时用来维护安全所必需的所有过程,并要求按该过程进行分发。

(2) 修改检测,要求除按分发过程的要求进行 TCB 的分发外,分发文档还应：
- 描述检测修改的方法和技术,或者描述开发者的主拷贝与用户收到的版本之间的任何差异；
- 描述用来检测试图伪装成开发者向用户发送产品的方法。

(3) 修改防止,要求在修改检测的基础上,分发文档应描述如何防止修改的方法和技术。

2) 操作(安装、生成和启动)

应确保在开发者所期望的安全方式下进行安装、生成和启动,将处于配置控制下的 TCB 的实现表示安全地转换为用户环境下的初始操作。对于不同的 TCB,安装、生成和启动会有不同的情况,如智能卡的所有安装、生成和启动可能都在开发者一方进行,而纯软件的 TCB 则以软件形式分发,其安装、生成和启动可以都在 TCB 的拥有者一方进行。安装、生成和启动过程可以以独立的文档进行描述,也可以与其他管理员文档一起描述。

(1) 安装、生成和启动过程,要求开发者以文档形式提供对 TCB 安全地进行安装、生成和启动的过程进行说明,并确保最终生成了安全的配置。

(2) 日志生成,要求文档应描述建立日志的过程,该日志包含了用于生成 TCB 的生成选项,从而能够明确决定 TCB 是何时及如何产生的。

3. 开发

开发是指开发者应采用规范化的方法来进行 TCB 的设计和实现,开发过程包括功能设计、高层设计、实现表示、TSF 内部结构、低层设计、表示对应性及安全策略模型化。

1) 功能设计

根据要求的形式化程度和所提供的 TSF 外部接口的详细程度,功能设计分为:

(1) 非形式化功能设计,应使用非形式化风格来完备地描述 TSF 及其外部接口,并且功能设计应当是内部一致的。应当提供使用所有外部 TSF 接口的目的与方法,适当的时候还要提供结果例外情况和错误信息的细节。

(2) 完全定义的外部接口,除上述非形式化功能设计的要求外,还应包括 TSF 已被完备表示的基本原理。

(3) 半形式化功能设计,应使用半形式化风格来完备地描述 TSF 及其外部接口,必要时可由非形式化、解释性的文字来支持。其余要求与上述相同。

(4) 形式化功能设计,应使用形式化风格来描述 TSF 及其外部接口,必要时由非形式化、解释性的文字来支持。其余要求与上述相同。

2) 高层设计

应通过对 TSF 中每个结构单元的功能及其相互关系的描述,实现 TCB 的安全功能要求。根据所要求的形式化程度和所提供的接口说明的详细程度,高层设计分为:

(1) 描述性高层设计,要求:

- 说明应是非形式化的、内在一致的,并应通过单元来描述 TSF 的结构;
- 应描述每一个单元所提供的安全功能,标识 TSF 要求的任何基础性的硬件、固件或软件,并且通过支持这些硬件、固件或软件所实现的保护机制,来提供 TSF 功能表示;
- 应标识 TSF 单元的所有接口,并标明 TSF 单元的哪些接口是外部可见的。

(2) 安全加强的高层设计,除上述描述性高层设计要求外,还应当描述 TSF 单元所有接口的使用目的与方法,并提供例外情况和错误信息的细节,以及描述如何将 TCB 分离成 TCB 安全策略(TSP)的加强单元和其他单元。

(3) 半形式化高层设计,要求高层设计的表示应是半形式化的,并对 TSF 单元提供所有结果的完整细节。其余要求与安全加强的高层设计相同。

(4) 半形式化高层解释，除上述要求外，还要求高层设计应当证明所标识的分离方法（包括任何保护机制）是足以确保从非 TSP 加强功能中将 TSP 加强功能清晰而有效地分离出来，并应证明 TSF 机制足以实现在高层设计中标识的安全功能。

(5) 形式化高层设计，要求高层设计的表示应是形式化的，其余要求与半形式化高层解释相同。

3) 实现表示

应以源代码、固件或硬件等方式来表述 TSF 的具体符号表示，从而可以获得 TSF 内部的详细工作情况。根据完备性和所提供实现表示的结构，实现表示分为：

(1) TSF 子集实现，实现表示应无歧义地定义一个详细级别的 TSF(该 TSF 可理解为整个 TSF 的一个部分，但从内容上来讲其是自恰的)，无须进一步地设计就能生成相应的 TSF，并且实现表示应当是内在一致的。

(2) TSF 完全实现，应为整个 TSF 提供实现表示，并应描述各部分之间的关系，其余要求同上。

(3) TSF 的结构化实现，实现表示应是构造较小的且易于理解。其余要求与 TSF 完全实现相同。

4) TSF 内部结构

应采用模块化、层次化和策略加强机制以使得整个 TSF 复杂度最小化，另外在进行 TSF 的内部结构设计中应使 TSF 中非 TSF 加强功能性的数目最小化。通过上述开发策略的应用从而简化了 TSF 的设计，使其达到可分析的程度。根据构成 TSF 的模块数量和复杂性，对 TSF 内部结构的要求为：

(1) 模块化，应以模块化方法设计和构建 TSF，并避免设计模块之间出现不必要的交互。具体内容如下：

- 结构化描述应当标识 TSF 模块，并应描述每一个 TSF 模块的目的、接口、参数和作用效果；
- 结构化描述应当描述 TSF 设计是如何使独立的模块间避免不必要的交互作用。

(2) 复杂性降低，除上述对模块化的要求外，还要求结构化描述应当以分层的方式设计和构建 TSF，使设计层次之间的交互作用最小化。为此要求：

- 在设计和构建 TSF 时，应使 TSF 部分的复杂度最小化，以利于加强访问控制策略；
- 结构化描述应当标识 TSF 模块，并应指明 TSF 的哪些部分是用于加强访问控制策略的；
- 结构化描述应描述分层结构，并说明如何使交互作用最小化；
- 结构化描述应描述加强访问控制策略的 TSF 部分是如何被构建的，从而降低 TSF 的复杂性。

(3) 复杂性最小化，除上述复杂性降低要求外，还要求开发者应当设计和构建 TSF，使得整个 TSF 的复杂性最小化。为此要求：

- 在设计和构建 TSF 时，应使 TSF 部分的复杂度最小化，使加强访问控制略"简单

到足以进行分析";

- 应确认那些目的与 TSF 无关的功能都已从 TSF 中排斥出去;
- 结构化描述应证明 TSF 中的任何非 TSP 加强模块的包含关系。

5) 低层设计

应对 TSF 的每一个模块描述它的目的、功能、接口、依存关系和所有 TSP 加强功能的实现。根据低层设计所要求的形式化程度和接口说明所要求的详细程度,低层设计分为:

(1) 描述性低层设计,要求 TSF 低层设计应满足:

- 低层设计的表示应是非形式化的,内在一致的,并以模块术语描述;
- 低层设计应描述每一个模块的目的;
- 低层设计应以所提供的安全功能和对其他模块的依存关系术语定义模块间的相互关系;
- 低层设计应描述如何提供每一个 TSP 加强功能;
- 低层设计应标识 TSF 模块的所有接口,具体是标识 TSF 模块的哪些接口是外部可见的,以及描述 TSF 模块所有接口的目的与方法,必要时还应提供作用效果、例外情况和错误信息的细节;
- 低层设计应描述如何将 TCB 分离成 TSP 加强模块和其他模块。

(2) 半形式化低层设计,除上述描述性低层设计要求外,要求低层设计应当是半形式化的,并在必要时提供所有作用效果的完备细节、例外情况和错误信息。

(3) 形式化低层设计,除上述半形式化低层设计要求外,要求低层设计的表示应当是形式化的。

6) 表示的对应性

各种 TSF 表示,如功能设计、高层设计、低层设计、实现表示等相邻表示之间在一定严格程度上应具有对应性。根据各种 TSF 表示之间的对应性所需的形式化程度,表示的对应性分为:

(1) 非形式化对应性说明,应在所提供的 TSF 表示的所有相邻对之间提供其对应性分析,即对所提供的 TSF 表示的每个相邻对,分析应当阐明由较为抽象的 TSF 表示的所有相关安全功能,应当在较不抽象的 TSF 表示中得到正确而完备的细化。

(2) 半形式化对应性说明,除上述非形式化对应性要求外,还要求对所提供的 TSF 表示的每个相邻对,当两者的各部分至少都是以半形式化来描述时,表示部分之间的对应性阐明也应是半形式化的。

(3) 形式化对应性说明,除上述半形式化对应性要求外,还要求:

- 对那些要求以形式化表示的相应部分,应严格证明其对应性;
- 对所提供的 TSF 表示的每个相邻对,当其中一个表示是半形式化,而另一个表示至少也是半形式化的时,表示部分之间的对应性阐明也应是半形式化的;
- 对于所提供的 TSF 表示的每个相邻对,如果两者的各部分都是形式化的,表示部分之间的对应性的证明也应是形式化的。

7) 安全策略模型化

通过开发基于 TSP 策略的安全策略模型,并且建立功能设计、安全策略模型和 TSP

策略之间的对应性的方法,来确保功能设计中的安全功能实现了 TSF 中的策略。根据 TSF 模型以及该模型与功能设计之间对应性所要求的形式化程度,安全策略模型化分为:

(1) 非形式化 TCB 安全策略模型,要求 TSP 模型应阐明功能设计与 TSP 模型之间的对应性,并满足:

- TSP 模型应是非形式化的,并且该策略模型已描述了所有可以模型化的 TSP 策略的规则与特征;
- TSP 模型应包括一个基本原理,阐明该模型对所有可模型化的 TSP 策略来说是与其一致的、完备的;
- TSP 模型和功能设计之间的对应性表述应说明所有功能设计中的安全功能对于 TSP 模型来说是与其一致的、完备的。

(2) 半形式化 TCB 安全策略模型,除上述非形式化 TCB 安全策略模型的要求外,要求所提供的 TSP 模型应是半形式化的,并且当功能设计至少是半形式化时,TSP 模型与功能设计之间的对应性的表述也应是半形式化的。

(3) 形式化 TCB 安全策略模型,除上述半形式化 TCB 安全策略模型的要求外,要求所提供的 TSP 模型应是形式化的,并且当功能设计是形式化时,TSP 模型与功能设计之间的对应性证明也应是形式化的。

4. 指导性文档

指导性文档是指开发者为使用者安全地管理和使用 TCB 所提供的用户指南和管理员指南,并在其中描述所有有关 TCB 安全应用方面的内容。

1) 管理员指南

管理员指南应当描述设置、维护和管理 TCB 的正确方式和方法,最大限度地保证 TCB 安全运行。管理员指南主要用来帮助管理员理解 TCB 所提供的安全功能,包括要求管理员应采取的紧急安全措施和应提供的紧急安全信息。

管理员指南应包括以下内容:

(1) 描述安全管理员可使用的管理功能和接口;

(2) 描述如何以安全的方式管理 TCB;

(3) 说明在安全处理环境中管理员可获取的功能和权限的警告;

(4) 描述所有与安全操作有关的用户行为的假设;

(5) 描述所有受安全管理员控制的安全参数;

(6) 描述每一种与管理功能有关的安全相关事件,包括改变为安全功能所控制实体的安全特性;

(7) 描述与安全管理员有关的系统环境的所有安全要求。

2) 用户指南

应描述 TSF 提供的安全功能,安全功能使用的命令和指导方针,包括警报信息说明等。用户指南提供了关于 TCB 的使用和可信度测量的假设基础,这样非恶意的用户、应用提供者和其他使用 TCB 外部接口的人员都能理解 TCB 安全操作并自觉执行。在许多情况下,用户指南可以适当地对两类不同用户提供单独的文档:一类是一般的操作员用户,另一类是使用软硬件接口的应用程序员或硬件设计员。

用户指南应包含以下内容:

(1) 描述非安全管理员用户可用的功能和接口;

(2) 描述用户可获取的安全功能和接口的用法;

(3) 说明在安全处理环境中用户可获取的功能和权限的警告;

(4) 阐明安全操作中用户应负的责任,包括在安全环境中能找到的用户行为的假设;

(5) 描述与用户有关的系统环境的所有安全要求。

5. 生命周期支持

生命周期支持是指 TCB 的开发和维护阶段,通过安全分析等措施不断增强安全性的过程。生命周期支持包括开发安全、缺陷纠正、生命周期定义,以及工具和技术等方面的内容。

1) 开发安全

要求通过采用物理的、程序的、人员的以及其他方面的安全措施来保护 TCB 开发环境的安全,包括开发场地的物理安全和对开发人员的选择;应采取适当的防护措施来消除或降低 TCB 开发所面临的安全威胁。

根据所要求的安全措施的充分性,开发安全分为:

(1) 安全措施的说明,要求提供的开发安全文件中应包括以下内容:

- 描述在 TCB 的开发环境中,为保护 TCB 设计和实现的机密性和完整性,在物理上、程序上、人员上以及其他方面所采取的必要的安全措施;
- 提供在 TCB 的开发和维护过程中执行安全措施的证据。

(2) 安全措施的充分性,除安全措施说明的要求外,开发安全文件中所提供的在 TCB 的开发和维护过程中执行安全措施的证据应能证明安全措施对维护 TCB 的保密性和完整性提供了必要的保护。

2) 缺陷纠正

应跟踪和纠正 TCB 的缺陷,并提供缺陷信息和纠正缺陷所采取的策略和过程。根据缺陷纠正的范围不断扩大和缺陷纠正策略的严格性程度不断提高,缺陷纠正分为:

(1) 基本缺陷纠正,要求缺陷纠正程序文档中应:

- 描述用于跟踪所有 TCB 版本里已被报告的安全缺陷的过程;
- 描述所提供的每个安全缺陷的性质和效果,以及缺陷纠正的情况;
- 标识对每个安全缺陷所采取的纠正措施;
- 描述为 TCB 用户的纠正行为所提供的信息、纠正和指导的方法。

(2) 缺陷报告,除基本缺陷纠正要求外,还要求缺陷报告应:

- 记录缺陷纠正的过程,制定用来接受用户对于安全缺陷的报告并且纠正这些缺陷的措施;
- 描述用于跟踪所有 TCB 版本里已报告的安全缺陷的过程;
- 已报告的安全缺陷的处理过程应确保所有已知缺陷都已被纠正,并将纠正办法告知用户；

- 已报告的安全缺陷的处理过程应提供防范机制，确保为纠正这些安全缺陷所引进的纠正方法不会带来新的缺陷。

（3）系统缺陷纠正，除缺陷报告要求外，应为用户有关 TCB 的安全问题的报告和查询指明一个或多个特别联系点，还应包括这样一个过程，它负责及时将安全缺陷报告及其相应的纠正自动分发给可能受到这种安全缺陷影响的注册用户。

3）生命周期定义

应在 TCB 的生命周期内建立 TCB 开发和维护的模型。为了确保 TCB 能满足它所有的安全功能要求，并提高 TCB 的整体质量，一个标准的生命周期模型应是为某些专家组（例如学科专家、标准化实体等）所认可的模型；一个可测量的生命周期模型应是带有算术参数或测量 TCB 开发特性的度量（例如源码复杂性度量）。生命周期模型应包括用于开发和维护 TCB 的过程、工具和技术。这个模型所涉及的内容包括设计方法、复查过程、项目管理控制、转换控制过程、测试方法和接收过程等。

为了满足不断提高生命周期模型的标准化、可测性和符合性的要求，生命周期定义主要包括：

（1）开发者定义的生命周期模型，要求开发者应建立用于开发和维护 TCB 的生命周期模型，并且该模型应对 TCB 开发和维护提供必要的控制。开发者所提供的生命周期定义文档应描述用于开发和维护 TCB 的模型。

（2）标准生命周期模型，要求开发者建立标准化的、用于开发和维护 TCB 的生命周期模型。该模型应对 TCB 开发和维护提供必要的控制。开发者所提供的生命周期定义文档应描述用于开发和维护 TCB 的模型，解释选择该模型的原因，解释如何用该模型来开发和维护 TCB，另外还得阐明与标准化的生命周期模型的相符性。

（3）可测量的生命周期模型，要求开发者应建立标准化的、可测量的用于开发和维护 TCB 的生命周期模型，并用此模型来衡量 TCB 的开发。该模型应对 TCB 开发和维护提供必要的控制。

开发者所提供的生命周期定义文档应描述用于开发和维护 TCB 的模型，包括针对该模型衡量 TCB 开发所需的算术参数或度量的细节。生命周期定义文档应解释选择该模型的原因，解释如何用该模型来开发和维护 TCB，阐明与标准化的可测量的生命周期模型的相符性，以及提供利用标准化的可测量的生命周期模型来进行 TCB 开发的测量结果。

4）工具和技术

应明确定义用于开发、分析和实现 TCB 的工具，如编程语言、文档、实现标准以及其他支持 TCB 运行的程序库等，这些一般是无须进一步检验就可以使用。

根据实现标准、实现的文档描述和范围要求的不同，工具和技术分为：

（1）明确定义的开发工具，要求开发者应标识用于开发 TCB 的工具，并且所有用于实现的开发工具都必须有明确定义。开发者应文档化已选择的依赖实现的开发工具的选项，并且开发工具文档应明确定义实现中每个语句的含义，以及明确定义所有基于实现的选项的含义。

(2) 遵照实现标准-应用部分,除明确定义的开发工具的要求外,要求开发者应描述所应用部分的实现标准。

(3) 遵照实现标准-所有部分,除遵照实现标准-应用部分的要求外,还要求开发者描述 TCB 所有部分的实现标准。

6. 测试

测试有助于确定 TCB 是否满足其安全功能的要求。测试还可以直接面向 TSF 的内部结构,如针对设计规范对各个子系统和模块进行测试。测试包括范围、深度、功能测试和独立性测试等方面的内容。

1) 范围

应表明所标识的测试范围如何象功能设计中描述的那样与 TSF 相一致。这里不需要开发者覆盖 TSF 的各个方面,但有必要考虑其不足之处。测试范围包括:

(1) 范围的证据,要求开发者通过提供相应的证据表明 TSF 已经按照功能要求进行了测试。开发者所提供的测试范围的证据应当表明测试文档中所标识的测试与功能设计中所描述的 TSF 之间的对应性。

(2) 范围分析,要求开发者通过提供对应性分析表明 TSF 已经以系统的方法针对功能规范进行了测试。为此要求:

• 开发者所阐明的已标识的测试应包括在功能设计中描述的所有安全功能的测试;

• 开发者所提供的范围分析应当表明测试文档中所标识的测试与功能设计中所描述的 TSF 之间的对应性;

• 测试范围的分析应当阐明功能设计中所描述的 TSF 和测试文档所标识的测试之间的对应性是完备的。

(3) 严格的范围分析,除上述范围分析要求外,还要求测试范围的分析应当严格地阐明为功能设计所标识 TSF 的所有外部接口已经被完备测试过了。

2) 测试深度

测试的级别应适合所要求的安全级别,达到所要求的详细程度。根据 TSF 表示所提供的从高层设计到实现表示不断增加的细节,测试的深度分为:

(1) 高层设计测试,要求用"单元"描述对 TSF 高层设计的测试。TSF 单元提供 TSF 内部工作的一个高层描述。以阐明缺陷为目的的单元级别的测试保证了该单元已正确实现。开发者所提供的测试深度分析应阐明测试文档中所标识的测试足以表明该 TSF 的行为是与高层设计一致的。

(2) 低层设计测试,要求用"模块"描述对 TSF 低层设计的测试。TSF 模块提供 TSF 内部工作的低层描述。以阐明缺陷为目的的模块级别的测试确保 TSF 的模块已经正确实现。开发者所提供的测试深度分析应阐明测试文档中所标识的测试足以表明该 TSF 行为是与高层设计和低层设计一致的。

(3) 实现表示测试,应确保该 TSF 已正确实现。要求开发者所提供的测试深度分析能够阐明测试文档中所标识的测试足以表明该 TSF 是根据高层设计、低层设计和实现表示而运作的。

3) 功能测试

应展示 TSF 满足安全保护框架(PP)所要求的安全功能,保证 TSF 至少能够满足安全功能的要求。测试过程应提供测试程序和测试工具的使用说明书,包括测试环境,测试条件,测试数据参数和值。测试过程还应该显示如何从输入中得到测试结果。

功能测试包括以下内容。

(1) 一般功能测试,要求开发者阐明所有的安全功能按照规定运作。为此要求:

- 开发者所提供的测试文档应包括测试计划、测试过程描述,预期的测试结果和实际测试结果;
- 测试计划应标识要测试的安全功能,描述要达到的测试目标;
- 测试过程描述应标识要执行的测试,并描述每个安全功能的测试概况,包括对其他测试结果的顺序依赖性;
- 期望的测试结果应当表明成功测试运行后的预期输出。

(2) 顺序的功能测试,除满足一般功能测试要求外,还要求测试文档应包含测试过程中对顺序依赖性的分析。

4) 独立性测试

应由评估者或一个有专业知识的团体支持的独立实验室或消费者组织实施测试。这种测试需要与其他保证行为的表现相一致的对于 TCB 的理解。独立性测试可以采用全部或部分重复开发者功能测试的形式,也可采用讨论开发者功能测试的形式,来拓宽开发者测试的深度或广度,或者是测试对 TCB 都适用的公用领域中明显的安全性弱点。这些行为是互补的,并且对于每个 TCB 功能都可制订一个适当的组合计划。这个组合计划考虑了测试结果的可用性和适用范围,以及 TSF 的功能复杂度。一个测试计划要开发到与其他安全保护要求的级别一致的程度,并像更高的安全保护所要求的那样,包括更多样本的重复测试,更多的由评估者实施的正面和反面功能测试。

根据测试文档、测试支持和评估者测试的数目,独立性测试分为:

(1) 相符性独立测试,应表明安全功能是按照规定运作的。要求开发者应提供用于测试的 TCB,并且该 TCB 要与测试相适应。

(2) 抽样独立性测试,要求通过选择和重复测试开发者测试的一个抽样,表明安全功能按规范运作。开发者应提供能有效重现开发者测试的必需资料,包括可由机器阅读的测试文档、测试程序等。评估者应拥有开发者提供的有用的测试结果以补充测试过程。要求开发者所提供的用于测试的 TCB 应与测试相一致,并提供一个与开发者的 TSF 功能测试中使用的资源相等的集合。

(3) 完全独立性测试,应通过重复所有开发者的测试来表明所有安全功能按规定执行。除了要求评估者应执行测试文档内的所有测试,以验证开发者的测试结果外,其余要求与抽样独立性测试相同。

7. 脆弱性评定

脆弱性评定是对 TCB 的设计和运行过程中所存在的影响其安全性的各种因素的分析和评定,包括隐蔽通道的存在性分析,TCB 的误用或不正确设置的可能性,攻破系统的概率或排列机制的可能性,以及在 TCB 的开发和操作中引入可利用脆弱性的可能性。

1) 隐蔽信道分析

应确定并标识出 TCB 中非预期的信号通道的存在性及其潜在的容量。通道容量的估计是基于非形式化的工程度量和实际的测量。隐蔽信道分析所基于的假设可以包括处理器速度、系统或网络配置、内存大小和缓存大小等。

隐蔽信道分析是建立在 TCB 的实现、管理员指南、用户指南以及完整定义的外部接口等基础上的。隐蔽信道分析可以是一般性的,也可以是系统化的,或者是严格的,其要求如下:

(1) 一般性的隐蔽信道分析,应通过对隐蔽信道的非形式化搜索,标识出可标识的隐蔽信道,为此要求:

- 对每个信息流控制策略都应搜索隐蔽信道,并提供隐蔽信道分析的文档;
- 分析文档应标识出隐蔽信道并估计它们的容量;
- 分析文档应描述用于确定隐蔽信道存在的过程,以及进行隐蔽信道分析所需的信息;
- 分析文档应描述隐蔽信道分析期间所做的全部假设;
- 分析文档应当描述最坏的情况下对通道容量进行估计的方法;
- 分析文档应当为每个可标识的隐蔽信道描述其最坏的利用情形。

(2) 系统化的隐蔽信道分析,应通过对隐蔽信道的系统化搜索,标识出可标识的隐蔽信道。为此要求开发者以结构化、可重复的方式标识出隐蔽信道。除上述一般性隐蔽信道分析要求外,还要求分析文档提供证据证明用于标志隐蔽信道的方法是系统化的。

(3) 彻底的隐蔽信道分析,应通过对隐蔽信道的穷举搜索,标识出可标识的隐蔽信道。为此要求开发者提供额外的证据,证明对隐蔽信道的所有可能的搜索方法都已执行。其具体要求与系统化隐蔽信道分析要求相同。

2) 防止误用

应防止对 TCB 以不安全的方式进行使用或配置而不为人们所察觉。为此应使对 TCB 的无法检测的不安全配置和安装,操作中人为的或其他错误造成的安全功能解除、无效或者无法激活,以及导致进入无法检测的不安全状态的风险达到最小。要求提供指导性文档,以防止提供冲突、误导、不完备或不合理的指南。指导性文档应满足以下要求:

(1) 指南检查,要求指导性文档应:

- 包括安装、生成和启动过程、非形式化功能设计、管理员指南和用户指南等;
- 明确说明对 TCB 的所有可能的操作方式(包括失败和操作失误后的操作)、后果以及对于保持安全操作的意义;
- 是完备的、清晰的、一致的、合理的,应列出所有目标环境的假设,并列出所有外部安全措施(包括外部过程的、物理的或人员的控制)的要求。

(2) 分析确认,在指南检查的基础上,应文档化指导性文档,并要求分析文档应阐明指导性文档是完备的。

(3) 对安全状态的检测和分析,在分析确认的基础上,还应进行独立测试,以确定管理员或用户在理解指导性文档的情况下能基本判断 TCB 是否在不安全状态下配置或运行。

3）TCB 安全功能强度

TCB 安全功能强度的说明应是通过对安全机制的安全行为的合格性分析或对统计的分析结果，以及为克服脆弱性所付出的努力得到的。为了对安全功能强度进行评估，应对安全目标中标识的每个具有 TCB 安全功能强度声明的安全机制进行 TCB 安全功能强度的分析，证明该机制达到或超过安全目标要求所定义的最低强度，并证明该机制达到或超过安全目标要求所定义的特定功能强度。

4）脆弱性分析

应能够发现缺陷的威胁。这些缺陷会导致对资源的非授权访问，对 TCB 安全功能的影响或改变，或者干涉其他授权用户的权限。根据不断增加的严格性，脆弱性分析分为：

（1）开发者脆弱性分析，应确定明显的安全脆弱性的存在，并确认在所期望的 TCB 环境下所存在的脆弱性不会被利用。为此应通过搜索用户能违反 TSP 的明显途径，文档化 TCB 明显的脆弱性分布。对所有已标识的脆弱性，文档应说明在所期望的 IT 环境中这些脆弱性是无法被利用的。

（2）独立脆弱性分析，评估者通过独立穿透测试，确定 TCB 可以抵御的低级攻击能力攻击者发起的穿透性攻击。为此，除满足开发者脆弱性分析要求外，还要求所提供的文档应当证明对于具有已标识脆弱性的 TCB 可以抵御明显的穿透性攻击。评估者则应进一步实施独立的脆弱性分析，并在此基础上实施独立的穿透性测试，以确定在所期望环境下额外标识的脆弱性的可利用性。

（3）中级抵抗力，在独立脆弱性分析的基础上，要求所提供的证据应说明对脆弱性的搜索是系统化的。评估者则应确定可以抵御具有中级攻击能力的攻击者发起的对 TCB 的穿透性攻击。

（4）高级抵抗力，在中级抵抗力的基础上，要求所提供的分析文档应表明该分析完备地表述了 TCB 的脆弱性。评估者应确定可以抵御具有高级攻击能力的攻击者发起的对 TCB 的穿透性攻击。

8.4.2　安全机制的友好性

安全操作系统应与应用系统的安全机制无缝连接，各种安全机制之间无冲突。所以在设计安全机制的整个过程中，必须遵循以下三条原则：

- 安全不应影响遵守规则的用户；
- 便于用户的授权存取；
- 便于用户的控制存取。

对于大多数用户及他们所做的工作来说，安全性应该是透明的。

8.4.3　兼容性和效率

如果基于一个现有操作系统作安全性增强开发，不可忽视的两个问题是安全系统与原有系统的兼容性以及安全性开发对系统带来的效率损失。设计和开发安全操作系统的主要目的是安全性，但安全性的建立必须与系统其他方面的需求求得平衡，在基本达到安全目标的前提下,不应过分地影响其他特性。

当然,当系统安全性、兼容性和效率三者发生矛盾时,首先要保证安全性,然后考虑兼容性,最后考虑效率。但在实际设计中,在不违反上述原则的前提下,将在安全机制的完备性、与原系统的兼容性及系统的效率方面做出平衡。

8.5　安胜安全操作系统设计

8.5.1　设计目标

安胜安全操作系统(以下简称安胜 OS)是基于 Linux 核心资源,自主开发的安全增强型安全操作系统。设计目标是开发满足 GB 17859—1999《计算机信息系统安全保护等级划分准则》第三级(安全标记保护级)和第四级(结构化保护级)安全功能要求的安全操作系统。该工程分两个阶段完成。第一阶段成果为"安全标记保护级"安全操作系统——安胜 OS V3.0;第二个阶段成果为"结构化保护级"安全操作系统——安胜 OS V4.0。

第一阶段:"安全标记保护级"安全操作系统——安胜 OSV3.0

安胜 OSV3.0 设计的总体目标是:研制一个安全功能符合 GB 17859—1999 第三级安全功能要求的安全操作系统原型,并参考美国国防部橘皮书 TCSEC B1 和 B2 级安全功能需求和我国《计算机信息系统安全管理条例》、《保密法》等要求和我国的国情及实际需求,其主要安全功能目标如下所示。

(1) 为系统中的主体和客体标识安全级,实现强制访问控制机制(MAC)。

(2) 采用 ACL 技术,将自主访问控制(DAC)粒度细划到单个用户/组。

(3) 建立一套高效的审计机制。

(4) 建立一套全面规范的文档。此外,还提供若干第四级要求的安全机制。

(5) 实现最小特权管理。

(6) 为系统用户注册建立一条可信通路。

第二阶段:"结构化保护级"安全操作系统——安胜 OS V4.0

安胜 OS V4.0 设计的总体目标是:研制一个安全功能符合我国国标 GB 17859 第四级的安全操作系统原型系统,即安全功能符合国标 GB 17859《结构化保护级》的安全功能要求,安全保证则参考 GB/T 18336 的 EAL4、EAL5 的相关要求,并基于密码资源,实现访问控制和密码服务的有机结合。其主要安全功能目标包括:

(1) 建立一个明确定义的形式化安全策略模型;

(2) 对所有主体和客体实施强制访问控制;

(3) 实施强制完整性策略保护数据完整性,阻止非授权用户修改或破坏敏感信息;

(4) 实现标识/鉴别与强身份认证;

(5) 实现客体重用控制;

(6) 实现隐蔽存储通道分析;

(7) 建立完备的审计机制;

（8）建立完备的可信路径；

（9）支持系统管理员和操作员的职能，实现最小特权管理；

（10）提供可靠的密码服务；

（11）建立一套全面规范的文档。

8.5.2 开发方法

1. 安全内核开发方法

安胜 OS 基于 Linux 资源的开发采用的是改进/增强法，即以系统调用为基元，引入可信任计算基（TCB）机制，分别在系统调用中实施强制访问控制机制（MAC）和自主访问控制机制（DAC），新开发审计机制、最小特权管理机制、可信通路机制并进行隐蔽通道处理等。另外，新增加一部分实现安全机制本身的系统调用。具体是：

（1）对 Linux 实用程序进行面向安全策略的分析，将它们分成可信程序和一般应用程序。可信程序主要包括注册程序，用户管理程序，特权用户程序等，一部分是原有程序进行安全性扩充来的，另一部分是新开发的，它们与核心的安全机制有关。

（2）面向安全策略，逐个分析 Linux 系统调用，对所有涉及安全事件的系统调用给出相应的安全检查策略，加入相应的安全检验机制。新增加一些系统调用，包括审计机制的相关操作、主体安全级的设置和读取；客体安全级的设置和读取；特权相关操作等。

（3）将核心程序分解为安全有关和与安全无关两部分。安全有关指涉及安全事件的系统调用的执行实体，可把在系统调用层不易实现的少部分安全检查放在这些核心程序中完成。另外，新增加一部分核心程序，作为安全检验和新增加系统调用的执行体。

2. 安全体系结构设计

安胜 OS 开发是基于 Linux 资源的，在项目的第一个阶段（安胜 OS V3.0）的实现上采用的是传统系统补丁的方式。鉴于 LSM 的简单灵活性及对多安全策略的有效支持，在项目的第二阶段（安胜 OS V4.0）的实现上将 Flask 支持动态多策略的优点和 LSM 的模块化实现方式整合为一，设计了基于 Flask 基本思想的模块化的安全内核，如图 8-5 所示。

安全内核总体上由两部分组成，即策略引擎（Policy Engine）和策略实施（Policy Enforcement），策略引擎封装在安全服务器

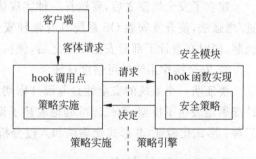

图 8-5　Flask 与 LSM 的统一模型

（以安全模块形式实现）中，策略实施由对象管理器具体负责。对象管理器包括安全文件管理器，安全网络管理器，安全进程管理器、审计管理器等。各个对象管理器管理功能不同的 hook 调用，这些 hook 调用截获客户端发起的对核心客体的访问控制请求，并将它们转交给安全服务器。系统中的 hook 函数大体分为两种，即请求与判定两种情况：

（1）安全信息管理，如确定一个新创建的主体或客体采用什么安全标签；

(2) 确定主体是否能对客体进行某项操作(如文件读写)。

安全服务器(安全模块)是安全内核的子系统,实现对安全策略的封装,并提供通用接口。这样,就可以通过安全服务器,实现一种混合的安全性策略,如安胜 OS V4 需要的多级安全及机密性策略、完整性策略和最小特权管理策略,从而满足 GB 17859—1999 第四级的安全功能要求,同时又可以方便扩充新的安全策略。每个 hook 函数在安全服务器中具体实现,通过封装的安全策略规则进行判定或计算,然后将判定的结果返回给对象管理器。

此外,客体管理器中 AVC 提供了从安全服务器得到的存取判定结果的缓冲,用来最小化系统安全机制带来的效率影响;安全服务器中的固定标签映像提供了一个维持安全上下文与固定客体,如文件和文件系统之间对应的机制。

3. 开发过程

在项目两个阶段中,安胜 OS 的安全性开发经过以下三个步骤。

1) 建立安全体系结构和安全模型

提出新型的支持多策略的,由"策略等价、策略冲突和策略协作"组成的形式化安全体系结构。该架构基于元策略,可以实现分量安全模型的有机整合,并具有以下特点:

(1) 提出一种新型的冲突分解关系,推广现有的策略冲突矩阵;

(2) 提出冲突类之间协作的新概念,而不是策略之间的协作,清晰地界定冲突分解与冲突协作的不同;

(3) 可以处理吊销策略时可能出现的策略冲突与策略协作关系的变化。为精确描述系统功能,堵住安全漏洞,建立了半形式化和形式化安全模型,并将安全模型与安胜 OS 系统进行了对应性分析。

2) 安全机制的设计与实现

建立了安全模型之后,要选择一种实现该模型的方法。结合 Linux 特点,我们采取改进/增强法,使开发安胜 OS 系统具有最佳安全/开发代价比。建立安全模型要求的安全机制,同时在设计了部分安全功能之后,便检查它提供的安全性尺度。

3) 安全操作系统的可信度认证

要证明一个系统的安全性是与设计密切相关的,必须保证从设计者到用户都相信设计准确地表达了模型,而代码准确地表达了设计。一般地,验证操作系统安全性的方法有三种:形式化验证,非形式化确认和入侵分析。本章综合评估了安胜 OS 系统的安全性。

8.5.3　总体结构

安胜 OS 安全操作系统的总体结构如图 8-6 所示。

1. 标识与鉴别(I&A)

用户标识与鉴别机制用于保证只有合法用户才能存取系统中的资源。根据 Linux 的特点,安胜 V3.0 在借助原有用户管理和登录的基础上,开发完成用户标识与鉴别机制。它不仅检查用户的登录名和口令,赋予用户唯一标识 uid、gid,还检查用户的安全级、计算特权集,赋予用户进程安全级和特权集标识。从而保证只有合法用户才能存取系统中的

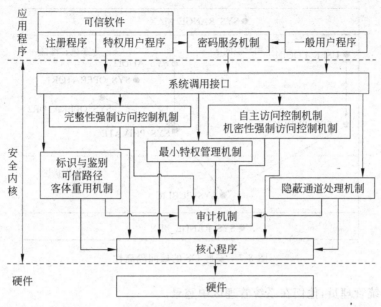

图 8-6 安胜 OS 总体结构图

资源,且以系统允许的安全级和特权集登录系统。用户标识和鉴别机制还具有可选的强身份鉴别功能,仅当用户口令正确,并且用户身份卡正确时,用户才可以登录系统。

2. 自主存取控制(DAC)

自主存取控制机制用于按用户意愿进行存取控制。安胜 OS 实现了 ACL 机制,每个文件、目录、IPC 客体都对应一个 ACL,使安胜 OS 的 9bit 位保护(owner/group/other)和 ACL 保护表示共存于系统之中,实现了对粒度达到单个用户的自主存取控制。

当一进程访问一个客体时,若客体的 ACL 处于活跃状态,则将进程的 uid、gid 和请求访问方式 mode 与 ACL 中的项相比较,检验是否允许进程以 mode 方式访问该客体。若客体的 ACL 没有处于活跃状态,则保持 Linux 系统原有的 9 位检验模式不变。客体的属主和拥有相应特权的用户可对一个客体的 ACL 进行授权、取消和查阅。

3. 强制机密性访问控制

强制机密性访问控制机制用于将系统中的信息分密级和类进行管理。安胜 OS 实现的机制对系统中的每个进程、每个文件、每个设备、每个 IPC 客体都赋予了相应的安全级。当一个进程访问一个客体(如文件)时,依据相应的强制机密性安全规则,比较进程的安全级和文件的安全级,从而确定是否允许进程对文件的访问。

另外通过安全级设置将系统信息划分三个区:系统管理区、用户空间区和病毒保护区,如图 8-7 所示。其中,"箭头"表示安全级的支配关系。

系统管理区包含安全机制信息,如 TCB 数据、审计日志等,它们不能被用户读和写。用户空间区包含用户的数据和应用,用户可以进行读和写。病毒保护区包含系统的命令和配置文件,可被用户区进程读和执行,但不能写和修改。

系统中的用户被划分为两类:不具有特权的普通用户,他们在用户工作区中登录;具

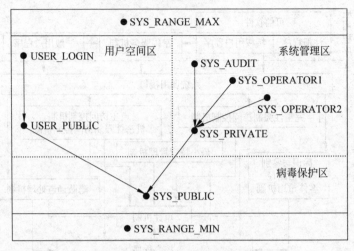

图 8-7 安胜 OS 的域间隔离性

有特权的系统管理员,他们在系统管理区中登录。

这样,安胜 OS 的域间隔离机制有力地提高了系统的安全性。

4. 强制完整性访问控制

强制完整性性访问控制使系统中的域和每一个正在运行的进程相关联,型和每一个对象相关联。如果一个域不能以某种访问模式访问某个型,则这个域的进程不能以该种访问模式去访问那个型的对象。当一个进程试图访问一个文件时,系统的内核在做标准的许可检查之前,先做相关完整性许可检查。如果当前域拥有被访问文件所属的型所要求的访问权,那么这个访问得以批准,继续执行正常的许可检查;否则访问被拒绝。

系统的实例策略中,把所有的进程分为 6 个域:daemon_d 守护进程域、login_d 注册域、user_d 普通用户域、operate_d 系统操作用户域、admin_d 管理域、audit_d 审计域;所有的文件和对象被分类到 27 种型,如 base_t、bin_t、dev_t、conf_t、user_t、audit_t 等,并进行了域型访问表 DTT 和域访问表 DDT 的安全文档配置。

5. 最小特权管理

在"安全标记保护级"的安胜 OS V3.0 中,最小特权管理的思想是将 Linux 超级用户的特权划分为一组细粒度的特权(32 个),分别授给不同的系统操作员/管理员,使各种系统管理员/操作员只具有完成其任务所需的特权,从而满足最小特权原理。安胜 OSV3.0 系统初始定义了四个角色:系统安全管理员(SSO);审计员(AUD);安全操作员(SOP);网络管理员(NET),分别负责系统安全管理、审计操作、系统日常操作和网络管理。

在安胜 OS V4.0 安全操作系统中实现的最小特权机制是一种基于 RBAC,并按照 POSIX 标准和结合 DTE 机制,在角色、域和程序文件三个抽象层次上实现的最小特权管理方法。最小特权管理的基本思想是将 Linux 超级用户的特权划分为更细粒度的一组特权(57 个),分别授予不同的管理员角色、域和程序文件,使各种管理员角色用户创建或调用的进程只具有完成其任务所必需的特权,从而满足最小特权原理。实现方法是:登录时为当前管理用户指定当前承担的角色,该角色当前允许进入的域,用户进程因此获取适当的管理特权;程序文件或者命令也赋予了相应的特权集,所以系统中运行的每个进程将生成一个有效特权集,该特权集决定该命令能否执行某特权操作或特权访问。安胜 OS V4.0 初始定义了 4 个角色。需要时,可以对它们进行改变和增加,但必须考虑这些改变和增加对系统安全的影响。这 4 个角色是:

① 管理员(sec_r):其职责是作出安全性相关的系统决策,进行系统的维护和管理。如用户管理、安全策略配置和管理等。

② 审计员(adt_r):其职责是安全审计系统的控制和管理,如设置审计参数;修改和删除审计系统产生的原始信息(审计信息)等。

③ 操作员(sys_r):其职责是完成日常的例行活动,但是这些活动是安全相关的,如安装和拆卸可安装介质;例行的备份和恢复;系统重启、关机和恢复等。

④ 网络员(net_r):其职责是网络通信相关的管理和操作,如设置网络连接;启动和停止网络服务等。此外,系统还通过域隔离保护,使这四个角色进入不同的可信 DTE 域—管理域和操作域来承担不同的管理职责/操作职责。

另外,在两个安胜 OS 中都有两种特权机制:一种是兼容原超级用户的方式,称为 SUM 方式;另一种是满足安胜 OS 设计目标的方式,称为 LPM 方式。两种机制可以互相切换,系统正常运行时采用 LPM 方式,初建系统时采用 SUM 方式。

6. 隐蔽通道处理

安全操作系统中,进程可能利用某些非常规数据客体进行绕过系统强制安全策略的通信。这种通信通道就是隐蔽通道。设计实现安全信息系统应当考虑到这些隐蔽通道,防止通过隐蔽通道造成对系统安全性的危害。安胜 OS 通过自主创新的"回溯搜索方法",对系统顶层描述规范和源代码进行了全面分析,标识出 18 条隐蔽存储通道(其中 5 条国内外从未报道过),并构造了每条隐蔽通道的使用场景,工程估算和实测出每条隐蔽通道的最大可达带宽。采用修改系统调用返回值、加入随机化噪声、加入延迟和审计等措施分别处理了每个已标识通道。测试结果表明,通过采用这些处理措施,可以达到预定的监控目标。

7. 密码服务

密码服务子系统是将自主设计和通过国家主管部门批准的密码算法(QC 算法)嵌入安胜 OS 之中,实现对文件和目录的加密,并提供标准的 API 接口供用户使用。安胜 OS V4.0 另外还支持由国家密码管理部门批准的加密卡,并基于密码技术实现以下安全增强功能:

(1) 实现了基于 IC 卡的强身份认证。

用户登录时检查口令,并基于 IC 卡进行强身份认证,实现了双因素认证功能。

(2) 实现了加密文件机制,可以对指定文件系统实施透明的加解密操作。

安胜 OS V4.0 利用绕回设备技术实现加密文件系统,可对文件、目录、块设备实施透明的加解密。加解密过程在核心层执行;由于采用硬件加密卡,提高了加密的效率和安全性。

8. 安全审计

安全审计是对系统中所有安全相关事件的记录、检查及审查的过程。安胜 OS 的审计事件有 86 种,主要包括:

(1) 登录情况(标识与鉴别机制的使用);

(2) 将客体引入、删除用户空间及对指定客体的访问;

(3) 特权操作。

安胜 OS 的审计过程包括系统初启时创建审计进程;在与系统安全操作相关的函数中设置采样点,收集这些操作事件的审计信息;在采样点调用审计进程将审计信息记录、转储和归档。审计采样点分别分布在系统调用的总出入口处和各特权命令中。在用户界面上,则建立相应的操作命令,灵活地开启/关闭审计机制、选择和设置审计事件、查询和检索审计日志、创建守时进程定期自动清除审计日志等。安胜 OS V4.0 增加了对隐蔽通道事件的审计。

9. 可信通路

为使用户确保与其对话的是真正的操作系统,而不是窃取用户口令和信息的特洛伊木马,安胜 OS 提供了可信通路机制,即在系统 I/O 中开发相应机制,识别来自键盘的可信通路请求。可信通路请求由一组特别键组成,称为安全注意键(SAK)。一旦可信通路机制识别出 SAK,便立即杀死与该终端相关的进程,并为该终端启动一个真实的登录序列。

10. 网络安全

安胜 OS 的实施范围从单个主机扩大到了由 TCP/IP 连接起来的多个异构主机。每个连入 Internet 的设备都有一个安全级,设备上所存储和处理的信息也有相应的安全级。一个局域网上的所有信息安全级可能相同,也可能不同。网内用户也有各自的安全级,使其仅能访问与其安全级相当或低于其安全级的信息。网络连接也被赋予安全级,需要网络连接的程序可根据网络会话的安全属性来决定其行为。具体实现是:

(1) 当客户端与服务器会话连接时,客户端的安全级要在服务器允许连接的安全级范围之内。当客户端与服务器会话连接后,创建的服务器子进程的安全级等于客户端的安全级或该客户端缺省安全级。

(2) 当客户端与服务器会话连接时,客户端的安全级要在所用物理设备(网卡)允许连接的安全级范围之内。系统在服务器端对网络接口设备设置了安全级范围,如果客户端网络连接请求的安全级超出了该网络接口设备的安全级,连接将被拒绝。

(3) 当客户端与服务器会话连接时,要由该服务器访问控制矩阵相应项允许。

(4) 当客户端在 IP 包中设置了安全级,而服务器运行在一个公开的系统上,服务器由于没有相应的安全检查机制,则忽略客户端传来 IP 包中的安全级,正常连接,就像客户端没有设置安全级一样。

另外,通过 IPsec 的 AH 机制保证了网络环境下数据传输的完整性。

8.5.4 关键技术

1. MBLP 安全模型设计

安胜 OS V3.0 在进行安全性设计时,首先进行了安全模型的设计。其安全模型是在分析 BLP 等经典计算机安全模型的基础上,结合系统的安全策略,基于 BLP 安全模型修改而成,记为 MBLP(Modified BLP)。本节除非特别指出,有关各个符号的含义参见第 4章 BLP 模型中的相关定义。

1) MBLP 模型定义

定义 8-5.1 D 为域函数,它将 S 中的主体或 O 中的客体映射到相应的域中。对于主体,D 的定义域是 S,值域是 $\{\mathrm{Su}, \mathrm{St}\}$,其中,Su 表示普通用户域或非特权域,代表系统一般用户的操作,St 表示可信用户域或特权域,代表系统所有的特权操作。对于客体,D 的定义域是 O,值域是 $\{\mathrm{Ou}, \mathrm{Os}, \mathrm{Ov}\}$,其中,Ou 代表用户空间域,Os 代表系统空间域,Ov 代表病毒保护域。

定义 8-5.2 P 为特权映射函数,它将 St 映射到不同的项中。P 的定义域为 St,值域为 $\{p_1, p_2, p_3, p_4, \cdots, p_n\}$,其中 $\mathrm{St} = p_1 \bigcup p_2 \bigcup p_3 \bigcup p_4 \bigcup \cdots p_n$。

定义 8-5.3 R 为角色映射函数,它将 $\{p_1, p_2, p_3, p_4, \cdots, p_n\}$ 映射到不同的集合中。R 的定义域为 $\{p_1, p_2, p_3, p_4, \cdots, p_n\}$,值域为 $\{P_1, P_2, P_3, \cdots, P_m\}$。其中,$P_i = \{p_j | 1 \leqslant j \leqslant n\}$,$1 \leqslant i \leqslant m$,$P_i$ 又称为角色 i。

2) MBLP 模型公理

(1) 域间隔离性:

主体只能访问相应客体域中的客体。即状态 $v = (b, M, f, H)$ 满足域间隔离性,iff 对所有 $(s, o, \underline{x}) \in b$

① $\underline{x} = a$ 或 $\underline{x} = w$,且 $o \in \mathrm{Ou}$,$s \in \mathrm{Su}$,或

② $\underline{x} = r$,且 $o \in \mathrm{Ou} \bigcup \mathrm{Ov}$,$s \in \mathrm{Su}$,或

③ $\underline{x} = a$ 或 $\underline{x} = w$,且 $o \in \mathrm{Os}$,$s \in \mathrm{St}$,或

④ $\underline{x} = r$,且 $o \in \mathrm{Os} \bigcup \mathrm{Ov}$,$s \in \mathrm{St}$,或

⑤ $\underline{x} = a$ 或 $\underline{x} = w$,且 $o \in \mathrm{Ov}$,$s \in \mathrm{Pn}$,n 为一特定值;

⑥ $\underline{x} = a$ 或 $\underline{x} = w$,且 $o \in \mathrm{Ou}$,$s \in \mathrm{Pm}$,m 为一特定值。

(2) 简单安全公理:

当一主体读访问一客体时,主体的安全级必须大于或等于客体的安全级,或主体拥有指定特权。即状态 $v = (b, M, f, H)$ 满足简单安全公理,iff 对所有 $(s, o, \underline{x}) \in b$

① $\underline{x} = a$ 或 $\underline{x} = e$;

② $\underline{x} = w$ 或 $\underline{x} = r$,且 $\mathrm{fs}(s) \geqslant \mathrm{fo}(o)$ 或 $s \in \mathrm{Pn}$,n 为一特定值。

(3) *特性公理:

状态 $v = (b, M, f, H)$ 满足 *特征公理,iff 对所有 $(s, o, \underline{x}) \in b$,$s \in \{\mathrm{Su} \bigcup \mathrm{St}\}$

① $x=w$ 或 $x=a$,且 fo(o)=fs(s),或 $s\in$Pn,n 为一特定值;

② $x=r$,且 fo(o)≤fs(s)或 $s\in$Pn,n 为一特定值。

(4) 自主安全公理:

状态 $v=(b,M,f,H)$ 满足自主安全公理,iff 对所有$(s_i,o_j,x)\in b,x\in m_{ij}$。

(5) 兼容性公理:

客体层次结构 H 保持兼容性,iff 对 $\forall o_i,o_j\in O$,且 $o_j\in H(o_i)$,有 fo(o_j)≥fo(o_i)。

(6) 激活性公理:

用于约束 H 中客体的创建与删除。

① 已删除客体的不可存取性,即对所有已被删除客体$o\in O$,有$(s,o,*)\notin B$。

② 新创建客体的重写性,即一个新创建的客体被赋予一个与其以前任何活动状态无关的初始状态。

③ 新创建客体的安全级,对于每个被主体 s 创建的客体 o,有 fo(o)=fs(s)。

④ 客体删除规则,对于每个被主体 s 删除的客体 o,有 fo(o)=fs(s)。

3) MBLP 模型的主要推论

推论 8-5.1 在 MBLP 模型中,对于普通用户域的主体 Su,BLP 模型的基本安全定理仍然成立。

推论 8-5.2 在 MBLP 模型中,对于可信用户域的主体 St,满足二人原则(Double control)。

推论 8-5.3 MBLP 模型可有效地实现应用型病毒防护。

推论 8-5.4 MBLP 模型可有效地限制隐蔽通道。

4) MBLP 模型在安胜 V3.0 中的对应

MBLP 安全模型建立后,就要进行模型与 Linux 系统的对应性分析,然后考虑如何将 MBLP 模型用于安胜 V3.0 的安全性开发之中,并且说明所建模型与安全策略是一致的。由于 MBLP 模型与安胜 V3.0 安全策略的一致性是明显的,下面着重给出 MBLP 模型的主要内容,包括系统状态、状态转换、安全初始状态定义以及安全公理系统在安胜 V3.0 中的对应。

(1) MBLP 模型的系统状态在安胜 V3.0 中的对应。

系统状态是集合 $V=(B\times M\times F\times H)$ 中的元素。

在安胜 V3.0 中进程是唯一的主体,它可以在用户登录时创建、被系统初启时创建或被其他进程创建。一个进程被赋予一个唯一的进程标识符(pid)、用户标识符(uid)和用户组标识符(gid)。每个进程还被赋予相应的安全级标识,用于强制存取控制检查。

在安胜 V3.0 中,客体包括文件、目录、特别文件、共享内存、消息、信号量、流、管道、进程等。

MBLP 的访问权限集同 BLP 一样,由 e(执行)、r(读)、a(追加写)、w(写)和-(空)组成,安胜 V3.0 的访问权限集则由读(r)、写(w)、执行(x)和空(-)组成,但它们对不同的客体有不同的解释,具体如表 8-1 所示。

表 8-1　安胜 V3.0 的访问权限集

MBLP 模型	文件	目录	管道	IPC 机制	进程
r	—	—	—	—	—
r	r	r	x	r	r	r
re	x	—	—	—	—
a	w	w	w	w	w
w	rw	w	rw	rw	w
—	—	—	—	—	—

　　安胜 V3.0 的当前访问集 B 是 $S \times O \times A$ 的子集,对于文件、目录、特别文件、管道等具有文件系统的数据结构表示的客体,B 由每个进程打开文件的文件描述符及其对应的访问权限表示。这些文件描述符存放在进程 task 结构中,其中的每个文件描述符指向文件表中的一项,记录了该进程对某客体具有的访问权限。对于 IPC 机制的客体,B 由每种类型客体的数据结构表示。进程获取的每个描述符指向一类客体的索引项,其中的 ipc_perm 项记录着该进程对该客体具有的访问权限。

　　安胜 V3.0 的存取控制矩阵 M,由 Linux 的 9 位保护模式(owner/group/other)和 ACL(Access Control List)共同组成。

　　安胜 V3.0 的安全级函数 F 由两部分组成,一个是每个进程被赋予的一个当前安全级,一个是每个客体被赋予的一个确定的安全级。安全级由级别和类别两部分组成,如"机密,{人事,财务}"。

　　安胜 V3.0 中具有文件系统表示的客体结构 H 是由目录表示的。具有文件系统表示的客体类型有文件、特别文件、有名管道和目录。文件、特别文件和有名管道的安全级等于其创建进程的安全级,且等于包含它们的父目录的安全级,目录的安全级也等于其创建进程的安全级,且大于或等于包含它的父目录的安全级,维持了目录结构的"不降级"。

　　(2) MBLP 模型的状态转换在安胜 V3.0 中的对应。

　　安胜 V3.0 的状态转换是由内核调用及其返回值定义的,这里对应于 MBLP 模型规则集中 $\rho: R \times V \rightarrow D \times V$ 中的任一规则 ρ_i 有:

　　① 任意请求 $R_k \in R$ 表示一个指定的系统调用或可信进程调用。R 为所有系统调用和可信进程调用的集合,R_k 的输入参数来自当前系统状态 V。

　　② 任一判定 $D_m \in D = \{Yes, No, ?, Error\}$ 由一个系统调用或可信进程调用的返回值表示。

　　③ 无论何时,若 $D_m \neq No$、$D_m \neq ?$、$D_m \neq Error$,R_k 输出一个新状态 v^*,它将包含新的客体和一个新的客体结构,当然也可以从以前状态中排除某些客体和访问权限等。

　　④ 规则 ρ 保持了系统的安全状态,即当 v 是安全状态时,则 v^* 是安全状态。MBLP 模型的安全公理系统及其操作规则保证了这一性质。

　　(3) MBLP 模型的安全公理系统在安胜 V3.0 中的对应。

　　① **安胜 V3.0 的域间隔离性**:安胜 V3.0 安全操作系统用安全级将系统信息划分为

三个区,即系统管理区、用户空间区、病毒保护区。

这样的访问隔离机制将进入系统的用户划分为两类:不具有特权的普通用户,他们在用户空间区中的安全级(如 USER_LOGIN 或 USER_PUBLIC)下登录。系统管理员在系统管理区中的安全级(如 SYS_AUDIT、SYS_OPERATOR1、SYS_OPERATOR2 或 SYS_PRIVATE)下登录。

② **强制存取控制(Mandatory Access Control,MAC)规则**:若主体读(r)或执行(x)访问客体,主体的安全级必须支配客体的安全级,或主体拥有 CAP_MACREAD 特权(超越 MAC 读限制,拥有该特权可以超越强制存取控制读检查),记为 **R1**。若主体写(w)访问客体,主体的安全级必须等于客体的安全级,或主体拥有 **CAP_MACWRITE** 特权,记为 **R2**。

③ **自主存取控制(Discretionary Access Control,DAC)规则**:若进程以 x 权限访问客体,x 须在客体的相应 ACL 项中,即 $x \subseteq m_{ij}$,记为 **R3**。

④ **特权管理(Privileged Access Control,PAC)规则**:若主体写(w)访问客体的 ACL,主体的安全级必须等于客体的安全级或主体拥有 CAP_MACWRITE 特权(超越 MAC 写限制,拥有该特权可以超越强制存取控制写检查),且主体须与客体属主的用户标识符相匹配或主体拥有 CAP_OWNER 特权(该特权可以超越限制文件主 ID 必须等于用户 ID 的场合,如改变有效用户标识符所属的文件属性),记为 **R4**。若主体写(w)访问客体的安全级,主体的安全级必须等于客体的安全级或主体拥有 CAP_MACWRITE 特权,且主体必须拥有 CAP_SETLEVEL 特权(拥有该特权可以改变进程安全级,包括当前进程本身的安全级),记为 **R5**。若主体执行特权操作时,主体的当前特权集必须拥有相应的特权,记为 **R6**。

⑤ **兼容性规则**:若主体创建文件类型的客体时,客体的安全级必须等于其所在父目录的安全级,记为 **R7**。若主体创建目录类型的客体时,客体的安全级必须支配其所在父目录的安全级,记为 **R8**。

⑥ **激活性规则**:若主体创建客体时,新客体的安全级必须等于主体的安全级,记为 **R9**。若主体删除客体时,主体的安全级必须等于客体的安全级或拥有 CAP_MACWRITE 特权,且在客体的 ACL 中,主体对客体和客体所在的目录拥有写权限,记为 **R10**。删除一个客体时,其敏感信息,包括 ACL、安全级、特权集等均在客体删除之前删除,记为 **R11**。若主体搜索(x)一路径名,主体的安全级必须支配路径名中每一个目录分量的安全级,记为 **R12**。若主体将一目录下的文件或目录列表(r)时,主体的安全级必须支配文件或目录的安全级,记为 **R13**。

5) 安胜 V3.0 的安全初始态

安胜 V3.0 的安全初始态由一个安全初始化过程设置,包括以下四个步骤:

(1) 系统的构造和生成,包括审计机制、MAC 机制、DAC 机制和 PAC 机制的安装和初始化;

(2) 系统中用户安全文件的定义,即根据安全策略给系统中每个用户赋予相应的安全级库、角色划分;

(3) 系统中客体初始安全级设置,即系统用户空间区、系统管理区、病毒防护区等的划分及建立；

(4) 系统正常启动。

2. 多策略安全模型

设计安胜 OS V4.0 的安全模型时，考虑到仅使用单策略是很难满足完整性、机密性和极小特权管理三方面的安全需求，采用了多策略模型，它包括以下三个分量策略模型：

1) 多级机密性安全模型(DMLR_MLS)

(1) 提出了主客体之间访问的单级特性和多级特性，单级特性即主体对客体的访问仅由该客体的安全标签范围内的一个安全级确定。多级特性即主体对客体的访问由该客体的整个安全标签范围确定。

(2) 提出了主体和客体的安全级范围的概念，并据此提出主客体之间的动态调节规则。

(3) 在多级主体和多级客体的基础上提出了具有多级属性的操作和具有单级属性的操作，并提出了新的安全不变量。

(4) 形式地定义了可信主体，提出可信主体的安全级从任何状态出发，访问具有单级属性还是多级属性，在策略执行中除了对安全级进行管理调节外始终保持不变。使可信主体是真正的部分可信，为形式验证奠定基础。

此外，本模型通过对进程的控制实现了对 IPC 对象的控制，并基于以上新的概念和不变量对 BLP 模型的最重要公理" * "性质做出了相应的重大改进。

2) 完整性保护模型(DTE_IPM)

DTE_IPM 基于 DTE 策略，使域和每一个运行进程相关联，型和每一个对象(e.g. 文件，包)相关联，并结合 Clark-Wilson 模型的良构事务概念，定义了新的模型变量与模型不变量，并提出了配置域、类型及良构事务的基本原则，以及几个重要的概念：

- 不可控制关系；
- 可信管道与良构事务的分配关系；
- 可信管道与角色的分配关系。

这个完整性保护模型把 Clark-Wilson 模型的良构事务与 DTE 域隔离技术有机地结合起来，从约化风险的角度强化了 Clark-Wilson 模型。

3) 最小特权控制模型(PCM_RBPC)

本模型基于 POSIX 权能机制将系统的特权细分成一组细粒度的权能，即超级用户 root 的特权 $P = \{p_1, p_2, p_3, p_4, \cdots, p_n\}$，这些权能分别组成若干个特权子集，并据此定义角色权能和域权能概念，以及进程和可执行文件的权能状态，指出每个特权操作必须由拥有相应特权的用户或进程完成，提出安全内核对特权操作进行对应的特权检查，本模型的主要特点是：

- 提出了管理层(如用户)、功能控制层(如域)和应用层(如程序)的层次控制原则；
- 引入了新的权能公式，由于引入了角色的执行域，使公式中权能的变化更能反映 POSIX 的分析，新的权能公式如下

$$I_1 = I_0 \wedge I_f \qquad // I_0, I_1 \text{ 运算前后进程的可继承权能集，} I_f \text{ 程序可继承权能集}$$

$$P_1 = (P_f \lor (I_1 \land P_0)) \land Br \land Bd \qquad //P_0, P_1 \text{ 运算前后进程的许可权能集}, P_f \text{ 程序许}$$
$$//\text{可权能集}, Br, Bd \text{ 分别为进程当前角色和域的}$$
$$//\text{许可权能集}$$

$$E_1 = P_1 \land E_f \qquad\qquad //E_1 \text{ 运算后进程的有效权能集}, E_f \text{ 程序有效权能集}$$

- 提出了反映 RBAC 与 DTE 结合的新的不变量;
- 模型吸收了 RBAC 的所有特点,有助于实现对应用系统与对内核控制的一体化;
- 把权能引入模型,使权能的变化由模型的变量反映,并提出反映 RBAC、DTE 与 POSIX.1e 的不变量。

3. 多级分层文件系统

一般的树状结构文件系统不易实现多级安全强制存取控制(MAC),也不易限制隐蔽存储通道。因此安胜 OS 设计了一种多级分层文件系统。在该文件系统中建立一个文件时,其安全级必须和所在目录相等;建立一个子目录时,其安全级必须不低于父目录。用这种方法生成的文件树,越往树叶方向安全级就越高或者不变。可信计算基(TCB)按照严格的规则给用户和文件设置安全级,用户安全级不能被用户或他们的程序修改。系统使用这些安全属性判定某个用户是否可以存取一个文件,如果用户安全属性不能存取该文件,那么即使文件的拥有者也不能存取这个文件。

1) 多级分层文件系统的存取控制策略

多级分层文件系统的存取控制策略在文件系统的每个系统调用中实现,即在 open()、creat()、read()、write()、mkdir()、rmdir()、link()、unlink()、stat()、rename()等系统调用中分别加入相应的存取控制策略,如表 8-2 所示。

表 8-2　多级分层文件系统的存取控制策略

系统调用	存取控制策略	备　注
open(char * name, int flags, mode_t mode)	R12、R9、R2、R7、R1	具体控制策略随存取模式和文件是否存在而不同
creat(char * name, mode_t mode)	R12、R9、R2、R7	当要创建的文件已存在时,用 R3 进行隐蔽通道检查
read(int fd, void * buf, size_t count)	无	在 open()、creat()中已做了相应的安全检查,可以保证"支配读"
write(int fd, void * buf, size_t count)	无	在 open()、creat()中已做了相应的安全检查,可以保证"相等写"
link(char * oldpath, char * newpath)	R12、R10、R9、R7	
unlink(char * name)	R12、R10	name 安全级要支配主体的安全级,以避免隐蔽通道
execve(char * name, char * argv[], char * envp[])	R12、R1	
chdir(char * path)	R12、R1	
fchdir(int fd)	R1	

系 统 调 用	存取控制策略	备　　注
chmod(char * name,mode_t mode)	R12、R2	主体必须是客体属主或有 OWNER 特权
fchmod(int fd,mode_t mode)	R2	主体必须是客体属主或有 OWNER 特权
chown(char * path,uid_t owner,gid_t group)	R12、R2	主体必须是客体属主或有 OWNER 特权
stat(chat * name,struct statbuf)	R12、R1	
fstat(int filedes,struct stat * buf)	R1	
lseek(int fildes,off_t offset,int whence)	无	在 open()、creat()中已做了相应的安全检查,可以保证"支配读、相等写"
access(char * fname,mode_t fmode)	R12、R1、R2	具体控制策略随 fmode 而不同
rename(char * oldpath,char * newpath)	R12、R7	
mkdir(char * name,mode_t mode)	R12、R8、R2	当要创建的目录存在时,用 R2 进行隐蔽通道检查
rmdir(char * name)	R12、R2	
readdir(uint fd,struct dirent * dirp,uint count)	R13	
其他		

由于系统调用是用户程序进入内核、存取系统资源的唯一入口,对文件系统的每个系统调用都进行存取控制检查,就等于控制了用户对文件的存取,并且这些检查处于核心态,是完全与用户隔离的,即安全内核对用户的访问请求进行的存取控制判定,是不受用户干扰的。这就使得多级分层文件系统的安全存取控制机制是完备的、不可绕过的。

用户发出的文件访问请求必将涉及一个或多个系统调用。在每个系统调用中,安全内核将根据设定的存取控制策略进行安全检查,决定是否允许进行这个系统调用。例如对于系统调用 open(),调用 nami()函数通过路径名取得文件 inode,同时也取出该 inode 对应的安全级信息,以及用户主的 uid、gid 等,然后根据 R12、R9、R2、R7、R1 进行存取控制策略判定。

2) 多级目录

根据存取控制策略 R7,多级分层文件系统不允许具有不同安全级的用户,在同一目录下创建不同安全级的文件。虽然系统中具有不同安全级的用户有时运行程序 vi、cc 等,就需要在同一标准目录如/tmp、/var/tmp、/usr/tmp 等下创建不同安全级的临时文件,但是如果允许在同一目录下创建不同安全级的文件,就会破坏存取控制策略的限制或者要求这些程序都是可信的,并会产生隐蔽通道。这是不可接受的,因此多级分层文件系统引入了多级目录的概念。

(1) 多级目录的结构。多级目录含有一些特殊的子目录,称为有效目录(Eff. Dir)。有效目录是当某个进程第一次访问多级目录时由安全内核自动创建的,对用户来讲是透明的。有效目录名即与该进程相关的安全级标识(Level)。如图 8-8 所示,/tmp 为一个多级目录。

与每个进程有关的是进程的多级目录状态,它决定对多级目录的访问方式。这个状态有两种不同形式:"实状态"(real mode)和"虚状态"(virtual mode)。

(2)"虚状态"下多级目录访问。如果进程的多级目录状态为"虚状态",那么内核将把对多级目录的访问自动改变为对多级目录下相应有

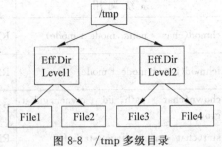

图 8-8 /tmp 多级目录

效目录的访问。这个有效目录的名字和安全级与进程安全级相对应。如果当前多级目录下,没有一个有效目录的安全级等于进程的安全级,那么安全内核将自动创建一个具有进程安全级的有效目录,且名字对应于进程的安全级。

例如,在"虚状态"下,具有安全级 level1 的进程执行命令 ls/tmp,则系统显示 file1 和 file2。具有安全级 level2 的进程执行命令 cd/tmp 时,则实际上将处于/tmp/level2 目录之下。

"虚状态"是所有用户进程的默认状态,用户登录系统后,代表其工作的进程多级目录状态就自动被安全内核置为"虚状态",除非以后被用户显式地改为"实状态"。

(3)"实状态"下多级目录访问。当进程的多级目录状态为"实状态"时,对多级目录的访问与一般目录相同。如果应用程序在"实状态"下访问一个多级目录,它可能不能创建文件,并有可能引起应用程序执行的混乱。因此用户执行 vi、cc 等应用程序时,就只能在"虚状态"下进行。"实状态"主要用于系统管理员对多级目录的维护和整理。

3)隐蔽文件名的实现

多级分层文件系统中,文件名的安全级与文件内容的安全级是相同的。一个目录中的信息可能具有不同的安全级,因为一个目录的内容就是文件名和子目录名的集合,它们可以具有不同的安全级。安全内核对该目录中的所有内容都实施了访问控制,不允许用户进程通过读该目录内容而查访该目录下的文件名,否则会产生一个存储隐蔽通道。

因此多级分层文件系统的安全策略 R13 规定,仅当用户的安全级支配文件的安全级时,系统才允许用户读取其文件名。所以对某个用户来讲有些文件名、目录名是不可见的(隐蔽的)。亦即对不同安全级的用户列表同一目录下的文件时显示结果有可能是不一样的。

具体实现是通过修改 readdir()系统调用,加入存取控制策略 R13 完成的。

4. 隐蔽通道分析

设计实现安全操作系统应当考虑到这些隐蔽通道,防止通过隐蔽通道造成对系统安全性的危害。隐蔽通道分析包括隐蔽通道的标识、已标识隐蔽通道的带宽计算和处理三个步骤,其中隐蔽通道的标识是隐蔽通道分析中最困难的,同时也是最关键的步骤。隐蔽通道标识可以在系统的描述性顶层规范(DTLS)、形式化顶层规范(FTLS)或者源代码等三个层次进行。目前可用的标识方法大多用于 FTLS,而不能用于源代码层次。对 FTLS

的分析有助于在编写代码前就发现安全漏洞,但是不能标识系统中存在的所有隐蔽通道,原因是:

(1) 源代码比 FTLS 内容更丰富,包含了 FTLS 所不包含的数据结构和代码;

(2) FTLS 与代码的一致性证明是非形式化的,因此不能保证可以从 FTLS 中找到源代码中的所有安全漏洞。

为了满足上述各种标准所规定的"彻底搜索"的目标,必须对源代码进行分析。

安胜 OS 的隐蔽通道分析主要应用自主研制的"回溯搜索方法",同时通过共享资源矩阵法进行辅助分析。

(1) 在规范级使用共享资源矩阵法进行辅助分析。

首先,分析所有的 TCB 原语操作,确定通过 TCB 接口可以读写的变量;其次,建立共享资源矩阵,该矩阵行是用户可读/可写的 TCB 变量(这些变量代表共享资源属性),列是用户可使用的 TCB 原语,矩阵项<TCB 变量,TCB 原语>是 R(该原语能读该变量)或 W(该原语能写该变量)。既不能读又不能写的变量合成一行,分析时视为一个变量。

使用该方法可以发现若干隐蔽通道,但是存在矩阵构造困难,伪非法流多且难以剔除,工作量特别大等缺陷,因此无法满足评估标准中"彻底搜索"要求。

(2) 在代码级使用"回溯搜索方法"进行彻底分析。

回溯搜索法是我们发明的隐蔽通道标识技术。这种方法从标识源代码中的持久变量入手,回溯发现读写持久变量的内核系统调用,从而找出源代码中的全部隐蔽通道。具体来说,该方法首先列举内核源代码中所有持久变量,再对包含这些持久变量的函数进行信息流语义分析,回溯发现内核系统调用与该持久变量之间的信息流关系。其基本步骤是:

① 列举内核源代码中所有持久变量,例如在 C 语言中,持久变量包括变量声明为 extern 和 static 类型的变量。将这些变量加入"系统隐蔽通道变量列表"。

② 列举访问每个持久变量的每个函数,分析该变量在每个函数中是否存在被修改变量值的情况(包括变量值的增减操作、对该变量的赋值操作等),如果在某个函数中存在修改持久变量的变量值情况,就将该函数加入该变量的"写访问隐蔽通道变量函数表",同时记录写操作发生的条件,回溯直接或者间接调用这个函数的系统调用的入口函数,将这些系统调用加入该变量的"写访问隐蔽通道变量系统调用表",如果访问某个持久变量的任意函数都不修改该变量的变量值,则从"系统隐蔽通道变量列表"中删除这个变量。

③ 列举访问其余持久变量的每个函数,分析每个函数的返回值,包括异常返回,是否包含该持久变量值的信息,即存在从持久变量到函数返回值的信息流,并且称返回值包含持久变量信息的函数为能读访问持久变量的函数,一个函数能读访问一个持久变量,当且仅当该函数能返回该持久变量的值,并且至少可以返回两个不同的值,如果该函数能读访问持久变量,就回溯调用这个函数的 2 级函数,分析该 2 级函数的返回值是否包含持久变量的信息,如果 2 级函数的返回值包含持久变量的信息,则回溯调用 2 级函数的 3 级函数……直到第 n 级函数是系统调用的入口函数,如果系统调用的返回值包含持久变量的信息,将该系统调用加入该变量的"读访问隐蔽通道变量系统调用表",如果访问某个持久变量的任意函数都不能读访问该变量,则从"系统隐蔽通道变量列表"中删除这个变量。

④ 根据信息流规则分析系统中的信息流动关系,所谓信息流规则,是按 Shannon 信

息论从编程语言语义中导出该语言每种类型语句所蕴涵的信息流关系。

⑤ 使用一个隐蔽通道变量表中的持久变量，该变量的"读访问隐蔽通道变量系统调用表"中的任意一个系统调用以及该变量的"写访问隐蔽通道变量系统调用表"中的任意一个系统调用共同构成一个隐蔽通道，分析读写持久变量的信息流路径，根据系统的强制安全策略，判断该读写路径是否可以进行违反安全策略的通信，如果该持久变量的读路径或者写路径必须经过强制安全检查，则从"系统隐蔽通道变量列表"中删除该变量。

⑥ 为隐蔽通道变量表中的每个持久变量构造至少一个隐蔽通信场景，如果不能构造场景，则从"系统隐蔽通道变量列表"中删除该变量。此时"系统隐蔽通道变量列表"中剩下的持久变量都是该系统中存在的真实的隐蔽通道变量。

该方法优于现有的最有效的语义信息流法，因为语义信息流法分析信息流的过程缺乏有效的中断退出机制，大量的无效信息流路径构造工作导致状态爆炸。而回溯搜索法只分析与持久变量有关的函数，因为系统调用读写访问持久变量必然是通过这些中间函数实现的。由于采用了退出机制，回溯搜索法有效地避免了状态爆炸。此外，以往的语义信息流法由于需要更多的分析步骤与分析过程，所以对自动工具更为依赖。如果没有强有力的自动工具作为支撑，应用那些方法搜索隐蔽通道是不现实的。而回溯搜索法没有这个问题。

（3）采用实测的方法计算出已标识通道的带宽，并且采用了四种方法处理这些隐蔽通道，包括修改系统调用返回值、加入随机化噪音、加入延迟和审计等措施。分别处理了每个已标识通道。总的思路是，针对系统中产生隐蔽通道的条件，消除产生隐蔽通道的土壤；最坏的情况下，对系统不可避免的隐蔽通道，带宽较大的加入延时和审计，带宽较小的仅仅进行审计处理。

（4）对安胜 OS 隐蔽通道的分析，标识出 18 条隐蔽存储通道，并构造每条隐蔽通道的使用场景，工程估算和实测出每条隐蔽通道的最大带宽。采用了四种方法处理隐蔽通道，测试结果表明，通过采用这些处理措施，可以达到预定的监控目标。

8.6　经典 SELinux 安全设计

2001 年 3 月美国国家安全局（NSA）发布了安全增强 Linux（SELinux），它在 Linux 内核实现了灵活的和细粒度的非自主存取控制，并能够灵活地支持多种安全策略。SELlinux 的最初实现形式是作为一个特殊的核心补丁。

8.6.1　安全体系结构

SELinux 的安全体系结构称为 Flask，它是在犹他州大学和安全计算公司的协助下由 NSA 设计的，如图 8-9 所示。在 Flask 体系结构中，安全策略和通用接口一起封装在与操作系统独立的组件中，通用接口是用于获得安全策略决策的。这个单独的组件称为安全服务器，它是一个内核子系统。

Flask 由两部分组成，即策略（Policy）和实施（Enforcement），策略封装在安全服务器

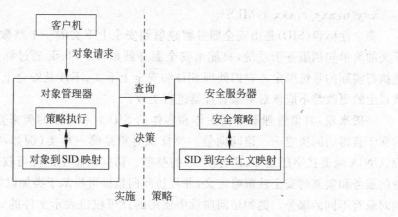

图 8-9 SELinux 安全体系结构图

中,实施由对象管理器具体执行。

系统内核的对象管理器执行系统的具体操作,当需要对安全性进行判断时,向安全服务器提出请求。对象管理器只关心 SID。请求到达安全服务器后,实现与安全上下文(security context)的映射并进行计算,然后将决定的结果返回给对象管理器。

系统中关于安全的请求和决定有三种情况。

(1) 标记决策(Labeling decision):确定一个新的主体或客体采用什么安全标签(如创建客体时)。

(2) 访问决策(Access Decision):确定主体是否能访问客体的某种服务(如文件读写)。

(3) 多实例决策(Polyinstantiation Decision):确定一个进程在访问某个 polyinstantiation 客体时,可不可以转为另一个进程(如从 login_t 转到 netscape_t)。

安全服务器是内核的子系统,用于实现对策略的封装并提供通用接口。SELinux 的安全服务器实现了一种混合的安全性策略,包括类型实施(Type Enforcement)、基于角色的访问控制(Role-based Access Control)和可选的多级别安全性(optional Multilevel Security)。该策略由另一个称为 checkpolicy 的程序编译,它由安全性服务器在引导时读取,生成一个文件/ss_policy。这意味着安全性策略在每次系统引导时都会有所不同,事实上策略甚至可以通过使用 security_load_policy 接口在系统操作期间更改(只要将策略配置成允许这样的更改)。

Flask 结构还提供一个访问向量缓存(AVC)模块,允许对象管理器缓存访问向量,减小整体性能的损耗。在每次进行安全检查时,系统首先检查存放在 AVC 中的访问向量,如果存在此访问向量,则直接返回在 AVC 中的访问向量;否则,向安全服务器提出查询请求,在安全服务器中根据主客体的 SID 及相应的类,针对相关的安全策略对请求进行检查,然后返回相应的访问矢量,并把此访问向量存放在 AVC 中。

Flask 有两个用于安全性标签但是与安全策略无关的数据类型:安全性上下文(Security Context)和安全性标识(SID)。安全性上下文是表示安全性标签的变长字符串,由以下几部分组成:用户、角色、类型和可选 MLS 范围,如

xxx_u:xxx_r:xxx_t:MLS

安全性标识（SID）是由安全服务器映射到安全上下文的一个整数。SID 作为实际上下文的简单句柄服务于系统，只能由安全服务器解释。Flask 通过称为对象管理器的构造执行实际的系统绑定。它们处理 SID 和安全上下文，不涉及安全上下文的属性。任何格式上的更改都不应该对对象管理器进行更改。

一般来说，对象管理器依据主体和客体的 SID 对和对象的类来查询安全服务器，目的在于获得访问决定——访问向量。类标识对象是哪一种类（例如，常规文件、目录、进程、UNIX 域套接字还是 TCP 套接字）的整数。访问向量中的许可权通常由对象可以支持的服务和实施的安全性策略定义，并且访问向量许可权基于类加以解释，因为不同种类的对象有不同的服务。例如访问向量中使用的许可权位表示文件的'unlink'许可权，它也用于表示套接字的'connect'许可权。向量可以高速缓存在访问向量高速缓存（AVC）中，也可以和对象一起存储，这样对象管理器就不必被那些已执行的决策的请求淹没。

8.6.2　安全策略配置

SELinux 系统中的每个主体都有一个域（domain），每个客体都有一个类型（type）（在 SELinux 中统一将域和类型定义为类型）。策略的配置决定对类型的存取是否被允许，以及一个域能否转移到另一个域等。类型的概念应用到应用程序中时，可以决定类型是否可以由域执行；某个类型被执行时，可以从一个域跳转到另一个。这就保证了每个应用程序属于它们自己的域，防止恶意程序进行破坏。

角色也在配置中进行了定义。每个进程都有一个与之相关的角色：系统进程以 system_r 角色运行，而用户可以是 user_r 或 sysadim_r。配置还枚举了可以由角色输入的域。假设用户执行一个程序 foobar。通过执行它，用户转移到 user_foobar_t 域。该域可能只包含一小部分与该用户初始登录相关的 user_t 域中的许可权。

安全策略配置目标包括控制对数据的原始访问、保护内核和系统软件的完整性、防止有特权的进程执行危险的代码，以及限制由有特权的进程缺陷所导致的伤害。

策略可根据策略文件灵活生成，Selinux 中的策略定义非常广泛、灵活。客体的类型定义有 security、device、file、procfs、devpts、nfs、network；主体的域的策略定义有 admin、program、system、user。策略是由策略语言生成的，这个生成过程对用户来讲是透明的，SELinux 系统中采用 m4 宏处理语言作为系统策略语言。

8.7　本章小结

开发一个安全的操作系统可以有两种途径。一种是从头设计；另一种是对原有系统进行加固。从头设计是指开发一个完整的新系统。这时应将操作系统的功能与所需要的安全功能一起考虑，在实现操作系统功能的同时构建安全的操作系统。对原有操作系统进行加固，是当前常见的增强通用计算机操作系统安全性的方法。这种方法往往只能采用增加外部安全控制模块来实现前端过滤器或访问监督器，其所能实现的安全功能会受到一定的限制。例如对于客体重用的要求很难用加固的方法实现;隐蔽信道分析的要求对于非信息流控制的系统是无法实现的。另外,如何加强安全模块自身的安全保护,防止攻击者破坏或绕过安全模块也是一个必须认真解决的重要问题。但是无论采用哪种开发途径,安全操作系统的设计原则、开发方法以及开发过程都是基本一致的。

一般来说,安全操作系统的开发可以划分为面向威胁和面向标准两种类型。面向威胁的方法从对实际安全威胁的分析着手,根据安全威胁确定系统的安全需求。面向标准的方法则基于现有安全评价标准(准则)的要求确定系统的安全需求,但安全标准的制定是来之于安全威胁。两者的联系之处在于在第二种方式中假设规则的制定者已经标识了所有相关的威胁,所以二者之间并不冲突,本质上是一致的,关键在于如何在实践中依据各种因素灵活选用适当的开发方式。

无论是面向威胁还是面向标准设计安全操作系统,都应该从安全功能和安全保证两方面考虑其安全性。安全功能说明了操作系统所实现的安全策略和安全机制,安全保证则借助配置管理、发行与使用、开发、指南文档、生命周期支持、测试和脆弱性评估等方面所采取的措施来确立产品的安全确信度,保证其所提供的安全功能确实达到了确定的功能要求。

另外,设计安全的操作系统还必须考虑它的可用性,这方面的内容主要包括安全功能的友好性、系统的效率、兼容性等,一个不被用户所接受的安全操作系统是不能算作成功的系统。

本章从一般性的角度,讨论了安全操作系统的设计原则与一般结构、开发方法、开发过程以及开发中需要注意的问题,最后有代表性地举例说明了安全性改进增强的安全操作系统、系统安全体系、安全模块等的实际设计。

8.8 习题

1. 基于一般操作系统开发安全操作系统一般有三种方法,即虚拟机法、改进/增强法、仿真法。请比较这三种开发方法之间的优缺点及它们各自所适用的场合。

2. 目前人们大多是通过对 Linux 内核进行安全性增强的方式来开发所需的各种安全机制。试说明在这个过程中如何保障安全机制的完备性。

3. 对照国标 GB 17859—1999 各安全等级的要求,请具体给出《安全标记保护级》在安全保证中对 TCB 设计与实现的具体要求。

4. 结合 TCB 的设计与实现,请进一步展开安全操作系统开发过程中的安全机制的设计与实现。

5. 在安全操作系统的开发过程中,如何协调系统的安全性、兼容性及效率三方面的关系?

第 9 章
操作系统安全评测

安全功能作为安全操作系统所应提供的一个重要功能组成部分,业界对于它和其他功能的要求是不同的。一般来讲,如果在某个安全操作系统的开发过程中使用了严格质量控制,这时仍发现某个功能模块存在一个故障时,只要这个故障不会对操作系统造成致命的影响,通常可以容忍它的存在,这是因为绝大部分非安全功能故障对整个操作系统正常运行影响甚微。但是对于安全漏洞而言,情形往往是由于安全操作系统的一个安全漏洞,可能致使整个系统所有的安全控制变得毫无价值,并且一旦这个漏洞如果被蓄意入侵者发现,就会产生巨大危害,所以这就要求能及时发现这些安全漏洞并且对这些漏洞作出响应。

9.1 操作系统安全性保证手段——从漏洞扫描评估到系统性安全性评测

为了保证安全操作系统的安全性,人们往往首先想到需要采用专用工具扫描操作系统的安全漏洞,从而达到发现漏洞和补救这些漏洞的目的。

9.1.1 操作系统安全漏洞扫描

操作系统安全漏洞扫描的主要目的是:自动评估由于操作系统配置方式不当所导致的安全漏洞。扫描软件在每台机器上运行,通过一系列测试手段来探察每一台机器,发现潜在的安全缺陷。它从操作系统的角度评估单机的安全环境并生成所发现的安全漏洞的详细报告。操作系统安全扫描软件就像一位安全顾问,检查系统寻找漏洞,提供问题报告,并提出解决办法。可以使用扫描软件对安全策略和实际实施进行比较,并给出建议采取相应措施堵塞安全漏洞。

操作系统安全扫描的主要内容包括:

(1) 设置错误。从安全角度来看,操作系统软件的设置是很困难的,设置时一个很小的错误就可能导致一系列安全漏洞。扫描软件应该可以检查系统设置,搜索安全漏洞,判断是否符合安全策略。

(2) 黑客踪迹。黑客留下的踪迹常常是可以检测到的,例如扫描软件能够检查网络接口是否处于"杂收"模式,如果是,则表明可能是黑客正从那台机器窥探并在网络上盗取口令。黑客也常在某些目录下放置文件,扫描软件检查这些目录下是否有可疑的文件。

(3) 特洛伊木马程序。黑客经常在系统文件中内嵌"别有用心"的应用程序,对安全构成很大威胁。扫描软件试图检查这种应用程序的存在。

（4）关键系统文件完整性的威胁。扫描软件能够检查关键系统文件的非授权修改和不合适的版本。这种检查不仅提供了一种检测漏洞的手段，也有助于版本控制。

9.1.2　操作系统安全性评测

虽然定期地或经常地进行操作系统安全漏洞扫描，并根据所发现的漏洞及时修复，可以从一定程度上避免操作系统带来安全风险，但是这些扫描工具是零碎的、基于经验的、没有系统性的，所以没有发现一个操作系统的安全漏洞并不代表其是安全的。这时人们才逐渐倾向于采用系统性的安全操作系统评测技术来对操作系统的安全性进行评价和测试。通常对安全操作系统评测是从安全功能及其设计的角度出发，由权威的第三方实施的。所以在本章主要介绍对计算机信息系统安全的可信度进行评测的各个方面，以期获得一种可对安全操作系统的安全性进行系统性量度的手段。

9.2　操作系统安全评测方法

我们说一个操作系统是安全的，是指它满足某一给定的安全策略。一个操作系统的安全性是与设计密切相关的，只有有效保证从设计者到用户都相信设计准确地表达了模型，而代码准确地表达了设计时，该操作系统才可以说是安全的，这也是安全操作系统评测的主要内容。评测操作系统安全性的方法主要有三种：形式化验证、非形式化确认及入侵分析。这些方法各自可以独立使用，也可以将它们综合起来评估操作系统的安全性。

1. 形式化验证

分析操作系统安全性最精确的方法是形式化验证。在形式化验证中，安全操作系统被简化为一个要证明的"定理"。定理断言该安全操作系统是正确的，即它提供了所应提供的安全特性。但是证明整个安全操作系统正确性的工作量是巨大的。另外，形式化验证也是一个复杂的过程，对于某些大的实用系统，试图描述及验证它都是十分困难的，特别是那些在设计时并未考虑形式化验证的系统更是如此。

2. 非形式化确认

确认是比验证更为普遍的术语。它包括验证，但它也包括其他一些不太严格的让人们相信程序正确性的方法。完成一个安全操作系统的确认有如下几种不同的方法。

（1）安全需求检查：通过源代码或系统运行时所表现的安全功能，交叉检查操作系统的每个安全需求。其目标是认证系统所做的每件事是否都在功能需求表中列出，这一过程有助于说明系统仅做了它应该做的每件事。但是这一过程并不能保证系统没有做它不应该做的事情。

（2）设计及代码检查：设计者及程序员在系统开发时通过仔细检查系统设计或代码，试图发现设计或编程错误。例如不正确的假设、不一致的动作或错误的逻辑等。这种检查的有效性依赖于检查的严格程度。

（3）模块及系统测试：在程序开发期间，程序员或独立测试小组挑选数据检查操作系统的安全性。必须组织测试数据以便检查每条运行路线、每个条件语句、所产生的每种类型的报表、每个变量的更改等。在这个测试过程中要求以一种有条不紊的方式检查所有的实体。

3."老虎"小组入侵测试

在这种方法中，"老虎"小组成员试图"摧毁"正在测试中的安全操作系统。"老虎"小组成员应当掌握操作系统典型的安全漏洞，并试图发现并利用系统中的这些安全缺陷。

这种方法很像要求一个机修工对大量上市的汽车进行检查的情形。机修工知道可能的缺陷所在，并尽可能地多次检查。操作系统在某一次入侵测试中失效，则说明它内部有错。相反地，操作系统在某一次入侵测试中不失效，并不能保证系统中没有任何错误。入侵测试在确定错误存在方面是非常有用的。

一般来说，评价一个计算机系统安全性能的高低，应从如下两个方面进行。

（1）安全功能：系统具有哪些安全功能；

（2）可信性：安全功能在系统中得以实现的，可被信任的程度。通常通过文档规范、系统测试、形式化验证等安全保证来说明。

9.3 安全评测准则

9.3.1 国内外安全评测准则概况

为了对现有计算机系统的安全性进行统一的评价，为计算机系统制造商提供一个有权威的系统安全性标准，需要有一个计算机系统安全评测准则。

美国国防部于 1983 年推出了历史上第一个计算机安全评价标准《可信计算机系统评测准则（Trusted Computer System Evaluation Criteria，TCSEC）》，又称橘皮书。TCSEC 带动了国际上计算机安全评测的研究，德国、英国、加拿大、西欧四国等纷纷制定了各自的计算机系统评价标准。近年来，我国也制定了相应的强制性国家标准 GB 17859—1999《计算机信息系统安全保护等级划分准则》和推荐标准 GB/T 18336—2001《信息技术安全技术 信息技术安全性评估准则》。

表 9-1 给出了国内外计算机评价标准的概况。

表 9-1 国内外计算机评价标准的概况

标 准 名 称	颁布的国家或组织	颁布年份
美国 TCSEC	美国国防部	1983
美国 TCSEC 修订版	美国国防部	1985
德国标准	西德	1988
英国标准	英国	1989
加拿大标准 V1	加拿大	1989

续表

标准名称	颁布的国家或组织	颁布年份
欧洲 ITSEC	西欧四国(英、法、荷、德)	1991
联邦标准草案(FC)	美国	1992
加拿大标准 V3	加拿大	1993
CC V1.0	美、荷、法、德、英、加	1996
中国军标 GJB2646—96	中国国防科学技术委员会	1996
CC V2.0	美、荷、法、德、英、加	1997
ISO/IEC 15408	国际标准组织	1999
中国 GB17859—1999	中国国家质量技术监督局	1999
中国 GB/T18336—2001	中国国家质量技术监督局	2001

1. 德国标准

德国标准是由德国(西德)信息安全局推出的计算机安全评价标准,又称德国绿皮书。该标准定义了 10 个功能类,并用 F1 至 F10 加以标识。其中,F1 类至 F5 类对应到美国 TCSEC 的 C1 至 B3 等级的功能需求,F6 类定义的是数据和程序的高完整性需求,F7 类适合高可用性,F8 至 F10 类面向数据通信环境。另一方面,该标准定义了 Q0 至 Q7 的 8 个表示保证能力的质量等级,分别大致对应到 TCSEC 标准 D 至 A1 级的保证需求。该标准的功能类和保证类可以任意组合,潜在地产生 80 种不同的评价结果,很多组合结果超过了 TCSEC 标准的需求范围。

2. 加拿大标准

加拿大政府设计开发了自己的可信任计算机标准——加拿大可信计算机产品评估标准(Canadian Trusted Computer Product Evaluation Criteria,CTCPEC)。CTCPEC 提出了在开发或评估过程中产品的功能(functionality)和保证(assurance)。功能包括机密(confidentiality)、完整性(integrity)、可用性(availability)和可追究性(accountability)。保证说明安全产品实现安全策略的可信程度。

3. 英国标准

英国标准是由英国的贸易工业部和国防部联合开发的计算机安全评价标准。该标准定义了一种称为声明语言的元语言,允许开发商借助这种语言为产品给出有关安全功能的声明。采用声明语言的目的是提供一个开放的需求描述结构,开发商可以借助这种结构描述产品的质量声明,独立的评价者可以借助这种结构来验证那些声明的真实性。该标准定义了 L1 至 L6 的六个评价保证等级,大致对应到 TCSEC 标准的 C1 至 A1 或德国标准的 Q1 至 Q6 保证等级。

4. 欧洲 ITSEC 标准

20 世纪 90 年代初,西欧四国(英、法、荷、德)联合提出了信息技术安全评价标准

(ITSEC),ITSEC(又称欧洲白皮书)除了吸收 TCSEC 的成功经验外,提出了信息安全的保密性、完整性、可用性的概念,首次把可信计算基的概念提高到可信信息技术的高度来认识。

ITSEC 也定义了七个安全级别,亦即:

- E6 形式化验证级。
- E5 形式化分析级。
- E4 半形式化分析级。
- E3 数字化测试分析级。
- E2 数字化测试级。
- E1 功能测试级。
- E0 不能充分满足保证级。

5. 联邦标准草案

联邦标准是由美国国家标准与技术协会和国家安全局联合开发的拟用于取代 TCSEC 标准的计算机安全评价标准。该标准与欧洲的 ITSEC 标准比较相似,它把安全功能和安全保证分离成两个独立的部分。该标准只有草案,没有正式版本,因为草案推出后,该标准的开发组便转移到与加拿大及 ITSEC 标准的开发组等联合开发共同标准(CC)的工作之中。但该标准提出了保护轮廓定义书和安全目标定义书的概念。

6. 国际通用准则 CC

CC 标准是美国同加拿大以及欧共体国家一起制定的通用安全评价准则(Common Criteria for IT Security Evaluation,CC),1996 年 1 月发布了 CC 的 1.0 版,1997 年 8 月颁布了 CC 的 2.0 版。1999 年 7 月 CC 标准通过国际标准组织认可,被确立为国际标准,即 ISO/IEC 15408。CC 标准吸收了各国制定信息系统安全评测标准的经验,将对信息安全系统和产品的研究、应用与评测带来重大影响。事实上目前已经显示出了种种迹象,例如:

(1) 1998 年 1 月,经过两年的密切协商,来自美国、加拿大、法国、德国以及英国的政府组织签订了历史性的安全评估互认协议:IT 安全领域内 CC 认可协议。根据该协议,在协议签署国范围内,在某个国家进行的基于 CC 的安全评估将在其他国家内得到承认。截至 2003 年 3 月,加入该协议的国家共有十五个:澳大利亚、新西兰、加拿大、芬兰、法国、德国、希腊、以色列、意大利、荷兰、挪威、西班牙、瑞典、英国及美国。

(2) 美国 NSA 内部的可信产品评估计划(TPEP)以及可信技术评价计划(TTAP)最初根据 TCSEC 进行产品的评估,但从 1999 年 2 月 1 日起,这些计划将不再接受基于 TCSEC 新的评估,此后接受的任何新产品都必须根据 CC 的要求进行评估。到 2001 年底,所有已经通过 TCSEC 评估的产品,其评估结果或者过时,或者转换为 CC 评估等级。

(3) NSA 已经将 TCSEC 对操作系统的 C2 和 B1 级要求转换为基于 CC 的要求(或 PP),NSA 正在将 TCSEC 的 B2 和 B3 级要求转换成基于 CC 的保护轮廓,但对 TCSEC 中的 A1 级要求不进行转换。TCSEC 的可信网络解释(TNI)在使用范围上受到了限制,已经不能广泛适用于目前的网络技术,因此 NSA 目前不计划提交与 TNI 相应的 PP。

（4）微软聘请科学应用国际集团（SAIC）的 Common Criteria 实验室来对 Windows 2000 进行测试。经过三年的努力和花费数百万资金，2002 年 10 月 29 日，微软宣称 Windows 2000 已经通过 CC 标准 EAL4 级别的全部所需测试，满足 15 国家承认的 CC 标准的安全认证。虽然这一认证不能保证 Windows 2000 无 bug，但它表明了 Windows 2000 的开发和维护确实达到"系统化设计、测试和检查"的程度。EAL4 也是商业实验室所能给出的最高级别，更高安全级别，例如 EAL5、EAL6、EAL7 则必须由政府机构来认证。

9.3.2 美国橘皮书

TCSEC 是美国国防部根据国防信息系统的保密需求制定的，首次公布于 1983 年。由于它使用了橘色书皮，所以通常称为橘皮书。后来在美国国防部国家计算机安全中心（NCSC）的主持下制定了一系列相关准则，例如，可信任数据库解释（Trusted Database Interpretation）和可信任网络解释（Trusted Network Interpretation）。由于每本书使用了不同颜色的书皮，人们将它们称为彩虹系列。1985 年，TCSEC 再次修改后发布，然后一直沿用至今。直到 1999 年以前，TCSEC 一直是美国评估操作系统安全性的主要准则，其他子系统，例如数据库和网络的安全性，也一直是通过橘皮书的解释来评估的。按照 TCSEC 的标准测试系统的安全性主要包括硬件和软件部分，整个测试过程对生产厂商来说是很昂贵的，而且往往需要几年才能完成。在美国，一个申请某个安全级别的系统，只有在符合所有的安全要求后才由权威评测机构 NCSC 颁发相应的证书。

1. 美国国防部可信计算机系统评测准则介绍

计算机安全评测的基础是需求说明，即把一个计算机系统称为"安全的"真实含义是什么。一般地说，安全系统规定安全特性，控制对信息的存取，使得只有授权的用户或代表他们工作的进程才拥有读、写、建立或删除信息的存取权。美国国防部早在 1983 年就基于这个基本的目标，给出了可信任计算机信息系统的六项基本需求：其中四项涉及信息的存取控制；两项涉及安全保障。

需求 1：安全策略 必须有一个显式和良好定义的安全策略由该系统实现。已知标识的主体和对象。必须有一组规则，用于确定一个已知主体能否允许存取一指定对象。根据安全策略，计算机系统可以实施强制存取控制，有效地实现处理敏感（例如有等级的）信息的存取规则。此外，需要建立自主存取控制机制，确保只有所选择的用户或用户组才可以存取指定数据。

需求 2：标记 存取控制标签必须对应于对象。为了控制对存储在计算机中信息的存取，按照强制存取控制规则，必须合理地为每个对象加一个标签，可靠地标识该对象的敏感级，以及与可能存取该对象的主体相符的存取方式。

需求 3：标识 每个主体都必须予以标识。对信息的每次存取都必须通过系统决定。标识和授权信息必须由计算机系统安全地维护。

需求 4：审计 可信任系统必须能将与安全有关的事件记录到审计记录中。必须有能力选择所记录的审计事件，减少审计开销。审计数据必须予以保护，免遭修改、破坏或非授权访问。

需求 5:保证　为保证安全策略、标记、标识和审计这四个需求被正确实施,必须有某些硬件和软件实现这些功能。这组软件或硬件在典型情况下被嵌入操作系统中,并设计为以安全方式执行所赋予的任务。

需求 6:连续保护　实现这些基本需求的可信任机制必须连续保护,避免篡改和非授权改变。如果实现安全策略的基本硬件和软件机制本身易遭到非授权修改或破坏,则任何这样的计算机系统都不能被认为是真正安全的。连续保护需求在整个计算机系统生命周期中均有意义。

根据以上六项基本需求,TCSEC 在用户登录、授权管理、访问控制、审计跟踪、隐蔽通道分析、可信通路建立、安全检测、生命周期保障、文档写作等各方面,均提出了规范性要求,并根据所采用的安全策略、系统所具备的安全功能将系统分为四类七个安全级别。亦即 D 类、C 类、B 类和 A 类,以层次方式排序,最高类 A 代表安全性最高的系统。其中,C 类和 B 类又有若干子类称为级,级也以层次方式排序,各级别安全可信性依次增高,较高级别包含较低级别的安全性。

在每个级别内,准则分为四个主要部分。前三部分叙述满足安全策略、审计和保证的主要控制目标。第四部分是文档,描述文档的种类,以及编写用户指南、手册、测试文档和设计文档的主要要求。

(1) D 类只包含一个级别——D 级,是安全性最低的级别。不满足任何较高安全可信性的系统全部划入 D 级。该级别说明整个系统都是不可信任的。对硬件来说,没有任何保护作用,操作系统容易受到损害;不提供身份验证和访问控制。例如,MS-DOS、Macintosh System 7. x 等操作系统属于这个级别。

(2) C 类为自主保护类(Discretionary Protection)。该类的安全特点在于系统的对象(如文件、目录)可由其主体(如系统管理员、用户、应用程序)自定义访问权。自主保护类依据安全从低到高又分为 C1、C2 两个安全等级。

① C1 级:又称自主安全保护(Discretionary Security Protection)系统,实际上描述了一个典型的 UNIX 系统上可用的安全评测级别。对硬件来说,存在某种程度的保护。用户必须通过用户注册名和口令使系统识别,这种组合用来确定每个用户对程序和信息拥有什么样的访问权限。具体地说,这些访问权限是文件和目录的许可权限(permission)。存在一定的自主存取控制机制(DAC),这些自主存取控制使文件和目录的拥有者或者系统管理员,能够阻止某个人或几组人访问哪些程序或信息。UNIX 的 owner/group/other 存取控制机制,即一种典型的事例。

但是这一级别没有提供阻止系统管理账户行为的方法,结果是不审慎的系统管理员可能在无意中损害了系统的安全。

另外在这一级别中,许多日常系统管理任务只能通过超级用户执行。由于系统无法区分哪个用户以 root 身份注册系统执行了超级用户命令,因而容易引发信息安全问题,且出了问题以后难以追究责任。

② C2 级:又称受控制的存取控制系统。它具有以用户为单位的 DAC 机制,且引入了审计机制。

除 C1 包含的安全特征外,C2 级还包含其他受控访问环境(controlled-access environment)的安全特征。该环境具有进一步限制用户执行某些命令或访问某些文件的能力,这不仅基于许可权限,而且基于身份验证级别。另外,这种安全级别要求对系统加以审计,包括为系统中发生的每个事件编写一个审计记录。审计用来跟踪记录所有与安全有关的事件,例如那些由系统管理员执行的活动。

(3) B 类为强制保护类(Mandatory Protection)。该类的安全特点在于由系统强制的安全保护,在强制保护模式中,每个系统对象(如文件、目录等资源)及主体(如系统管理员、用户、应用程序)都有自己的安全标签(Security Label),系统则依据主体和对象的安全标签赋予他对访问对象的存取权限。强制保护类依据安全从低到高又分为 B1、B2、B3 三个安全等级。

① B1 级或标记安全保护(Labeled Security Protection)级:B1 级要求具有 C2 级的全部功能,并引入强制型存取控制(MAC)机制,以及相应的主体、客体安全级标记和标记管理。它是支持多级安全(例如秘密和绝密)的第一个级别,这一级别说明一个处于强制性访问控制之下的对象,不允许文件的拥有者改变其存取许可权限。

② B2 级或结构保护(Structured Protection)级:B2 级要求具有形式化的安全模型、描述式顶层设计说明(DTDS)、更完善的 MAC 机制、可信通路机制、系统结构化设计、最小特权管理、隐蔽通道分析和处理等安全特征。它要求计算机系统中所有的对象都加标记,而且给设备(如磁盘、磁带或终端)分配单个或多个安全级别。这是提供较高安全级别的对象与另一个较低安全级别的对象相互通信的第一个级别。

③ B3 级或安全域(Security Domain)级:B3 级要求具有全面的存取控制(访问监控)机制、严格的系统结构化设计及 TCB 最小复杂性设计、审计实时报告机制、更强的分析和解决隐蔽通道问题能力等安全特征。它使用安装硬件的办法增强域的安全性,例如,内存管理硬件用于保护安全域免遭无授权访问或其他安全域对象的修改。该级别也要求用户的终端通过一条可信任途径连接到系统上。

(4) A 类为验证保护类(Verify Design):A 类是当前橘皮书中最高的安全级别,它包含了一个严格的设计、控制和验证过程。与前面提到的各级别一样。这一级包含了较低级别的所有特性。设计必须是从数学上经过验证的,而且必须进行隐蔽通道和可信任分布的分析。可信任分布(Trusted Distribution)的含义是,硬件和软件在传输过程中已经受到保护,不可能破坏安全系统。验证保护类只有一个安全等级,即 A1 级。

A1 级要求具有系统形式化顶层设计说明(FTDS),并形式化验证 FTDS 与形式化模型的一致性,以及用形式化技术解决隐蔽通道问题等。

美国国防部采购的系统要求其安全级别至少达到 B 类,商业用途的系统也追求达到 C 类安全级别。但是,国外厂商向我国推销安全功能符合 TCSEC B 类和以上级别的计算机系统是限制的。因此,自主开发符合 TCSEC 中 B 类安全功能的安全操作系统一直是我国近几年来研究的热点。TCSEC 从 B1 到 B2 的升级,在美国被认为是安全操作系统设计开发中,单级增强最为困难的一个阶段。所以目前设计实现 TCSEC B2 级的安全操作系统依然是我国研究人员很难达到的开发目标。

我国国标 GB 17859—1999 基本上是参照美国 TCSEC 制定的,但将计算机信息系统安全保护能力划分为五个等级,第五级是最高安全等级。一般认为我国 GB 17859—1999 的第四级对应于 TCSEC B2 级,第五级对应于 TCSEC B3 级。

下面分别介绍 TCSEC B2 级和 B3 级的详细内容,其他各级别的具体内容,限于篇幅就不再介绍了。

2. TCSEC 的 B2 级详细内容

在符合 TCSEC 的 B2 级安全系统中,TCB 基于清晰定义和编制成文档的形式安全模型,它要求将 B1 级建立的自主存取控制和强制存取控制实现扩充到系统的所有主体和对象。此外,隐蔽通道被指明。TCB 需要仔细构造为临界保护元素和非临界保护元素。TCB 接口是严格定义的,TCB 设计和实现使其能进行详细测试和更完备复查。鉴别机制被加强,并强制建立严格的配置管理机制。

下面是对 B2 级系统的最低要求。

1) 自主存取控制

TCB 定义和控制系统中命名用户和命名对象(如文件和程序)之间的存取。实施机制(如用户/用户组/公用控制表)允许用户指定和控制命名用户(或定义的用户组或二者)共享命名对象,并提供控制限制存取权限的扩散。自主存取控制机制,能在单个用户粒度下进行蕴涵存取或取消存取。

2) 客体重用

释放一个客体时,将释放其目前所保存的所有信息。当它再次分配时,新主体将不能据此获得原主体的任何信息。

3) 标记

对于由 TCB 之外的主体可直接或间接存取的每个系统资源(例如主体、存储对象、ROM),与其相关联的敏感标记要由 TCB 进行维护。这些标记被用作强制存取控制进行决策的依据。为引入无标记数据,TCB 请求并从授权用户接收该数据的安全级,所有这样的活动都必须是 TCB 可审计的。

4) 标记完整性

敏感标记要准确表示指定主体和对象的安全级。当由 TCB 输出时,敏感标记要准确而无二义地表示内部标记,并与所输出的信息相对应。

5) 输出有标记的信息

对于每个通信通道和 I/O 设备,TCB 要将其标记成单级的或多级的设备。这种标记的任何改变均由人工完成,并要通过 TCB 的审计。与通信通道或 I/O 设备对应的安全级(一级或几级)的任何改变,TCB 应能审计。

6) 输出到多级设备

当 TCB 将一个对象输出到多级 I/O 设备时,与此对象对应的敏感标记也要输出,并驻留在与输出信息相同的物理介质上。当 TCB 将一个对象在多级通信通道上输出或输入时,为使敏感标记与被发送或接收的信息之间进行准确无二义的对应,应提供该通道所使用的协议。

7）输出到单级设备

单级 I/O 设备和单级通道不要求保持它们所处理的信息的敏感标记。然而，TCB 要提供一种供 TCB 和授权用户可靠地通信的机制，以便经过单级通信通道或 I/O 设备输出输入后，对信息加上单安全级的标记。

8）人可读输出加标记

系统管理员应能指定与输出敏感标记相对应的可打印标记名。对所有的人可读输出（例如行式打印机输出）的开始和结束处，TCB 都加上人可读敏感标记，以正确表示该输出的敏感性。根据默认，对人可读输出（例如行式打印机输出）各页的顶部和底部，TCB 都加上人可读敏感标记，以正确表示该输出的整体敏感性或正确表示该页上信息的敏感性。这些标记都是 TCB 可审计的。

9）主体敏感标记

TCB 应能立即观察到终端用户在交互会话期间与该用户对应的安全级的任何改变。

10）设备标记

TCB 支持为所有已连接的物理设备设置安全级，并加上设备安全标记。

11）强制存取控制

TCB 对于由 TCB 以外的主体可直接或间接存取的所有资源（即主体、存储对象和 I/O 设备），要实施强制存取控制策略。对这些主体和对象要赋予敏感标记，标记是有层次的级和无层次的范畴的组合，并被用作强制存取控制进行决策的依据。具体要求是：一个主体能够读一个对象，当且仅当主体的安全级中有层次的级大于或等于对象安全级中有层次的级，并且主体安全级中无层次的范畴包含对象安全级中所有无层次的范畴。一个主体能够写一个对象，当且仅当主体的安全级中有层次的级小于或等于对象安全级中有层次的级，并且主体安全级中无层次的范畴被对象安全级中无层次的范畴包含。标识和鉴别数据将由 TCB 使用，对用户进行标识和鉴别。

12）标识和鉴别

TCB 要求用户先进行自身识别，之后才开始执行需要 TCB 控制的任何其他活动。此外，TCB 要维护鉴别数据，不仅包括各个用户的许可证和授权信息，而且包括为验证各用户标识所需的信息（如口令）。此数据将由 TCB 使用，对用户标识进行鉴别，并对代表各个用户活动能创建的 TCB 之外的主体，确保其安全级和授权是受那个用户的许可证和授权支配的。TCB 要保护鉴别数据，以便不被任何非授权用户存取。TCB 还要提供关于标识和鉴别的审计功能。

13）可信通路

TCB 要支持它本身与用户之间的可信任通信路径，以便进行初始登录和鉴别。

14）审计

TCB 对于它所保护的对象，要能够建立和维护对其进行存取的审计踪迹，并保护该踪迹不被修改或非授权存取和破坏。审计数据要受 TCB 保护。TCB 应能记录下列类型的事件：标识和鉴别机制的使用，对象引用用户地址空间（如文件打开、程序初始启动），删除对象，计算机操作员和系统管理员或系统安全员进行的活动，以及其他与安全有关的事件。TCB 还应能对人可读输出标记的任何复盖进行审计。对所记录的每一个事件，审计记录要标识：该事件的日期和时间、用户、事件类型、该事件的成功或失败。对于标识/鉴别事件，请求的来源(如终端 ID)要包括在该审计记录中。对于将对象引进用户地址空间事件和对象删除事件，审计记录要包括该对象的安全级。系统管理员应能根据各用户标识和对象安全级，对任一个或几个用户的活动有选择地进行审计。对于可用于隐蔽存储通道使用的标识事件，TCB 应能进行审计。

15) 系统体系结构

TCB 应保护其自身执行的区域，使其免受外部干预。TCB 应能提供不同的地址空间保证进程隔离，要从内部构造良好定义的基本独立的模块，以便有效地利用硬件资源，将属于临界保护的元素与非临界保护元素区分开来。TCB 模块的设计应遵循最小特权原则。硬件特性如分段，将用于支持具有不同属性的逻辑上不同的存储对象。对 TCB 的用户接口定义要完全，且 TCB 的全部元素要进行标识。

16) 隐蔽通道分析

系统开发者要对隐蔽存储通道进行全面搜索，并确定(采用实际测量或工程估价)每个被标识通道的最大带宽。

17) 可信任机构管理

TCB 要支持单独的操作员和管理员功能。

18) 安全测试

系统的安全机制要经过测试，并确认依据系统文档的要求进行工作。由充分理解该 TCB 特定实现的人员组成的小组，对其设计文档、源代码和目标代码进行全面的分析和测试。他们的目标是：纠正所有被发现的缺陷，并重新测试 TCB 表明缺陷已被消除，而且没有引进新的缺陷。测试将说明，该 TCB 的实现符合描述性顶层规范。

19) 设计规范和验证

在系统的生命周期内，TCB 支持的安全策略形式模型始终有效，TCB 的描述性顶层规范(DTLS)始终有效。

20) 配置管理

在 TCB 的开发和维护期间，配置管理系统要保持与当前 TCB 版本对应的所有文档与代码之间映射关系的一致性。要提供由源代码生成新版 TCB 的工具。还要有适当工具，对新生成的 TCB 版本与前一版本进行比较，以便肯定实际使用的新版 TCB 代码中只进行了所要求的改变。

21) 安全特性用户指南

用户文档中单独的一节、一章或手册，对 TCB 提供的保护机制和使用方法进行描述。

22) 可信任机制手册

针对系统管理员的手册应当说明在运行安全机制时，应用有关功能和特权时的注意事项，每种类型审计事件的详细审计记录结构，以及检查和维护审计文件的过程。该手册还要说明与安全有关的操作员和管理员功能，例如改变用户的安全特性。如何安全地生成新的 TCB，也要予以说明。

23) 测试文档

系统开发人员要向评测人员提供一个文档，说明测试计划，描述安全机制的测试过程,以及安全机制功能测试的结果。测试文档还应包括,为减少隐蔽通道带宽所用的方法,以及测试的结果。

24)设计文档

设计文档提供生产厂商关于系统保护原理的描述,并且说明如何将该原理转换成TCB。设计文档应当说明,由 TCB 实施的安全策略模型可以实施该安全策略。文档要描述,TCB 如何防篡改,不能被迂回绕过;TCB 如何进行构造以便于测试和实施最小特权等。此外,描绘性顶层规范(DTLS)应准确描述 TCB 接口。

3. TCSEC 的 B3 级详细内容

在符合 TCSEC 的 B3 级安全系统中,可信计算基要满足访问监控器需求。访问监控器仲裁主体对客体的全部访问。访问监控器本身是抗篡改的;必须足够小,能够分析和测试。为了满足访问监控器需求,计算机信息系统可信计算基在其构造时,排除那些对实施安全策略来说并非必要的代码;在设计和实现时,从系统工程角度将其复杂性降低到最小程度。支持安全管理员职能;扩充审计机制,当发生与安全相关的事件时发出信号;提供系统恢复机制。系统具有很高的抗渗透能力。

下面是对 B3 级系统的最低要求。

1)自主存取控制

TCB 定义和控制系统中命名用户和命名对象(如文件和程序)之间的存取。实施机制(如用户/用户组/公用控制表)允许用户指定和控制命名用户(或定义的用户组或二者)共享命名对象,并提供控制限制存取权限的扩散。自主存取控制机制,能在单个用户粒度下进行蕴涵存取或取消存取。

2)客体重用

释放一个客体时,将释放其目前所保存的所有信息。当它再次分配时,新主体将不能据此获得原主体的任何信息。

3)标记

对于由 TCB 之外的主体可直接或间接存取的每个系统资源(例如主体、存储对象、ROM),与其相关联的敏感标记要由 TCB 进行维护。这些标记被用作强制存取控制进行决策的依据。为引入无标记数据,TCB 请求并从授权用户接收该数据的安全级,所有这样的活动都必须是 TCB 可审计的。

4)标记完整性

敏感标记要准确表示指定主体和对象的安全级。当由 TCB 输出时,敏感标记要准确而无二义地表示内部标记,并与所输出的信息相对应。

5)输出有标记的信息

对于每个通信通道和 I/O 设备,TCB 要将其标记成单级的或多级的设备。这种标记的任何改变均要由人工完成,并要通过 TCB 的审计。与通信通道或 I/O 设备对应的安全级(一级或几级)的任何改变,TCB 应能审计。

6)输出到多级设备

当 TCB 将一个对象输出到多级 I/O 设备时,与此对象对应的敏感标记也要输出,并驻留在与输出信息相同的物理介质上。当 TCB 将一个对象在多级通信通道上输出或输入时，为使敏感标记与被发送或接收的信息之间进行准确无二义的对应，应提供该通道所使用的协议。

7) 输出到单级设备

单级 I/O 设备和单级通道不要求保持它们所处理的信息的敏感标记。然而，TCB 要提供一种供 TCB 和授权用户可靠地通信的机制，以便经过单级通信通道或 I/O 设备输出输入后，对信息加上单安全级的标记。

8) 人可读输出加标记

系统管理员应能指定与输出敏感标记相对应的可打印标记名。对所有的人可读输出（例如行式打印机输出）的开始和结束处，TCB 都加上人可读敏感标记，以正确表示该输出的敏感性。根据默认，对人可读输出（例如行式打印机输出）各页的顶部和底部，TCB 都加上人可读敏感标记，以正确表示该输出的整体敏感性或正确表示该页上信息的敏感性。这些标记都是 TCB 可审计的。

9) 主体敏感标记

TCB 应能立即观察到终端用户在交互会话期间与该用户对应的安全级的任何改变。

10) 设备标记

TCB 支持为所有已连接的物理设备设置安全级，并加上设备安全标记。

11) 强制存取控制

TCB 对于由 TCB 以外的主体可直接或间接存取的所有资源（即主体、存储对象和 I/O 设备），要实施强制存取控制策略。对这些主体和对象要赋予敏感标记，标记是有层次的级和无层次的范畴的组合，并被用作强制存取控制进行决策的依据。具体要求是：一个主体能够读一个对象，当且仅当主体的安全级中有层次的级大于或等于对象安全级中有层次的级，并且主体安全级中无层次的范畴包含对象安全级中所有无层次的范畴。一个主体能够写一个对象，当且仅当主体的安全级中有层次的级小于或等于对象安全级中有层次的级，并且主体安全级中无层次的范畴被对象安全级中无层次的范畴包含。标识和鉴别数据将由 TCB 使用，对用户进行标识和鉴别。

12) 标识和鉴别

TCB 要求用户先进行自身识别，之后才开始执行需要 TCB 控制的任何其他活动。此外，TCB 要维护鉴别数据，不仅包括各个用户的许可证和授权信息，而且包括为验证各用户标识所需的信息（如口令）。此数据将由 TCB 使用，对用户标识进行鉴别，并对代表各个用户活动能创建的 TCB 之外的主体，确保其安全级和授权是受那个用户的许可证和授权支配的。TCB 要保护鉴别数据，以便不被任何非授权用户存取。TCB 还要提供关于标识和鉴别的审计功能。

13) 可信通路

当要求 TCB 到用户的连接时（例如登录和改变主体安全级等），TCB 要支持它本身与用户之间的可信任通信路径。可信路径上的通信只能由该用户或计算机信息系统可信计算基激活，且在逻辑上与其他路径上的通信相隔离，且能正确地加以区分。

14）审计

TCB 对于它所保护的对象,要能够建立和维护对其进行存取的审计踪迹,并保护该踪迹不被修改或非授权存取和破坏。审计数据要受 TCB 保护。TCB 应能记录下列类型的事件:标识和鉴别机制的使用,对象引用用户地址空间(如文件打开、程序初始启动),删除对象,计算机操作员和系统管理员或系统安全员进行的活动,以及其他与安全有关的事件。TCB 还应能对人可读输出标记的任何覆盖进行审计。对所记录的每一个事件,审计记录要标识:该事件的日期和时间、用户、事件类型、该事件的成功或失败。对于标识/鉴别事件,请求的来源(如终端 ID)要包括在该审计记录中。对于将对象引进用户地址空间事件和对象删除事件,审计记录要包括该对象的安全级。系统管理员应能根据各用户标识和对象安全级,对任一个或几个用户的活动有选择地进行审计。对于可用于隐蔽存储通道使用的标识事件,TCB 应能进行审计。TCB 应包含能监视可审计安全事件发生与积累的机制。当上述事件超过阈值时,该机制能立即向安全管理员发出报警。如果这些安全相关事件继续发生和积累,系统应以最小代价中止它们。

15）系统体系结构

TCB 应保护其自身执行的区域,使其免受外部干预。TCB 应能提供不同的地址空间保证进程隔离。TCB 要从内部被构造成良好定义的基本上独立的模块,有效地利用可用硬件,将属于临界保护的元素与非临界保护元素区分开来。TCB 模块的设计应遵循最小特权原则。硬件特性如分段,将用于支持具有不同属性的逻辑上不同的存储对象。对 TCB 的用户接口定义要完全,且 TCB 的全部元素要进行标识。TCB 应被设计和构造成使用完整的、概念上简单、语义精确定义的保护机制。这个机制应在实施TCB 与系统的内部构造中起到核心作用。TCB 应充分使用分层化、抽象化和数据隐藏。应从系统工程的角度将 TCB 的复杂性降低到最小程度,并从 TCB 中排除与安全保护无关的代码。

16）系统完整性

要提供可以用于周期性验证 TCB 硬件和固件要素的操作正确性的硬件或软件功能。

17）隐蔽通道分析

系统开发者要对隐蔽通道进行全面搜索,并确定(采用实际测量或工程估价)每个被标识通道的最大带宽。

18）可信任机构管理

TCB 要支持单独的操作员和管理员功能。要标识以安全管理员角色执行的函数。在采取明确的可审计动作以假定安全管理员角色之后,系统管理人员仅仅可以执行安全管理功能。要严格限制用安全管理员角色执行的安全无关功能,使之仅够有效执行安全角色。

19）可信恢复

计算机信息系统可信计算基提供过程和机制,保证计算机信息系统失效或中断后,可以进行不损害任何安全保护性能的恢复。

20) 安全测试

系统的安全机制要经过测试,并确认依据系统文档的要求进行工作。由充分理解该 TCB 特定实现的人员组成的小组,对其设计文档、源代码和目标代码进行全面的分析和测试。他们的目标是:纠正所有被发现的缺陷,并重新测试 TCB 表明缺陷已被消除,而且没有引进新的缺陷。测试将说明,该 TCB 的实现符合描述性顶层规范。测试后的系统应没有设计缺陷,可以有少量可以纠正的实现缺陷,同时可以容忍少量缺陷未被发现。

21) 设计规范和验证

在系统的生命周期内,TCB 支持的安全策略形式模型应始终有效,并要证明该形式模型与其公理的一致性。TCB 的描述性顶层规范(DTLS)要用例外、出错消息和效果等完备并精确地描述 TCB。要表明对 TCB 接口的描述是精确的。要给出 DTLS 与模型一致性的可信服论证。

22) 配置管理

在 TCB 的开发和维护期间,配置管理系统要保持与当前 TCB 版本对应的所有文档与代码之间映射关系的一致性。要提供由源代码生成新版 TCB 的工具。还要有适当工具,对新生成的 TCB 版本与前一版本进行比较,以便肯定实际使用的新版 TCB 代码中只进行了所要求的改变。

23) 安全特性用户指南

用户文档中单独的一节、一章或手册,对 TCB 提供的保护机制和使用方法进行描述。

24) 可信任机制手册

针对系统管理员的手册应当说明在运行安全机制时,应用有关功能和特权时的注意事项,每种类型审计事件的详细审计记录结构,以及检查和维护审计文件的过程。该手册还要说明与安全有关的操作员和管理员功能,例如改变用户的安全特性。如何安全地生成新的 TCB,也要予以说明。要包含确保系统以安全方式启动的过程,还要包含在系统操作失误后重新开始系统操作的过程。

25) 测试文档

系统开发人员要向评测人员提供一个文档,说明测试计划,描述安全机制的测试过程,以及安全机制功能测试的结果。测试文档还应包括,为减少隐蔽通道带宽所用的方法,以及测试的结果。

26) 设计文档

设计文档提供生产厂商关于系统保护原理的描述,并且说明如何将该原理转换成 TCB。设计文档应当说明,由 TCB 实施的安全策略模型可以实施该安全策略。文档要描述,TCB 如何防篡改,不能被迂回绕过;TCB 如何进行构造以便于测试和实施最小特权等。此外,描绘性顶层规范(DTLS)应准确描述 TCB 接口。

4. 通过 TCSEC 评测认证的部分系统

表 9-2 给出通过美国国家计算机安全中心 NCSC 评测的若干安全系统。

近年来,也出现了由美国国家安全局(NSA)评测的可信产品,如表 9-3 所示。

表 9-2　通过美国国家计算机安全中心评测的若干安全系统

制　造　商	系　　统	等级
HFS 公司	UNIX 操作系统 XTS-200B 版本 STOP3.1E	B3
TIS 公司	可信 XENIX3.0 操作系统	B2
TIS 公司	UNIX 操作系统,V/MLS,Release 1.2	B1
SW 公司	CMW1.0	B1
并行计算机公司	可信 OS/32Release08-03.3s	C2
Convex 公司	OS/Secure V10.0UNIX 操作系统	C2
HP 公司	MPE V/E Release GO3.04	C2
波音公司	MLS LAN 安全网络服务器	A1
控制数据公司	网络操作系统(NOS)	C2

表 9-3　通过美国国家安全局评测的若干安全系统

制　造　商	系　　统	等级
Boeing Company	MLS LAN OS	A1
Wang Federal. Inc	XTS-200 STOP 3.1E,3.2E,4.1,4.1a	B3
TIS. Inc	Trusted XENIX 3.0,Trusted XENIX 4.0	B2
General Kinnetics Co.	VSLAN5.0,VSLANE5.1,VSLANE6.0	B2
Amdahl Corporation	UTS/MLS,Version2.1.5+	B1
Digital Equipment Co.	SEVMS VAX Version6.0,Version6.1	B1
Digital Equipment Co.	SEVMS VAX Version and Alpha Version6.1	B1
Digital Equipment Co.	ULTRIX MLS+Version2.1 on VAX Station3100	B1
Harris Computer System Co.	CX/SX6.1.1,CX/SX6.2.1	B1
Harris Computer System Co.	CX/SX with LAN/SX6.1,CX/SX with LAN/SX6.2.1	B1
HP Corporation	HP-UX BLS Release8.04,Release9.0.9+	B1
Silicon Graphics Inc	Trusted IRIX/B Release4.0.5EPL	B1
Unisys Co.	OS 1100Security Release Ⅰ	B1
Unisys Co.	OS 1100/2200 Release SB3R6,Release SB3R8, Release SB4R2, Release SB4R7	B1
Crar Reseach Inc	Trusted UNICOS8.0	B1
Data General Co.	AOS/VS Ⅱ Release 3.01,Release 3.10	C2
Microsoft Co.	Windows NT Version 3.5	C2

9.3.3 中国国标 GB 17859—1999

1999 年 10 月 19 日中国国家技术监督局发布了中华人民共和国国家标准 GB 17859—1999《计算机信息系统安全保护等级划分准则》,该准则参考了美国橘皮书《可信计算机系统评估准则》(TCSEC)和《可信计算机网络系统说明》(NCSC-TG-005),将计算机信息系统安全保护能力划分为五个等级,即:

- 第一级 用户自主保护级;
- 第二级 系统审计保护级;
- 第三级 安全标记保护级;
- 第四级 结构化保护级;
- 第五级 访问验证保护级。

计算机信息系统安全保护能力随着安全保护等级的增高,逐渐增强。

1. 第一级 用户自主保护级

每个用户对属于他们自己的客体具有控制权,如不允许其他用户写他的文件而允许其他用户读他的文件。存取控制的权限可基于三个层次:客体的属主、同组用户、其他任何用户。另外,系统中的用户必须用一个注册名和一个口令验证其身份,目的在于标明主体是以某个用户的身份进行工作的,避免非授权用户登录系统。同时要确保非授权用户不能访问和修改"用来控制客体存取的敏感信息"和"用来进行用户身份鉴别的数据"。

具体来说就是:

(1) 可信计算基要定义和控制系统中命名用户对命名客体的访问,进行自主存取控制;

(2) 具体实施自主存取控制的机制应能控制客体属主、同组用户、其他任何用户对客体的共享以及如何共享。

(3) 实施自主存取控制机制的敏感信息要确保不被非授权用户读取、修改和破坏。

(4) 系统在用户登录时,通过鉴别机制对用户进行鉴别。

(5) 鉴别用户的数据信息,要确保不被非授权用户访问、修改和破坏。

2. 第二级 系统审计保护级

与第一级"用户自主保护级"相比,增加了以下内容:

(1) 自主存取控制的粒度更细,要达到系统中的任一单个用户。

(2) 审计机制。审计系统中受保护客体被访问的情况(包括增加、删除等),用户身份鉴别机制的使用,系统管理员、系统安全管理员、操作员对系统的操作,以及其他与系统安全有关的事件。要确保审计日志不被非授权用户访问和破坏,对于每一个审计事件,审计记录包括事件的时间和日期、事件的用户、事件类型、事件是否成功等。对身份鉴别事件,审计记录包含请求的来源(例如,终端标识符);对客体引用用户地址空间的事件及客体删除事件,审计记录包含客体名。对不能由 TCB 独立分辨的审计事件,审计机制提供审计记录接口,可由授权主体调用。

(3) TCB 对系统中的所有用户进行唯一标识(如 id 号),系统能通过用户标识号确认相应的用户。

（4）客体重用。释放一个客体时，将释放其目前所保存的信息；当它再次分配时，新主体将不能据此获得其原主体的任何信息。

3. 第三级 安全标记保护级

在第二级"系统审计保护级"的基础上增加了下述安全功能：

（1）强制存取控制机制。TCB 对系统的所有主体及其控制的客体（如进程、文件、段、设备）指定敏感标记（即安全级），这些敏感标记由级别和类别组成，级别是线性的，如公开、秘密、机密和绝密等，类别是一个集合如｛外交、人事，干部调配｝。敏感标记如｛秘密：外交，人事｝。两个敏感标记之间可以是支配关系、相等关系和无关。敏感标记 1 支配敏感标记 2，是指敏感标记 1 的级别大于或等于敏感标记 2 的级别，并且敏感标记 1 的类别包含敏感标记 2 的类别。敏感标记 1 和敏感标记 2 相等，是指敏感标记 1 的级别等于敏感标记 2 的级别，并且敏感标记 1 的类别等于敏感标记 2 的类别。除了支配和相等以外，两个敏感标记之间的关系就是无关。仅当主体的敏感标记支配客体的敏感标记时，主体才可以读取客体；仅当客体的敏感标记支配主体的敏感标记时，主体才可以写客体。

（2）在网络环境中，要使用完整性敏感标记确保信息在传送过程中没有受损。

（3）系统要提供有关安全策略模型的非形式化描述。

（4）系统中主体对客体的访问要同时满足强制访问控制检查和自主访问控制检查。

（5）在审计记录的内容中，对客体增加和删除事件要包括客体的安全级别。另外，TCB 对可读输出记号（如输出文件的安全级标记等）的更改要能审计。

具体来说，第三级"安全标记保护级"要求具有以下内容：

① 自主访问控制。

② 强制访问控制。

③ 用户身份鉴别。

④ 客体重用机制。

⑤ 审计机制。

⑥ 数据完整性机制。

4. 第四级 结构化保护级

该保护级明确要求具备以下安全功能：

（1）可信计算基建立于一个明确定义的形式化安全策略模型之上。

（2）对系统中的所有主体和客体实行自主访问控制和强制访问控制。

（3）进行隐蔽存储信道分析。

（4）为用户注册建立可信通路机制。

（5）TCB 必须结构化为关键保护元素和非关键保护元素。TCB 的接口定义必须明确，其设计和实现要能经受更充分的测试和更完整的复审。

（6）支持系统管理员和操作员的职能划分，提供了可信功能管理。

具体来说就是要求具有以下内容：

① 自主访问控制。同第三级"安全标记保护级"。

② 强制访问控制。TCB 对外部主体能够直接或间接访问的所有资源(主体、存储客体、输入输出资源)实施强制访问控制。

③ 身份鉴别。同第三级"安全标记保护级"。

④ 客体重用。同第三级"安全标记保护级"。

⑤ 审计。同第三级"安全标记保护级",但增加了审计隐蔽存储信道事件。

⑥ 隐蔽信道分析。系统开发者应彻底搜索隐蔽存储信道,并根据实际测量或工程估算确定每一个被标识信道的最大带宽。

⑦ 可信路径。对用户的初始登录(如 login),TCB 在它与用户之间提供可信通信路径,使用户确信与 TCB 进行通信,而不是与一个"特洛伊木马"通信,其输入的用户名和口令的确被 TCB 接收。

5. 第五级　访问验证保护级

该保护级的关键功能要求在于:

(1) TCB 满足访问监控器需求,它仲裁主体对客体的全部访问,其本身足够小,能够分析和测试。在构建 TCB 时,要清除那些对实施安全策略不必要的代码,在设计和实现时,从系统工程角度将其复杂性降低到最小程度。

(2) 扩充审计机制,当发生与安全相关的事件时能发出信号。

(3) 系统具有很强的抗渗透能力。

具体来说就是:

① 自主访问控制。同第四级"结构化保护级"。

② 强制访问控制。同第四级"结构化保护级"。

③ 客体重用。同第四级"结构化保护级"。

④ 审计。同第四级"结构化保护级",但增加了报警机制和中止事件的能力,即 TCB 包含能够监控可审计安全事件的发生与积累的机制,当超过阈值时,能够立即向安全管理员发出报警。并且,如果这些与安全相关的事件继续发生或积累,系统应能以最小的代价中止它们。

⑤ 隐蔽信道分析。系统开发者要彻底搜索隐蔽信道(包括隐蔽存储信道和隐蔽时间信道),并根据实际测量或工程估算确定每一个被标识信道的最大带宽。

⑥ 可信路径。当连接用户时(如用户的初始登录、更改主体安全级),TCB 在它与用户之间提供可信通信路径,使用户确信与可信计算基进行通信,而不是与一个"特洛伊木马"通信,确保输入被 TCB 接收。另外,可信路径在逻辑上与其他路径上的通信相隔离,且能正确加以区分。

⑦ 可信恢复。TCB 要提供过程和机制,保证计算机信息系统失效或中断后,可以进行不损害任何安全保护性能的恢复。

9.3.4　国际通用安全评价准则 CC

美国联合荷、法、德、英、加等国,于 1991 年 1 月宣布了制定通用安全评价准则(Common Criteria for IT Security Evaluation,CC)的计划。1996 年 1 月发布了 CC 的 1.0 版。它的基础是欧洲的 ITSEC、美国的 TCSEC、加拿大的 CTCPEC,以及国际标准化组织 ISO SC27 WG3 的安全评价标准。1999 年 7 月,国际标准化组织 ISO 将 CC 2.0 作为国际标准——ISO/IEC 15408 公布。CC 标准提出了"保护轮廓",将评估过程分为"功能"和"保证"两部分,是目前最全面的信息技术安全评估标准。CC 标准在内容上包括三部分:一是简介和一般模型,二是安全功能要求,三是安全保证要求。

1. 简介和一般模型

1) CC 的开发目的和应用范围

CC 开发的目的是使各种安全评估结果具有可比性,在安全性评估过程中为信息系统及其产品的安全功能和保证措施提供一组通用要求,并确定一个可信级别。应用 CC 的结果是,可使用户确定信息系统及安全产品对他们的应用来说是否足够安全,使用中的安全风险是否可以容忍。

要评估的信息系统和产品称为评估对象(TOE),如操作系统、分布式系统、网络及其应用等。CC 涉及信息的保护,以避免未授权的信息泄露、修改和不可用,与此对应的保护类型称为保密性、完整性和可用性。CC 重点考虑人为的安全威胁,但 CC 也可用于非人为因素造成的威胁,CC 还可用于其他 IT 领域。CC 不包括与信息技术安全措施无直接关系的行政性管理安全措施的评估;不包括物理安全方面的评估;不包括评估方法学,也不涉及评估机构的管理模式和法律框架;也不包括密码算法强度等方面的评估。

2) CC 的文档结构

CC 由三部分组成。

第一部分:简介和一般模型。它定义了 IT 安全评估的通用概念和原理,提出了评估的通用模型。它还提出了一些概念,这些概念可用来表达 IT 安全目的,用于选择和定义 IT 安全要求、书写系统与产品的高层规范。

第二部分:安全功能要求。它建立了一系列功能组件,作为表示 TOE 功能要求的标准方法。

第三部分:安全保证要求。它建立了一系列保证组件,作为表示 TOE 保证要求的标准方法。它也定义了保护轮廓(PP)和安全目标(ST)的评估准则,提出了评估保证级别,即评估 TOE 保证的 CC 预定义等级。

3) CC 标准中的缩写及常用术语

(1) 缩写。

CC:通用准则(Common Criteria)。

EAL:评估保证级(Evaluation Assurance Level)。由保证组件构成的包,该包代表了 CC 预定义的保证尺度上的一个位置。

IT:信息技术(Information Technology)。

TOE:评估对象(Target Of Evaluation)。作为评估主体的 IT 产品和系统及相关的管理员和用户指南文档。

PP:保护轮廓(Protection Profile)。一组独立实现的,满足特定用户需求的 TOE 安全要求。

TSP：TOE 安全策略(TOE Security Policy)，规定 TOE 中资产管理、保护和分配的一组规则。

SF：安全功能(Security Function)。为执行 TSP 中一组紧密相关的规则子集，必须依赖的部分 TOE。

SFP：安全功能策略(Security Function Policy)，SF 执行的安全策略。

SOF：功能强度(Strength Of Function)。TOE 安全功能的一种指标，指通过直接攻击其基础安全机制，攻破安全功能所需的最小代价。

ST：安全目标(Security Target)。作为指定的 TOE 评估基础的一组安全要求和规范。

TSC：TSF 控制范围(TSF Scope of Control)，在 TOE 中发生并服从 TSP 规则的集合。

TSF：TOE 安全功能(TOE Security Function)。正确执行 TSP 必须依赖的全部 TOE 硬件、软件和固件的集合。

TSFI：TSF 安全功能接口(TOE Security Function Interface)。一组交互式编程接口，通过它 TSF 访问、调配 TOE 资源或者从 TSF 获取信息。

(2) 常用术语。

资产(assets)：由 TSP 保护的信息或资源。

包(package)：为满足一组确定的安全目的而组合的、可重用的一组功能或保证组件。

组件(component)：可包含在 PP、ST 或包中的最小可选元素。

赋值(assignment)：指定组件的一个特定参数。

保证(assurance)：实体达到其安全目的的信任基础。

攻击潜能(attack potential)：指攻击成功的可能性，取决于攻击者的技能、资源和动机。

增强(augmentation)：将若干保证组件加到 EAL 或保证包中。

用户(user)：在 TOE 之外的与 TOE 交互的任何实体。

认证数据(authentication data)：认证用户身份的数据。

授权用户(authorised user)：根据 TSP 可执行某操作的用户。

类(class)：具有共同焦点的族集合。

外部 IT 实体(external IT entity)：在 TOE 外与 TOE 交互的可信或不可信的 IT 系统或产品。

连通性(connectivity)：允许与外部 IT 实体交互的 TOE 属性，包括任何环境和配置下通过任意距离的有线或无线方式的数据交换。

依赖性(dependency)：安全要求之间的依赖关系关系。

元素(element)：不可再分的安全要求。

评估(evaluation)：依据给定的准则对 PP、ST 或 TOE 进行评价。

评估机构(evaluation authority)：依据评估方案实现 CC 的机构，它确定标准并监督评估的质量。

评估方案(evaluation scheme)：评估机构使用 CC 的管理和规定框架。

扩展(extension)：把不在第二部分的功能要求或不在第三部分的保证要求增加到 ST 或 PP 中。

族(family)：具有共同安全目的，但侧重点和严格性不同的组件集合。

形式化(formal)：在完备的数学概念基础上，用具有确定语义和严格语法的语言表达。

个人用户(human user)：与 TOE 交互的任何个人。

身份(identity)：能唯一标识授权用户的表示形式，可以是全名、缩名或假名。

非形式化(informal)：用自然语言表达。

内部通信信道(internal communication channel)：TOE 内各部分的通信信道。

TOE 内部传输(internal TOE transfer)：TOE 内各部分的数据通信。

TSF 间传输(inter-TSF transfer)：TOE 与其他可信 IT 产品安全功能组件间的数据通信。

反复(iteration)：一个组件在不同操作中的多次使用。

客体(object)：TSC 中由主体操作的，包含或接收信息的实体。

组织安全策略(organisational security policies)：组织为保障其运转而规定的安全规则、过程、惯例和指南。

产品(product)：IT 软件、固件或硬件的包，其功能用于或组合用于不同系统中。

访问监督器(reference monitor)：执行 TOE 访问控制策略的抽象机概念。

访问确认机制(reference validation mechanism)：有以下特性的访问监督器概念的实现，防篡改、始终运行、简单到可以对其进行彻底的分析和测试。

细化(refinement)：为组件添加细节。

角色(role)：一组预先确定的规则，规定用户与 TOE 之间许可的交互。

秘密(secret)：为执行特定的 SFP，只有授权用户和 TSF 才知道的消息。

安全属性(security attribute)：用于执行 TSP 的主体、客体或用户的相关信息。

安全目的(security objective)：对抗特定威胁，满足特定组织安全策略和假设的陈述。

选择(selection)：从组件的项目表中指定一项或几项。

半形式化(semiformal)：用有确定语义和严格语法的语言表达。

基本级功能强度(SOF-basic)：一种 TOE 功能强度级别，足以对抗低潜能攻击者对 TOE 安全的偶发攻击。

中级功能强度(SOF-medium)：一种 TOE 功能强度级别，足以对抗中等潜能攻击者对 TOE 安全的直接或故意攻击。

高级功能强度(SOF-high)：一种 TOE 功能强度级别，足以对抗高等潜能攻击者对 TOE 安全的有计划有组织的攻击。

主体(subject)：在 TSC 中实施操作的实体。

系统(system)：有特定目的和运行环境的专用 IT 装置。

TOE 资源(TOE resource)：TOE 可用或可消耗的所有内容。

TOE 安全策略模型(TOE security policy model)：TOE 执行的安全策略的结构化表示。

TSF 控制外传输(transfers outside TSF control)：与不受 TSF 控制的实体交换数据。

可信通道(trusted channel)：TSF 与远程可信 IT 产品间的一种通信方式,该方式对 TSP 的支持具有必要的置信度。

可信路径(trusted path)：TSF 与用户间的一种通信方式,该方式对 TSP 的支持具有必要的置信度。

TSF 数据(TSF data)：TOE 产生或为 TOE 产生的数据,它们可能会影响 TOE 的操作。

用户数据(user data)：用户产生或为用户产生的数据,它们不会影响 TSP 的操作。

4) CC 的目标读者

CC 的目标读者主要包括 TOE 用户、TOE 开发者和 TOE 评估者。其他读者包括系统管理员和安全管理员;内部和外部审计员;安全规划和设计者;评估发起人和评估机构。

用户可以利用评估结果,判断一个系统和产品是否满足他们的安全需求,可以通过评估结果比较不同的系统和产品。CC 用保护轮廓为用户提供了一个独立于实现的框架,用户在保护轮廓中可提出对评估对象的特殊 IT 安全要求。

开发者遵照 CC 对系统和产品进行设计和开发,可以通过安全功能和保证证明 TOE 实现了特定的安全要求,每个安全要求都包含在安全目标(ST)之中。

评估者遵照 CC 对 TOE 进行评估,判断 TOE 与安全要求的一致性,可以得到可重复的、客观的评估结果。

5) 安全概念

(1) 安全环境。安全环境包括所有相关的法律法规、组织安全策略、习惯、专门技术和知识。它定义了 TOE 使用的环境,包括环境中的安全威胁。

确定安全环境时 PP 或 ST 的作者要考虑以下几点。

- TOE 的物理环境：指所有与 TOE 安全性相关的 TOE 运行环境,包括已知的物理和人为的安全安排。
- 需要保护的资产：包括可直接访问的资产,如文件和数据库,和间接需要满足安全要求的资产,如授权凭证和 IT 实现本身。
- TOE 的目的：产品类型和可能的 TOE 用途。

安全策略、威胁和风险的调查将做出有关 TOE 安全的陈述。

- 假设的陈述：如果环境满足此假设,TOE 可以被认为是安全的。对 TOE 评估,该陈述作为公理接受。
- 资产安全威胁的陈述：指明 TOE 相关安全分析中发现的所有威胁。CC 使用威胁主体、假定的攻击方法、攻击基础的脆弱性和被攻击的资产名称来表示一个威胁。安全风险的评价就是评价每种威胁实际发生的可能性、成功的可能性和可能的破坏后果。
- 组织安全策略的陈述：此陈述明确相关的策略和规则。对一个 IT 系统可明确提出这样的策略,但是对通用的 IT 产品或产品类,则需要做出相关的工作假设。

(2) 安全目标。安全目标由安全环境分析结果确定,安全目标应和已确定的 TOE 运行目标、产品目标以及已知物理环境一致。定义安全目标,是为了阐明所有的安全考虑,并指出安全方面的问题是由 TOE 还是由它的环境解决。TOE 和它的 IT 环境的安全目标就是 IT 的安全要求,用技术手段实现,而环境的安全目标将在 IT 领域内用非技术的或程序的手段实现。

(3) IT 安全要求。IT 安全要求将安全目标细化为一套 TOE 及其环境的安全要求,一旦这些要求得到满足,就可以保证 TOE 达到它的安全目标。

IT 安全要求分安全功能要求和安全保证要求两类。安全功能要求定义了 TOE 支持 IT 安全性的那些功能和期望的安全行为。CC 的第二部分定义了一套安全功能要求,如标识、鉴别、安全审计以及抗抵赖性等。为了确定安全功能是否正确实现和确认满足安全目标,因而提出了一套安全保证要求。CC 的第三部分定义了 CC 的保证要求和评估级别。保证要求规定了开发者的行为、所产生的论据和评估者的行为。

(4) TOE 概要规范。TOE 概要规范定义 TOE 安全要求的实例。它给出了满足功能要求的高层次安全功能定义,以及确保功能要求满足保证要求的措施。

(5) TOE 实现。TOE 实现基于 TOE 实施,它基于 TOE 的安全功能要求和 ST 中的 TOE 概要规范。如果正确有效地实现了 ST 中包括的所有安全需求,则 TOE 将达到其安全目标。

6) CC 方法

对 IT 安全性的信任是通过开发、评估和运行过程中的各种措施获得的。

(1) 开发。CC 不规定任何特定的开发方法和生命周期模型,图 9-1 只是描述了常见的开发者行为。

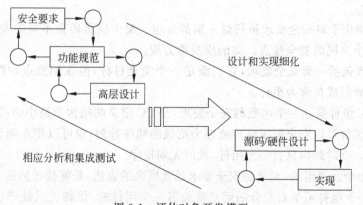

图 9-1　评估对象开发模型

其中,安全要求的建立对满足用户的安全目标意义重大。如果在开发过程的开始没有明确用户的需求,再好的设计也可能达不到用户期望的目标。

开发过程中逐步对安全要求进行细化,最终成为安全目标(ST)中的 TOE 概要规范。每个低层次的细化代表了更为详细的设计分解,最低层抽象表示是 TOE 实现本身。

CC 不规定一套专有的设计表示方法,但要求用一种有效的方法,此方法应当足够详细,即每个层次的细化是上一层次的完全和精确的实例化。

CC保证标准包含功能定义、高层次设计、低层次设计和实现等抽象层次,要求开发者说明其开发方法是如何满足特定保证级别的CC保证要求的。

(2) TOE评估。TOE的评估过程可以与开发过程同步进行或随后进行。TOE的评估过程要求具备:

- 一套TOE证据,包括一套评估过的ST作为TOE评估的基础。
- 评估所需的TOE。
- 评估准则、评估方法和评估认证体系。

评估的期望结果是对TOE满足ST中安全要求的确认,得到一个或多个满足评估准则规定的TOE报告。这些报告对TOE用户和潜在的用户都很有用。评估过程中获得的可信度取决于达到的保证要求(即评估保证级别)。

评估从两方面帮助生产出更好的安全产品:评估可以发现开发者能修改的TOE错误或弱点,减少将来运行时安全性失效的可能;为了通过严格的评估,开发者在设计和开发TOE时会更加小心,评估过程将对最初需求、开发过程、最终产品和操作环境产生间接的、积极的影响。

(3) 运行。用户可选用评估过的TOE。TOE在投入运行前可能会发现一些错误或弱点,或者发现此前对环境条件的假设需要修改。在试运行后,运行结果将反馈给开发者以修改TOE或重新定义其安全要求及假定的运行环境。

7) CC描述材料

CC提出了进行评估的框架,包括一套通用概念和与IT安全相关的语言。

(1) 安全要求的表达。CC安全表达用类、族、组件的层次来组织,帮助用户确定特定的安全要求。CC用通用的风格、相同的组织方式和技术术语表达功能和保证方面的安全要求。

- 类:类用于对安全要求进行最一般的分组。类中成员覆盖不同的安全目标,但都有一个共同的安全焦点。类的成员称为族。
- 族:族包括一套安全要求,它们满足一个安全目标,但在侧重点和严格性上有差别。族的成员称为组件。
- 组件:组件描述一个明确的安全要求,是CC定义的结构中最小的可选安全要求。族内组件可以安全要求强度或能力增强的顺序排列,也可以相互间无关系的方式组织。有时族内只有一个组件,此时无须排序。

组件由单个元素组成,元素是安全要求最低层次的表达,是能被评估的不可分割的安全要求。当一个组件不是自充分的而是依赖另一个组件时,依赖关系就产生了。当用组件构成PP或ST时,为确保TOE的完整性必须满足它们的依赖关系。

可以对CC组件进行剪裁来满足特定的安全策略或抵抗特定的威胁。每个组件都规定了是否可以做"赋值"和"选择"操作、哪些情况下可以做这些操作及做这些操作的结果。任何组件都可以做"反复"和"细化"操作。这些操作定义如下:

- 反复:进行不同操作时,允许组件多次使用。
- 赋值:使用组件时,允许指定参数值。

- 选择：允许从组件表中选择某些项。
- 细化：使用组件时，允许对组件指定更多的细节。

一些必要的操作可以在 PP 内完成（全部或部分），或者在 ST 内完成，但所有操作都必须在 ST 内全部完成。

（2）安全要求的使用。CC 安全要求被开发为包、PP 和 ST 三种使用结构。

① 包：包是组件的组合，是描述功能和保证要求的一个集合。包可以反复使用，可以定义已知的、有效的、达到特定安全目标的要求。包可以构造更大的包、PP 和 ST。

评估保证级别（EAL）是 CC 第三部分中预定义的保证包。一个保证级别为评估定义了一套基本的保证要求。评估保证级别的每一级定义了一套一致的保证要求，各级别合起来就是一个预定义的 CC 保证级别尺度。

② 保护轮廓（PP）：PP 包含一套 CC 的明确阐述的安全要求及一个评估保证级别（EAL）（可能是附加保证组件要求的）。PP 可以独立地表示一类 TOE 的安全要求，它们遵循一套安全目标。PP 可以反复使用，还可以用来定义那些已知的、有效的、达到特定安全目标的 TOE 要求。

PP 的开发者可以是用户团体、IT 产品开发者或其他对于这样一套通用要求有兴趣的团体。PP 为用户提供了一套方法，用户可以讨论特定安全要求和将来针对这些要求进行评估所需要的设施。

③ 安全目标（ST）：ST 包括一套安全要求，这些要求可以引用 PP，也可以直接引用 CC 中的功能，或保证组件，或其他明确阐述的安全要求。ST 允许对特定的 TOE 安全要求进行描述，通过评估说明该 TOE 对达到指定目标是有用和有效的。

一个 ST 包含 TOE 概要规范，同时还包含安全要求、安全目标及它们的基本原理。ST 是所有团体对 TOE 提供的安全性达成一致的基础。

（3）安全要求的来源。TOE 的安全要求可以通过下列输入构造：

- 已有的 PP。PP 的安全要求可用来充分地表达或完全满足 ST 中 TOE 的安全要求。已有的 PP 可以作为一个新的 PP 的基础。
- 已有的包。PP 或 ST 中的部分 TOE 安全要求可能已在一个包中表述过了。第三部分的 EAL 是一组预定义的包，PP 或 ST 中的 TOE 保证要求中应包括某个 EAL 级别。
- 已有的功能或保证组件。PP 或 ST 中的功能或保证要求可以直接用功能或保证组件表达。
- 扩展的要求。第二和第三部分没有扩展的要求可以包括在 PP 或 ST 中。

应当尽可能利用已有的安全要求，这样有助于保证 TOE 满足一组公认的、已知用途的要求，从而有利于 TOE 被广泛认可。

8）评估类型

（1）PP 评估。PP 评估按照 CC 第三部分的 PP 评估准则进行。评估的目的是证明 PP 是完全的、一致的、技术上合理的，而且适合表达一个可评估的 TOE 安全要求。

（2）ST 评估。ST 评估按照 CC 第三部分的 ST 评估准则进行。ST 评估有两个目的：首先证明 ST 是完全的、一致的、技术上合理的，而且适合做相应的 TOE 评估基础；

其次,当认为 ST 与某 PP 一致时,证明 ST 完全满足 PP 的要求。

(3) TOE 评估。对照一个已评估的 ST,按照 CC 第三部分的评估准则进行 TOE 评估,评估的目的是证明 TOE 满足 ST 中的安全要求。

9) 保证的维护

按照 CC 第三部分的评估准则,以一个已评估的 TOE 为基础进行保证的维护。这样做的目的是保证 TOE 中已建立的保证得到维持,在 TOE 或其环境变化的情况下 TOE 能继续满足它的安全要求。

10) CC 评估

为了使评估结果具有更好的可比性,评估应在权威的评估体系中进行。该体系规定了评估标准、监督评估质量和管理评估工作的手段,以及评估者必须遵守的规则。评估环境的主要部分参见图 9-2 评估上下文。

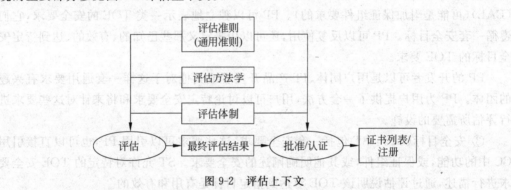

图 9-2 评估上下文

应用通用评估方法学有助于提供结果的可重复性和客观性,但仅靠方法学是不充分的。许多评估准则需要专家判断和一定的背景知识,而这些是很难保证一致性的。为了增强评估结果的一致性,最终的评估结果应提交一个认证过程,该过程是一个针对评估结果的独立的检查过程,并生成一个证书或正式批文,该证书通常是公开的。这个认证过程,是使 IT 安全准则的应用有更好一致性的一种手段。

评估体制、评估方法学和认证过程是管理评估体系的评估机构的责任,不属于 CC 的范畴。

11) CC 评估结果

PP 或 TOE 评估将分别产生评估过的 PP 或 TOE 目录,ST 评估将产生在 TOE 评估框架中使用的中间结果。

(1) PP 评估结果。CC 包括评估准则,以便评估者说明一个 PP 是否完备、一致、技术上正确,因而能对可评估的 TOE 要求进行描述。PP 的评估结果是通过或不通过,通过的 PP 才能登记注册。

(2) TOE 评估结果。CC 包括评估准则,以便评估者判定 TOE 是否满足了 ST 中描述的安全要求。评估者说明,TOE 的指定安全功能是否满足功能要求,从而有效地达到 TOE 的安全目标;TOE 的指定安全功能是否正确地实现。

TOE 的评估结果应包含与 CC 一致性的陈述。运用 CC 的术语描述 TOE 的安全,使得 TOE 间能够进行安全特性的比较。TOE 的评估结果应说明 TOE 满足指定要求的可信程度。TOE 的评估结果是通过或不通过,通过的 TOE 才能登记注册。

(3) 评估结果的声明。评估的通过结果应说明 PP 或 TOE 满足指定要求的可信程度。评估结果应针对 CC 第二部分、第三部分或直接针对 PP,进行如下说明。

- 第二部分一致:PP 或 TOE 的功能要求只建立在第二部分的功能组件上,PP 或 TOE 是与第二部分一致的。
- 第二部分扩展:PP 或 TOE 的功能要求包含第二部分没有的功能组件,PP 或 TOE 是第二部分扩展的。
- 第三部分一致:PP 或 TOE 的保证要求是以 EAL 或保证包形式存在的,而它们只基于第三部分的保证组件,PP 或 TOE 是第三部分一致的。
- 第三部分增强:PP 或 TOE 的安全要求是以 EAL 或保证包形式存在的,并加上第三部分的其他保证组件,PP 或 TOE 是第三部分增强的。
- 第三部分扩展:PP 或 TOE 的安全要求是以 EAL 形式存在的,而 EAL 又与第三部分之外的附加保证要求相联系;或者是以保证包形式存在的,而包有第三部分之外的保证要求,PP 或 TOE 是第三部分扩展的。
- PP 一致:TOE 与 PP 的所有部分一致。

(4) TOE 评估结果的应用。IT 产品和系统对评估结果的应用是不同的,一种应用评估结果的可能方式如图 9-3 所示。

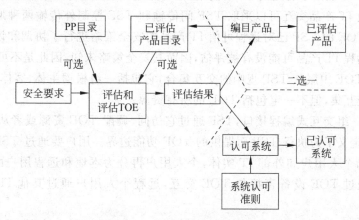

图 9-3　TOE 评估结果的应用

评估后应将评估结果的概要列入已评估产品的目录,以使其成为市场中可用的一个信息安全产品。系统使用者将根据 CC 评估结果来决定是否接受系统运行的风险。

2. 安全功能要求

安全功能组件是 PP 或 ST 中表达的 TOE 的 IT 安全功能要求的基础。安全功能要求描述了 TOE 所期望的安全行为,目标是 PP 或 ST 中陈述的安全目标。这里的安全功能要求并不是要为所有 IT 安全问题提供确定的答案,而是提供一组可供广泛理解的安全功能要求。

另外,CC 的本部分不包括所有可能的安全要求,只是包含了那些发布时已知并认为有价值的要求。所以,这些安全功能要求体现了当前评估技术的发展水平。由于用户的理解和需求可能会变化,这些功能要求需要不断进行维护。PP 或 ST 的作者也可以考虑使用本部分以外的功能要求。

1) 几个关键概念

TOE 评估主要是确保 TOE 资源执行了规定的 TSP。TSP 定义了一些规则使 TOE 支配其对资源的访问,从而控制所有的信息和服务。TSP 由多个 SFP 组成,每个 SFP 的控制范围定义该 SFP 控制的主体、客体和操作。SFP 由 SF 实现,SF 的机制提供必要的功能执行 SFP。为正确执行 TSP 而必须依赖的 TOE 中的部分称为 TSF,TSF 包括实施时直接或间接依赖的 TOE 中所有的软件、硬件和固件。

访问监督器是实施 TOE 的访问控制机制的抽象机,访问确认机制是访问监督器的实现,具有防篡改、能一直运行和简单到能进行彻底分析和测试的特点。TSF 可能包括一个访问确认机制和 TOE 运行时所需的其他安全功能。

TOE 可能是一个包括软件、硬件和固件的单个产品,也可能是一个分布式产品,包括多个单独部分,每部分为 TOE 提供一个特定服务并通过一个内部通信信道与 TOE 其他部分相连。当 TOE 由多个部分组成时,TOE 的每一部分可以有自己的 TSF,通过内部通信信道与 TSF 其他部分交换用户数据和 TSF 数据。这种交换称为 TOE 内部传输。此时,这些 TSF 的部分抽象地形成一个复合 TSF 来实施 TSP。

TOE 接口可能限于特定的 TOE 使用,也可能允许通过外部通信信道与其他 IT 产品交互。与其他 IT 产品交互可以采取 TSF 间传输和 TSF 控制外传输两种形式。TSF 间传输指本地 TOE 的 TSP 已对远程可信 IT 产品的安全策略进行了协调和评估。TSF 控制外传输指远程 IT 产品可能没有被评估,因而其安全策略未知,因此是不可信 IT 产品。

TSC 是 TOE 中服从 TSP 规则的交互集合,它包括一组根据主体、客体和 TOE 内的操作定义的交互集,但不一定包括 TOE 的所有资源。

TSFI 是一组交互式编程接口,TSF 通过它访问、调配 TOE 资源或者从 TSF 中获取信息。TSFI 定义了为执行 TSP 而提供的 TOE 功能边界。用户要通过 TSFI 与 TOE 交互。用户分为个人用户和外部 IT 实体,个人用户再分为本地和远程用户两种情况。本地个人用户通过 TOE 设备直接与 TOE 交互,远程个人用户通过其他 IT 产品间接与 TOE 交互。

用户与 TOE 的一次交互过程称为用户会话。可以根据用户鉴别、时段、访问 TOE 的方法、每个用户允许的并发会话数控制用户会话的建立。

已授权表示用户具有执行某操作的特权,授权用户表示用户有权执行 TSP 定义的操作。

角色是预定义的一组规则,它们建立用户和 TOE 间所允许的交互。TOE 可支持任意数目的角色。例如与 TOE 安全运行相关的角色可能包括"审计管理员"和"用户账号管理员"。

TOE 包括用于处理和存储信息的资源。TSF 的主要目标是完全、正确地对 TOE 控制的资源和信息执行 TSP。TOE 资源能以多种方式结构化和使用。所有资源分为主体和客体两种。主体是主动的,它们是 TOE 内部行为发生的原因;客体是被动的,它们是

发出信息或存入信息的容器,是主体操作的对象。主体可分为:一个授权用户的遵从
TSP 所有规则的实体,多个授权用户轮流使用的特定功能进程,TOE 自身一部分表示的
实体。客体可以包含信息。

　　用户、主体、信息和客体具有确定的属性。有的属性只是提示性信息(如文件名),用
来增加 TOE 的用户友好性,而另一些属性可能专为执行 TSP 而存在(如访问控制信息),
称为安全属性。以下除另有说明,属性将作为安全属性的简称。无论属性的预期目的是
什么,对属性加以控制都是必要的。

　　TOE 数据分为用户数据和 TSF 数据,用户数据是存储在 TOE 资源中的信息,用户
可以根据 TSP 对其操作,但 TSF 不对它们附加任何特殊的意义。TSF 数据是进行 TSP
决策时 TSF 使用的信息,如果 TSP 允许,TSF 数据可以受用户的影响。安全属性、鉴别
数据和访问控制表都是 TSF 数据。有两类特殊的 TSF 数据——鉴别数据和秘密,它们
可以相同,但不一定相同。鉴别数据用于验证向 TOE 请求服务的用户声明的身份。鉴
别数据不一定要保密(即称为秘密),反过来秘密也不都是用做鉴别数据的。

　　2) 功能要求的结构组成

　　安全功能要求以类、族和组件来表达。这里定义了 CC 标准中安全功能要求的内容
和形式,并可为需要向 ST 中添加新组件的组织提供指南。

　　(1) 类结构:每个功能类包括类名、类介绍和一个或多个功能族。

　　类名提供标识和划分功能类所必需的信息。类的分类信息由三个字符的简名组成,
例如 FAU(安全审计)。类介绍描述这些族满足安全目标的通用意图或方法,它用图描述
类中的族和每个族中组件的层次结构。

　　(2) 族结构:每个功能族包括族名、族行为、组件层次、管理、审计和一个或多个
组件。

　　族名提供标识和划分功能族所必需的分类和描述信息。族的分类信息由七个字符的
简名组成,前三个是类的简名,后面是一个下划线和族的简名,例如 FAU_GEN(安全审
计数据产生)。

　　族行为是对功能族的叙述性描述,说明其安全目标,以及对功能要求的一般描述。族
的安全目标阐述它可以解决的安全问题。功能要求的描述总结组件中包含的所有功能要
求,该描述可以被 PP、ST 和功能包的作者用来评价该族是否与他们的特定需求相关。

　　功能族包含一个或多个组件,组件层次提供选择功能组件的信息。它描述了该功能
族所用的组件和它们的基本原理。

　　管理要求包含 PP 或 ST 作者应考虑的给定组件的管理活动信息。管理要求在管理
类(FMT)的组件中描述。该信息是提示性的,PP 或 ST 可以选择已指定的管理要求或包
括其他没列出的管理要求。

　　如果 PP 或 ST 包含安全审计类(FAU)中的要求,则审计要求包括供 PP 或 ST 作者
选择的可审计的事件。这些要求包括 FAU_GEN 族的组件所支持的,按各种不同级别表
示的安全相关事件。

　　(3) 组件结构:每个组件包括组件标识、依赖关系和一个或多个功能元素。

　　组件标识提供标识、分类、注册和交叉引用组件所必需的描述性信息。它包括:反映

组件目标的名字;组件所属的类、族和在族中编号的简名,作为分类、注册和交叉引用组件的主要引用名;层次表,说明这个组件依赖于哪些组件。

每个组件包含一组功能元素,它们是分别定义并相互独立的最小安全功能要求。

当一个组件依赖于其他组件的功能,或必须与其他组件交互才能完成其功能时,就产生了依赖关系。每个组件都有一个依赖关系表,列出直接依赖的其他功能和保证组件。当然,有些组件被标明无依赖关系,有时依赖关系可以在多个功能要求中选择。CC 的依赖关系是规范的,在 PP 或 ST 中必须满足,除非 PP 或 ST 的作者说明不适用的理由。

(4) 允许的功能组件操作:用于 PP、ST 或包的功能组件,可以经剪裁满足特定的安全目标。由于要考虑它们的依赖关系,这种选择和剪裁是很复杂的,只限于一组允许的操作。每个功能组件都有一个允许的操作列表,允许的操作可选自反复、赋值、选择和细化。反复表示对不同操作多次使用同一组件。赋值表示指定参数满足特定的安全目标。选择表示从列表中选一个或多个项目,缩小一个组件元素的范围。细化表示增加细节限定可接受的实现集,它不允许提出新的安全要求。

3) 各类简介

CC 提出了 11 个功能类,包括安全审计类(FAU)、通信类(FCO)、密码支持类(FCS)、用户数据保护类(FDP)、标识和鉴别类(FIA)、安全管理类(FMT)、隐秘类(FPR)、TSF 保护类(FPT)、资源利用类(FRU)、TOE 访问类 FTA 和可信路径/通道类(FTP)。限于篇幅,这里只对这些功能类进行简单介绍。

(1) 安全审计类(FAU)。安全审计包括识别、记录、存储和分析与安全活动有关的信息。检查审计结果可用来判断发生了哪些安全相关活动及哪个用户要对这些活动负责。安全审计类包括六个功能族:安全审计自动响应族(FAU_ARP)、安全审计数据产生族(FAU_GEN)、安全审计分析族(FAU_SAA)、安全审计查阅族(FAU_SAR)、安全审计事件选择族(FAU_SEL)和安全审计事件存储族(FAU_STG)。

(2) 通信类(FCO)。在数据交换中,本类用于确保信息传输发起者的身份(原发证明)和确保信息传输接收者的身份(接收证明)。既确保发起者不能否认发送过信息,又确保接收者不能否认收到过信息。通信类包括两个功能族:原发抗抵赖(FCO_NRO)和接收抗抵赖(FCO_NRR)。

(3) 密码支持类(FCS)。TSF 可以应用密码功能满足一些安全目的,例如,标识和鉴别、抗抵赖、可信路径、可信信道和数据分离等。密码功能可以用硬件、软件和固件来实现。密码支持类包括密钥管理族(FCS_CKM)和密码运算族(FCS_COP)。密钥管理族解决密钥管理问题,密码运算族解决密码算法的应用问题。

(4) 用户数据保护类(FDP)。本类规定了与保护用户数据相关的 TOE 安全功能要求和 TOE 安全功能策略。FDP 分为若干族,这些族分为下面四个组,用于处理 TOE 内部在输入输出和存储期间的用户数据,以及与用户数据直接相关的安全属性。

① 用户数据保护安全功能策略组:由访问控制策略族(FDP_ACC)和信息流控制策略族(FDP_IFC)组成。它们的组件允许 PP 或 ST 作者命名用户数据安全功能策略,并定义该策略的控制范围。这些安全策略的名字将在"访问控制 SFP","信息流控制 SFP",或为其赋值的功能组件中使用。已命名的访问控制和信息流控制 SFP 功能的规则,分别在

下面 FDP_ACF 和 FDP_IFF 中定义。

② 用户数据保护形式组：由访问控制功能族（FDP_ACF）、信息流控制功能族（FDP_IFF）、内部 TOE 传输族（FDP_ITT）、残余信息保护族（FDP_RIP）、反转族（FDP_ROL）和存储数据的完整性族（FDP_SDI）组成。

③ 脱机存储、输入和输出组：由数据鉴别族（FDP_DAU）、输出到 TSF 控制外族（FDP_ETC）和从 TSF 外输入族（FDP_ITC）组成。这些族说明了进出安全功能控制范围时的可信传送。

④ TSF 间通信组：由 TSF 间用户数据传输的保密性保护族（FDP_UCT）和 TSF 间用户数据传输的完整性保护族（FDP_UIT）组成。这些族说明了 TOE 的 TSF 与其他可信 IT 产品间的通信。

（5）标识与鉴别类（FIA）。授权用户的无歧义的标识，以及安全属性与用户和主体的正确关联是实施预定安全策略的关键。因此，需要通过标识与鉴别处理：用户身份的确定和验证，确定用户与 TOE 交互的权限，以及每个授权用户安全属性的正确关联（如身份、组、角色、安全级、完整级等）。FIA 由鉴别失败族（FIA_AFL）、用户属性定义族（FIA_ATD）、秘密的规范族（FIA_SOS）、用户鉴别族（FIA_UAU）、用户标识族（FIA_UID）以及用户——主体绑定族（FIA_USB）组成。

（6）安全管理类（FMT）。安全管理类的目的在于管理 TSF 数据；管理安全属性，如访问控制表和能力表；管理 TSF 功能，如功能的选择，影响 TSF 行为的规则或条件；定义安全角色。FMT 由 TSF 中功能的管理族（FMT_MOF）、安全属性的管理族（FMT_MSA）、TSF 数据管理族（FMT_MTD）、撤销族（FMT_REV）、安全属性到期族（FMT_SAE）、安全属性角色族（FMT_SMR）组成。

（7）隐秘类（FPR）。本类规定隐秘要求，这些要求为用户提供其身份不被其他用户发现或滥用的保护。FPR 由匿名族（FPR_ANO）、假名族（FPR_PSE）、不可关联性族（FPR_UNL）和不可观察性族（FPR_UNO）组成。

（8）TSF 保护类（FPT）。本类一方面与提供 TSF 的机制的完整性和管理有关，另一方面与 TSF 数据的完整性有关。FPT 的组件对保证 TOE 中的 SFP 不被篡改和破坏是必需的。FPT 把 TSF 分成三部分。

① TSF 抽象机：它可以是虚拟的，也可以是物理的机器，这取决于评估期间特定的 TSF 实现。

② TSF 实现：在抽象机上执行并实现 TSP 的机制。

③ TSF 数据：指导执行 TSP 的管理数据库。

FPT 类由以下各族组成：根本抽象机测试（FPT_AMT）、失败保护（FPT_FLS）、输出 TSF 数据的可用性（FPT_ITA）、输出 TSF 数据的保密性（FPT_ITC）、输出 TSF 数据的完整性（FPT_ITI）、TOE 内 TSF 数据的传送（FPT_ITT）、TSF 物理保护（FPT_PHP）、可信恢复（FPT_RCV）、重放检测（FPT_RPL）、参照仲裁（FPT_RVM）、域分离（FPT_SEP）、状态同步协议（FPT_SSP）、时间戳（FPT_STM）、TSF 间 TSF 数据的一致性（FPT_TDC）、TOE 内 TSF 数据复制的一致性（FPT_TRC）、TSF 自检（FPT_TSF）。

（9）资源利用类（FRU）。本类包括容错族（FRU_FLT）、服务优先级族（FRU_PRS）和资源分配族(FRU_RSA),并通过它们来支持资源的处理或存储。容错族提供保护,防止由 TOE 失败引起的资源不可用。服务优先族确保资源分配给重要的任务,不被低优先级的任务独占。资源分配族提供可用资源的使用限制,防止用户独占资源。

(10) TOE 访问类(FTA)。本类规定用以控制建立用户会话的功能要求。具体由可选属性范围限定族(FTA_LSA)、多重并发会话限定族(FTA_MCS)、会话锁定族(FTA_SSL)、TOE 访问旗标族(FTA_TAB)、TOE 访问历史族(FTA_TAH)、TOE 会话建立族(FTA_TSE)组成。

(11) 可信路径/通道类(FTP)。本类的族提供用户和 TSF 之间可信通信路径,以及 TSF 和其他可信 IT 产品之间可信通信信道的功能。可信路径通常用于初始标识或鉴别用户等活动,但也能用于用户会话过程的其他时刻。可信路径可由用户或 TSF 发起,它确保可信路径的用户响应受到保护,不会被不可信应用修改或泄露给不可信应用。FTP 包括两个族:TSF 间可信信道族(FTP_ITC)和可信路径族(FTP_TRP)。

3. 安全保证要求

CC 安全保证要求包括衡量保证尺度的评估保证级(EAL)、组成保证级别的每个保证组件以及 PP 和 ST 的评估准则。

1) 几个关键术语

确认(confirm):表示某些细节需要进行复查,且需要对其充分性做出独立的判断。此术语只适合评估者行为。

验证(verify):类似于"确认",但更严格。当它用于评估者行为时,表明要求评估者独立地做出判断。

检查(check):类似于"确认"或"验证",但比较不严格,它仅要求评估者通过粗略分析做出决定。

连贯(coherent):指一个具有可辨别意义的、逻辑上有序的实体。对文档来说,既指文档的文本,又指文件的结构能为读者所理解。

完备(complete):指提供一个实体所有必要的部分。对文档来说,指文档包含所有的信息,其详细程度达到不再需要进一步解释的水平。

一致(consistent):指两个或更多实体之间没有明显的矛盾。

对抗(counter):表示一个安全对象抵抗一种特殊的威胁,但不表示威胁最终被完全根除。

严格证明(prove):指数学意义上的形式化分析,在各方面都是严格的。

论证(demonstrate):指一个可得出结论的分析,不如"严格证明"严格。

描述(describe):指提供实体的特定细节。

决定(determine):指一个可得出特定结论的独立分析。它不同于"确认"或"验证",后者意味着分析已经完成。

确保(ensure):指行为和结果之间有很强的因果关系,一般前面加"帮助"一起使用,表示它仅仅基于行为而不是对结果的充分肯定。

彻底(exhaustive):表明实施分析或其他行为,它比"系统的"更强。它不仅要根据一个明确的计划采取系统化的方法实施分析或其他行为,而且其后的计划应足以保证所有可能的方法都被采用了。

解释(explain):不同于"描述"或"论证",它回答"为什么"而不试图证明所采取的行动是最佳的。

内在一致(internally consistent):指实体的任何方面之间都没有明显矛盾。

证明(justification):指用于得出结论的分析,比"论证"更严格。

相互支持(mutually supportive):指一组实体占有的资源不与其他实体相冲突,甚至可能辅助其他实体完成任务。它不判断所有有关实体是否直接支持组内的其他实体,而是一个更一般意义上的判断。

规定(specify):类似于"描述",但更严格和准确。它十分类似于"定义"。

2) 保证要求的结构组成

安全保证要求中最抽象的集合称做类,每一个类包括多个保证族,每个族又包括多个保证组件,每个组件又包括多个保证元素。类和族提供对保证要求分类的分类法,而组件用来指明 PP 和 ST 中的保证要求。

(1) 类结构:每个保证类包括类名、类介绍和一个或多个保证族。

类名提供唯一的名字,说明保证类覆盖的主题。保证类的唯一简名由 A 开头的三个字符组成,是引用保证类的主要方法。类介绍描述类的组成,包含涉及该类意图的支持性文字。

(2) 族结构:每个保证族包括族名、目标、组件分级、应用注释和一个或多个保证组件。

族名提供唯一的名字,说明与保证族覆盖的主题相关的信息。保证族的唯一简名是类简名、加下划线、加与族名有关的三个字符组成,是引用保证类的主要方法。

目标说明了保证族的意图。目标所要求的任何特定细节都应包含在保证组件之中。

保证族包含了一个或多个组件,组件分级描述可使用的组件和它们的差异。

应用注释提供保证族的附加信息。这些附加信息是保证族用户(如 PP 或 ST 作者、TOE 的设计者和评估者等)感兴趣的信息,它包括限制使用的警告和特别注意点的非形式化描述。

(3) 组件结构:每个组件包括组件标识、目标、应用注释、依赖关系和一个或多个保证元素。

组件标识提供标识、分类、注册和交叉引用组件所必需的描述性信息。每个保证组件的名字是其唯一的简洁标识,是引用保证组件的主要方法。名字是族简名、加一个点、加数字符号。数字符号根据组件在族类的顺序从 1 开始编号。

目标说明特定保证组件的意图。

应用注释提供保证组件的附加信息。

当一个组件非自充分而依赖于其他组件时,就产生了依赖关系。每个组件都有一个依赖关系表,列出它与其他组件的依赖关系。当然,也有些组件被标明无依赖关系。依赖关系标识了所依赖的保证组件的最小集合,在依赖关系表中同层的组件可用来满足依赖关系。特殊情况下依赖关系可能不适用,此时,PP 或 ST 作者需要说明不适用的理由,才可以选择不去满足这种依赖关系。

每个组件包含一组保证元素,一个保证元素就是一个最小的安全要求。每一个保证元素都属于下列三组中的一组:开发者行为元素,即开发者将实施的活动,其编号上附加字母 D;证据的内容和形式元素,即要求的证据、证据显示和表达的信息,其编号上附加字母 C;评估者行为元素,即评估者实施的活动,其编号上附加字母 E。

开发者行为元素的行为,根据证据的内容和形式元素中的证据材料证明是否合格。开发者行为元素及证据的内容和形式元素代表一个开发者的保证要求,即论证 TOE 的安全功能保证。通过满足这些要求,开发者能更加确信 TOE 满足 PP 或 ST 的功能和保证要求。评估者行为元素隐含对前面两组元素中规定要求的证实,它结合证据的内容和形式,指明在验证 TOE 的 ST 中将要进行的评估活动。它通过证明 PP 或 ST 的有效性,且 TOE 满足这些要求,确认该 TOE 满足其安全目标。

3) 各类简介

CC 提出了 10 个保证类,包括保护轮廓评估准则类(APE)、安全目标评估准则类(ASE)、配置管理类(ACM)、交付和运行类(ADO)、开发类(ADV)、指导性文件类(AGD)、生命周期支持类(ALC)、测试类(ATE)、脆弱性评定类(AVA)、保证维护类(AMA)。限于篇幅,这里只对这些安全保证类进行简单介绍。

(1) 保护轮廓评估准则类(APE)和安全目标评估准则类(ASE)。保护轮廓(PP)和安全目标(ST)的评估要求被视为保证类,并且表示为其他保证类相似的结构,后面将对其进行介绍。

(2) 保证维护类(AMA)。CC 对保证维护类的要求也被视为一个保证类,并且也用其他保证类相似的结构,后面也将对其进行介绍。

(3) 配置管理类(ACM)。配置管理类通过细化和修改 TOE 及其他有关信息,进行规范和控制,确保 TOE 的完整性。它阻止对 TOE 非授权的修改、添加和删除,保证用于评估的 TOE 和文档是准备交付的 TOE 和文档。ACM 包含的族以及族内的组件之间的层次结构如图 9-4 所示。其中,配置管理自动化族包括两个组件:部分配置管理自动化(ACM_AUT.1)和完全配置管理自动化控制(ACM_AUT.2)。配置管理能力族包括五个组件:版本号(ACM_CAP.1)、配置项(ACM_CAP.2)、授权控制(ACM_CAP.3)、产生支持和接受程序(ACM_ACP.4)、高级支持(ACM_ACP.5)。配置管理范围族包括三个组件:TOE 配置管理范围(ACM_SCP.1)、跟踪配置管理范围问题(ACM_SCP.2)、配置管理范围开发工具(ACM_SCP.3)。

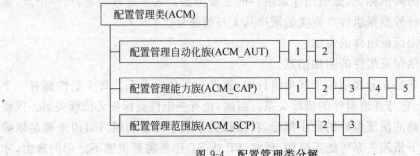

图 9-4　配置管理类分解

（4）交付和运行类（ADO）。交付和运行类定义有关安全交付、安装、运行 TOE 的措施、程序和标准的要求，确保 TOE 提供的安全保护在传递、安装、启动和运行时不会被削弱。ADO 包含的族以及族内的组件之间的层次结构如图 9-5 所示。其中，交付族包括三个组件：交付过程（ADO_DEL. 1）、修改监测（ADO_DEL. 2）、修改防止（ADO_DEL. 3）。安装、生成和启动族包括两个组件：安装、生成和启动过程（ADO_IGS. 1），日志生成（ADO_IGS. 2）。

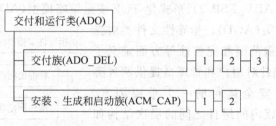

图 9-5　交付和运行类分解

（5）开发类（ADV）。开发类定义 ST 从 TOE 概要规范到实际 TSF 的逐步细化的一系列要求，这些要求包括功能规范、高层设计、实现表示和低层设计。其他要求还包括在各种 TSF 表示之间建立相应的映射，TSF 内部结构要覆盖模块化、层次化以及复杂性最小化，建立安全策略模型以及安全策略、安全策略模型与功能规范之间的对应映射。ADV 包含的族以及族内的组件之间的层次结构如图 9-6 所示。其中，功能规范族包括四个组件：非形式化功能规范（ADV_FSP. 1）、完全定义的外部接口（ADV_FSP. 2）、半形式化功能规范（ADV_FSP. 3）、形式化功能规范（ADV_FSP. 4）。高层设计族包括五个组件：描述性高层设计（ADV_HLD. 1）、安全加强的高层设计（ADV_HLD. 2）、半形式化高层设计（ADV_HLD. 3）、半形式化高层解释（ADV_HLD. 4）、形式化高层设计（ADV_HLD. 5）。实现表示族包括三个组件：TSF 的子集实现（ADV_IMP. 1）、TSF 的

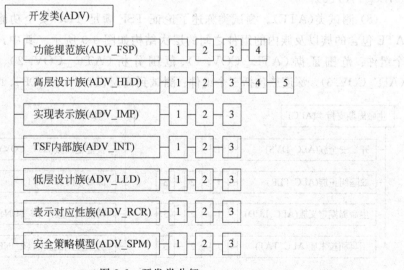

图 9-6　开发类分解

实现（ADV_IMP.2）、TSF 的结构化实现（ADV_IMP.3）。TSF 内部族包括三个组件：模块化（ADV_INT.1）、复杂性降低（ADV_INT.2）、复杂性最小化（ADV_INT.3）。低层设计族包括三个组件：描述性低层设计（ADV_LLD.1）、半形式化低层设计（ADV_LLD.2）、形式化低层设计（ADV_LLD.3）。表示对应性族包括三个组件：非形式化对应性论证（ADV_RCR.1）、半形式化对应性论证（ADV_RCR.2）、形式化对应性论证（ADV_RCR.3）。安全策略模型族包括三个组件：非形式化 TOE 安全策略模型（ADV_FSP.1）、半形式化 TOE 安全策略模型（ADV_FSP.2）、形式化 TOE 安全策略模型（ADV_FSP.3）。

（6）指导性文件类（AGD）。指导性文件类对操作文档的易懂性、覆盖范围和完整性等方面定义了指导性要求。该文档针对用户和管理员提供两种类型的信息，是 TOE 安全运行的一个重要因素。ADV 包含的族以及族内的组件之间的层次结构如图 9-7 所示。其中，管理员指南族和用户指南族各包含一个组件。

图 9-7　指导性文档类分解

（7）生命周期支持类（ALC）。生命周期支持类通过一个为 TOE 开发的所有步骤制定的生命周期模型，明确保证要求。生命周期支持类包括纠正缺陷的程序和策略以及保护开发环境的工具、技术和安全措施。ALC 包含的族以及族内的组件之间的层次结构如图 9-8 所示。其中，开发安全族包括两个组件：安全措施标识（ALC_DVS.1）、安全措施的充分性（ALC_DVS.2）。缺陷纠正族包括三个组件：基本缺陷纠正（ALC_FLR.1）、缺陷报告过程（ALC_FLR.2）、系统缺陷纠正（ALC_FLR.3）。生命周期定义族包括三个组件：开发者定义的生命周期模型（ALC_LCD.1）、标准化生命周期模型（ALC_LCD.2）、可测量的生命周期模型（ALC_LCD.3）。工具和技术族包括三个组件：明确定义的开发工具（ALC_TAT.1）、遵从实现标准（ALC_TAT.2）、遵从实现标准——TOE 所有部分（ALC_TAT.3）。

（8）测试类（ATE）。测试类陈述了论证 TSF 满足 TOE 安全功能要求的测试要求。ATE 包含的族以及族内的组件之间的层次结构如图 9-9 所示。其中，覆盖范围族包括三个组件：范围证据（ATE_COV.1）、范围分析（ATE_COV.2）、范围的严格分析（ATE_COV.3）。深度族包括三个组件：测试到高层设计（ADE_DPT.1）、测试到低层设计

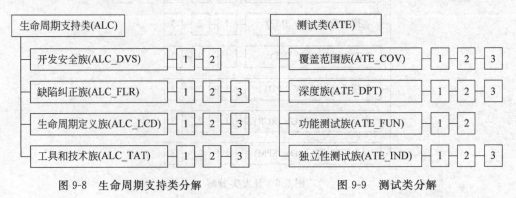

图 9-8　生命周期支持类分解　　　　　图 9-9　测试类分解

（ATE_DPT.2）、测试到实现表示（ATE_DPT.3）。功能测试族包括两个组件：功能测试（ATE_FUN.1）和顺序的功能测试（ATE_FUN.2）。独立性测试族包括三个组件：独立性测试——一致性（ATE_IND.1）、独立性测试——抽样（ATE_IND.2）、独立性测试——全部（ATE_IND.3）。

（9）脆弱性评定类（AVA）。脆弱性评定类定义表示脆弱性的指导性要求，它指出构造、运行、误用或错误配置 TOE 时引入的脆弱性。AVA 包含的族以及族内的组件之间的层次结构如图 9-10 所示。其中，隐蔽通道分析族包括三个组件：隐蔽通道分析（AVA_CCA.1）、系统化隐蔽通道分析（AVA_CCA.2）、彻底的隐蔽通道分析（AVA_CCA.3）。误用族包括三个组件：指南审查（AVA_MSU.1）、分析确认（AVA_MSU.2）、对非安全状态的分析和测试（AVA_MSU.3）。TOE 安全功能强度族包括一个组件。脆弱性分析族包括四个组件：开发者脆弱性分析（AVA_VLA.1）、独立脆弱性分析（AVA_VLA.2）、中级抵抗力（AVA_VLA.3）、高级抵抗力（AVA_VLA.4）。

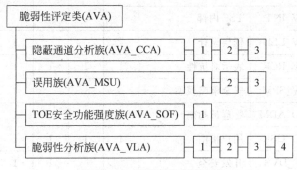

图 9-10 脆弱性评定分解

4）评估保证级

评估保证级（EAL）提供一个递增的尺度，衡量所获的保证级别与达到此级别的代价和可行性。结构上，评估保证级包括 EAL 名称、目标、应用注释和保证组件。其中，EAL 名称提供关于 EAL 意图的描述性信息。目标表明了 EAL 的意图。应用注释提供了 EAL 用户（如 PP 或 ST 作者、以该 EAL 为目标的 TOE 设计者和评估者等）感兴趣的信息，它的表示是非形式化的，并且包含了限制使用的警告和应特别注意的地方。保证组件是为每个 EAL 选择的一组保证组件。

CC 对 TOE 的保证等级定义了七个逐步增强的 EAL，如表 9-4 所示。这些 EAL 由保证组件的一个适当组合组成。每个 EAL 只包含每个保证族的一个组件，以及它们的所有保证依赖关系。这种增强是通过将低等级 EAL 中某保证组件替换成同保证族中更高级别的保证组件，或添加另一保证族的保证组件实现的。

（1）评估保证级 1（EAL1）——功能测试。EAL1 适用于对正确运行需要一定信任，但安全威胁不严重的场合，它为用户提供了一个 TOE 评估，包括依据一个规范的独立性测试，以及对所提供的指导性文档的检查。即使没有 TOE 开发者的帮助，EAL1 评估也能成功进行，而且所需费用最少。此级别的评估要提供证据表明：TOE 的功能与其文档在形式上一致，且对已标识的威胁提供了有效的保护。

表 9-4　评估保证级概要

保证类	保证族		评估保证级划分的保证组件						
			EAL1	EAL2	EAL3	EAL4	EAL5	EAL6	EAL7
配置管理	ACM_AUT	CM 自动化				1	1	2	2
	ACM_CAP	CM 能力	1	2	3	4	4	5	5
	ACM_SCP	CM 范围			1	2	3	3	3
交付和运行	ADO_DEL	交付		1	1	2	2	2	3
	ADO_IGS	安装、生成和启动	1	1	1	1	1	1	1
开发	ADV_FSP	功能规范	1	1	1	2	3	3	4
	ADV_HLD	高层设计		1	2	2	3	4	5
	ADV_IMP	实现表示				1	2	3	3
	ADV_INT	TSF 内部					1	2	3
	ADV_LLD	低层设计				1	1	2	3
	ADV_RCR	表示对抗性	1	1	1	1	2	2	3
	ADV_SPM	安全策略模型			1	3	3	3
指导性文档	AGD_ADM	管理员指南	1	1	1	1	1	1	1
	AGD_USR	用户指南	1	1	1	1	1	1	1
生命周期支持	ALC_DVS	开发安全			1	1	1	2	2
	ALC_FLR	缺陷纠正							
	ALC_LCD	生命周期定义				1	2	2	3
	ALC_TAT	工具和技术				1	2	3	3
测试	ATE_COV	覆盖范围		1	2	2	2	3	3
	ATE_DPT	深度			1	1	1	2	3
	ATE_FUN	功能测试		1	1	1	1	2	2
	ATE_IND	独立性测试	1	2	2	2	2	2	3
脆弱性评定	AVA_CCA	隐蔽信道分析					1	2	2
	AVA_MSU	误用			1	2	2	3	3
	AVA_SOF	TOE 安全功能强度		1	1	1	1	1	1
	AVA_VLA	脆弱性分析		1	1	2	3	4	4

　　EAL1 通过功能和接口规范，以及指导性文档，对安全功能进行分析，提供一种基础级别的保证和对安全行为的理解。这种分析由 TOE 安全功能的独立性测试支持。

　　(2) 评估保证级 2(EAL2)——结构测试。EAL2 在设计和测试时需要与开发者合作，但不需要增加过多的投入，适用于低到中等级别的安全系统。

EAL2 通过功能和接口规范、指导性文档和 TOE 高层设计,对安全功能进行分析。这种分析由以下测试支持:TOE 安全功能独立性测试,开发者基于功能规范进行测试得到的证据;对开发者测试结构的选择性独立确认,功能强度分析,开发者搜索的脆弱性证据。EAL2 也通过 TOE 的配置表和安全证据提供保证。通过开发者测试、脆弱性分析和基于更详细的 TOE 规范的独立性测试,实现在 EAL1 基础上安全保证的增强。

(3) 评估保证级 3(EAL3)——系统地测试和检查。EAL3 可使一个尽职尽责的开发者在设计阶段就能从正确的安全工程中获得最大程度的保证,而不需要对现有的合理的开发实践做大规模的改变,适用于中等级别的安全系统。

EAL3 通过功能和接口规范、指导性文档和 TOE 高层设计,对安全功能进行分析。这种分析由以下测试支持:TOE 安全功能独立性测试;开发者基于功能规范进行测试得到的证据;对开发者测试结果的选择性独立确认;功能强度分析;开发者搜索的脆弱性证据。EAL3 也通过开发环境控制措施、TOE 的配置管理和安全证据提供保证。通过更完备的安全功能测试范围,以及要求提供 TOE 在开发过程中不被篡改的可信机制或程序,实现在 EAL2 基础上安全保证的增强。

(4) 评估保证级 4(EAL4)——系统设计、测试和复查。EAL4 可使开发者从正确的安全工程中获得最大程度的保证,这种安全工程基于良好的商业开发实践,这种实践虽然很严格,但并不需要大量专业知识、技巧和其他资源。在通常情况下,对一个已存在的系统进行改造时,EAL4 是所能达到的最高安全级别。

EAL4 通过功能规范和完备的接口规范、指导性文档、TOE 的高层设计和低层设计,对安全功能进行分析,提供安全保证和对安全行为的理解。EAL4 也可以通过 TOE 安全策略的非形式化模型获得保证。这种分析由以下测试支持:TOE 安全功能的独立性测试,开发者基于功能规范和高层设计进行测试得到的证据,对开发者测试结果的选择性独立确认,功能强度分析,开发者搜索脆弱性的证据,对抵抗低等攻击潜能的穿透性攻击者的能力进行论证的独立性脆弱分析。EAL4 也通过开发环境控制措施、TOE 配置管理和安全证据提供保证。通过要求更多的设计描述;实现的子集;以及提供 TOE 在开发或交付过程中不会被篡改的可信性的改进机制或程序,实现在 EAL3 基础上安全保证的增强。

(5) 评估保证级 5(EAL5)——半形式化设计和测试。EAL5 需要应用适度的专业工程技术来支持。

EAL5 通过功能规范和完备的接口规范、指导性文档、TOE 的高层和低层设计以及所有的实现,对安全功能进行分析,提供保证和对安全行为的理解。EAL5 也可以通过 TOE 安全策略的形式化模型、功能规范和高层设计的半形式化表示额外地获得保证。这种分析由以下测试支持:TOE 安全功能的独立性测试,开发者基于功能规范、高层设计和低层设计进行测试得到的证据,对开发者测试结果的选择性独立确认,功能强度分析,开发者搜索脆弱性的证据,对抵抗中等攻击潜能的穿透性攻击者的能力进行论证的独立性脆弱分析。这种分析也包括对开发者的隐蔽通道分析的确认。EAL5 也通过开发环境控制措施、全面的 TOE 配置管理和交付程序的安全证据提供保证。通过要求半形式化的设计描述;整个实现;更结构化的体系;隐蔽信道分析;以及提供 TOE 在开发过程中不会被篡改的可信性的改进机制或程序,实现在EAL4基础上安全保证的增强。

(6) 评估保证级6(EAL6)——半形式化验证的设计和测试。EAL6可使开发者通过把安全工程技术应用于严格的开发环境,而获得高度的安全保证。它适用于高风险环境下的安全TOE的开发,这里受保护的资源值得花费很大的额外开销。

EAL6通过功能规范和完备的接口规范、指导性文档、TOE的高层和低层设计以及实现的结构化表示,对安全功能进行分析,提供保证和对安全行为的理解。EAL6也可以通过TOE安全策略的形式化模型、功能规范,高层和低层设计的半形式化表示,以及它们之间对应性的半形式化论证,模块化和分层的TOE设计,额外地获得保证。这种分析由以下测试支持:TOE安全功能的独立性测试,开发者基于功能规范、高层设计和低层设计进行测试得到的证据,对开发者测试结果的选择性独立确认,功能强度分析,开发者搜索脆弱性的证据,对抵抗高等攻击潜能的穿透性攻击者的能力进行论证的独立性脆弱分析。这种分析也包括对开发者的系统化隐蔽通道分析的确认。EAL6也通过应用结构化的开发流程、开发环境控制措施包括全面的TOE配置管理和交付程序的安全证据提供保证。通过要求更全面的分析,实现的结构化表示,更体系化的结构,更全面的脆弱性分析,系统化隐蔽信道识别,以及改进的配置管理和开发环境控制等,实现在EAL5基础上安全保证的增强。

(7) 评估保证级7(EAL7)——形式化验证的设计和测试。EAL7适用于安全TOE的开发,该TOE应用在风险非常高的场合或有高价值资产值得保护的地方。目前,EAL7的实际应用只是局限于一些安全功能能够经受起形式化分析的TOE。

EAL7通过功能规范和完备的接口规范、指导性文档、TOE的高层和低层设计以及实现的结构化表示,对安全功能进行分析,提供保证和对安全行为的理解。EAL7也可以通过TOE安全策略的形式化模型、功能规范和高层设计的形式化表示、低层设计的半形式化表示,以及它们之间对应性的形式化和半形式化论证、模块化和分层的且简单的TOE设计,额外地获得保证。这种分析由以下测试支持:TOE安全功能的独立性测试,开发者基于功能规范、高层设计和低层设计和实现进行测试得到的证据,对开发者测试结果的全部独立确认,功能强度分析,开发者搜索脆弱性的证据,对抵抗高等攻击潜能的穿透性攻击者的能力进行论证的独立性脆弱分析。这种分析也包括对开发者的系统化隐蔽通道分析的确认。EAL7也通过应用结构化的开发流程、开发环境控制措施包括完全自动化的全面的TOE配置管理和交付程序的安全证据提供保证。通过要求形式化表示、形式化分析以及更全面的测试,实现在EAL6基础上安全保证的增强。

5) PP与ST评估准则

PP与ST评估准则在CC中是要首先满足的,因为PP或ST评估是在TOE评估前进行的。PP类、ST类与TOE类不同,因为PP类和ST类的所有要求都要考虑单个PP或ST的评估,而TOE类的要求涉及较广,并不针对一个特定的TOE。

(1) PP准则:PP评估论证PP的完备性、一致性、技术上的合理性,因此适合作为一个或多个可评估TOE的要求陈述。

- 与ST评估准则的关系:通常的PP和具有TOE特性的ST之间有很多结构和内容上的相似之处,所以PP评估准则中,保护的要求与ST评估准则包含的要求之间有许多相似之处,且两者的表示方式也相似。

- 评估者任务:评估者实施一个包含在 CC 要求之内的 PP 评估时,应使用如下 PP 评估类 APE 的要求:TOE 描述族(APE_DES)、安全环境族(APE_ENV)、PP 引言族(APE_INT)、安全目标族(APE_OBJ)、IT 安全要求族(APE_REQ)。评估者实施一个包含 CC 要求之外的 PP 评估时,应使用如下 PP 评估类 APE 的要求: TOE 描述族(APE_DES)、安全环境族(APE_ENV)、PP 引言族(APE_INT)、安全目标族(APE_OBJ)、IT 安全要求族(APE_REQ)、明确陈述的 IT 安全要求族 (APE_SRE)。

(2) ST 准则:ST 评估是为了论证 ST 是完备的、一致的、在技术上是合理的,因此适合作为相应的 TOE 评估的基础。

- 与 CC 其他评估准则的关系:评估 TOE 包括 ST 评估和相应的 TOE 评估。ST 评估包括对 PP 声明的评估。如果 ST 没有声明与 PP 的一致性,ST 的 PP 声明将包括 TOE 没有声明与任何 PP 的一致性。
- 评估者任务:评估者实施一个包含 CC 要求之内的 ST 评估时,应使用如下 ST 评估类 ASE 的要求:TOE 描述族(ASE_DES)、安全环境族(ASE_ENV)、SF 引言族(ASE_INT)、安全目标族(ASE_OBJ)、PP 声明族(ASE_PPC)、IT 安全要求族(ASE_REQ)、TOE 概要规范族(ASE_TSS)。评估者实施一个包含 CC 要求之外的 ST 评估时,应使用如下 ST 评估类 ASE 的要求:TOE 描述族(ASE_DES)、安全环境族(ASE_ENV)、SF 引言族(ASE_INT)、安全目标族(ASE_OBJ)、PP 声明族(ASE_PPC)、IT 安全要求族(ASE_REQ)、明确陈述的 IT 安全要求族(ASE_SRE)、TOE 概要规范族(ASE_TSS)。

6) 保证维护

保证维护应用在一个 TOE 已经被评估和认证之后,旨在当 TOE 或其环境发生变化时能够继续满足它的既定安全目标。这些变化包括发现新的威胁或脆弱性、用户需求的变化、纠正已认证的 TOE 中的错误等。

实现保证维护的一个方法是再次评估 TOE,即对新版本的 TOE 进行评估,包括对已认证版本 TOE 的安全相关变化以及那些仍有效的评估结果进行再次评估。然而,在很多情况下,再次评估每个 TOE 新版本是不现实的。因此,保证维护类的主要目的是,定义一整套要求提供一个信任度,使 TOE 中建立的保证得到维护,并不需要再次进行评估。保证维护类并没有完全去除再次评估的要求,在必要时支持对 TOE 的再次评估。

为了保证在 TOE 中得到维护,保证维护类要求开发者提供证据说明 TOE 仍然满足它的安全目标。

9.3.5　中国推荐标准 GB/T 18336—2001

中国推荐标准 GB/T 18336—2001《信息技术　安全技术　信息技术安全性评估准则》是由中国国家质量技术监督局 2001 年发布的信息技术安全性评估准则,它几乎等同采用了国际 CC 标准。其共分为三部分:《第一部分:简介和一般模型》、《第二部分:安全功能要求》和《第三部分:安全保证要求》。

9.4 本章小结

漏洞扫描和安全性评测是评估计算机安全操作系统安全性的两个主要手段,但是两者在作用机理和应用效果上是不同的,后者是与安全操作系统的安全功能及其设计过程密切相关的,是安全操作系统安全性保障手段的高级形式,也是当前使用的主要手段。

一个操作系统是安全的,是指它满足某一给定的安全策略。一个操作系统的安全性是与设计密切相关的,只有有效保证从设计者到用户都相信设计准确地表达了模型,而代码准确地表达了设计时,该操作系统才可以说是安全的,这也是安全操作系统评测的主要内容。评测操作系统安全性的方法主要有三种:形式化验证、非形式化确认及入侵分析。这些方法各自可以独立使用,也可以将它们综合起来评估操作系统的安全性。

为了对现有计算机系统的安全性进行统一的评价,为计算机系统制造商提供一个有权威的系统安全性标准,需要有一个计算机系统安全评测准则。美国国防部于 1983 年推出的历史上第一个计算机安全评价标准 TCSEC 带动了国际上计算机安全评测标准的研究,德国、英国、加拿大、西欧四国都纷纷制定了各自的计算机系统评价标准。特别是近年来国际通用准则 CC 的制定和逐步得到国际认可,将带来国际上计算机信息系统安全评测标准的统一。近年来,我国也参照国外成熟和先进的评测标准制定了我国强制性国家标准 GB 17859—1999 和推荐标准 GB/T 18336—2001,它们都对我国操作系统安全的发展起到了积极的促进作用。

9.5 习题

1. 操作系统安全评估与操作系统安全评测的区别是什么?
2. 请简述操作系统安全的评测方法。
3. 美国国防部可信计算机系统评测准则主要内容是什么?
4. 中国 GB 17859—1999 划分为哪几级?请比较各级之间的主要差别。
5. 请对比中国 GB 17859—1999 的第四级要求与美国 TCSEC 的 B2 级的异同处。
6. 通用安全准则 CC 主要分为哪几个部分?并简要描述。
7. 国际通用准则 CC 比美国国防部可信计算机系统评测准则主要做了什么改进?
8. 可否用 CC 标准的保护轮廓定义书来对应编写美国 TCSEC 相应评价级的安全要求?

第 10 章 安全操作系统的网络扩展

如果从现在的信息系统结构来看，计算机间的高度互连是一个基本要求。这种互连是通过一定的网络硬件和软件共同实现的，从现在的技术发展状况来看，网络互联已成为一个标准功能被集成到操作系统中，所以安全操作系统中也必须包括网络连接功能，相应地对安全操作系统也就提出了与网络连接有关的安全需求。前几章主要讨论了操作系统本身的安全问题，这章侧重探讨安全操作系统在网络互联中的一些基本安全需求和安全网络技术，这其中网络安全技术是解决问题的关键。所以这章比较详细地讨论了网络安全技术的各个方面。

信息传输系统（如通信网络）作为信息系统的一个重要组成部分，在构建整个信息系统安全的过程中，其地位和作用是不容忽视的。信息传输系统的安全性是一个错综复杂的问题，涉及面非常广，可能包括网络应用软件的安全性、网络子系统（指操作系统内部的网络协议栈）的安全性、信息传输物理设备的安全性等。例如，若希望从地点 A 通过网络安全地登录到地点 B，就需要信任自己使用的远程登录软件，信任网络子系统能够将用户的用户名和密码安全地交给网络信息传输设备，信任信息在线路中传输时没有被泄露和篡改。同样地，地点 B 的计算机系统也要通过适当的方式获得对此次连接安全性的充分信任。总之，在信息传输系统中，安全的获得必须是多方面综合协调作用的结果。

在本章中，所讨论的重点将放在与网络子系统的安全性相关的问题上，试图将读者的视野从操作系统的单机安全性扩展到网络环境中。因此本章的论述经常是以将网络子系统与单机操作系统环境进行对比的方式展开的。这样不仅希望本章能够从概念上给读者一个清晰完整的安全网络系统的轮廓，也希望能够对致力于安全网络系统开发与研究的人员提供一定的实际指导价值。

10.1 网络体系结构

了解和掌握计算机的网络体系结构是构建安全网络的前提。只有充分地研究当前网络系统的基础体系，才能够针对不同的漏洞或弱点实现不同的安全增强机制。

为了使用户能够交换信息和共享资源，许多台计算机被连接在了一起，从而组成了计算机网络。但是用于实现不同系统中实体之间通信的过程是相当复杂的，所以为了简化网络的设计，人们一般采用结构化的设计方法。该方法将网络按照功能分成一系列的层次，每一层完成一个特定的功能，相邻层中的较高层直接使用较低层的服务实现本层次的功能,同时又向它的上一层提供服务,这就是人们常说的网络的层次结构。每一层中的活动元素称为实体,相邻实体间的通信是通过它们的边界进行的,该边界称为相邻层间的接口。在接口处规定了下层向上层提供的服务,以及上下层实体请求服务所使用的服务原语,相邻实体通过发送或接收服务原语进行交互。位于不同系统上同一层中的实体称为对等实体,不同系统间通信实际上是各对等实体间在通信。在某一层上进行通信所使用的规则的集合称为该层的协议,各层协议按层次顺序排列而成的协议序列称为协议栈。其实,每层实体只能和同一系统中上下相邻的实体进行直接通信,不同系统中的对等实体是没有直接通信能力的,它们之间的通信必须通过其下各层的通信间接完成。图 10-1 给出了一个网络的层次模型示意图。

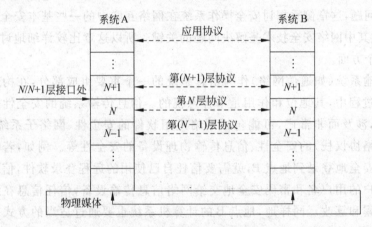

图 10-1 网络的层次模型

通常将网络的层次结构、协议栈和相邻层间的接口以及服务统称为网络体系结构。

目前最主要和流行的网络参考模型是 OSI 参考模型和 TCP/IP 参考模型。开放系统互联(Open System Interconnection,OSI)参考模型是 ISO 为解决异种机互连而制定的开放式计算机层次结构模型。OSI 参考模型只是规定了网络的层次划分,以及每一层上实现的功能,但它没有规定每一层上所实现的服务和协议,因此非常具有普适性,适合描述各种网络。OSI 参考模型分为七层,由低到高依次为物理层、数据链路层、网络层、会话层、表示层和应用层,参见图 10-2。

TCP/IP 参考模型没有明确区分服务、接口和协议的概念,并且它是专门用来描述 TCP/IP 协议栈的,它包含四个层次:应用层、传输层、网络互联层和网络接口层,参见图 10-3。

关于这两个模型中各层的具体功能,请参考其他计算机网络书籍,这里只做概念性介绍。尽管 TCP/IP 模型在工业上得到了广泛的应用,但人们讨论网络时,还是常常参考 OSI 模型,因为它更具一般性。

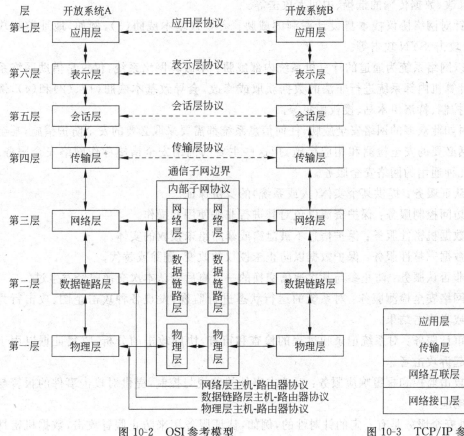

图 10-2　OSI 参考模型　　　　图 10-3　TCP/IP 参考模型

10.2 网络安全威胁和安全服务

所谓安全威胁是指某个人、物、事件或概念对某一资源的机密性、完整性、可用性或合法使用所造成的危害。从计算机信息系统的广度来讲,主要面临如下四个基本的安全威胁。

(1) 信息泄露:信息被泄露或透露给某个未授权的实体。

(2) 完整性破坏:数据的一致性通过未授权的创建、修改或破坏而受到损坏。

(3) 拒绝服务:对信息或其他资源的合法访问被无条件地阻止。

(4) 非法使用:某一资源被某个未授权的人或以某一种未授权的方式使用。

网络系统的概念涵盖了与计算机系统互连相关的软硬件等一切设施。将所有通过网络系统实施的,或针对网络系统本身的安全威胁称为网络安全威胁。网络安全威胁包含的范围很广,因为许多针对计算机系统内部的安全威胁也越来越多地是通过网络系统发起的,人们一说到安全威胁,大多指的就是网络安全威胁。网络安全威胁可以从如下角度划分成三大类。

① 针对数据传输的威胁:会导致了基本威胁(1)和(2),例如,数据信息的窃听、数据

信息的篡改、数据传输的抵赖、中间人攻击等。

② 针对网络协议栈本身设计漏洞的威胁：会导致基本威胁(3)，例如，地址欺骗攻击、Ping攻击、SYN攻击等。

③ 以网络系统为通道的计算机系统内部威胁：不破坏网络系统，仅仅是借助网络系统来对计算机内部系统进行非法的数据获取或修改，会导致基本威胁(1)、(2)和(4)，例如，旁路控制、特洛伊木马、授权侵犯等。

面对如此众多的网络安全威胁，任何信息系统都需要采取必要的安全防护措施，甚至应该包括必要的安全检测和相应措施，把这些主要的网络安全措施称作网络安全服务。有以下几种通用的网络安全服务。

- 认证服务：提供某个实体(人或系统)的身份保证。
- 访问控制服务：保护资源以免对其进行非法使用和操作。
- 数据机密性服务：保护信息不被泄露或暴露给未授权的实体。
- 数据完整性服务：保护数据以防止未授权的改变、删除或替代。
- 非否认服务：防止参与某次通信交换的一方事后否认本次交换曾经发生过。
- 网络安全检测服务：对系统的运行状态进行监视，发现各种攻击企图、攻击行为或者攻击结果。
- 审计服务：对系统记录和过程的检查和审查，协助攻击的分析，收集证据以用于起诉攻击者。
- 攻击监控和报警响应服务：对攻击事件的监视与控制，提供对攻击事件的报警与响应。

各种安全服务是有一定的针对性的，例如，认证服务用来防止假冒攻击，数据机密性服务用来防止数据信息泄露。同时各种安全服务之间存在着协同关系，单独一种安全服务并不一定能够防止某些安全威胁的发生，例如，访问控制服务需要认证服务的配合，有时也需要数据机密性和完整性服务的支持。即使在安全防护服务未能阻止对系统的入侵攻击时，还有安全检测、审计和报警服务来进行后续处理。因此对系统提供全面安全保护，防止形形色色且不断增长的安全威胁的发生，是系统中多种安全服务综合作用的结果。

网络体系结构的分层特性使得安全服务的配置较为复杂。协议分层导致了数据项嵌在数据项中，连接之中有连接，潜在地形成多重层嵌套。严格地说，协议栈中的每一层和它的对等协议层构成了一个相对独立的信息子系统，每个信息子系统都有自己的主体和客体，应该通过提供某些安全服务实现自身的安全性。但是如果在每一层都提供相同的安全服务，就会造成功能的重复与浪费。一个合理的思路是，按照不同的安全需求，在不同的协议层中设置相应的安全服务，使各层之间的安全服务能够协同工作，从而达到网络系统的整体安全性。

基于实际网络中的安全实现，一般可以将OSI的七层模型划分成更加简单和更加实用的四个基本的安全结构级，它们是应用级、端系统级、子网络级和直接链路级。图10-4显示了四个等级如何映射到OSI参考模型上。

实施网络安全服务的机制称为网络安全机制。网络安全机制种类很多，例如，加密、

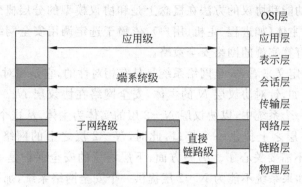

图 10-4　四个基本的安全结构层

数字签名、访问控制、数据完整性、认证交换、业务流填充、路由控制、公证等。一种安全服务有时要用到多种安全机制,一种安全机制也可能在多个安全服务的实现中被使用。这些安全机制中,有两种被使用的安全技术最为关键。一种是密码技术,它是实现所有安全服务的重要基础,关于这方面的知识,请参考相关的密码学书籍;一种是访问控制技术,它是维护系统内部合法操作行为的基础,也是后面将着重介绍的。

10.3　分布式安全网络系统

从抽象的角度来讲,安全网络系统其实是一组通信机制,该通信机制能够在给定的协议层上为它的主体提供某种可信的服务类型,参见图 10-5。

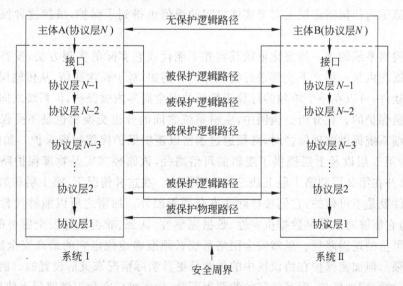

图 10-5　安全网络的主体形式

使用安全网络的通信实体都可以称为它的主体。安全网络并不关心这些"主体与主体"间的通信协议。安全网络的内部(主体调用的接口以下的部分)对主体来说是不可见的,这种隐蔽内部功能和协议的方法在概念上是和协议模型的分层概念一致的。安全网络支持什么类型的主体(如进程、主机、用户),依赖于选定调用安全网络的层所支持的实体,以及安全网络打算实施的网络安全策略。

从安全网络的定义来看,安全网络系统是具有相对性的,它是相对于某一特定协议层的主体来说的。例如,针对协议层 N 的主体,安全网络在协议层 $N-1$ 层之上提供了一个接口;如果在同一个系统中,以协议层 $N-2$ 层的实体为主体,从这个角度来看,那么安全网络会在 $N-3$ 层之上提供一个接口,此时,$N-2$ 层之上的网络协议层的状况,对 $N-2$ 层来说根本不需要关心了。另一方面,下层协议的安全保护是上层实现安全网络系统的有利支撑,如果系统不能为 $N-2$ 层提供一个安全网络系统,那么 $N-1$ 层除非自身提供安全机制,否则不能实现针对它的安全网络系统。

安全操作系统内部都有一条分割可信与非可信部分的界限,叫做安全周界。同理,也必须绘制一条网络安全周界,它包围着构成安全网络系统的最高级协议范围内的一切东西。网络安全周界是分隔网络系统中可信与非可信部分的边界,网络安全周界包围的部分其实就是网络可信计算基(NTCB)。按照 TNI 的定义,NTCB 是网络系统内部负责实施某一安全策略的所有保护机制的总和,包括各种硬件、固件和软件。

从理想的情况来看,为了使一对地理上相互分离的系统的安全周界保持完整(见图 10-5),系统之间必须有一条可信的路径。这条路径类似于用户和安全内核之间的可信路径,只不过它是用来保护两个计算机系统之间通信的完整性。在系统之间提供一条可信路径,意味着确保系统之间的通信是物理安全的,所有设备和支持通信的其他系统是安全的和可信的。从而可信路径能够保证在安全周界之内,各个 NTCB 像一个单独实体一样协调工作,即使该实体在物理上是分布的。通过保护最低层(物理层)上的路径,使得安全网络范围内任何指定层上对等实体之间的通信也得到了保护,虽然这种保护是逻辑上的。

安全网络系统的这一理想化形状其实并不能代表它实际的实现方法,没有能力和条件将安全周界内某一层之下全部进行物理保护。例如,对于长途通信,从传输层到数据链路层上的软件,可以在一个单独的计算机系统的安全周界内被保护,但系统之间的公共电话线是不被保护的。在分组交换网中,主机系统之间的分组交换机也是不受保护的。当不能为两端系统提供物理保护时,必须通过加密以逻辑保护代替物理保护。如图 10-5 所示,加密为第 3 层以及上层提供了逻辑的可信路径,该路径其实是物理保护路径的等价物,用以弥补在第 2 层和第 1 层上缺乏的物理保护。在这种情况下,第 1 层和第 2 层中的部分软硬件就是不可信的,它们被排除在安全周界以外。加密之所以能够代替物理层保护,是因为它能够通过提供数据机密性、数据完整性、认证、非否认等安全服务的方式,来构建一条可信的逻辑路径。虽然安全网络系统必须准确地规定它的最高安全协议层(安全周界上限),但加密保护在协议栈中的位置是更具实际情况来灵活设置的。例如在局域网中,系统被物理地保护,而系统间的线路则不是,加密可以在数据链路层上使用,在接口单元内实现。如果主机系统之间的通信要经过不可信的分组交换机,加密必须被用于保证远程系统路径安全的网络层或传输层上。在机房内,通过被保护物理线路连接的相邻的机器不必加密。加密的另一个优点是能够减少对可信网络机制的某些部分的要求。例如,如果在网络层上使用加密,就可以不必相信数据链路层的软件和硬件。但是在现实中,一点不信任底层协议是困难的,可以不信任底层协议能够收到可靠的数据,但还是需要信任底层协议其他某些协议操作。

当若干个如图 10-5 所示的安全网络系统连接在一起时,就形成了一个分布式安全网络系统。每个系统拥有自己的网络安全策略,提供可信网络服务的一部分。各个系统的可信部分通过可信路径相互作用,而非可信部分在各个系统内部按照公共的安全策略进行管理。

10.3.1　网络安全策略

每个安全操作系统都有自己的系统安全策略,它是保护系统安全运行的一组规则。同样,安全网络系统也有自己的网络安全策略,用于保证网络系统按照一组制定的规则安全运行。系统安全策略中最主要的就是系统的访问控制策略。网络安全策略除了网络数据传输保护策略外,网络访问控制策略是一个经常容易被忽视而又非常重要的组成部分。网络数据传输保护策略用来保证网络数据能够可靠地从一端传向另一端,它的最终实现形式就是在两端之间建立了一条可信路径,它所依赖的主要是密码技术。密码技术在构建网络安全中的突出作用使得人们渐渐产生了一个误区。人们一谈到网络安全,就是加密,好像加密可以解决任何网络安全问题。其结果如何呢?虽然保护了正常信息的安全传输,但同时使得一些有害的信息(如恶意代码)在被保护的路径下安安全全地侵害机器,也使得一些不法用户通过保护路径大摇大摆地非法窃取和破坏计算机系统内部的敏感数据。这一切都是因为忽视网络访问控制策略的结果。所以有必要再次论述访问控制策略在防止安全威胁时到底起到了怎样的作用。

可以概括地将安全威胁分为针对技术上的和针对管理上的。针对技术上的是指,安全威胁是利用了系统本身设计上固有的漏洞和弱点发起的。除非系统设计者对设计本身进行改进,否则这种安全威胁是很难消除的。针对管理上的是指,安全威胁是利用了系统对系统操作和数据信息上的管理不足发起的。

要想真正获得系统安全,一个很重要的任务就是认真区分系统的主体、客体和主体对客体的操作,建立有效的主体对客体的访问控制机制。这种做法在原来的单机的操作系统环境中得到了很好的应用。但在网络环境下的不同之处在于,网络子系统作为操作系统对外信息交互的一个窗口,需要代表整个操作系统执行对信息流入与流出的访问控制。因此网络子系统也必须建立作用于网络主体对网络客体操作之上的访问控制策略。

10.3.2　安全网络系统主体、客体和访问控制

可以把图 10-5 中的结构和安全操作系统的结构进行比较。安全网络支持的主体对服务接口的调用与安全操作系统内部代表主体的进程对系统调用的调用颇为相似。与安全操作系统一样,安全网络系统按照网络安全策略对网络系统内部的资源进行管理,控制网络主体对各种资源的访问。

其实由安全网络执行的访问控制策略的最终目的,是决定哪一对网络层主体能够安全通信。安全网络可以实施一种直接控制主体到主体存取的访问控制策略。然而为方便

起见,可把为两个主体交换信息的媒介当作网络客体。与操作系统内部客体不同的是,网络客体并不一定是一种能够存储永久信息的实体。网络客体其实与文件的角色很类似,文件可以为进程间通信服务:一个进程写文件,另一个进程读文件。当将网络访问控制策略以网络主体对客体进行访问的形式描述时,就和安全操作系统的访问控制策略很相像了。

安全网络系统支持的主体和客体的类型取决于网络中安全得以实现的层。在不同的协议层上,网络主体有不同的类型,网络主体可以是用户、进程、结点、网络等。同样网络客体在不同的协议层也有不同的类型。网络客体包括有数据包、数据帧、报文、虚电路、连接和文件等。网络客体有广泛多变的特点。有些客体存在的时间很短(例如报文),只在被一个主体传送和被另一个主体接收的这段时间内存在。有些客体,例如物理链路,是永久存在的。虚电路的存在时间可以从几秒到几天不等。数据包、报文每次仅由一个主体访问,虚电路以及一些物理链路可同时被一对主体访问,一条 LAN 总线可由大量的主体访问。

如果可信网络服务在应用层工作,那么网络主体就是进程,网络客体是套接字。此时,网络访问控制策略与系统访问控制策略在实质上是一致的,因为作为网络主客体的进程和套接字也可以看作是在系统访问控制策略下的主客体。在安全操作系统与安全网络系统的联合作用下,系统表现为实施统一安全策略的完整的系统。如果可信网络服务在数据链路层上工作,网络服务无法辨别统一计算机上的不同进程,无法实施进程级的访问控制。此时,主体是结点,客体是数据包,网络访问控制策略与系统访问控制策略就不同了。

在原来的系统访问控制策略中,主体是进程,客体是文件、目录和 IPC 等。系统按照访问控制策略为主客体赋予不同的安全属性,并依据主客体的安全属性控制主体对客体的访问。虽然网络系统带有明显的层次结构,内部的主客体与操作系统内部的有所不同,但是,还是希望能够将网络访问控制策略看成是系统访问控制策略在网络系统的扩充,将系统用来控制主客体访问的那一套机制运用到网络系统中。这样做有如下几个原因:第一,原有的系统访问控制机制的发展已经比较成熟,它是建立在抽象的理论基础之上的,因此适用范围很广,完全可以应用到网络环境中。第二,网络访问控制策略在高层可以和系统访问控制策略达到无缝结合。第三,网络系统是为操作系统内部服务的,可以说,它代替了操作系统执行对数据信息流入与流出的访问控制,这些数据信息具有一定的安全属性,它在通过网络系统时以数据帧、数据包、远程套接字等不同的网络客体的形式出现,在利用安全属性进行访问控制上,网络访问控制机制应该具有与系统访问控制机制同等的能力。可将网络访问控制策略和系统访问控制策略统称为系统整体访问控制策略。以后所讲的访问控制策略如非特别指出,就是指涵盖网络部分的系统整体访问控制策略。

10.3.3　安全域与相互通信

在没有借助于网络系统进行互联以前,各个安全操作系统都具有各自独立的系统安全策略,其中最主要的就是系统访问控制策略。不同的系统访问控制策略可以用不同的安全模型体现,例如基于 BLP 的机密性模型,基于 BIBA 的完整性模型等。当这些系统进行网络互联并将它们的访问控制机制扩展到网络系统时,一个突出的问题就是:具有不同访问控制策略的系统之间如何相互信任与通信?例如:主机 A 上的绝密信息要发给主机 B,如果主机 B 具有不同的访问控制策略,它就不能理解接收到的信息是绝密的还是无密级的,也就无法实施对接收信息的访问控制处理,除非主机 B 按照自己的安全策略对接收信息重新分配安全属性,然后再进行访问控制处理。从这个例子可以看出,在不能充分利用对方数据的安全属性时,也就是不存在两方都可以理解的共同存取控制原语时,访问控制机制的功能将大打折扣。

　　下面先给出几个相关定义,然后定义什么是安全域。安全上下文(SID)是指在访问控制策略下,主体或客体被赋予的安全属性的具体值。两个结点具有相同安全策略,是指二者的访问控制策略具有相同的安全属性空间,任何安全上下文在二者中具有相同的解释(相同的原语),此外,在二者的网络数据传输策略保护下,二者之间能够建立一条可信路径。将一组结点的集合称为一个安全域,如果它满足下列条件:该集合或者只包含一个结点,或者其中任何一个结点都和该组中其他某个结点具有相同安全策略。图 10-6 给出了一个安全域的示意图。

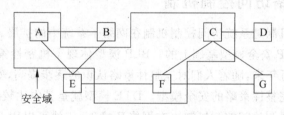

图 10-6　安全域示意图

　　从图 10-6 可以看出,安全域的成员之间可以是物理上分开的,它们之间可以存在非可信的结点,因为这并不妨碍它们在高层协议上建立逻辑保护。以上一直是从网络上单独安全域的观点来讨论的。其实,一个网络可以包含多个安全域并存,每个安全域执行自己的安全策略,不信任其他域中的成员。在极端情况下,网络上的每个系统可以驻在自己的安全域中,根本不信任其他任何系统。

　　在安全域的概念下,可以将所有结点分为三种类型:同安全域中结点、非同安全域中结点和非安全域中结点。某个安全域的结点在对待这三种不同结点时应该考虑如下三个不同的问题:其一,如何实现与同安全域中结点之间的安全信息共用(即对安全信息进行标识和传输,使得远端能够利用此安全信息进行访问控制检查)?其二,如何对待处理与非同安全域中结点之间的通信?其三,如何对待处理与非安全域中结点之间的通信?这三个问题解决不好,一个实实在在的安全网络环境就不可能建立起来。对此,这里给出一点初步看法,这三个问题可通过如下的策略方式分别解决。第一,在同一安全域内,为每一结点提供数据安全信息标识与传输机制,它能够为将要发送的数据包写入安全信息,当数据包到达目的端后,目的端能够利用从数据包中获得的安全信息进行访问控制(如果安全信息标识具有本地化的特点,还需要提供某种映射机制实现本地化映射)。第二,在不同安全域之间通信时,发送方和接收方对安全信息的解释不同,这就需要一个策略映射组件执行安全信息之间的转换,这样数据包就可以从一个安全域发送到另一个安全域中。

策略映射组件可以是集中式的,也可以放置在不同安全域的入口点(例如局域网中的网关)。如果能够实现策略之间的映射,不同安全域成员之间同样能够建立起与域内结点相同信任等级的安全网络。不过,要解决策略映射的实际问题需要建立一种能够在不同安全域中路由的基础架构,这是非常困难的。所以,将非同安全域结点当作非安全域结点一样对待可能更实际一点。第三,非安全域内结点时产生的数据包不携带任何其他安全信息。应该制定一种扩充的默认安全信息标识策略,这种策略可以适用于全域,或者针对某个结点。当数据进入某个安全域时,应该用位于域入口的或某个结点内的策略默认标识组件为数据进行默认的安全信息标识。

建立一条可信路径是构建安全网络系统的基础。此外,在某安全域结点和非安全域结点之间建立安全路径也不是完全没有作用的,因为加密能够建立系统之间的相互鉴别,如果不想把所有的非安全域内结点同等看待,鉴别可以告诉我们哪些是完全不信任的,哪些是有一定可信度的。另外,加密保护数据安全传输,在一定程度上也增加了对接收数据的可信度,还是有实际意义的。

10.3.4　网络访问控制机制

网络访问控制机制是系统访问控制机制在网络子系统中的扩展。传统的系统访问控制机制是建立在 BLP 安全模型基础上的。BLP 模型体现了机密性策略的自主访问控制和强制访问控制。近年来,随着人们对完整性策略认识的逐步提高,安全操作系统中也逐渐采用了用于实现完整性策略的安全模型。DTE 模型就是其中比较典型的一个,它能够建立保护完整性的强制访问控制机制。在网络环境下,依然可以用 BLP 模型和 DTE 模型指导建立保护网络子系统机密性和完整性的强制访问控制机制。当然,由于环境不同,所以对这两个模型也需要进行适当的调整。

网络子系统带有明显的层次结构,例如 Linux 系统包括 socket 层、传输层、网络层和网络接口层,因此客体访问也应该在不同的层次分别控制。从理论上来说,每个协议层都可以看成一个单独的信息子系统,每层中都应该拥有自己的访问控制机制;从实际实现上来说,这种分层控制具有如下几个好处。

(1) 在提供网络服务的适当地方设置检查点,能够避免泄露某些信息。例如,如果不在 TCP 层对一个连接请求包进行权限检查,而是留到应用层执行,那么,有套节字正在该端口监听的信息就会被泄露。

(2) 尽早丢弃非法的数据包,减少非授权通信带来的消耗资源。有时在应用层甚至是传输层拒绝数据包时也太晚了,如果能在网络接口层就丢弃非法的数据包,可使花费在非授权通信上的时间尽可能地减少。

(3) 如果结点仅仅提供中转服务,就需要直接在网络层中实现路由协议的访问控制,而不能够留给传输层处理。

(4) 另外,层次化的客体访问控制检查避免了对网络协议分层特性的干扰。

无论是 BLP 模型还是 DTE 模型,都需要首先明确它们要控制的网络实体是哪些。在实际构造模型时,不可能将在安全网络的主体、客体和访问控制中提到的所有主客体纳入安全模型的控制范围之内。上面对主客体的讨论是从概念的角度出发的,不能代表访问控制实际的实现情况。这可以说是一种妥协,因为我们希望安全模型能够足够简单和容易验证,能够突出和解决主要的安全问题。通常情况下,安全模型主要控制以下的这些网络实体。

(1) 网络进程:作为系统中主体进程的一部分,网络相关的进程必然是被模型考虑的对象。模型为系统中所有的进程赋予安全属性,用来控制进程对其他实体的访问。

(2) 套节字:套节字扮演了一个通信端点的角色,进程可以通过它发送和接收数据,所以套节字也绑定了安全属性,它们将在套节字的发送和接收操作中用到。此外,套节字有一些用户可访问的私有状态,对套节字的私有状态进行操作时也要进行许可权检查。

(3) 数据包:模型为每一个数据包都绑定了安全信息,以便在发送操作和接收操作中进行许可权检查。对于流套节字来说,每个数据包的安全信息是继承于它所属的套节字的;对于非流套节字来说,数据包的安全信息可以特殊指定。

(4) 端口名:虽然一个端口名仅仅是和一个套节字相关联的名字,它也应该被看成是一个客体,因为应用程序希望能够在特殊的端口上提供特殊的服务。模型为每个端口赋予一定的安全属性,用来控制套节字能够绑定到该端口的能力。

(5) 结点:每个结点(例如主机、路由器等)都被赋予一个安全属性。结点的安全属性用在有数据包发往该结点和从该结点接收数据包时的许可权检查中。执行这些检查能够避免系统将自己的资源暴露给它不想与之通信的系统。

(6) 网络接口:模型为每个结点上的网络接口赋予一个安全属性,当在该接口上发送和接收数据包时,该安全属性将用于访问控制检查,这样能够控制在该网络接口上发送的输出包集合和接收的输入包集合。如果一个结点有多个网络接口,它们可以有不同的安全上下文。

BLP 模型在网络子系统中扩展时遇到的最大的问题也许就是 BLP 的 * 特性。* 特性只允许敏感信息的单向流动,这在网络环境下很难做到,因为网络协议大多是双向的。如何修改 BLP 模型以适应全新的网络环境,长期以来都是一个令人头疼的问题。

在这里,介绍一种作者认为可行的方案。SecLinux V3 中曾经实现了一个修改后的 BLP 模型 MBLP。在 MBLP 的基础上,可以进行下面的扩展。

(1) 吸收 Bell 在 Bell88 中处理网络情况时的思想,把主体的当前安全级变成一个偶(view-max,alter-min)。这一改进使一个主体能够读一个安全级别不等于自己的文件,并对它进行修改。

(2) 引入了多级客体和可信客体的概念,除可信客体外,每个客体被赋予一个标签范围(o-max,o-min)。

(3) 主体对客体的访问分为多级属性访问和单级属性访问两种。

访问控制机制按照如下方式分层进行:

(1) 在 socket 层,当前进程向本地 socket 发送消息时,检查进程对 socket 的多级盲写(Append)访问权;当前进程从本地 socket 接收消息时,检查进程对 socket 的多级读取(Read)访问权。

(2) 在传输层,当本地 socket 接收从对端 socket 发来的数据包时,检查进程对对端 socket 的单级写(Write)许可权。

(3) 在网络层,当接收到一个从链路层传来的数据包时,检查网络接口(netif)对数据包的多级读取(Read)访问权,和对端网络结点(node)对数据包的多级写(Write)许可权。当发送一个数据包到链路层时,检查网络接口(netif)对数据包的多级盲写(Append)访问权,和对端网络结点(node)对数据包的多级写(Write)许可权。该机制不在数据链路层进行访问控制,因为在该层访问不到可用的数据安全信息,所以对网络接口的控制放到了网络层实现。

DTE 模型比 BLP 模型还要复杂一些,因为 BLP 模型毕竟是一种格模型,而 DTE 模型是一种基于类型的模型。该模型为网络子系统定义了许多的域(domain)和类型(type),其外还从具有相同属性的类型中抽象出类(class)的概念,并且为每个类定义了一组许可权。DTE 模型基于这些概念定义了许多域对类型和类型对类型的访问规则,并将整个网络协议栈纳入到该规则的控制之下。关于 DTE 模型的具体细节可参看相关文档。

10.3.5 数据安全信息标识与传输机制

数据安全信息的标识与传输机制是安全域内结点能够共享对方安全信息的基础。这其中主要涉及两个主要问题。其一是如何将安全信息在协议栈中进行标识与传递,使安全信息能够写入发送的数据包中,还可以从接收的数据包中读出安全信息。其二是采用什么编码方式将安全信息绑定到数据包中,这种传递安全信息的方式必须是可行的,不能对原来的协议传输产生过多影响。曾经有人将安全信息借助 IPsec 安全联盟的建立进行交换,不过这种方法将安全信息的交换与数据的安全保护混杂在一起,缺乏灵活性通用性。现在通用的一个思路是借助于 IP 选项(IP options)进行安全信息的传递。总之,如何实现该机制,解决上面提到的两个问题,是一个很实际和具体的问题,没有统一的标准,人们可以采用任何实际可行的方法。在这里简单介绍 SecLinux V4 开发中用到的方法。该方法直接借鉴和利用了 SELinux 中提供的 Network SID(NSID)API 和 Selopt 实现方式。

NSID API 为网络子系统提供了一个通用的框架,屏蔽了下层的不同实现机制,以支持网络安全信息标识,它定义了如下的接口。

(1) nsid_ip_lable_output:根据 network buffer 的安全域结构中的安全信息对即将发出的数据包进行安全信息标识。

(2) nsid_ip_map_input:将到来数据包携带的远端安全信息进行本地化映射。

(3) nsid_ip_decode_options:将到来数据包携带的安全信息解码到与之相关的 network buffer 的安全域结构中。

(4) nsid_ip_defragment:验证到来数据分片的安全信息,以保证某个数据包所有的分片有连续一致的安全信息。

(5) nsid_sock_sendmsg:如果使用了网络安全信息标识,它将为 TCP 数据段调整有效的 MSS 值。总之,NSID 只是一个框架,它仅为这些接口提供了一组"虚假"(dummy)实现。任何一种基于 NSID 的具体实现都可以通过 nsid_register_ops 注册,以使自行定义的函数具体操作能够代替原来的"虚假"操作。

Selopt 是一种 NSID 的具体实现,它通过利用 CIPSO/FIPS-188 IP 选项实现安全信息在网络中的传输。概括来说,Selopt 提供了如下的功能:

(1) 用本地的 SIDs 来标识 IPv4 数据包;

(2) 指定哪些数据包需要安全标识;

(3) 对远端的安全标识进行解码;

(4) 对远端 SIDs 进行本地化映射。

Selopt 使用了与上述相同的安全域概念,并且提供了安全域用户管理工具 pt,该工具能够添加或删除某个结点。当发送一个数据包到某个在 pt 内的结点时,Selopt 将为它标识安全信息;同时一个从 pt 内某结点发来的数据包必须被标识,否则将被丢弃。

由于发送的数据包是由本地的 SID 进行标识的,而 SID 只在本地有意义,因此 Selopt 定义了安全上下文映射协议(Security Context Mapping Protocol, SCMP)。SCMP 协议是一个基于 UDP 的简单协议,用来实现安全信息的本地化映射。SCMP 的设计遵循了简单化原则,它是一个端到端的协议,各端既可以是发起者,也可以是接收者。SCMP 协议详细定义了三种消息类型的数据格式和三种消息会话场景。利用该协议,接收端能够通过发送 SID 转换请求,获得发送端与该 SID 对应的安全上下文,然后调用本地安全服务器接口,将它转换成本地 SID。Selopt 为此提供了一个守护进程 scmpd 实施此协议。

Selopt 为 IP 选项定义了如下的参数:Bypass(为 SCMP 数据包保留的标志位,以免出现循环查询)、Serial(32 位的策略序列号)、SSID(32 位的源端 socket 的 SID)、MSID(32 位的消息 SID)、DSID(32 位的目的端 socket 的 SID)。其中,MSID 和 DSID 其实是为网络安全功能扩展而预留定义的。如果使用了 IP 选项,那么其中参数的使用情况必然是下列二者之一:仅有 Bypass 参数;必有 Serial 和 SSID 参数,MSID 和 DSID 参数可选。

10.3.6　数据传输保护机制

通常使用数据传输保护机制构建一条受保护的可信路径。数据安全传输保护机制能够为访问控制机制提供鉴别服务,保护数据传输的机密性、完整性和非否认性等。在单机系统下,数据安全传输保护机制一般是物理保护,但是在非分布式环境下,物理保护是难以做到的。所以,该机制通常是依赖于密码技术来提供逻辑保护的密码服务机制。

将密码服务放在网络栈中的哪一层是一个非常复杂的问题,它对服务的实施特性和程度有很大的影响。有如下几个可选的方案。第一,数据链路层,在数据链路层实施加密有两个优点,一个是相对于在高层运行的应用程序的透明性,另一个是可以在硬件中实施加密。但它同时也有几个缺点:如果在不同的结点之间有中间结点,由于在这个结点上必须解密以获得继续处理该数据所必需的信息,所以在中间结点就可以观测到数据的明文;此外,由于所有的中间结点都需要相互交换密钥,这使得必须花费相当的代价来对密钥进行有效管理。第二,网络层,IPsec 为 IP 层的认证和加密提供了一个标准,在 IPv4 中是可选的,在 IPv6 中是必需的。IPsec 实现在 IP 层,与 TCP/UDP 等上层协议无关,所以对应用透明,无须改变相应的应用程序。IPsec 能够在 IP 层提供灵活多变的实现方式,可以是端到端的(两个用户直接通信)、子网到子网的(可提供 VPN 服务),也可以是端到子网的(支持出差用户漫游)。IPsec 的一个缺点是它不直接支持两端用户之间的安全关联,它只能够认证到主机地址级别。第三,传输层,Netscape's 的安全套节字层(Secure Socket Layer,SSL)提供了一个在应用层进行认证和加密的标准。SSL 有独立于上层应用协议和无须改动操作系统的优点。SSL 协议有一个问题就是它对应用程序不是透明的,有安全需求的网络应用程序需要进行改写以符合该标准。此外,相对于 IPsec 协议,它不能提供对 IP 头信息的完整性保护,而且只支持端到端方式。鉴于 IPsec 在网络层的灵活实现方式和它未来的发展趋势,下面主要对 IPsec 做比较详细的介绍,具体介绍它是如何为系统提供数据安全传输保护功能的。

IPsec 系统是由一系列协议组成的协议簇,其中主要包括认证头(Authentication Header,AH)、封装安全载荷(Encapsulating Security Payload,ESP)、Internet 密钥交换(Internet Key Exchange,IKE)等协议。AH 为 IP 包提供数据完整性和验证服务。ESP 为 IP 数据报提供数据源验证、数据完整性、抗重播和机密性安全服务。IKE 为 AH 和 ESP 提供了密钥交换机制。还有一些组成部分(如安全策略系统),至今仍未制定 RFC 文档。

IPsec 的安全服务是由通信双方建立的安全联盟(Security Association,SA)提供的。SA 为通信提供了安全协议、模式、算法和应用于单向 IP 流的密钥等安全信息。SA 通过安全关联库(Security Association Database,SAD)进行管理。每一个 IPsec 结点包含一个局部的安全策略库(Security Policy Database,SPD)。IPsec 的安全策略库 SPD 存储了网络系统的网络密码保护策略,其中每个条目定义了要保护的是什么通信、怎样保护它以及和谁共享这种保护。IPsec 通信到 IPsec 保护策略的映射关系是由"选择符(Selector)"建立的,它包括源 IP 地址、目标 IP 地址、名字、上层协议、源和目标端口以及一个数据敏感级。这些选择符可以是特定的条目、一个范围或者一个通配符。IPsec 系统在处理输入输出 IP 流时必须参考该策略库,并根据从 SPD 中提取的策略对 IP 流进行不同的处理:拒绝、绕过、进行 IPsec 保护。如果策略决定 IP 流需要经过 IPsec 处理,则根据 SPD 与 SAD 的对应关系,找到相应的 SA,并对 IP 包进行指定的 IPsec 处理。

IPsec 有三种实施方式。第一,与 IP 协议栈整合,该模型需要对操作系统的 IP 协议栈源代码进行修改,实现效率高。在这方面,已经有人做出了一些工作,他们基于现有的 Netfilter 架构,将 IPsec 的处理过程通过不同阶段的 hook 调用插入到 IP 处理过程中。第二,堆栈中的块(BITS),IPsec 协议模块作为"楔子"插入到网络层和数据链路层中间。该模型不需要修改操作系统内核,实现效率较低。该方法实现起来比较简单,可以利用一些第三方的协议套间,例如国际上流行的 FreeS/WAN-2.0 IPsec 实现套件,该套件在内核层实现了 AH 和 ESP 协议(KLIPS 子系统),并且提供了用户级的密钥管理守护程序(Pluto 子系统)。第三,线中的块(BITW),用硬件实施 IPsec 协议,实现效率最高。系统应该采用哪一种实现方式,应根据实际的软硬件等情况而定。

10.4 安全网络系统的将来发展趋势

本章试图使读者能够对安全网络系统有一个整体的认识,因此讨论的内容多是概念上的,建议性的东西比实际技术上的东西更多一些。这其实也反映了这样一个现状,就是整个安全网络系统的开发与应用尚缺乏一些统一的理论和标准来指导。从 TNI 的发布到现在,在构建可信网络系统上,还没有什么实际成功的例子供参考。

致力于解决安全网络系统所存在的许多悬而未决的问题,应该是作为一个网络安全工作者的努力方向。将来的工作可在如下几个方面展开。

(1) 制定一个能够指导实际安全网络系统开发的通用安全体系结构模型,这应该是最重要和迫切的。

(2) 实现 IPsec 协议与操作系统的集成,并且提供功能灵活完善的用户管理程序,能够对密钥、安全策略库(SPD)和安全关联库(SAD)进行有效的管理。

(3) 为系统提供一套密钥管理机制,负责密钥的获取、分发、更新和使用。现在,密钥已不仅是 IPsec 数据保护不可缺少的部分,它可能还会用于用户身份的认证,甚至还可以用来进行授权管理,例如 SPKI。

(4) 研究如何基于数据包的安全属性和路由的安全属性选择一个特定的路由,实现基于安全策略的路由。

(5) 系统需要有专门的主机或者网关提供策略映射服务,将来自不同安全周界的安全上下文映射为本地主机理解的安全上下文,这可以通过一个映射表或者一种更动态的方式完成。

(6) 系统中结点的安全上下文是通过安全策略配置在本地指定的,其实它更应该通过其他可信的方式远程获得。一旦稳定的 DNSSEC 实现成为可能,就可以用安全的方式通过 DNS 服务来获得结点的安全上下文。

(7) 对网络隐蔽通道和拒绝服务攻击进行必要的研究与处理。

(8) 继续进行分布式访问控制方面的研究。

总的来讲,安全网络系统的发展越来越受到人们的重视,这给它的发展带来了新的机遇与动力。但同时也应注意到,随着网络应用的逐渐深入,各种意想不到的安全问题也会突然涌现出来,网络安全的问题一定会日趋严重,给安全网络系统的进一步发展增加了许多困难和挑战。

10.5　本章小结

本章站在安全操作系统的角度,认为现有的网络系统的安全问题反映了安全操作系统扩展到网络应用环境时所需的额外的安全需求,所以网络系统的安全问题和安全操作系统的安全问题是密切相关的,操作系统的安全是网络系统安全的基石。

本章首先从网络体系结构入手,分别介绍了 ISO 七层网络体系结构和 TCP/IP 四层网络体系结构及它们之间的关系。然后讨论了网络安全威胁和安全服务方面的内容。要建造一个分布式的安全网络系统,往往涉及网络安全策略、安全域、网络访问控制机制、数据安全信息标识与传输机制以及数据传输保护机制等方面的内容,这其中,现代密码技术和身份认证技术是这些网络安全技术和机制的基础,也是现代网络安全的基础。

网络安全技术是一门迅猛发展的技术,这是由于现有技术水平和实践应用要求之间所存在的巨大差距所驱动的,因此本章在最后一节讨论了网络安全研究的一些领域,其也是围绕着网络中的安全问题展开的。

10.6 习题

1. 何谓网络体系结构? 当前主流的网络体系结构主要有哪些? 试述它们之间的异同点。

2. 列举网络中的主要安全威胁。

3. 列举网络中的主要安全服务。

4. 试述网络安全策略和操作系统安全策略之间的关系。

5. 什么是安全域? 试述安全域间的通信类型。

6. 简述网络中的存取控制机制,以及和安全操作系统中的存取控制机制之间的关系。

7. 什么是网络中数据安全信息标识与传输机制?

8. 数据传输保护机制有哪些?

第 11 章

可信计算与可信操作系统

自从 TCSEC 和 CC 标准推出以来，通过软件的方法建立可信计算基（TCB）的操作系统安全研究与开发一直是业界的主流。但是，仅通过软件的安全保护一个 PC 或者其他类型平台的安全仍然存在很多脆弱性。因为软件安全解决方案的可信度依赖于软件的正确安装和执行，这些软件会受到同一平台上其他软件的执行的影响，甚至最可靠和严格控制的软件都无法保证自己的完整性。信息安全专家一致认为，一些安全问题无法完全通过软件来解决，需要可信硬件作为软件安全机制的基。随着 1999 年国际可信计算平台联盟 TCPA（2003 年改为可信计算组织 TCG）提出可信计算的概念，并推出可信平台模块 TPM 硬件标准规范以来，通过可信计算硬件信任根来保证系统在引导过程中组件的可信性，保证系统平台上从 BIOS 直到操作系统以及其上层应用程序的可信性，建立由底至上的可信计算基（TCB）逐渐成为业界的研究热点。2007 年 12 月我国也相继推出自主的可信加密模块 TCM 标准与规范，并开展了相关研究与开发。本章将从国内外可信计算概述、可信平台模块 TPM 与可信加密模块 TCM 技术、可信平台相关技术以及基于 TPM/TCM 的可信操作系统相关技术等方面进行全面介绍，帮助读者理解可信计算的概念和技术，以及基于 TPM/TCM 可信操作系统的核心技术。

11.1 可信计算概述

11.1.1 可信计算概念

说到可信计算，首先必须准确地把握一个概念——信任在计算机应用环境中的含义。信任是一个复杂的概念，当某一件东西为了达到某种目的总是按照人们所期望的方式运转，我们就说我们信任它。在 ISO/IEC 15408 标准中给出了以下定义：一个可信的组件、操作或过程的行为在任意操作条件下是可预测的，并能很好地抵抗应用程序软件、病毒以及一定的物理干扰造成的破坏。因此，一个可信的计算机系统所提供的服务可以认证其为可信赖的。系统所提供的服务是用户可感知的一种行为，而用户则是能与之交互的另一个系统（人或者物理的系统）。计算机系统的可信性应包括可用性、可靠性、安全性、健壮性、可测试性、可维护性等。

但是，仅通过软件的安全保护一个 PC 或者其他类型平台的安全仍然存在很多脆弱性。因为软件安全解决方案的可信度依赖于软件的正确安装和执行，这些软件会受到同一平台上其他软件的执行的影响，甚至最可靠和严格控制的软件都无法保证自己的完整性。所以可信计算就是要通过硬件——TPM/TCM 支持保护终端最敏感的信息，如私钥和对称密钥不被窃取或不被恶意代码使用。可信计算假定客户端软件在使用过程中可能遭到破坏,当攻击发生时,敏感的密钥要保护起来。可以说,可信计算设计目的是要"对漂浮在软件海洋中的船只——客户端提供一只锚"。可信计算组织 TCG 在制定的规范中定义了可信计算的三个属性。

(1) 认证:计算机系统的用户可以确定与他们进行通信的对象身份。

(2) 完整性:用户确保信息能被正确传输。

(3) 私密性:用户相信系统能保证信息的私密性。

事实上,可信计算的形成是有一个历史过程的。在可信计算的形成过程中,容错计算、安全操作系统和网络安全等领域的研究使可信计算的含义不断拓展,由侧重于硬件的可靠性、可用性,到针对硬件平台、软件系统服务的综合可信,适应了网络应用系统不断拓展的发展需要。

1. 容错计算阶段

在计算机领域,对于"可信"的研究,可追溯到第一台计算机的研制。那时人们就认识到,不论怎样精心设计,选择多么好的元件,物理缺陷和设计错误总是不可避免的,所以需要各种容错技术来维持系统的正常运行。计算机研制和应用初期,对计算机硬件比较关注。但是,对计算机高性能的需求使得时钟频率大大提高,因而降低了计算机的可靠性。随着元件可靠性的大幅度提高,可靠性问题有所改善。此后人们还关注设计错误、交互错误、恶意推理、暗藏入侵等人为故障造成的各种系统失效状况,研发了集成故障检测技术、冗余备份系统的高可用性容错计算机。

1999 年 IEEE 太平洋沿岸容错系统会议改名为 IEEE 可信计算会议,在香港召开。2000 年 IEEE 国际容错计算会议(FTCS)与国际信息处理联合会(IFIP)10.4 工作组主持的关键应用可信计算工作会议合并,并从此改名为 IEEE 可信系统与网络国际会议(ICDSN)。ICDSN 2000 当年在纽约召开,标志着容错计算领域的研究,无论在内容、方法和组织方面都有重大调整。2000 年 12 月 11 日以美国卡内基-梅隆大学与美国国家宇航总署(NASA)的 Ames 研究中心为主成立了高可信计算联盟(High Dependability Computing Consortium),包括 Adobe、康柏、惠普、IBM、微软、Sybase、SUN 等在内的 12 家信息产业公司,麻省理工学院、佐治亚理工学院和华盛顿大学等都加入了该联盟。成立大会由卡内基-梅隆大学校长和 Ames 研究中心主任主持,并决定在宇航总署的加州硅谷研究园设立卡内基-梅隆大学分校园,对高可信性计算进行基础研究、实验研究和工程研究,力图使计算机系统的建造和维护成为像土木工程、医学一样的学科。值得注意的是,在容错计算领域,可信性被定义为计算机系统的一种性质,它所提供的服务是用户可感知的一种行为,并可以论证其可信赖,而用户则是能与之互动的另一个系统(人或者物理的系统)。因为"可靠(Dependability)"而"可信",因此容错计算又称为"可靠计算"(Dependable Computing)。容错计算领域的可信性包括可用性、可靠性、可维护性、安全性、健壮性和可测试性等。

2. 安全操作系统阶段

实际上,从计算机产生开始,人们就一直在研究和开发操作系统,并将"容错计算"取得的成果应用于操作系统。从 20 世纪 50 年代中期出现的第一个简单的批处理系统,到 20 世纪 60 年代中期出现的多道程序批处理系统,以及此后的基于多道程序的分时系统, 甚至再后来的实时系统和分布式操作系统,仅仅靠"容错技术"并不能完全解决操作系统 对共享资源的安全访问问题。

1967 年,计算机资源共享系统的安全控制问题引起了美国国防部的高度重视,国防 科学部(Defense Science Board)旗下计算机安全任务组(Task Force on Computer Security)的组建,拉开了操作系统安全研究的序幕。1972 年,在美国空军的一项计算机 安全规划的研究成果中,提出了引用监控器(Reference Monitor)、验证机制(Reference Validation Mechanism)、安全内核(Security Kernel)和安全建模(Modeling)等思想,形成 了对 Trusted 问题的研究。在探索如何研制安全计算机系统的同时,人们也在研究如何 建立评价标准,衡量计算机系统的安全性。1983 年,美国国防部颁布了历史上第一个计 算机安全评价标准,这就是著名的可信计算机系统评价标准,简称 TCSEC,又称橙皮书。 1985 年,美国国防部对 TCSEC 进行了修订。TCSEC 标准是在基于安全核技术的安全操 作系统研究的基础上制定出来的,标准中使用的可信计算基(Trusted Computing Base, TCB)就是安全核研究成果的表现,与当前的 Trusted Computing 有极大的联系。

3. 网络安全阶段

随着网络技术的不断发展和因特网的日益普及,人们对网络的依赖也越来越强,互联 网已经成为人们生活的一个部分。然而,因特网是一个面向大众的开放系统,对于信息的 保密和系统安全考虑不完善。

从技术角度来说,保护网络的安全包括两个方面的技术内容:

(1) 开发各种网络安全应用系统,包括身份认证、授权和访问控制、PKI/PMI、IPSec、 电子邮件安全、Web 与电子商务安全、防火墙、VPN、安全扫描、入侵检测、安全审计、网络 病毒防范、应急响应以及信息过滤技术等,这些系统一般可独立运用运行于网络平台 之上;

(2) 将各种与网络安全相关的组件或系统组成网络可信基(Network TCB),内嵌在 网络平台中,受网络平台保护,与 TCB 受 OS 保护类似。从这两方面的技术发展来看,前 者得到了产业界的广泛支持,并成为主流的网络安全解决方案。后者得到学术界的广泛 重视,学术界还对"可信系统(Trusted System)"和"可信组件(Trusted Component)"进行 了广泛的研究。1987 年,美国国家计算机安全中心提出的可信网络解释(TNI1987)就是 这一技术的标志性成果。

当前大部分信息安全系统主要是由防火墙、入侵检测和病毒防范等组成。"堵漏洞、 做高墙、防外攻",但安全问题防不胜防。当前网络安全措施存在的两个缺陷:一是只防 外不防内;二是忽略了对终端的保护。终端往往是创建和存放重要数据的场所,绝大部分 攻击事件都是从终端发起的,仅仅靠第一种技术进行"防、堵、卡"解决不了问题。"可信计 算"的主要目的之一就是为了解决"终端可信",可信计算本身并不是什么新技术、新思想, 只是对 TCB(NTCB)进行了扩展,将密码技术融入 TCB(NTCB)中,其实质是第二种技术 的扩展和延伸。

11.1.2 可信计算组织 TCG

1999 年 10 月，HP、IBM、Intel 和 Microsoft 等公司牵头成立了国际可信计算平台联盟 TCPA(Trusted Computing Platform Alliance)，专注于从计算平台体系结构上增强其安全性，2001 年 1 月发布了 TPM 主规范(v1.1)。2003 年 3 月，TCPA 改组为 TCG(Trusted Computing Group)，发展成员约 100 家，同年推出了 TPM 规范(v1.2)。TCG 的使命是为跨多平台的可信计算构造模块及软件接口开发并推动开放、厂商中立的、业界标准。图 11-1 是 TCG 的文档路线图。

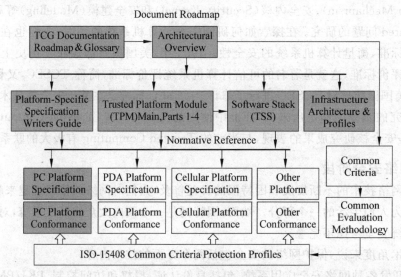

图 11-1　TCG 的文档路线图

TCG 将发布一些规范，定义体系结构、功能和接口，为各种计算平台的实现提供准则。此外，TCG 将发布一些规范，描述特定平台的实现。如 PC、PDA、手机和其他计算设备。基于 TCG 规范实现的平台要求满足功能性和可靠性标准，以增加信任保证度。TCG 将发布评估标准和专用平台框架(platform specific profiles)，以用作通用的衡量工具评估实施 TCG 技术的设备。要达到提高信任度的目的，还要求部署后的维护进程具有操作完整性。TCG 推荐一些惯例和程序以维护部署后的平台信任度。

TCG 技术委员会下最早设立了许多工作组，随着新技术的出现，又逐步增加了一些工作组(如虚拟平台工作组和可信多租户基础设施工作组)，如图 11-2 所示，主要包括：

(1) **基础设施工作组(Infrastructure Work Group)**　致力于在因特网及企业基础设施中对符合 TCG 特定平台规范的可信平台进行集成，在混合的环境下实现各种商业模式。根据现有的因特网及相关基础设施标准对信任决策信息进行规范化的表示与交换。对平台信任根、信任链、密钥生存期服务进行研究，用适当的方式表示它们与所有者策略之间的关系。工作组致力于建立一个体系结构框架、接口、元数据弥补基础设施之间的差距。

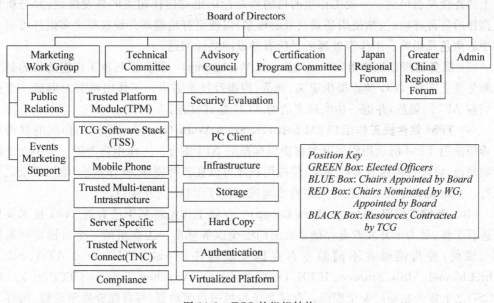

图 11-2　TCG 的组织结构

（2）**可信网连接工作组**（**Trusted Network Connection Work Group**）　定义并发布了一个开放的体系结构，以及一系列终端完整性标准。TNC 体系结构可以允许网络操作人员在网络连接时或之后实施策略。标准使得各种终端结点、网络技术、策略之间可以相互交互。

（3）**移动电话工作组**（**Mobile Phone Work Group**）　致力于在移动设备中采纳 TCG 的概念，在开放的终端平台上实现不同商业模式。工作组将根据移动设备的特点，如它们的连接性和有限分析能力，对各种使用场景进行分析，描述在 TCG 技术下移动设备的增值服务。

（4）**PC 客户端工作组**（**PC Client Work Group**）　将给出基于 TCG 技术建立信任根的 PC 客户机的一般功能、接口及最小的安全及私密性需求集合。工作组将以一个建议者的角色，为 TPM 工作组及其他 TCG 工作组提供有关与它们工作相关的体系结构及设计问题方面的信息。

（5）**一致性工作组**（**Conformance Work Group**）　工作组将开发适当的规范及文档，便于定义保护轮廓及其他需要的评估准则。可能包括对 TCG 组件及规范的评估方法。工作组也会提供功能性规范。

（6）**硬拷贝工作组**（**Hardcopy Work Group**）　工作组将为使用 TCG 组件建立信任根的硬拷贝系统组件定义开放的、厂商中立的规范。其中会包含硬拷贝组件最小的功能、接口、私密性需求集合。还将进一步满足扩展性、所有者控制、互操作性方面的需求。HCWG 是一个独立的工作组，而不是外设工作组的子工作组。硬拷贝工作组包括一个复杂的组件集合，不限制于传统的直连打印设备。工作组将从完整系统的角度定义这些组件的规范。

（7）**外设工作组**（**Peripherals Work Group**）　计算平台的可信性部分依赖于连接到平

台上的外设是否可信。外设工作组的目的就是标记出与信任相关的外设属性,并分析外设操作的各种环境(包括使用场景及威胁模型)以便更好地理解外设在整个多组件可信平台中的角色及影响。工作组处理的是所有外设的共性问题。

(8) **服务器规范工作组**(Server Specific Workgroup) 服务器规范工作组的目的是为在服务器上实现 TCG 技术提供定义、规范、指南及技术需求。工作组将努力形成一个符合当前 API 的规范,并进一步实现当前的 TCG 基础设施。

(9) **TPM 软件栈工作组**(TPM Software Stack Work Group) TSS 工作组的目的是为希望使用 TPM 的应用程序开发商提供标准的 API 集合。工作组将产生一个中立于厂商的规范,将硬件的区别进行抽象,使应用程序可以在各种硬件、操作系统、使用环境之上执行。TSS 也将定义应用程序与进行本地或远程 TPM 的交互接口。

(10) **存储工作组**(Storage Work Group) 存储工作组将基于已有的 TCG 技术及思想进行工作,致力于开发专有存储系统上的安全服务标准。工作组的一个目标是开发标准与惯例,使得能够在不同的专有存储控制器接口(如 ATA、Serial ATA、SCSI、FibreChannel、USB Storage、IEEE 1394、Network Attached Storage(TCP/IP)、and iSCSI)之上定义相同的安全服务。存储系统包括磁盘驱动器、可移除介质驱动器、闪存及多种存储设备系统。作为 TCG 与其他存储业界标准工作组的联络员,对接口标准进行审查,以推动 TCG 技术的采纳。与其他标准组的联络会征得技术委员会的同意。

(11) **TPM 工作组**(TPM Work Group) TPM 工作组的任务就是要产生可信平台模块规范。对 TPM 体系结构的定义来自 TC,TPM 工作组定义了体系结构的实现。工作组成员需要具有与设计及使用密码模块相关的安全知识,例如公钥密码、密码算法及协议。

(12) **虚拟平台工作**(Virtualization Platform Work Group) 成立于 2007 年,为应对虚拟化技术在业内的广泛应用而成立。该工作组的目标致力于推广可信计算技术在虚拟化领域的应用。工作组需要保证不修改现有使用 TPM 应用程序或者软件,保证在虚拟化平台中该应用程序或者软件仍然可以使用可信计算服务。同时也需要不修改现在的 TPM 接口命令和 TPM 内部指令保证 TPM 可以为上层提供 TPM 的功能。针对虚拟化技术和可信计算技术的相结合,该工作组的工作重点在于:保证可信计算中信任关系的传递在虚拟平台可以有足够的保证;保证可信属性满足的情况下虚拟机可以在不同的平台之间自由迁移。

(13) **可信多租户基础设施工作组**(Trusted Multi-tenant Infrastructure Work Group) 成立于 2010 年,为应对多租户云计算技术在业内的广泛应用而成立。该工作组的目标致力于开发一个标准框架,为实际部署可信云或可信共享设施定义端到端的参考模型,以实现共享的基础设施、多提供商的基础设施、参考模型和实现指导、鉴定和消除现有标准间的差异等。

另外,TCG 组织为 TCG 技术制定的基本原则是:

- 安全性原则 实现 TCG 技术的组件应该对关键的安全数据实施受控的访问,应该可靠地度量并报告系统的安全属性,报告机制应该在所有者的完全控制之下。
- 私密性原则 设计实现 TCG 组件时应该注意保护私密性。

- **可互操作性原则**　TCG 规范实现及部署应该有利于互操作性的实现,除因安全性带来的问题外,不应该引入可互操作性障碍。
- **数据的可移植性原则**　TCG 技术的实施应该支持已建立的数据所有权原则及惯例。
- **可控性原则**　每个所有者都应该能够有效选择并控制属于他们的 TCG 功能的使用及操作,在不违反所有者策略的前提下任何用户都应该能够禁用 TCG 功能。
- **易用性原则**　非技术用户也应该可以理解并使用 TCG 功能。

最后,将介绍 TCG 标准规范针对的应用场景,主要包括:

- **风险管理**。风险管理的目标是最小化恶意的、意外损失或泄露给团体和个人财产带来的风险。风险管理过程帮助估计和减轻风险,风险管理的一个元素是脆弱性评估,财产所有者希望了解保护他们财产所实施的技术和认识这些保护机制有关的脆弱性。TCG 技术用于减少信息资产的风险,例如受保护的存储。受保护的存储用于保护容易受到威胁的公开密钥、私有密钥和对称密钥,因为对它们的访问意味着对更大范围信息的访问。因为受保护的存储是一个实现于一个隔离子系统中的机制,所以密码将更不容易受到攻击。

　　为了减小风险,信息管理者自然希望保护信息,方法是通过加密 Hash 算法检测完整性损失,通过公开和秘密密钥阻止未授权的泄密和通过数字签名鉴别传递的信息。TCG 受保护的存储机制驻留在硬件,于是可用于保护密钥、秘密和 Hash 值。当信息资产以这种方式受到保护时,脆弱性因素(在计算损失预期值时使用)会减小。TCG 系统遵循 ISO—15408 评估和认证准则,它又使信息管理者保证了 TCG 机制的正确实现。

- **资产管理**。资产管理希望阻止偷窃和未授权的使用计算资产。资产追踪是一种有效的工具,它可以达到资产管理目标。制造 TCG 定义的可信平台模块(TPM)可以使平台的所有者由资产管理者生成,同时允许用户执行任务功能。由所有者控制,TPM 可用于创建和保护系统的一种身份不会被无意地物理性删除或取代。资产数据库可以使用这个身份更加可靠地与平台的资产信息关联起来。如果某个资产被窃取,窃取人不能访问信息资产,因此不能从消耗或经手窃取的信息中获利。

- **电子商务**。在电子商务交易中消费者的诚信和投资商的信任度是非常重要的因素。当交易顺利并且消费者的选择被精确地反映出来时,投资商建立了部分信任。当消费者能记住前一次与投资商成功在线交易的情形,反复的商业行为和诚信就可体现出来。TCG 技术使平台具有定义电子商务上下文的能力,消费者和投资商可以建立一种基于信息交换的关系。消费者能控制选择权,这对消费者和投资商都很重要。如果是消费者的要求,投资商能够识别反复的消费者并信任这个受管理消费者的选择,方法是动态验证其上下文关系。TPM 能报告平台的配置信息,这可用于定义消费者关系上下文。这个报告是加密可验证的,使双方都有机会保证电子商务交易行为出现在以前建立的关系上下文。

- **安全检测和应急响应**。IT 管理者花费了大量的时间响应病毒攻击和威胁。应急响应部门必须最快地做出反应,去隔离和防御易受攻击的系统。经常要求他们查看所有企业连接的系统配置和设置,以决策哪个系统需要更新。一个 TPM 用于确保每个计算机以一种可信赖的方式报告它的配置参数。增加的平台导入进程使 TPM 可以检测系统中的每个组件(硬件和软件),并且安全性地保存 TPM 中的 PCR(Platform Configuration Registers)检测结果。应急响应人员可以使用这些检测结果判定哪个计算机容易受病毒攻击。IT 管理者可以使用 TPM 中的 PCR 值安装系统进程,以识别系统启动时的不安全配置,因此预防了无意间以一种不安全方式形成的网络连接。

11.1.3　国内外可信计算技术发展

微软、Intel、IBM、HP 是对国际 IT 界具有举足轻重影响的几大厂商,它们也都是 TCG 组织的发起成员,这些公司在可信计算领域的举动代表着可信计算技术发展的趋势。对于这几大厂商,有一个比较固定的说法就是在可信计算领域,Intel 做硬件,微软做操作系统,IBM 与 HP 做系统。从下面提供的材料也可以看到这种趋势。

1. 微软的下一代安全计算基(NGSCB)

鉴于微软在当前操作系统领域不可替代的作用,所以微软的 NGSCB 受到了广泛的关注。微软对 NGSCB 的介绍是:通过与硬件相结合,提供强进程隔离、封装存储、到用户的可信路径、证实机制。它有一个与主操作系统相隔离的 Nexus,NGSCB 增强应用在它的基础上执行。微软一直声称,在以 Longhorn 为代号的下一代微软操作系统开发代码中,将加入 NGSCB 技术。Longhorn 的推出一再推迟,使人们对 NGSCB 打上了问号。

Windows Vista 设计中的一个重要思路为全方位的完整安全管理体系,这就意味着这种安全保护不仅仅是用户级的,这里的“安全”还包括对数字版权管理(DRM),内置了对音乐和电影的复制保护机制。安装了 Vista 的系统开机后,首先启动的是 TPM,它是主板上密码算法芯片中内置的固件。PC 一旦加电,TPM 芯片就会立即检查 BIOS 和相关硬件,利用哈希算法为平台配置寄存器(PCR)中的各个硬件组件计算安全缓存容量。TPM 还会检测系统 ROM,硬件驱动的主引导记录(MBR)以及分区表,将它们的哈希值存储在 TPM 的 PCRs 中。这些值将会和上次启动记录的值进行比较,如果结果产生矛盾,TPM 就不允许对系统分区进行访问;如果比较后通过,TPM 将允许启动过程继续进行。接下来,主引导记录(MBR)会控制启动进程,其指定活动分区,加载首个扇区到系统内存中,之后由启动扇区控制。更严格的安全性,如安全启动加密整个系统分区。

2. Intel 的 LaGrande

Intel 的 LaGrande 计划是通过硬件实现受保护的执行环境、封装存储、远程平台证实、受保护的 I/O 保护。另外,为了配合 Intel 的硬件结构,Intel VT(Intel Virtualization Technology)技术也在研发之中。具有 VT 技术的平台可以同时在不同分区中运行多个 OS 及应用程序,而不相互影响,虽然现在也有基于软件的虚拟平台技术,但基于硬件的虚拟化技术的可靠性及性能更高。在服务器方面,将不同的应用在不同的相互不受干扰的 OS 中同时运行,可以大大加强安全性。在客户机方面,使用了虚拟化技术,也可以加强对病毒及木马的防护。

3. IBM 的可信计算技术

IBM 针对可信计算的策略是服务器、服务和以开源为中心。TCG 的 TPM 实际上是就是从安全协处理器的基础上发展起来的,IBM4758 是很早就出现的一款功能强大的密码协处理器。TCG 的 TPM 出现后,IBM 公司在 IBM4758 及 Linux 操作系统的基础上,对 TCG 的可信平台技术,包括可信引导、完整性度量、完整性保护、完整性证实、安全域进行了大量的试验性工作。从 tcgLinux、可信 Linux 客户端、TPM 在企业安全中的角色等项目或文章中,可以得到很大的启发。

另外,在从 TCG 规范中可以看到 TCG 组织对私密性的关注,如 DAA 协议(直接匿名证实协议)就是来自 IBM 的研究成果。IBM 目前还有很多关于私密性的研究项目,包括 IDEMIX(标识混合)、EPA(企业私密性体系结构)、RFID(射频识别)、EPAL(企业私密性标识语言)等。

4. HP 的可信计算技术

HP 公司在可信计算方面的思路与 IBM 比较相似,也致力于在开放的操作系统平台上发展可信计算技术,建立可信的基础设施。在 HP 的一份名为"作为整体安全框架要素之一的开放可信计算"报告中,指出了在可信计算方面的应该进行的研究工作:涉及开源的 OS 对可信计算的支持,采用新 CPU 特性及虚拟化技术的最小化可信计算机的新的操作系统概念,支持特定服务的最小化操作系统映象,具有无干扰性及策略控制信息流性质隔离的执行环境,基于可靠策略隔离的系统组件,执行环境于操作系统间的相互无干扰,基于策略的运行环境配置与管理,应用程序行为的实时监控。

在 HP 正在进行的研究中,与可信计算相关的内容包括安全虚拟化技术、将 TCG 信任链及信任根的概念扩展到更广的基础设施组件、允许第三方远程信任系统后系统行为的援救、可信 Linux(限制可信网络间不同域机器间的交互,减小安全边界管理的复杂性)、信息流控制(隐蔽信息流分析、策略执行框架、各层次可信组件间的集成)、企业私密性增强中间件(私密性策略实施、义务管理、审计域可追究性)、私密性保护计算、边界管理(如何在更有效的边界管理控制的基础上提供更灵活的跨边界访问)、信任管理(硬件安全器件、数字产权管理)。

尽管目前许多关键信息产品和信息安全尖端技术掌握在外国公司手中,但在可信计算这个领域我们却有着可以突破的空间。2005 年 1 月,我国信息安全标准化技术委员会组织成立可信计算工作小组,主要致力于国际可信计算标准的跟踪研究和提出我国可信计算标准立项建议,并定期与 TCG 交流。瑞达、联想、浪潮、华为等厂商先后跻身 TCG组织、积极参与国际交流,研发方面也有不逊色于国外的突出表现,如兆日、瑞达、联想相继推出了国产 TPM 芯片。同时,国内的一些大学和机构,如北京工业大学、中国科学院软件研究所、国防科技大学、武汉大学、北京交通大学、北京大学等也积极从事相关研究和开发。

自主创新的可信计算平台作为国家信息安全基础建设的重要组成部分,实质上是国家主权的一部分。只有把握关键技术、掌握信息安全制高点才能摆脱牵制,提升我国整个信息安全的核心竞争力。正是在此共识下,由国家密码管理局组织协调,联想、同方、方正、长城、中兴、华为、软件所、国防科技大学等 13 家国内民族 IT 企业和重要科研院所相继加入到可信计算产品的研发项目中。2006 年 8 月和 2007 年 2 月国家密码管理局先后研制完成了《可信计算平台密码方案》和《可信计算平台密码技术规范》(简称 TCM 系列标准)。在此规范基础上,民族 IT 企业和科研机构投入了大量的研发力量,攻克技术难关,最终成功自主研发了可信计算密码模块 TCM 芯片和相关产品,如以联想、同方、方正、瑞达为代表的可信计算专项组成员企业都相继推出了基于 TCM 安全芯片的可信PC。作为构建平台安全的信任根,可信密码模块 TCM 芯片被誉为"中国可信计算的安全DNA",将为我国可信计算的发展方向和广泛应用起到基础性的引导和促进作用。

11.2 可信平台模块 TPM 与可信加密模块 TCM

11.2.1 可信平台模块 TPM

下面先将常用的 TPM 相关概念进行解释。

1. PCR(Platform Configuration Register)

TPM 中使用平台配置寄存器(PCR)保存完整性度量值,TPM 最少包含 16 个 PCR寄存器,所有的 PCR 寄存器都含有屏蔽标志位。PCR 用来在寄存器中存放度量值,它通过使用密码 Hash 算法并对 PCR 寄存器值进行更新实现。

2. EK(Endorsement Key)和平台凭证

TPM 内部有唯一的标识 TPM 的凭证密钥 EK,它是一个 2048 位的公私钥对,私钥永久性保存在 TPM 内部,并且禁止在外部使用。对于一个可信平台而言,EK 是唯一的,并且一直受 TPM 保护,它是 TPM 受信任的基础,签注证书可以验证 EK。在 TPM 内部存储了三种证书:签注证书(Endorsement Cert)、平台证书(Platform Cert)和一致性证书(Conformance Cert)。签注证书存放了是 EK 的公钥部分,用于证明平台的真实性;平台证书由平台的生产厂商提供,用来证明平台的安全组件的真实;一致性证书由生产厂商或评估实验室提供,通过一个授权方对平台的安全特性提供证明。

3. AIK(Attestation Identity Key)

身份证明密钥 AIK 用来向服务提供者证明平台身份,它是由 TPM 生成的一个2048 位的专用公私钥对,对应的证书是 AIK 凭证。AIK 凭证是由 Privacy CA 颁发的,用来证明平台身份和平台运行状态的。用户平台远程证明时,TPM 使用 AIK 私钥对其内部的 PCR 寄存器进行签名,然后通过可信信道将证明数据传送给远程依赖方进行验证。

1) TPM 功能

TPM 是可信计算平台的核心部件,主要提供如下功能:

- 利用随机数发生器提供非对称密钥对生成功能;

- 保存非对称密钥和对称密钥,并在其内部完成加密、封装、签名等功能;
- 在 PCR 中存储配置信息的哈希值,以确保平台的完整性并提供远程校验功能;
- 存储平台证书(Endorsement Credential),并在远程验证时用该证书;
- 申请身份证书(Identity Credential),从而保证平台身份的私隐性;
- 初始化和管理功能,使用户有能力配置功能、复位芯片和保持权限。

TPM 的实现可能在硬件或软件上完成,实现细节由特定平台规范文档(Platform Specific Specification documentation)给出。规范虽然给出了 TPM 规范的硬件解释模型,但是由于很抽象,所以并不排除软件实现。如图 11-3 所示的 TPM 结构图是支持 RTR 和 RTS 功能的 TPM 构件。作为可信平台的一个构件,TPM 组件能正确地操作而没有疏忽是可信的。这些组件的可信来自良好的工程实践、生成过程和仔细的检查。工程实践和仔细的检查包含在通用准则(Common Criteria,CC)标准中。

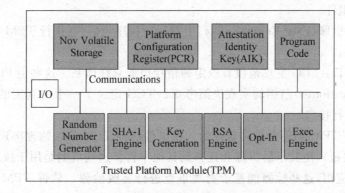

图 11-3　可信平台模块结构示意图

2) TPM 结构

下面是可信平台模块中的各个独立的组件。

- **输入输出(I/O)**:I/O 组件管理通信总线上的信息流。它执行适合外部和内部总线通信的协议编码/j 解码,它传送消息给适当的组件。I/O 实施与 Opt-In 组件相关的访问策略,其他 TPM 功能也需要访问控制。
- **不可变存储(Non-Volatile Storage)**:不可变存储用于保存 EK(Endorsement Key)、SRK(Storage Root Key)、属主授权数据和持久标志。
- **PCR(Platform Configuration Registers)**:用于实现为可变或不可变存储区。系统启动或平台掉电时它们都需要重设。TCG 指定了要实现的 PCR 最小值,0~7 为 TPM 使用,8~15 是操作系统和应用程序可用的,在 TPM1.2 规范定义的 TPM PCR 已经有 24 个。
- **认证身份密钥(AIK)**:认证身份密钥必须是持久的,但推荐 AIK 密钥保存为 Blobs 在持久外部存储(TPM 外),而不是保存在 TPM 中的不可变存储区。TCG 希望 TPM 实现为 AIK Blobs 提供足够空间以便装载到 TPM 的可变内存,以加速运行。
- **程序代码**:程序代码包含检测平台设备的固件。逻辑上,这是 CRTM(Core Root

of Trust for Measurement)。理想地,CRTM 包含在 TPM 中,但是实现时可以要求它位于其他固件中。

- **随机数产生器（RNG）**：TPM 包含一个真的随机位产生器,用于产生随机数。RNG 用于密钥产生、临时数创建,并增强通行证熵的产生。
- **SHA-1 引擎**：一个 SHA-1 消息摘要引擎用于计算签名、创建密钥 Blobs 和通常使用。
- **RSA 引擎**：RSA 引擎用于签名密钥签名、用存储密钥加密/解密和用 EK 解密。TCG 要求 TPM 模块包含一个 RSA 引擎,但不受输入输出限制。
- **Opt-In**：Opt-In 组件实现 TCG 策略,要求 TPM 模块处于用户希望的状态。这涉及从取消和吊销到完全生效整个范围,可随时让所有者拥有。Opt-In 机制维护逻辑,并在需要时通过接口决定物理状态,并确保按照需求将取消操作应用到其他 TPM 组件。
- **执行机引擎（Exec Engine）**：执行引擎运行程序代码,它执行 TPM 初始化,并且进行检测。
- **通信接口**：TCG 主规范没有规定通信接口或总线体系。这些由 Platform Specific Specification(s)归档的实现决策考虑。TCG 定义了一个由真实的总线或连接传输的串行接口。

TCG 要求 TPM 物理上是防篡改的。这里包括将 TPM 模块物理绑定到平台的其他物理设施(如主板),使其不易拆除和迁移到其他平台。这些机制是用于抗篡改的,篡改证据的检测需要应用,这些检测能基于物理审查进行篡改检测。软件 TPM 实现必须保证对防篡改硬件等价的解释,这样一种解释体现了期望的安全属性。也就是,一个特定的 TPM 是严格的一个,并且 TPM 绑定一个特定平台。

3) 信任链扩展

在 TCG 系统中,信任根是必须被信任的组件,否则可信计算平台没有信任的起点。信任传递就是信任根对另一组功能作出可信描述的过程。基于这种描述,如果信任根认为某个组件的某个功能信任水平是可接受的,那么信任边界就从根信任被扩展到该组件。从 TPM 信任根开始到硬件平台、到操作系统、再到应用程序,一级认证一级,一级信任一级,从而把这种信任扩展到整个计算机系统。

信任扩展到从一个静态根信任开始的系统启动过程中,同时信任边界逐步扩展到包括那些并不是从一开始就驻留于根信任中的代码。在信任边界的每次扩展中,目标代码总是在执行控制权发生转移之前先进行检测的。

当计算机系统启动时,首先是 TPM 的 CRTM 接管计算机系统的控制权,CRTM 度量和验证 BIOS 的完整性,验证成功则 CRTM 将控制权交给 BIOS,BIOS 再加载各种硬件,对 Boot Loader 进行度量和验证,验证通过则启动 Boot Loader,然后依次度量和验证操作系统、应用程序,这个信任扩展过程最终完成了可信计算平台的信任链建立。信任链的建立适合 TPM,主机平台、EK 绑定在一起,其中存在着两方面的绑定:物理绑定和逻辑绑定。物理绑定依赖于硬件技术,逻辑绑定依赖于密码技术。TPM 是一个焊接在主机平台上的物理芯片,EK 物理上绑定于 TPM(EK 位于 TPM 内部),TPM 物理绑定于主机平台是通过焊接技术。而逻辑绑定是通过 Hash 算法的扩展 TPM 内部的 PCR 寄存器实现。

在单个系统中信任是通过信任链的构建完成,当用户平台建立系统内部信任后,可信计算提供了一种新型的安全机制远程证实,用来建立平台之间的相互信任。远程证实是 TPM 对平台运行状态精确描述(即度量),由可信计算平台向远程依赖方证明平台的软硬件配置及其运行状态。其基本方法是可信计算平台在启动阶段,TPM 对系统平台配置做了全面的度量,将度量结果存储在防篡改的 PCR 寄存器中,然后可信平台与远程依赖方通信时,证明平台运行环境是安全、可信的。远程证明将可信平台的信任扩展到分布式计算环境,建立起平台之间的信任关系。TCG 所制定的 TNC 规范,在网络接入时引入平台完整性状态判定,就是远程证明在网络接入信任扩展方面的典型应用。目前 TCG 也致力于将远程证明与 TLS 协议结合,建立更为可信的安全通信通道。

11.2.2 可信加密模块 TCM

为了支持我国可信计算的研究和应用,国家密码管理局于 2006 年组织制定了"可信计算平台密码技术方案",它体现了三个原则:

(1) 以国内密码算法为基础;

(2) 结合国内安全需求与产业市场;

(3) 借鉴国际先进的可信计算技术框架与技术理念并自主创新。

《可信计算平台密码技术方案》是构建我国可信计算技术规范体系的基础。

2007 年 12 月由国家密码管理局正式制定的"可信计算密码支撑平台功能与接口规范可信计算本规范",即 TCM 规范,以"可信计算平台密码技术方案"为指导,描述了可信计算密码支撑平台的功能原理与要求,并定义了可信计算密码支撑平台为应用层提供服务的接口规范,包括密码算法、密钥管理、证书管理、密码协议、密码服务等应用接口。用以指导我国相关可信计算产品开发和应用。下面将简要描述 TCM 的基本概念和功能,并与 TPM 比较、说明 TCM 对 TCG 下一代可信平台模块 TPM. next 的积极影响。

1. 基本概念

1) 可信密码模块(Trusted Cryptography Module,TCM)

可信密码模块(TCM)是可信计算平台的硬件模块,为可信计算平台提供密码运算功能,具有受保护的存储空间。TCM 对应于 TCG 的 TPM 模块。

2) TCM 服务模块(TCM Service Module,TSM)

TCM 服务模块(TSM)是可信计算密码支撑平台内部的软件模块,为对平台外部提供访问可信密码模块的软件接口。TSM 对应于 TCG 的可信软件栈 TSS。

2. 可信计算密码支撑平台体系

可信计算密码支撑平台以密码技术为基础,实现平台自身的完整性、身份可信性和数据安全性等安全功能。平台自身的完整性,即利用密码机制,通过对系统平台组件的完整性度量,确保系统平台完整性,并向外部实体可信地报告平台完整性。身份的可信性,即利用密码机制,标识系统平台身份,实现系统平台身份管理功能,并向外部实体提供系统平台身份证明。平台数据安全保护,即利用密码机制,保护系统平台敏感数据。其中数据安全保护包括平台自身敏感数据的保护和用户敏感数据的保护。另外,也可为用户数据保护提供服务接口。

可信计算密码支撑平台主要由可信密码模块(TCM)和 TCM 服务模块(TSM)两大部分组成,其功能架构如图 11-4 所示。

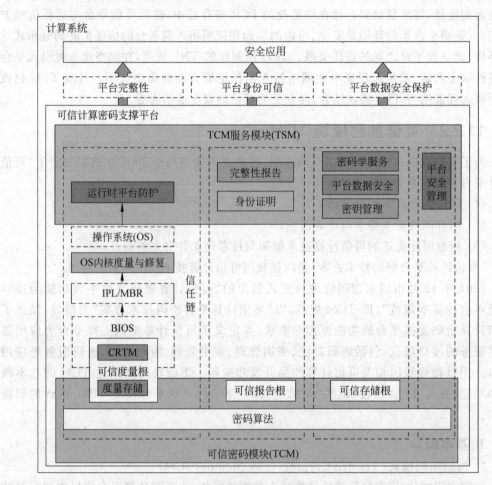

图 11-4　可信计算密码支撑平台功能架构

可信计算密码支撑平台以可信密码模块为可信根,通过如下三类机制及平台自身安全管理功能,实现平台安全功能。

(1) 以可信度量根为起点,计算系统平台完整性度量值,建立计算机系统平台信任链,确保系统平台可信。

(2) 可信报告根标识平台身份的可信性,具有唯一性,以可信报告根为基础,实现平台身份证明和完整性报告。

(3) 基于可信存储根,实现密钥管理、平台数据安全保护功能,提供相应的密码服务。

3. 可信密码模块

可信密码模块(TCM)是可信计算密码支撑平台必备的关键基础部件,提供独立的密码算法支撑。TCM 是硬件和固件的集合,可以采用独立的封装形式,也可以采用 IP 核的方式和其他类型芯片集成在一起,提供 TCM 功能。其基本组成结构如图 11-5 所示。

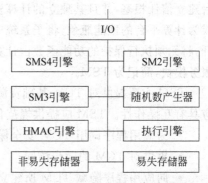

图 11-5　可信密码模块(TCM)结构

- I/O:TCM 的输入输出硬件接口。
- SMS4 引擎:执行 SMS4 对称密码运算的单元。
- SM2 引擎:产生 SM2 密钥对和执行 SM2 加/解密、签名运算的单元。
- SM3 引擎:执行杂凑运算的单元。
- 随机数产生器(RNG):生成随机数的单元。
- HMAC 引擎:基于 SM3 引擎的计算消息认证码单元。
- 执行引擎:TCM 的运算执行单元。
- 非易失性存储器:存储永久数据的存储单元。
- 易失性存储器:TCM 运行时临时数据的存储单元。

其中涉及的密码算法包括 SM2 椭圆曲线密码算法、SMS4 对称密码算法、SM3 密码杂凑算法、HMAC 消息认证码算法、随机数发生器。这些密码算法必须符合国家密码管理局管理要求并在可信密码模块内实现。其中:

- SM2 椭圆曲线密码算法,其密钥位长为 $m(m=256)$。SM2 算法包含系统参数、密钥对生成、数字签名算法(SM2-1)、密钥交换协议(SM2-2)和加密算法(SM2-3)五个部分。
- SMS4 对称密码算法,该算法是一个分组算法,该算法的分组长度为 128 比特,密钥长度为 128 比特。加密算法与密钥扩展算法都采用 32 轮非线性迭代结构。解密算法与加密算法的结构相同,只是轮密钥的使用顺序相反,解密轮密钥是加密轮密钥的逆序。
- SM3 密码杂凑算法,对于给定的长度为 $k(k<264)$ 的消息,SM3 密码杂凑算法经过填充、迭代压缩和选裁,生成杂凑值。经预处理过的消息分组长度为 512 比特,规范选用的杂凑值长度为 256 比特。
- HMAC 消息认证码算法,利用密码杂凑算法 SM3,对于给定的消息和验证双方共享的秘密信息产生长度为 t 字节的消息验证码,消息验证码产生过程采用 FIPS PUB 198 中的消息验证码产生过程。
- 随机数发生器。规范不规定随机数生成的具体算法,随机数生成算法由可信密码模块制造商设计实现。所生成的随机数必须为真随机数,并满足国家商用密码随机数检测要求。

4. TCM 服务模块

可信密码模块定义了一个具有存储保护和执行保护的子系统，该子系统将为计算平台建立信任根基，并且其独立的计算资源将建立严格受限的安全保护机制。为防止 TCM 成为计算平台的性能瓶颈，将子系统中需要执行保护的函数与无须执行保护的函数划分开，将无须执行保护的功能函数由计算平台主处理器执行，而这些支持函数构成了 TCM 服务模块，简记为 TSM。

TSM 主要提供对 TCM 基础资源的支持，由多个部分组成，每个部分间的接口定义应具有互操作性。TSM 应提供规范化的函数接口。TSM 设计目标：

- 为应用程序调用 TCM 安全保护功能提供一个入口点；
- 提供对 TCM 的同步访问；
- 向应用程序隐藏 TCM 所建立的功能命令；
- 管理 TCM 资源。

11.2.3　TCM、TPM、TPM.next 之间的关系

我国 TCM 标准（可信计算密码支撑平台功能与接口规范）体系结构和 TCG 的 TPM 规范基本类似，但在密码算法支持以及具体实现上略有不同，如表 11-1 所示，TCM 采用了椭圆曲线 ECC 非对称加密算法而不是 RSA 算法、采用 SCH Hash 算法而不是 SHA1 算法、采用了 TPM 并不支持的对称加密算法（SMS4），完整性度量长度为 256b 而不是 160b。此外，TCM 还支持了数字信封、双证书、新的密钥迁移实现机制、新的授权数据存储管理方式和建立防重放攻击机制，而这些 TCG 组织的 TPM 有些不支持，而有些方式不同。

表 11-1　TCM 与 TPM 技术比较

对　比　项	TCM/TSM	TPM/TSS
密码算法	ECC(256b)、SCH(256b)、SMS4、RNG	RSA(2048b)、SHA1(160b)、RNG
完整性度量与 PCR	长度为 256b	长度为 160b
对称密码算法	TCM 层使用对称密码算法 SMS4 保护关键数据	TPM 层不使用对称算法
密钥保护结构	公钥与对称密钥混合的密钥保护体系结构，存储主密钥为对称密钥	纯公钥的密码保护体系结构
授权协议	密码方案中自主设计的授权协议 单一化	OIAP/OSAP/ADIP/ADCP/AACP
密钥协商	支持	不支持
数字信封	支持数字信封功能	不支持
证书	支持我国特有的双证书 简化证书管理	不支持双证书 证书管理复杂
密钥迁移	新的密钥迁移实现机制	TCG 迁移机制
授权数据存储管理	新的方式（强调效率）	TCG 方式
会话过程	建立防重放攻击机制	无防重放攻击机制

2008 年，TPM 标准已经成为 ISO 国际标准。同年，受中国推出自主 TCM 标准规范的影响，TCG 组织目前正在讨论和规范 TPM. next 标准，试图兼容各国不同密码算法，使其标准全球化。TPM. next 的主要目标如下。

1. 支持多种不同的密码算法

这源于 TPM 1.2 所采用的 RSA 2048b 和 SHA-1 算法面临安全性威胁，SHA-1 已经被证明不安全。所以，TPM. next 将支持 ECC 非对称密码算法，以此满足一些重要市场的需求，例如，中国。此外，TPM. next 将定义互操作的算法集，以同时允许多个算法集成在同一个 TPM 中选择使用，从而实现一种灵活地替换被破解算法的方法，以支持未来产品的升级。

2. 增强对虚拟系统的支持

虚拟化（Virtualization）对于各种平台将越来越普遍，TPM 也可以应用于服务器环境。为此，TPM. next 将考虑支持虚拟系统，不仅仅是虚拟化 TPM(vTPM) 这种软件上的支持。改变 TPM 内部的密钥层次结构（key hierarchy），允许为每个 VM 创建 pseudo SRK，以便保护虚拟机的密钥树。pseudo SRK 的迁移应该在虚拟机管理器的控制之下。

3. 在性能方面进行改进

因为采用非对称密码，现有 TPM 加载密钥层次结构（key hierarchy）非常慢。它将采纳 TCM 标准中用对称密钥加密非对称密钥的方法提高效率。

我国 TCM 标准采用了国产密码算法，要求可信计算标准在中国本地化，不允许可信计算密码支撑平台修改，只允许上层应用与 TCG 兼容。因此，可信计算标准的全球化和本地化的矛盾，将左右可信计算未来标准的发展。

11.3　可信平台技术

TCG 系统中的信任根是一组组件，它们必须是可信的，因为它们的不正确行为可能不被检测。一组完整的信任根至少应该是一个最小功能，即描述影响平台可信性的平台特性所必需的功能。

通常一个可信平台有三个信任根：检测信任根（RTM）、存储信任根（RTS）、报告信任根（RTR）。RTM 是能够进行固有可靠的完整性检测的一种计算装置。典型地，标准平台计算装置是由核心的检测信任根 CRTM(core root of trust for measurement) 控制。当 CRTM 以 RTM 身份操作时，它是由该平台执行的指令。RTM 也是可传递信任链的根。RTS 是这样一种计算装置，它能够维护完整性摘要值的一个精确的概要和这个摘要序列。RTR 是能够可靠地报告从 RTS 所获取的信息的一种计算装置。每个信任根的功能能够无疏忽地被正确执行是可信的。对信任根的信任可通过各种方式获得，但是要求包括资深专家的技术评估。

11.3.1　可信平台构件

可信平台构件 TBB(Trusted Building Blocks)是信任根的组成部分,不具有隔离的位置或受保护的权能。正常地,这些只包括 RTM 和 TPM 的初始化功能指令(例如, reset)。典型地,它们是平台专用的。TBB 的一个实例是由 CRTM、CRTM 存储到主板的连接,TPM 到主板的连接和判定物理存在的机制组成,图 11-6 黑色部分表示可信平台的 TBB。

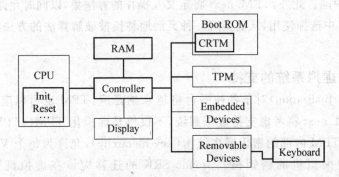

图 11-6　黑色部分表示可信平台的可信构建块

TBB 可信的含义是它的行为是以一种不会违背可信平台目标的方式预期执行。

11.3.2　可信边界

TBB 和信任根的组合处于信任边界,在这个边界上检测、存储和报告对最小配置是可实现的。更复杂的系统要求被其他(可选的)ROM 代码(包括 CRTM)检测。为此,必须建立其他 ROM 代码的可信。这通过检测先传递执行控制权的 ROM 代码完成。建立 TBB 以使设备包含其他检测代码不会无意地扩展 TBB 边界,在此边界上连接的可信以前并没有建立起来。

11.3.3　可传递的信任

可传递的信任也称为"可传导的信任"(Inductive Trust),是一个过程,其中信任根给出了第二组功能的可信描述。基于这个描述,该实体可以判定将信任放在第二组功能的什么位置。如果实体判定第二组功能的信任级是可接受的,信任边界将从信任根扩展包括第二组功能。此时,这个过程可以重复,第二组功能可以提供第三组功能的可信描述等。可传递的信任用于提供平台特性的信任描述,也证明不可迁移密钥是不能迁移的。如图 11-7 所示的可传递信任被用于从静态信任根导入的一个系统,并且其信任边界扩展包括本来不在信任根的代码。信任边界的每一次扩展,目的代码在执行控制被转移之前要首先被检测。

11.3.4　完整性度量

度量事件由两类数据组成:一是度量值——嵌入的数据或程序代码的一种表示;二

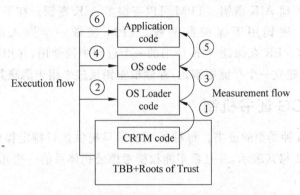

图 11-7　从静态信任根开始的信任链扩展

是度量摘要——这些值的 Hash 值。数据是由产生信息摘要的度量内核来查看,摘要是机器可操作状态的快照。这两个数据元素(被度量的值和度量摘要)分开存储,度量摘要使用 RTR 和 RTS 功能存储在 TPM 上。度量值事实上可以保存在任何位置,由度量内核判定。实际上,它可能根本没有保存,但是在需要连续表示的任何时候重新计算。

度量数据描述被度量组件的属性和特征,足够详细地理解被度量域的语法和语义以产生一种适合度量事件用户的编码是度量内核实现者的职责。实现者在决策事件数据如何划分中起着重要作用。特定平台的规范包含额外的内容规范平台配置、表示和期望的检测用户。

存储的度量日志 SML(Stored Measurement Log)包括一系列相关的度量值。被度量的值附加在度量摘要中并重新 Hash。这通常更可能指的是扩展摘要。扩展确保相关的度量值不会被忽略,并且操作顺序被保留。

TPM 包含一组寄存器,称为 PCR(Platform Configuration Registers),包含度量摘要。从代数学来看,按以下方式更新一个 PCR:PCR[n]＝SHA-1(PCR[n]＋SHA-1(被度量的数据))。PCR 的值是临时的,系统重启时重新设置。度量事件的度量要求度量摘要重新创建,并且简单比较摘要值(使用 PCR 值作为一个比较值)。TCG 没有为 SML 内容定义数据编码规则只是推荐了恰当的标准,例如 XML 确保广泛的可达性。然而,不同的平台可能需要不同的表示,因此特定平台的规范可以定义其他编码规则。SML 可能变得非常大,因此没有放在 TPM 中。SML 不需要由 TPM 提供保护,因为对 SML 的攻击将被检测。但是 SML 仍然会受到拒绝服务攻击。实现者应该采取一些措施复制或重新建立这个日志。

11.3.5　完整性报告

RTR(Root of Trust for Reporting)有两个功能:一个是要找出完整性度量存储的隔离位置,另一个是要证明基于可信平台身份保存的值的真实性,PCR 可实现于可变和不可变存储区。PCR 必须免受软件攻击,必须考虑采取阻止物理窃听的措施。完整性报告要进行数字签名以便使用 AIK 鉴定 PCR 值,一个临时值包含在签名的 PCRs 中以阻止重复操作。

TPM 产生和管理 AIK 密钥。TPM 可以有很多 AIK 密钥。在平台属主设计共谋后果时,不同的 AIK 密钥用于保护私密性。TPM 携带一个嵌入的密钥(称为 EK-Endorsement Key)。EK 在保证 AIK 证书的一个过程中被使用,并用于建立一个平台属主。平台属主可以建立一个存储根密钥,存储根密钥反过来用于隐藏其他 TPM 密钥。

11.3.6 TCG 证书机制

TCG 定义了五种类型的证书。每种类型表示只提供执行特定操作必要的信息。证书的格式以 ASN.1 格式表示,并且希望能权衡考虑公钥体系的一些元素。

证书类型包括:

- 签注或 EK 证书(Endorsement or EK credential);
- 一致性证书(Conformance credential);
- 平台证书(Platform credential);
- 确认证书(Validation credential);
- 认证身份或 AIK 证书(Identity or AIK credential)。

1. 签注或 EK 证书

这个证书由 EK 的生成者发布。EK 的产生是制造过程的一部分。希望由 TPM 投资商来生成 EK。但 EK 应该在提交到最终用户使用之前生成,使厂商能宣称 EK 被正确创建了,并且嵌入一个有效的 TPM 中。如果 EK 密钥对生成于提交平台给用户之后,这个密钥创建的条件就可能会影响可以提供的签注。签注包含以下信息:

- TPM 厂商名称;
- TPM 零配件模型号;
- TPM 版本或分级;
- EK 公钥。

EK 公钥尽管是公开的,但是具有私密性,因为它唯一地标识 TPM 并延伸该平台。TCG 希望每个 TPM 实例有一个 EK 证书。

2. 一致性证书

这些证书是由具有足够可信的实体发布,目的是评估一个 TPM 或包含 TPM 的平台,这种评估由平台厂商、投资商或独立的实体执行。一致性证书表明评估者对 TBB 的设计和实现与建立的评估准则之间一致性的接受程度。评估者通过签名证书证实评估的结果,其细节可以审查。TCG 通过定义意义明确的评估标准和准则协助评估,一个平台可以发布多个一致性证书:一个是关于 TPM 的,其他是关于不同 TBB 组建。一致性证书可以包括以下信息:

- 评估者名称;
- 平台厂商名称;
- 平台模型号;
- 平台版本号(可用的话);
- TPM 厂商名称;

- TPM 模型号；
- TPM 版本号或分级。

一致性证书不包含唯一标识特定平台的信息。TCG 认为每个平台模型可以存在几个一致性证书，但只有一组证书是同一构造和同一模型的多个平台所需的。

3. 平台证书

这个证书由平台厂商、投资商或任何具有足够可信度的人发布。它标识平台的厂商，并描述平台属性。它也引用 TPM 相关的平台签注和相关的一致性证书。

证书引用由被引用证书的信息摘要组成。平台证书被认为具有私有性，因为这个证书与一个特定的平台关联，而不是一类这样的平台。平台证书包含以下信息：

- 平台厂商名称；
- 平台模型号；
- 平台版本号（可用的话）；
- 签注；
- 一致性证书。

这种平台证书提供证据，证明平台包含由签注所描述的一个 TPM。TCG 认为每个平台实例将有一个平台证书。

4. 确认证书

TCG 认为可检测组件、硬件或软件的厂商将提供参考检测值。参考检测值是被检测组件制造过程中获得的摘要，此时该组件被认为处于正确的工作秩序。典型地，出现在功能测试之后。不是所有的组件会创建确认证书，只有那些对安全性造成威胁的组件要由后门检测。

净室检测可在任何时候采用，此时提示摘要的使用者信任净室操作者的宣陈。引用检测与真实的（运行时的）检测比较，使检测变化。用期望的摘要描述组件结构的签名文档称为确认证书。可以拥有确认证书的组件实例包括：

- 视频适配器；
- 磁盘存储适配器；
- 内存控制器；
- 通信控制器/网络适配器；
- 处理器；
- 键盘和鼠标；
- 软件。

确认证书由一个有效实体发布，任何乐意和能够检测和证明被检测值的人都被认为是一个有效实体。典型地，组件厂商最能产生期望值，任何部分的组件描述可以用作信任决策。但是，确认证书的候选组件可能是那些具有安全性威胁的。组件描述希望至少包括以下元素：

- 有效实体名称；
- 组件厂商名称；

- 组件模型号；
- 组件版本或分级；
- 检测值；
- 组件能力(不变)。

每个模型、一系列组件或单个组件可能有一个证书,取决于签名信息的唯一性。确认证书的发布和发行通过各种适合执行确认的途径,提供自动工具易于识别的电子形式发布是很有用的,希望证明事件数据精确性的代理商可以比较 PCR 值和确认证书检测值。

5. 认证身份或 AIK 证书(Identity or AIK credential)

AIK 证书识别用于签名 PCR 值的 AIK 私钥,它包含 AIK 公钥和可选的任意其他信息(由发行者决定)。认证身份证书由一个服务发行,这个服务可信任验证各种证书和保持客户的私密性策略。

通过发布认证身份证书,签名者证明 TPM 的真实性,通过提供 TPM 的事实。证据的目的是 TPM 拥有 AIK,并且 AIK 绑定于有效的签注、平台和一致性证书。

可信方也保证遵守客户的私密性要求,要求中可能包括保护可能在注册过程导致泄密的个人身份信息。一个发起者可以和该证书中的其他信息一起使用这个信息,以便通过认证协议信任该平台。认证身份证书引用的其他证书如下:

- 认证身份证书引用包含一个对 TPM 厂商的和模型的引用,但不是私有性的 EK。
- 认证身份证书引用也包含一个对 TPM 厂商的和模型的引用;这个引用不是对平台身份本身,而是引用包含在平台证书(不具有私有性)里的信息。
- 认证身份证书包含一个指针,指示一个发起者找到 TPM 和平台的一致性文档。

6. 证书的信任性和私密性

在以上证书的描述中,有一个关于私密性的声明。尽管每个证书要求提供平台的信任,TCG 规范规定平台厂商必须提供这些证书的保护以维护用户私密性。

7. 颁发认证证书的方法

- 和平台一起发布——放在 CD 或磁盘媒体。
- 网站下载——厂商网址。
- 第三方服务——如检索器或目录服务。

无论获取证书的机制如何,证书的发布要提供机制满足平台属主的私密性要求。

11.3.7　TCG 密钥管理机制

1. TCG 密钥树状结构

RTS(Root of Trust for Storage)保护 TPM 委托的密钥和数据。RTS 管理少量的可变内存,其中保存了用于对操作执行签名和加密的密钥,如图 11-8 所示。

不可迁移的密钥可以被加密并移出存储区以腾出空间给活动密钥。密钥分块缓冲区的管理由密钥缓冲器 KCM(Key Cache Manager)在 TPM 外负责。KCM 与存储设备交互,以在存储设备中随时保存不可迁移密钥。RTS 具有双重作用,作为通用目的的受保

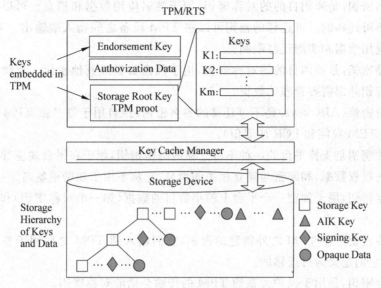

图 11-8　TCG 的密钥存储块机制

护存储设备,也允许保存不透明的数据。RTS 被优化以保存小的客体,大概对称密钥的大小减去负载(例如 210 字节)。各种客体类型要保存,例如对称和非对称密钥、通行证(pass-phrases)、cookies,鉴别结果和不透明数据等。有三种密钥类型对 TPM 是不透明的:AIK 密钥、签名密钥和存储密钥。TPM 内嵌入了两个密钥:存储根密钥(Storage Root Key,SRK)和注册密钥(Endorsement Key,EK)。这些密钥不能从 TPM 删除,但是可以创建一个新的 SRK 作为新的平台所有者的组成部分。

　　加密过的所有数据客体受前面的 SRK 控制具有副作用。SRK 由 TPM 生成,并且在 TPM 所有者建立时 SRK 通行证使用 EK 进行加密。SRK 用于保护保存在 TPM 之外的其他密钥。所有由 RTS 管理的密钥具有可迁移或不可迁移的属性,密钥的属性决定是否一个密钥可以从一个 TPM 向另一个迁移。在密钥创建时建立其属性值并且不可改变。从语义上看,一个不可迁移的密钥永远与一个特定的 TPM 实例联系在一起。一个不可迁移密钥的迁移会导致一个平台假冒成其他平台。一个 AIK 密钥是最好的实例,它从不迁移。因此,AIK 密钥固定为不可迁移的。可迁移的密钥可以在 TPM 设备之间交换,这使得密钥对可以紧随其用户而无须考虑所使用的设备。即使计算平台变了,用户之间交换的消息仍然可达。

　　密钥的属性不用于不透明数据,为了扩展不可迁移属性到不透明数据,要使用一个不可迁移的存储密钥将该数据保存在 RTS。只要不透明数据由 TPM 控制,它就不能在其他任何地方解密。但是,一旦数据在 TPM 外被解密,它显然被迁移到某个系统。

2. 密钥类型

　　TCG 定义了七种密钥类型,每个类型携带一组限制性属性限制它的使用。TCG 密钥可以分为签名或存储密钥,它们可以进一步分为平台、身份、绑定、通用或遗传密钥,对称密钥单独分为鉴别密钥。这七种密钥如下:

- 签名密钥,是通用目的的对称密钥,用于签名应用数据和消息。可以是可迁移的或不可迁移的。可迁移的密钥可以在 TPM 设备之间输入或输出。TPM 可以签名应用数据和实施迁移限制。
- 存储密钥,是通用目的的对称密钥,用于加密数据或其他密钥。存储密钥用于包装密钥外部需要管理的数据。
- 身份密钥(AIK keys)是不可迁移的签名密钥,独自用于签名由 TPM 产生的数据(如 TPM 权能和 PCR 注册值)。
- 签注密钥是支持平台的一种不可迁移的解密密钥,用于在平台属主建立时解密属主的授权数据,和解密与建立相关的消息,它从不用于加密或签名。
- 绑定密钥,用于加密一个平台上的小数目的数据(如一个对称密钥)和在另一方解密它。
- 遗传密钥是在 TPM 之外创建的密钥,它们输入到 TPM 之后用于签名和加密操作,它们定义为可迁移的。
- 鉴定密钥,是用于保护关系到 TPM 的传输会话的对称密钥。

3. 外部存储和密钥缓存管理

TPM 要求是一种低耗商用组件,适合用户型计算平台。因此,TPM 本身就应该有受限的动态(可变)和持久(不可变)存储。TCG 使用场合建议需要不受限的存储,为此,定义了 TPM 的外部存储和一个缓存管理器。

1) 外部存储

为了允许真实未受限的密钥和存储区,RTS 将用于外部存储的密钥封装到加密的密钥 Blobs。密钥 Blobs 对 TPM 外部是不透明的,并且可保存在任意可用的存储设备上(例如 Flash、Disk 和 Network File Server)。Blobs 结构绑定到特定的 TPM,并可以封装到特定的平台配置。Blobs 通过使用一个内容加密的 Hash 来引用,采用句柄或其他合适的引用机制。引用标识可消除对 Blobs、KCM 或其他执行存储功能的应用程序的歧义。其他信息,包括密钥类型和密钥属性都是外部可用的。

2) 密钥缓存管理

TPM 外部接口允许外部的程序管理 TPM 中受限的存储资源。管理功能不同于应用功能,区别在于缓存密钥的能力和使用密钥的能力。KCM 通常只关心缓存密钥,而应用程序关心的是密钥的使用。一个值得注意的例外是用于保护其他密钥的存储密钥。KCM 控制存储密钥的缓存和使用。即使在平台不是期望的配置情况下,密封于特定平台配置的密钥也要装载。这支持就绪状态之间转换平台的灵活性,并不影响它获取所需密钥的能力。维护了安全性,因为配置在每次使用时检查,因此装载时不用检查。

在图 11-5 中,KCM 是一个外部程序,负责密钥在 TPM 中可变密钥存储区和不可变外部存储设备之间的转移。KCM 追踪可用的密钥并决定何时适合去除一个密钥和用另一个取代。在密钥时间片用完或应用程序需要使用一个特定的密钥时,TPM 并不提前通知。这样,应用程序可能需要通知 KCM,在这种事件发生或 KCM 需要实现一个 TPM 接口层(应用程序获得 TPM 服务)时。

TPM 提供接口准备在 TPM 和存储设备之间传递密钥,任何时候 KCM 都不会清楚地提交密钥,KCM 可以实现检索、存储和查找。KCM 上的 Blobs 管理存储设备,也包括通行证的管理。

11.4　基于 TPM/TCM 的可信操作系统技术

1999 年我国发布的国家标准 GB 17859—1999《计算机信息系统安全保护等级划分准则》不仅总结了我国从 1990 年逐步开始的安全操作系统研发的成果,从某种程度上反映当时我国信息系统安全、操作系统安全研究的水平,而且随后促进了我国在该领域的进一步发展。目前,随着国际上可信计算技术的提出,相关产业标准的研究和发展,对基于可信计算平台 TPM、TCM 的安全操作系统研究也提出了新的课题。尤其是电子商务、电子政务、个人和企业的电子服务行业的发展,促使对客户端的安全性和可信性要求变得越来越重要。学术界提出在可信计算平台上建立安全操作系统,并对操作系统做出必要的扩展安全功能,不仅能够在封闭式系统环境中获得安全保证,而且可以在开放式的系统和网络应用环境中获得新的安全属性和信任保证,从而为异构性和移动性特点的各种商用网络环境下的客户平台之间的信任交互提供良好的技术支持和研究基础。

11.4.1　主流操作系统中的问题

主流操作系统最大的局限性在于它只实施一种基于身份的自主安全策略而不是强制安全策略。在一个 DAC 系统中,对执行环境的控制使得用户可以破坏应用客户的安全策略实施机制,系统属主可以运行特权软件(例如一个修改的设备驱动)访问应用客户的内存空间。一个基于 MAC 的系统(例如基于 DTE),配置 MAC 策略可使应用客户的内存空间不被访问,即使通过操作系统的其他部分也不能访问。如果应用服务商可以评估 MAC 策略配置以确定它实施了应用客户之间的隔离,就可以建立应用客户对许可能力实施的可信度,基于应用层的实施措施不能被篡改或绕过,它的地址空间也不能被其他特权进程通过拷贝其内容而被窃取。MAC 可以通过严格的控制主客体之间的信息流动保证良好的策略实施。MAC 依赖于一个引用监控器负责实施该策略。引用监控器仲裁对系统资源和数据的每一次访问,决定是否该访问与策略期望的相符。为了确保每次访问被仲裁,必须保证引用监控器不可绕过。引用监控器也要求防篡改以确保一个黑客不会破坏或影响它的访问决策。最后,它需要足够小以便通过分析和测试得到验证。这些属性可以由硬件保护机制和与之一致的软件来获得,软件和硬件的总和负责实施可信计算基 TCB 安全策略。

主流操作系统中还有一个关键的弱点是没有实施最小特权原则。为了获得最小特权,一个系统需要表达和实施细粒度的访问权。目前主流操作系统中的特权与特定的用户标识绑定,因而是基于用户身份的。结果,一个用户拥有的特权授予了每个以该用户身份运行的程序,没有提供有效的机制减少可获特权是真正所需的那些特权。更糟糕的是,主流操作系统中只有两类用户：root 用户或超级用户、普通用户。超级用户、具有超级用户特权的进程不受访问控制，就好像不存在访问监控器一样。这种操作系统体系结构给应用程序带来了严重的问题，因为平台属主显然可以访问超级用户账号。不进行访问控制，一个应用客户的策略无法对其超级用户进行实施，明文内容也不能得到可靠的保护。最小特权原则和 MAC 机制可靠地控制了操作系统内的信息流，并有效加强了域的限制。基于开放计算平台的应用客户不能成功地维护安全属性，因为没有引用监控器提供的限制和信息流控制。

此外，主流操作系统上还存在一种设备驱动带来的问题，即驱动必须完全可信但不保证值得信赖。驱动被裁减出来与特定的硬件（如声卡或图像卡）绑定，所以通常由硬件厂商提供，这就产生了信任问题。Solomon and Russinovich(2000)曾指出："设备驱动可以完全地访问系统内存空间，绕过 Windows 2000 客体访问的安全性"。所以设备驱动代码与应用程序代码类似是源于它由一定厂商提供，但又是有效的操作系统代码，因为它可以不受限地访问系统资源。再者，设备驱动可以运行时动态加载，因此一个恶意的或有BUG 的驱动可能被利用，从而危害密钥和受保护的内容。由可信厂商提供一个进行数字签名的驱动是解决该问题的通用方法，遗憾的是，这只是一种局部性的解决方案，因为驱动大而且复杂，以至无法评估它们是否包含可被利用的 bugs 或非期望的行为，很难获得一个合理的保证级。签名并不能保证正确的操作，也很难保证签名验证机制的完整性和保证签名人的公钥受到了保护。

早期的可信系统/安全操作系统，如 Multics，基于一种硬件强制执行域（称为环-rings）的层次处理设备驱动的信任问题。基于 Multics 的方法，Intel x86 处理器（从 286起）支持基于环的保护体系结构。x86 的硬件体系结构能够支持更高安全和可信赖的操作，如果被正确采用，基于环的体系结构和细粒度的内存段可以达到硬件级的域隔离和限制。遗憾的是，除 GEMSOS OS 等个别系统，x86 的这些属性几乎没有被用于主流通用操作系统的设计当中。主流操作系统只用了最大（系统环）和最小的特权环（用户环）。Intel公司最近公布了一个新的处于 ring-1 的芯片设计，源于微软提出一种新的 NGSCB 可信计算体系结构，要求一个更高级别的特权，使得可以在 ring-0 的内部实现域的隔离。

总之，主流操作系统缺乏保护数据和支持权限实施的基本属性，不实施强制访问策略，不遵循最小特权原则，增加了软件 bugs 和特权带来的威胁。此外，特权代码的数量及其复杂性（包括设备驱动）表明不可能获得一个平台所要遵循的合理保证级。基于签名的代码和驱动的信任机制也不能改变该状况，问题同样出在访问控制模型和操作系统体系结构上。

11.4.2　基于可信计算的安全操作系统体系结构

TCG 组织的 TPM 规范以及我国自主的 TCM 规范已经成为安全操作系统研究的核心，因为它定义了对操作系统引导的要求。但是，平台的操作系统如果不支持 TPM/TCM 硬件，一个多任务操作系统就不能有效实现 TPM/TCM 的功能，尤其是远程认证和密封存储等功能，而且 TPM/TCM 的完整性验证方法也不能代替操作系统的安全体系结构。

以经典的数字化权利管理(digital rights management,DRM)中一个数字化内容投递场景为例,此时一个基于 TCG 的 DRM 客户平台希望连接一个数字化内容的服务商,以下载和随后观看一个电影。在支付交易过程中,服务商传递该电影的加密拷贝和一个单独的观看许可权给客户,该许可权中禁止拷贝、修改和传输到其他平台。基于 TCG 属性的建立,该服务商采取了多个步骤来确保客户平台上的策略实施机制的完整性。完整性标识该平台可靠实施其许可权管理的能力,决定和保持这种完整性必须满足以下三种验证要求:

(1) 服务商要求客户平台通过远程证实来建立,以证明它们是依据 TCG 原则引导的。服务商访问的是被引导的软件环境而不是一组可信组件,保证客户被导入一种可信状态。

(2) 服务商必须确保在引导之后、对远程证实初始化之前,客户没有执行非可信软件。

(3) 服务商必须确保远程认证时客户运行的是可信软件,不能执行非可信软件使受保护的内容被访问或浏览。

要求(1)是不证自明的,但 TCG 设计是基于一个假设:如果 PCR 寄存器与一个被信任方期望的值匹配/一致,该系统是可信的。期望值必须是已知的安全配置,所以真实存在一个安全的或可信的配置,而且该配置因为其可信赖性而可信。但这种假设在主流操作系统中无法成立,因为系统的复杂性和体系结构都无法提供这种完整性保证。TCG 不能解决代码质量或操作系统体系结构问题,是 TCG 可信计算模型中关键但又易被忽视的的一种局限性。

要求(2)和(3)反映了这样一个事实,即运行主流操作系统的平台完整性依赖于它的运行行为。一个理论上可信赖的状态立即再次导入不能保证完整性被维持,因为执行再次导入的软件会影响平台的完整性。比如,一个动态加载的内核模块、设备驱动程序或特权应用程序,可以在任何时间执行和违背这些保护需求。这种情况是完全可能的,因为没有在运行于最高特权级的进程之间和进程内部对信息流实施强制控制。

为了支持要求(2)和(3),操作系统本身需要修改,加入一个度量功能,它可取出可执行代码和任何系统的配置数据或启动之前的用户级进程的特征信息。Sailer 等于 2004 年提出一种 Linux 系统"基于 TCG 的完整性度量体系结构",他们描述了对操作系统进行的多处修改,描述了对可能影响平台完整性的代码和数据载入过程进行初始化的一些功能设施。在一个没有实施最小特权原则、基于 DAC 的操作系统中,有许多度量功能必须调用,较简单的包括装载内核模块,动态可装载库和用户级可执行程序,其他难以预测的有脚本解释器、虚拟机、(如 java 的类载入器)特权应用程序和网络服务。该设施比较简单,它要求在代码执行之前立即调用一个 hash and store 功能。问题是要确保所有代码(尤其是特权应用程序代码)被设置具有实际困难,一方面涉及产权的应用程序源代码并不是总能获取,另一方面是软件投资商可能没有或无法对现有所有软件发布进行设置的新版本。证据表明,对所有脚本解释器、虚拟机、实时编译器和特权应用程序进行设置不现实,也影响了整个方法的可行性。

要求(3)是最具有挑战性的,因为它要求 PCR 值始终反映当前的配置。因此,要验证任何一个进程的完整性,其他所有的进程必须被度量,因为一个进程的完整性可能在任何时刻被违背,一次认证只在上一次度量当时有意义,到认证方评估过一个认证响应后,完整性状态可能已经发生了实质性的改变。该认证方无法知道这是否发生,除非它继续再次认证该平台,这是一种非常无效和不令人满意的选择,即在任何情况下,只能提供逆向保证。

这个问题也影响了密封存储功能,如在一个受保护的加密密钥发给操作系统时,该平台原本处于密封存储中的一个策略配置(反映在所需的 PCR 值中)下,但这个配置可能随后就会发生改变(例如,在同一个引导周期内),从而给密钥和加密的密文带来风险。

在缺乏 MAC 域限制的情况下,需要一种可靠的方法使该平台吊销它的可信状态,并且在出现完整性改变时立即从内存中清除受保护的内容或密钥。最大的困难在于如何从一个完整性保持状态中区分出这种改变(它将导致可信状态的吊销),该问题的难点在于怎样处理 PCRs 中加入的不可识别的信息。

因此,根据 TPM/TCM 硬件特点,基于 TPM/TCM 平台的安全操作系统体系结构应该主要包括信任链传递、完整性度量、远程证实、私密性保护等核心技术,下面将针对这三个技术领域的研究现状与发展趋势展开讨论。

11.4.3 可信操作系统的核心技术

1. 信任链传递

一个平台的可信性与硬件的防篡改能力和可信操作系统的安全性保证一致。在基于可信平台的安全操作系统,需要建立新的内核安全模块,向上层可信组件传递信任关系。综上所述,新的内核安全模块有必要完成以下功能:

* 操作系统装载时进行完整性验证;
* 运行时为所有文件进行完整性验证;
* 实施强制访问控制的完整性验证。

如图 11-9 所示,为了完成信任链的传递,一个可信的安全操作系统由 TPM 引导之后,先后通过扩展验证模块 EVM、简单完整性模块 SLIM 和正常检查模块来执行。各模块功能为:

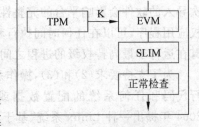

图 11-9 安全操作系统的
信任传递模块

(1) TPM 验证内核和初始化守护进程的设备驱动的完整性,并发布内核密钥 K。具体包括:

* TPM 通过内核或系统初始化守护进程度量引导过程的完整性;
* 在初始化守护进程的引导过程中,用户提供密封的内核密钥和鉴别密码 PW;
* 如果 TPM 度量相匹配、密码相符,TPM 发布一个密钥 K;
* 主密钥 K 用于产生许多子密钥,加密用户主目录分区和对鉴别文件属性进行检查。

(2) EVM 对扩展的属性和数据进行鉴别。具体包括:

* 扩展的文件属性;

- 文件的哈希值；
- 强制访问控制标签；
- 版本信息；
- 抗病毒状态值。

（3）SLIM 模块支持多种强制访问控制，例如 Bell and LaPadula 基于机密性的强制访问控制、Biba 基于完整性的强制访问控制、简化管理的 Lomac 低水印完整性和 Caernarvon 改进的 Biba 完整性模型的控制等。具体任务是：

- 对所有的文件都标识完整性和机密性标签；
- 依据强制访问控制规则进行访问控制检查；
- 对权限进行细粒度的分割，满足最小特权原则；
- 标识由 EVM 验证过的可信进程，允许其执行期望的超越行为。

（4）如果系统功能的正常检查通过，则认为操作系统正常地传递了信任链。

2. 完整性度量

在 TCG 远程认证协议中，被认证的平台发送当前 PCR 值和产生这些值的特征信息日志，认证方可以通过该日志决定是否信任由杂凑链中每个度量值标识的组件。为了识别对日志的篡改，要重新计算该链以确保它产生这个报告的 PCR 值。从认证方来看，日志中出现任何不可识别的特征信息都将导致平台的不可信，未知的特征信息可能是一个恶意组件的特征信息，如一个修改过的设备驱动或一个提供具有某装置的程序相同功能但没有装置的程序，如一个内核模块装载器可能通过加载 PCR 值中没有反映出来的恶意代码违背平台的完整性。这里引入一个问题，即是否不可识别的特征信息可以由一个可信平台合法地预期。遗憾的是，由于松散组织的数据（包括脚本化的文件、配置文件等）必须提取有关特征信息，所以这种特征信息非常可能出现。这十分必要，因为一个程序的运行行为通常由启动时分离出来的配置文件决定，而且一旦运行，该数据就成为了输入。因此，访问可执行代码的完整性影响，它的输入必须被度量。在 TCG 体系结构上下文中对半结构化或非结构化输入数据的度量很难解决，因为它们并没有像静态代码一样提取特征信息进行完整性验证。这种非执行文件可能含有细微的差别，如额外的空白字符、注释或以不同顺序排列的相同元素，对完整性没有影响。但是，任何这样的差别会产生完全不同的特征信息。在真实的世界中，这种差别正如用户通过配置文件裁减系统行为以满足各自的需求一样是可预期的。没有受访问度量过的文件本身，认证方无法决定是否一个不可识别的特征信息是由半结构化的文件无关的格式差别所导致的，而不是一个恶意组件或非装置的组件装载器。基于哈希算法的完整性度量对可执行代码适用，但用于半结构化数据就不行，事实证明这使得整个方法都成问题。

这种推理思路同样适用于 TCG 的密封存储属性。我们注意到密封存储允许受保护密钥的发布在 PCR 寄存器当前状态与预定义和可信值相匹配上是有条件的。PCR 哈希链中出现未知度量值的出现将致使一个封装的客体不可被访问。软件或硬件配置上的改变会引入新的度量值（如 VCD 的升级）。主流操作系统对受保护数据的密封存储方法不实用,原因有两个:一个原因关系到有序 PCRs 值。根据哈希链,元素链顺序决定最终的输出值。因此,为了访问一个封装的客体,一个 PCR 中加入的所有特征信息必须是可信的,而且它们必须精确地链接在一起,顺序与在客体加密时生成的 PCR 值的顺序相同。在主流操作系统中,PCR 扩展值的顺序由操作系统载入器确定。之后,顺序依赖于单个的运行行为,因为操作系统内核会不断引发多个可能是多线程的并发进程,在一个这样的多任务环境,执行顺序是不确定的。第二个原因是密封存储对维护所有可执行代码载入之前必须度量的完整性不实用。这表明在新的应用程序运行时 PCRs 在继续扩展。因此,在典型的应用中它们无法稳定地预测值。这个问题可以得到改进,方法是将一个客体与仅反映引导早期阶段的一组 PCR 值封装。这更可能产生密封存储所需的确定性结果问题。但无法捕获后导入平台配置的变化,如内核模块的载入可能大大影响完整性。主流操作系统中远程认证和密封存储的不实用性是一个严重的不足。它强调了这样一个事实,即 TCG 组件块不能弥补操作系统体系结构上的缺陷所带来的问题。安全客户不能用于多任务操作系统,它无法提供互不信任和潜在敌对的进程间的隔离和限制,TCG 组件的应用也没有改变这样一个事实。Sailer et al.,(2004)声称:“微软 NGSCB 的许多保证可以通过现在的硬件和软件获得,并且这些保证不要求一种新的 CPU 模式或操作系统,而只是依靠一个独立可信实体的可用性,如 TPM。”事实上,尽管许多保证是可能的,但是很重要的几个保证(也不一定由 NCSGB 提交)无法获得,因为一个可信系统的关键因素必须由映射到 CPU 基于硬件的保护结构与操作系统联合一起实施,不能完全由扩展的硬件提供。

仅将 TCG 组件加入操作系统不会产生一个传统意义上的可信系统,因为它并没有引入可信路径或引用监控器,也没有改变因不符合最小特权原则造成的问题。TPM 允许完整性度量以可信的方式存储但没有提供任何机制阻止完整性的背离。确实,它允许已知的安全软件版本由特征信息识别,它也为密钥的存储提供了一个更安全的环境,尤其是非对称签名密钥,但是,有效的域限制和强制访问控制是可信计算环境下进行访问控制的根本需求。因此,将 TCG 组件用于实施自主访问控制的主流操作系统可获取的安全优势有价值但价值不大。

TCG 组件与基于 MAC 的操作系统(如 SELinux)结合比与基于 DAC 的操作系统结合具有更大的优点,这样可以使密封存储和远程证实更实用。在一个基于 MAC 的系统,一个认证方需要验证安全策略的解释和实施机制的完整性、策略配置本身和客户应用程序。如果这些组件可信地实施了客户隔离,就不再需要由度量来建立客户的完整性,因此避免了 DAC 体系结构中不实用的度量机制。完整性保证基于隔离原则,所以不必详细地度量其他装载的可执行文件和配置数据。

3. 远程证实

传统可信系统中的可信路径机制的目的是保证用户与系统真实的可信计算基 TCB 进行通信,保障本地以及远程用户/客户标识和鉴别过程的安全性和可信性。可信路径可为其他安全机制提供保障,其本身的实施也需要其他安全机制的支持。例如,可信路径机制需要通过完整性保护机制来保证其自身不被篡改,进而保证自身的可信性。如果没有完整性保护机制,可信路径的"可信"程度将大大降低。操作系统的各种安全机制是一个整体,可信路径机制起到一个安全"门"的作用,通过这道安全门用户访问的是可信计算基。

在对远程证实分析中可以看到,需要在服务器端采用文件完整性保护机制来保证远程登录服务程序的完整性。如果将远程登录服务程序纳入可信计算平台的度量体系中,无论是作为可信组件还是作为应用程序,通过可信计算平台的信任传递机制就可以对其可信性提供保证,进而可以节省额外的完整性证实的系统消耗。由于可信计算技术的使用,使计算机系统的完整性得到很好的保障,系统可信程度得到很大的提高,尤其是如果部署信任传递技术,就可以在很大程度上降低应用软件遭受恶意篡改的风险,并且也可以减少病毒和木马的侵害。同时,本地可信路径的应用层软件需要得到完整性保护,而可信计算平台恰恰可以很好地达到要求。但远程证实也面临一些问题:

- 运行于可信平台上的程序如何相互鉴别,这种鉴别方式可以确保每一方满足一些安全标准,同时又能为各种各样的实现方式留下足够的空间。
- 当前的客户机-服务器网络计算模式假定一个可信的服务器,和不可信的(甚至是恶意的)客户端。这样,即使大比例的工作都是由客户端完成,而所有的信任却驻扎在服务器端。我们能够设计出好的证实协议工作在灵活划分的信任环境中吗?
- 剔除拥有完全信任的服务器和完全不可信的客户端这样的一个模型,设计怎样的模型和该模型的应用,使其能够以一种更加灵活和动态的方式达成信任关系?

目前有一些比较不错的方法,如携带证据的代码、类型化的汇编语言 TAL、内联执行监控器和信息流类型系统等。这些技术可以划分为两大类:程序重写和程序分析。程序分析覆盖各种技术,它们都是试图静态地检查程序与一个安全策略的一致性。例如类型安全编程和基于类型的安全性方法——TAL。编程重写是通过重写程序保持与安全策略的一致性达到实施安全策略的一种互补性的技术,内联安全监控器是这种技术的一个实例。

4. 私密性保护

远程证实特别提示:一个平台配置的细节可能足以区分不同的平台,以及通过不同的会话辨别出相同的平台。特别是 DAC 实施体系结构中,TCG 规范中详细给出了私密性保护机制。微软提出的下一代安全计算基(NGSCB)提供了一类新型的安全计算技术,可以被各种应用或解决方案采纳,特别是它是一种能够实现私密性保护最有效的平台。在此,私密性的定义是:一个 PC 的属主或者用户能够决定标识其身份的哪些信息、在何时可以被公开。

作为一种技术,NGSCB 并没有规定固定的策略,相反,它能够支持各种策略。NGSCB 是一组未确定原语或技术构件,它们设计灵活,可适应广泛的需求。设计NGSCB 的一个特别考虑就是确保它能够保持私密性和促使策略的实施,因而支持新类型私密性保护的开发。

由计算设备负责的策略必须仔细权衡。多数情况下,策略由机器属主(可能是机器用户)定义。如一个公司员工正在使用公司的台式计算机,公司(机器属主)的策略可以取代员工的策略。NGSCB 没有对体系结构要求或策略实现限制给出强制的要求。对策略的决策留给了机器属主(谁可以或不可以授予最终用户指定策略),并且受合法需求的影响。

TPM 包含着一个私钥,任何时候它都不能由操作系统里运行的软件获取,只是在实例化 NGSCB 环境和为连接提供服务时使用。

在一个 NGSCB 计算机中,即使 TPM 上的公钥也必须是安全的,以防意外的信息泄露或未授权访问。公钥只能由机器属主明确信任(信任是由用户采取公开的行为运行该软件时建立的)的软件获取。可信软件才能实现由机器属主决定的策略,这些策略控制其他客户、服务器或服务对该计算机公钥的访问。

对比多数公钥系统,在一个 NGSCB 系统中,公钥不是可以任意获取的。这种设计的实现阻止随意地在 Internet 上通过公钥追踪用户或计算机。

TPM 上的密钥何时或怎样生成依赖于 TPM 的制造。厂商应该可以选择让 TPM 生成自己唯一的密钥对,其中私钥任何时候都不公开,或者直接将密钥存入 TPM,此时厂商或其他相关人员可以作为第三方保管这些密钥,一种可能引入威胁或者给客户多提供一次机会,依据的是厂商的可信赖度。

因为每个 TPM 内的公钥组件是唯一的,NGSCB 要保护公钥免受用户的暴露。这对于远程客户十分必要,因为它可使用公钥的唯一性属性来将公钥转换成机器的标识。为防止这样做,NGSCB 要保护公钥并确保只向协议一方的远程客户公开以建立匿名的或伪匿名密钥和标识 TPM。而且,NGSCB 应该由机器属主控制他们所创建的任意唯一性密钥。

NGSCB 的设计是要以与微软公司的私密性身份一致的方式保护唯一性密钥和信任状。实际上,NGSCB 体系结构使得能够对实施微软私密性身份原则的程序和服务进行开发。例如,可以使用 NGSCB 体系结构设计商务应用,因此个人信息,如名字、信用卡号可以被收集和使用,仅在该用户明确授予了这些行为权。但是,NGSCB 不局限于某个策略,微软想由客户建立和实施他们各自的策略。

NGSCB 的目的是确保 TPM 的签名密钥 EK 受到保护并且只在别名密钥建立时使用,如认证身份密钥——可使在授权交互时匿名使用。而且,NGSCB 应让机器属主控制他们所创建的任意唯一性密钥。

11.5 本章小结

本章从国内外可信计算发展历程、可信平台模块 TPM 与可信加密模块 TCM 技术、可信平台相关技术以及基于 TPM/TCM 硬件支持的可信操作系统相关技术等方面进行全面介绍,以帮助读者理解可信计算的概念和技术,了解基于 TPM/TCM 可信操作系统的核心技术发展趋势。

11.6　习题

1. 基本概念：可信计算、可信构建块(TBB)、可信边界、信任链扩展

2. 概括 TPM 和 TCM 的三个主要功能。

3. 阐述 TCM 与 TPM 的主要区别。

4. 简述平台完整性证实过程。一个完整的远程证实，你认为主要分为哪几部分？

5. TCG 所定义的信任链是如何逐步扩展的？ TCG 在信任链扩展到哪一步？那么从 TCG 所定义信任链的终点开始，信任链扩展应该到应用程序层才可以充分保证系统的可信属性，那么你认为这一步骤该如何完成。

6. 保存在 PCRs 中的 Hash 运算值具有先后顺序，这个属性在系统的引导过程中确实非常必要。但如果在启动不同的应用程序时，这样的先后顺序是否有必要？如果有必要，请说明理由；如果没有必要，也请说明理由。

7. 简述基于可信硬件(TPM/TCM)的可信操作系统的核心技术及其发展趋势。

第 12 章
新型操作系统发展与展望

12.1 PC 操作系统的发展与安全

12.1.1 Windows Vista 与 Windows 7

1. Windows Vista

Windows Vista 代表了微软一种未来计算的观点。在 Vista 中,微软希望改善用户的体验,以及改变公众对 Windows 操作系统不安全感和不可靠的看法。微软已经在安全方面采取了强硬的立场,通过改善代码审查过程和雇用第三方来审查其软件。实施创新的安全控制,如地址空间布局随机化(ASLR)和分层的办法,以增加系统的安全性,也有助于微软产生一个更为安全的操作系统。

1) 安全体系结构

总体来看,Windows Vista 操作系统的安全体系结构可以分为三个层次,包括通用基础设施、安全基础设施和安全应用(见图 12-1)。

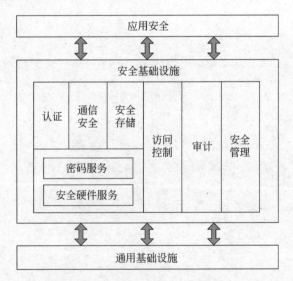

图 12-1 Windows Vista 安全体系结构

通用基础设施为上层提供基础网络、计算和存储服务(其中的核心部件拥有自包含的安全机制)。安全基础设施部分内容最多,主要为操作系统自身、操作系统服务和

Windows 网络提供安全服务,提供了包括认证、通信安全、安全存储、访问控制以及审计在内的一系列安全服务。安全应用构建在安全基础设施之上提供应用安全。安全应用指的是基于 Vista 安全基础设施和通用基础设施构建的安全应用,最为常用的包括浏览器 Internet Explore,其中的安全机制主要基于安全基础设施设计和开发。

2) 安全机制和技术

(1) **基础平台安全**。微软处理 Vista 的基础平台安全主要从四个方面加以保障,这四个方面分别是安全软件开发周期、系统服务保护、防止缓存溢出和 64 位平台安全改进。

① **安全软件开发周期**。众所周知,当年 Blaster 病毒给微软及其用户带来了巨大的损失。安全软件开发周期(SDL-Security Development Lifecycle)可以说是一个微软痛定思痛后决心加强产品安全的产物。SDL 的中心思想就是将安全特性的考虑渗透到产品生命周期的每一个阶段。

- **设计**　每一个功能模块均需要制定其相应的风险模型(threat model),来预测可能的攻击方式,制定相应措施等。
- **开发**　遵循严格的代码规范。禁止使用那些容易误用的 API 调用。使用静态程序分析工具查寻可疑的代码片段。
- **测试**　特别严格测试风险模型指出的高风险代码,并广泛采用 FUZZ 测试。FUZZ 测试指通过模拟错误的、不合规范的输入数据,来测试软件代码针对错误处理的响应。它被证明是一个有效的发现产品漏洞的测试手段。
- **审查**　产品代码在正式发布前要经过严格的安全审查。
- **维护/响应**　一旦正式发布的产品代码中发现安全漏洞,需要有一套严格的安全响应程序,以迅速、正确地提供安全补丁。

Windows Vista 是第一个从头至尾采用 SDL 进行开发的操作系统。通过 SDL 严格的开发规程,微软期望 Windows Vista 安全水准较先前 Windows 操作系统有显著提高。但是,任何开发人员都是无法完全预知未来攻击的所有模式。所以说,SDL 可以减少安全漏洞的数目和严重程度,但并不能保证操作系统杜绝所有的安全漏洞。

② **系统服务保护**。系统服务程序被恶意软件攻击的次数日益增多,原因有以下两点:

- 系统服务无须用户交互,即可自动运行。
- 系统服务运行于 LocalSystem 账号下,拥有对系统的完全控制权。一旦被成功攻击,恶意程序就可以在系统上为所欲为。

其中冲击波病毒就是攻击 DCOM 的远程调用系统服务。

在 Windows Vista 操作系统中提供了系统服务保护功能,包括:

- 许多系统服务程序运行在较低权限的用户账号下,如 LocalService 或 NetworkService。
- 系统服务程序有相应的配置文件,用以指定该服务可以执行的文件,注册表和网络行为。例如,远程调用(RPC)系统服务被限制为不能更改系统文件和注册表。通过和防火墙配置的结合,可以限制系统服务的异常网络行为。这样,即使一个系统程序被攻击,由于不能修改重要的系统文件和注册信息,或者连接网络,它所造成的危害也会得到限制。

但是因为 Service 强化是不可能限制所有的系统服务的，关键的系统服务还是需要在系统核心权限下运行。一旦这些服务出现安全漏洞，还是会导致严重的安全问题。

③ **防止缓存溢出**。缓存溢出是操作系统最为严重的安全漏洞，Code Red、Blaster、Zotob 就是最著名的缓存溢出的例子。其原因在于缓存溢出的安全漏洞往往导致恶意代码可被远程执行。

NX 保护。NX 的含义是 No Execution，NX 保护可以指定特定的页面（如堆栈所在页面）是数据页面，不允许在其上运行指令。这样，一旦 IP 寄存器指向了堆栈所在页面，会导致硬件异常，而不是执行恶意数据（代码）。

Windows Vista 相对 Windows XP SP2，提供了更多 NX 保护支持。在 32 位平台上，Windows Vista 的默认设置是系统代码设置满足 NX 标准（NX-compliant）。同时，还可以指定某个特定的应用程序是否满足 NX 标准。这样，在确保向前兼容性的前提下，可以最大可能地提高系统中被 NX 保护的比例。在 64 位平台上，NX 保护默认设置为应用于所有代码。

寻址空间随机分布（Address Space Layout Randomization，ASLR）。如果写入新的返回地址不是指回堆栈页面，而是指向了一个系统函数的入口地址，那样 NX 保护就不起作用。这类攻击有一个前提，即特定系统函数的入口地址是可以事先确定的。ASLR 就是针对此类攻击手段，在 Windows Vista 启动时，操作系统随机从 256 个地址空间中选出一个载入 DLL/EXE。这样攻击方就难以事先确定系统函数的入口地址。

寻址空间随机分布和 NX 保护结合在一起，可以有效限制缓存溢出危害程度。

④ **64 位平台的安全改进**。有缺陷或恶意的驱动程序会导致系统崩溃、不稳定和极为严重的安全问题。Rootkit 就是指那些用于修改操作系统，以改变操作系统的表现行为的工具软件，而这种改变，往往不是操作系统设计时所期望的。Rootkit 最典型的目的就是"隐藏"。隐藏的对象可以是文件、特定的注册表、特定进程、打开的网络端口等。这个"隐藏"是通过修改操作系统本身实现的。Win32 API 的调用过程如图 12-2 所示。

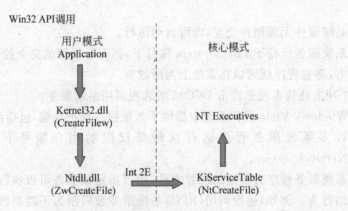

图 12-2　Win32 API 的调用过程

Rootkit 可以将自身代码插入到每一个箭头连接处,以控制函数的返回结果。举个例子,一个应用程序(如反病毒软件)需要查询系统中运行的当前进程,Rootkit 只需要将所想隐藏的进程从返回的进程列表中删除,那么上层的应用程序就根本不知道有这样一个进程正在系统中运行。

Rootkit 之所以会导致严重的安全问题,是因为它把自身文件和运行进程从系统中隐藏起来,反病毒软件/反间谍软件就不能成功的检测/清除这个程序。

在 64 位平台 Windows Vista,特别增加了下面两个重要的安全特性:

- **设备驱动程序数字认证**。在 64 位平台 Windows Vista 中,所有工作在核心模式下的设备驱动程序都必须提供数字认证,才能被系统加载。由于需要修改操作系统行为,Rootkit 往往是一个工作在核心模式下的设备驱动程序。那么,数字认证首先可以指明一个驱动程序是由哪个厂商发布的。其次,数字认证可以验证这个驱动程序的代码完整性,也就是否被篡改过。这样,就可以防止系统加载 Rootkit 驱动程序。
- **核心模式保护**(**Kernel Patch Protection**)。这个技术也称为 PatchGuard,它用来防止未经认证的代码自由修改操作系统的核心状态(Kernel State)。最为危险的 Rootkit 往往直接修改核心模式的重要数据,例如系统的进程控制表、中断控制表等。通过对核心状态的保护,可以有效阻止这类攻击。

但是由于向前兼容的原因,设备驱动程序的数字认证和核心模式保护只在 64 位平台上有效。也就是说,32 位平台 Windows Vista 上的 Rootkit 威胁并没有得到有效控制。

(2) **权限保护**。权限保护方面,根据设备和环境的不同,将其分为三类:用户账号控制、智能卡登录体系和网络权限保护。

① **用户账号控制**(**User Account Control**)。在以往的 Windows 系统上,绝大多数用户都是以管理员(Admin)权限登录。这是因为太多的操作,如应用程序的安装和运行、操作系统配置的修改等,都需要管理员权限。但是如果计算机病毒和间谍软件一旦感染系统,那么它们也将会同时拥有管理员权限随心所欲做各种事情,如篡改防火墙设置等。

用户账号控制的目的就是尽量减少用户权限为管理员级别的时间。换句话说,不到迫不得已决不运行于管理员模式下:

- 用户登录后的默认权限是非管理员身份;
- 如果要执行需要管理员权限的操作,例如修改防火墙设置,用户必须通过特定的用户界面(UAC 的对话框)才能将权限升为管理员级别。

但是用户账号控制有以下两个问题:

- 用户的接纳程度。如前面指出的,用户账号控制这个功能是一个典型的牺牲可用性而换取安全性的例子。虽然微软做了很大的努力来尽可能帮助用户使用这个功能,可能还是会有不少比例的用户觉得不甚方便而选择关闭这个功能。
- 社会工程攻击。所谓社会工程攻击,就是攻击者通过某种手段,例如虚假信息,诱使用户执行一定的动作,达到控制系统,窃取信息的目的。

② **智能卡**(**Smart Card**)/**登录体系**。传统的 Password 不应该是用户的唯一选择。

如果用户选择的密码过于简单，那么容易受到字典攻击（Dictionary Attack）。如果用户被强制选择复杂的，难以记忆的密码，那么他/她也许就会把密码记录在随身的记事本上……

智能卡提供了解决这个两难问题的一种方案。要通过系统的身份验证，用户必须提供代表身份的智能卡，并且输入一个对应的密码。这种双重认证的好处是显而易见的。如果用户只是智能卡丢失，或者只是密码被窃取，攻击方还是无法通过系统的身份验证。事实上，微软公司网络的远程接入，就采用了智能卡＋密码的验证方式。

Windows Vista 中特别加强了对智能卡的支持。它提供了一套完整的公用密码服务（CSP-cryptographic service provider），以方便智能卡的部署。另外，登录体系被重新设计，可以更加方便的和不同类型的凭证供应方（Credential Provider）交互。这使结合其他身份验证手段，如指纹验证，更为容易。

③ **网络权限保护**。远程接入设备，如笔记本电脑或用户的家用计算机，使用越来越普遍。如果一台笔记本电脑被病毒感染，当该笔记本接入到公司内部网络时，病毒可以通过此计算机感染整个内部网络。

网络权限保护就是要求：

- 任何计算机必须通过系统健康检查（policy compliant）后，如是否安装最新的安全补丁，防病毒软件的特征库是否更新等，才能接入公司内部网络。
- 未通过系统健康检查的机器会被隔离到一个受控网络。在受控网络中，修复自身的状态已达到系统健康检查的标准，从特定服务器下载专门的系统补丁。完成修复工作后，才能接入公司内部网络。

通过以上两种措施就可以确保接入内部网络的机器时刻保持健康状态。

（3）**防止有害软件与恶意入侵**。在防止有害软件与恶意入侵方面，Windows Vista 从四个方面对这点加以保障。这四个方面分别是安全中心、反间谍软件（Windows Defender）和有害软件删除工具、防火墙和 IE 安全改进。

① **安全中心**。Windows 安全中心最初是从 Windows XP SP2 开始出现的，主要目的是给用户提供一个对系统安全配置信息汇总的界面。在 Vista 之前的安全中心上主要显示的安全特性的状态信息有防火墙、自动更新和反病毒软件。而在 Vista 的安全中心中除了以上三个安全特性的状态信息外，还新增加了如下的安全特性的状态信息：

- 反间谍软件；
- Internet Explorer 的安全设置；
- 用户账号控制。

② **反间谍软件和有害软件删除工具**。随着间谍软件的日益泛滥，微软也在 Windows Vista 中集成了微软自身的反间谍软件——Windows Defender，用以检测和清除间谍软件，和其他种类的有害软件，如广告软件、**键盘记录器**（Keylogger）、Rootkits 等。

有害软件删除工具（Malicious Software Removal Tool，MSRT）是微软提供的针对威胁最为严重的有害软件删除工具。当用户机器从 Windows XP 系统升级到 Windows Vista 时，MSRT 先对原有系统进行扫描，以减少 Windows Vista 系统安装失败的几率。但是，无论是 Windows Defender，还是 MSRT，都不能替代传统的反病毒产品。Windows

Defender 并不包括对病毒的检测,MSRT 中的病毒检测只涵盖最为流行的病毒类型。

③ **防火墙**。Windows Vista 中的防火墙是默认打开配置。相对于 SP2 的防火墙,Windows Vista 中的防火墙可以控制应用程序的对外网络连接(application-aware outbound filtering)。这样,系统管理员可以对内部网络中的 P2P 软件,或是网络聊天软件的使用进行限制。

另外,一旦机器被感染,outbound filtering 可以在一定程度上减低危害程度。例如,如果防火墙报告一个系统打印服务突然通过一个特殊的网络端口向外发送数据,那么就需要仔细调查。但是,outbound filtering 能完全防止一台被感染的机器不对外攻击或发送数据吗? 在安全领域中有这样一个事实:通过合理的安全配置可以做到一台好(未感染)的机器不被坏(已感染)的机器攻击。但安全配置不能阻止一台坏(已感染)的机器去攻击其他机器。这是因为,一旦系统被感染,其行为是无法事先预测的。

再者,inbound filtering 也不能完全杜绝外部攻击。例如,即使防火墙的 inbound filtering 毫无挑剔(只打开 80 端口),一个差劲的 SQL 查询处理就会导致 SQL 注入攻击。

④ **IE 安全改进**。IE 是最为流行的互联网访问应用程序,于是它的安全漏洞也成为病毒和间谍软件传播的主要途径之一。另外,尽管针对普通用户的网络钓鱼(Phishing)攻击日趋严重,以前的 IE 版本并没有提供任何对抗措施。

IE7 为了降低安全漏洞的危害性,引入了保护模式(Protected Mode)这个概念。这是 IE7 最为重要的改进。在 Windows Vista 中,IE7 运行在保护模式下,这意味着:

- IE7 运行权限低于普通用户程序;
- 只能对文件系统的特定部分执行写操作;
- 不能对高权限的其他进程操作,如创建远程线程等;
- 敏感操作,如修改 Internet 设置或安装 ActiveX 控件,由代理进程(broker process)执行。

由于运行在保护模式下,如果 IE7 出现了安全漏洞,其危害程度一般也会远远低于以往 IE 安全漏洞。攻击方即使成功攻陷 IE7,也很难执行更加严重的破坏,如在系统目录下拷贝文件或修改系统注册信息等。

IE7 的另一个重要改进是提供了网络钓鱼的网页过滤器。所谓网络钓鱼,是指复制一个官方网站的主页,诱使用户输入个人的机密信息,如银行账号、密码等。当用户访问网站时,网页过滤器会通过分析网页的特性,以及和 online 服务的数据库对照,可以向用户报警可疑的钓鱼网站,减少用户个人信息泄密的可能。

其他较大的改进有:

- ActiveX Opt-In。这个安全机制是指,对于系统中已安装的所有 ActiveX 控件,如果开发方事先没有申明是可以互联网环境下使用的,IE7 都默认禁止使用。这样,攻击者想要恶意使用某个已安装的 ActiveX 控件,就变得更加困难。对于默认禁止 ActiveX 控件,用户可以通过相应的对话框选择允许使用。
- 危险配置报警。IE7 的默认安全配置尽最大可能确保用户访问互联网的安全性。如果出于各种原因,这些配置被修改,安全级别降低到危险水准,IE7 就会向用户提出警告,并提供恢复安全配置的选择。

IE7 中针对安全方面的改进还有许多,例如新的安全信息状态条,针对 cross-domain scripting 攻击的保护等,这里就不一一阐述。

(4) **数据保护**。随着信息社会的发展,人们的个人信息越来越容易被暴露在互联网。另外,人们也逐渐对存在在个人计算机上的信息的保密性和安全性给予越来越多的关注。为此,微软公司研发了如下几项技术,对个 Windows 系统下的文件信息进行保护。

① **BitLocker**。当前,笔记本电脑的使用越来越普遍。于是,丢失笔记本的案例也在增加。最近的一个例子,美国的国家税务局,丢失了一台笔记本电脑,里面存有指纹等机密信息。而一旦用户的机密信息被非法获取,后果可能是非常严重的。

为此,微软公司研发了 BitLocker 技术,此技术又称为安全启动。它的目的是即使物理设备丢失,仍能提供对 Windows 客户端的安全保证。其中,特别针对攻击者试图以其他 OS 启动,以非法获取对 Windows 系统文件的权限。

BitLocker 基于 TPM 1.2 平台,需要支持 TPM 的硬件芯片。和以往的软件登录密码相比,它集成硬件和软件保护机制于一身,因此极大提高了安全性能。

BitLocker 提供以下四种保护方式。它们的优缺点如表 12-1 所示。

表 12-1　BitLocker 保护方式

保护方式	阻止攻击	弱　　点	易用性	安全性
TPM	纯软件攻击	易受硬件攻击	最高	最低
软件狗	纯软件攻击 硬件攻击	软件狗丢失后的系统离线攻击	高	低
TPM+密码	纯软件攻击 硬件攻击	针对 TPM 硬件攻击	低	高
TPM+软件狗	纯软件攻击 硬件攻击	针对 TPM+软件狗的硬件攻击	最低	最高

② **加密文件系统**。Windows Vista 引入了磁盘全加密(Full Volume Encryption)功能。以前的加密文件系统(EFS)只是对数据卷加密,重要的系统数据并不包括在内。例如,临时文件和虚拟内存的页面文件,尽管可能包括用户的重要信息,也不在加密范围。Windows Vista 磁盘全加密,除了基本的系统引导代码,将其余一切都包括在加密范围内,并有很多种存储 BitLocker 恢复口令的方法:存放到 Active Directory 域服务、打印出来、存储到网络文件夹或者存放到一个 USB 密钥中。

③ **版权保护**。版权保护目的在于确保重要的文档只能被授权的用户所使用,而使用的方式也遵循相应设置。例如,一封重要的电子邮件可以指明只能被特定的用户群浏览,而且授权用户不能执行打印、转发等其他操作。Windows Vista 中提供了访问版权保护 Office 文档的客户端(RMS client),用户不再需要新安装/配置额外软件。

④ **USB 设备控制**。对 USB 设备,以及其他可移动存储介质的控制,是每个系统管理员头痛的地方,因为存在以下两个安全问题。通过 USB 设备,或其他可移动存储介质,用户可以方便拷贝并并随身携带大量的数据信息。如果 USB 设备,或其他可移动存储介质的文件已被病毒感染。一旦接入,而用户又选择"自动执行"特性,系统就会被自动感染。

在 Windows Vista 中，为不同的 USB 目标设备增加了许多不同的特性：

- ReadyBoost 通过使用 USB 存储设备为一个外部存储设备实现性能提升；
- BitLocker 通过使用 USB 存储设备保存一个外部密钥/恢复密钥来解密或用来控制对一个加密驱动器的访问；
- 组策略可以配置几种设置控制用户是否可以安装、访问所有 USB 设备的驱动程序。

2. Windows 7

Windows 7 是由微软公司开发的具有革命性变化的操作系统。该系统包括家庭及商业工作环境、笔记本电脑、平板计算机、多媒体中心等使用，旨在让人们的日常计算机操作更加简单和快捷，为人们提供高效易行的工作环境。

Windows 7 是基于 Windows Vista 核心的，但包含了许多的新功能，改进了触控的方便性、语音识别和手写输入、支持虚拟硬盘、更多的文件格式，并且提高多核心中央处理器的性能、加快启动速度以及核心上改进。2008 年 12 月 27 日，Windows 7 Beta 通过 Bit Torrent 泄露到网络上。ZDNet 针对这个版本做了运行测试，它在包括开机和关机的耗时、文件和文档的打开等多个关键处都胜过了 Windows XP 和 Windows Vista，Windows 7 正式版已于 2009 年 10 月 22 日在美国发布，2009 年 10 月 23 日下午在中国正式发布。

1）Windows 7 安全性概述

在 Windows 7 中，Windows 的安全维护变得简单，操作更加人性化。

（1）**操作中心**（**Action Center**）。在 Vista 中，可以通过控制面板中的安全中心，对系统的安全特性进行设置。而在 Windows 7 中已经没有了安全中心，原来的安全中心功能已经融入一个全新的名为操作中心的功能之中。操作中心能显示并处理计算机系统安全及维护相关消息。它是所有计算机重大问题解决和维护的行动中心，是一个查看警报和执行操作的中心位置，帮助保持系统稳定地运行。它包括"安全性"、"维护"两大板块。用户可以通过单击位于通知区域的图标或者在开始菜单、控制面板搜索进入操作中心。在操作中心里，重要的紧急事件将会用红色、黄色列出。用户可以非常方便地解决包括安全和计算机维护的问题。如恶意软件清除、安全软件安装和更新等信息。当计算机出现问题时，所有的提醒事件会在通知区域的图标上显示。

（2）**UAC 的改变**。用户账户控制（UAC）是 Vista 引入的概念，其设计目的是为了帮助用户更好地保护系统安全，防止恶意软件的入侵。它将所有账户，包括管理员账户以标准账户权限运行。如果用户进行的某些操作需要管理员特权，则需要先请求获得许可。这种机制导致了大量的用户抱怨，并且很多用户选择将 UAC 关闭，而这又导致了他们的系统暴露在更大的安全风险下。

在 Windows 7 中，UAC 还是存在的，只不过用户有了更多的选择。在操作中心，用户可以针对 UAC 进行四种配置：

- 当用户在安装软件或修改 Windows 系统设置时总是提醒用户（与 Vista 系统相同）。

- 当用户在安装软件时提醒用户,在修改 Windows 设置时不提醒用户(默认设置)。
- 在用户安装软件时提醒用户,但是关闭 UAC 安全桌面,即提示用户时桌面其他区域不会失效。
- 从来不提醒用户(不推荐这种方式)。

(3) **改进的 BitLocker 驱动器加密**。Windows 7 有了喜人的改进,BitLocker 已经可以对 U 盘和移动磁盘进行加密了,并且操作起来很简单。只需要在控制面板中打开 BitLocker,选择需要加密的磁盘,然后单击启用 BitLocker 即可。U 盘或可移动存储设备会显示在 BitLocker To Go 分类中。这样,利用 BitLocker 加密之后,就算丢掉了 U 盘或移动硬盘也能确保自己的数据安全,解决了便携存储设备丢失而导致的数据泄露问题。

(4) **内网直接访问新特性**(**DirectAccess**)。Windows 7 带给人们的一个全新功能是内网直接访问,它可以让远程用户不借助 VPN 就可以通过互联网安全接入公司的内网。管理员可以通过应用组策略设置以及其他方式管理远程计算机,甚至可以在远程计算机接入互联网时自动对其进行更新,而不管这台计算机是否已经接入了企业内网。

内网直接访问还支持多种认证机制的智能卡,以及 IPsec 和 IPv6 用于加密传输。

(5) **生物识别系统安全特性**。毫无疑问,最安全的身份鉴定方法是采用生物学方法,或者说采用指纹、视网膜扫描、DNA 以及其他独特的物理特征进行验证。虽然 Windows 目前还没有计划内置 DNA 样本检测功能,但是它确实加入了指纹读取功能。Windows 支持用户通过指纹识别的方式登录系统,而且当前很多预装 Vista 的笔记本电脑都带有指纹扫描器,不过在 Vista 中,指纹识别功能都是通过第三方程序实现的。而在 Windows 7 中已经内置了指纹识别功能。藉此,微软的目标是为其他类的设备带来与生物识别设备相同的支持。新的控制面板称为"生物识别设备控制面板",提供能删除生物识别信息的平台、疑难解答以及登录时是否打开生物识别功能。生物识别选项还可被设置为使用组群原则设置。

(6) **AppLocker 管理应用程序**。在 XP 和 Vista 中都带有软件限制策略,这是一个很不错的安全措施。管理员可以使用组策略防止用户运行某些可能引发安全风险的特定程序。不过在这两个系统中,软件限制策略的使用频率很低,因为使用起来并不简单。Windows 7 使这种概念得以改良,发展出了名为 AppLocker 的功能,可方便对用户在计算机上可运行哪些程序、安装哪些文件、运行哪些脚本作出限制。AppLocker 也被植入了 Windows Server 2008 R2 中。

Applocker 使用简单,并且给予管理员更灵活的控制能力。管理员可以结合整个域的组策略使用 AppLocker,也可以在单机上结合本地安全策略使用这一功能。

(7) **Windows 过滤平台**(**Windows Filtering Platform**)。Windows 过滤平台是在 Vista 中引入的 API 集。在 Windows 7 中,开发人员可以通过这套 API 集将 Windows 防火墙嵌入他们所开发的软件中。这种情况使得第三方软件可以在恰当的时候开启或关闭 Windows 防火墙的部分设置。

(8) **PowerShell v2 命令**。Windows 7 集成了 PowerShell v2,这个命令行界面可以让

管理员通过命令行的形式管理多种设置,包括组策略安全设置。管理员还可以将多个命令行结合起来组成脚本。对于同一任务来说,使用命令行的方式要比图形界面更节省步骤。Windows 7 还集成了 PowerShell 集成脚本环境(Integrated Scripting Environment),这是 PowerShell 的图形界面版本。

(9) **域名系统安全扩展(DNSSec)**。Windows 7 支持域名系统安全(DNSSec),它将安全性扩展到 DNS 平台。有了 DNSSec,一个 DNS 域就可以使用数字签名技术,并通过这种技术鉴定所收到数据的可信度,避免受到攻击或扰乱。DNS 客户端并不在自身实施 DNS 授权,而是等待服务器返回授权结果。

(10) **Internet Explorer 8 浏览器**。Windows 7 所带的浏览器是 IE8,其所提供的安全性包括:

- 智能过滤器(SmartScreen Filter)　代替/扩展了 IE7 中的网络钓鱼过滤器。
- XSS 过滤器(XSS Filter)　防御跨站脚本攻击。
- 域名高亮　对 URL 的重点部分进行强调,让用户更清楚自己所访问站点是否正确。
- 更好的针对 ActiveX 的安全控制。
- 数据执行保护(DEP)默认为开启状态。

2) Windows 7 安全性不足

已经发现的漏洞表明,攻击者可以绕过 Windows 7 的一些安全机制。Pwn2Own2010 黑客竞赛上,德国黑客 Nils 利用一些技巧绕过了 Windows 7 的数据执行保护(DEP)和寻址空间随机分布(ALSR),加载了目标计算机上的可执行文件,攻破了 Mozilla Firefox 在 64 位系统上的运作,并实现了对 64 位 Windows 7 的完全控制。

法国安全公司 Vupen 称在 IE 的 HTML 引擎中发现一处缺陷。Vupen 证实,在 Windows XP、Vista 和 Windows 7 上运行的 IE8,以及在 XP 上运行的 IE6、IE 7 存在缺陷,黑客可以利用恶意网页触发该缺陷,在 PC 中植入恶意代码,或窃取用户的机密信息。

12.1.2　Sun Solaris

Solaris 是 Sun Microsystems 研发的计算机操作系统。它被认为是 UNIX 操作系统的衍生版本之一。Solaris 传统上与基于 Sun SPARC 处理器的硬件体系结构结合紧密,在设计上和市场上经常捆绑在一起,整个软硬件系统的可靠性和性能也因此大大增强。然而 SPARC 系统的成本和价格通常要高于 PC 类的产品,这成为 Solaris 进一步普及的障碍。可喜的是,Solaris 对 x86 体系结构的支持正得到大大加强,特别是 Solaris 10 已经能很好地支持 x64(AMD64/EMT64)架构。此外,Sun 公司已推出自行设计的基于 AMD64 的工作站和服务器,并随机附带 Solaris 10。与 Linux 相比,Solaris 可以更有效地支持对称多处理器,即 SMP 架构。Sun 同时宣布将在 Solaris 10 的后续版本中提供 Linux 运行环境,允许 Linux 二进制程序直接在 Solaris x86 和 x64 系统上运行。鉴于开源的需求,2005 年 6 月 14 日,Sun 公司将正在开发中的 Solaris 11 的源代码以 CDDL 许可开放,这一开放版本就是 OpenSolaris。

为了维护 Solaris 操作系统(Solaris OS) 的安全,Solaris 软件提供了以下功能。

1. 系统安全

系统安全保护计算机资源和设备不被误用;使文件免遭用户或入侵者的恶意修改或无意修改,从而确保正确地使用系统资源。具体功能如下:

- 登录管理工具　用于监视和控制用户能否登录的命令。
- 硬件访问　用于限制对 PROM 的访问,以及可引导系统的用户的命令。
- 资源访问　用于尽可能合理利用并尽可能减少误用计算机资源的工具和策略。
- 基于角色的访问控制(Role-based access control,RBAC)　一种体系结构,用于创建允许执行特定管理任务的特殊受限用户账户。
- 特权　进程执行操作的独立权利。这些进程权限在内核中执行。
- 设备管理　为已通过 UNIX 权限保护的设备提供额外保护的设备策略。设备分配控制对外围设备(如麦克风或 CD-ROM 驱动器)的访问。取消分配后,设备清除脚本就可以删除来自该设备的任何数据。
- 基本审计报告工具　系统中文件的属性快照,称为清单。通过比较系统间的清单或一个系统在一段时间内的清单,可以监视对文件所做的更改,以降低安全风险。
- 文件权限　文件或目录的属性。权限对允许读取、写入、执行文件或搜索目录的用户和组进行限制。
- 安全性增强功能脚本　通过使用这些脚本,可以调整许多系统文件和参数以降低安全风险。

2. 加密服务

加密服务为应用程序和用户提供验证和加密机制。加密算法使用散列、链接和其他数学方法来创建难以破解的密码。验证机制要求发送者和接收者根据数据计算出的数字完全相同。加密机制依赖于发送者和接收者对有关加密方法信息的共享。只有接收者和发送者才可以使用此信息解密消息。Solaris OS 提供集中式的加密框架,以及与特定应用程序关联的加密机制。

SolarisTM 加密框架　一种用于内核级和用户级使用者的加密服务中心框架。其用途包括口令、IPsec 和第三方应用程序。该加密框架包含许多软件加密模块。通过该框架,可以指定应用程序能够使用的软件加密模块或硬件加密源。该框架基于 PKCS♯11 v2 库构建。此库是按照 RSA Security Inc. 推出的 PKCS♯11 加密令牌接口(Cryptographic Token Interface,Cryptoki)标准实现的。此库可为第三方开发者提供 API,以插入应用程序加密要求。

每个应用程序的加密机制包括:

- 在安全 RPC 中使用 DES。
- 在 Kerberos 服务中使用 DES、3DES、AES 和 ARCFOUR。
- 在 Solaris 安全 Shell 中使用 RSA、DSA 和密码(如 Blowsh)。
- 在口令中使用加密算法。

3. 鉴别服务

鉴别是一种根据预定义的条件识别用户或服务的机制。鉴别服务的范围包括从简单的名称-口令对到更详细的质询-响应系统(如智能卡和生物识别技术)。强鉴别机制依赖于用户提供的只有自己了解的信息,以及可检验的个人项目。用户名便是用户了解的信息。可检验的个人项目则包括智能卡和指纹等。Solaris 的鉴别功能如下:

- 安全 RPC 一种鉴别机制,该机制使用 Diffe-Hellman protocol(Diffe-Hellman 协议)保护 NFS 挂载和名称服务(如 NIS 或 NIS+)。
- 可插拔鉴别模块(Pluggable Authentication Module,PAM) 一种框架,用于在系统登录服务中插入各种鉴别技术,而无须重新编译服务。某些系统登录服务包括 login 和 ftp。
- 简单身份鉴别和安全层 一种为网络协议提供鉴别和安全性服务的框架。
- Solaris 安全 Shell 一种安全远程登录和传输协议,用于加密不安全网络上的通信。
- Kerberos 服务 一种客户机/服务器体系结构,用于为加密提供鉴别。
- Solaris 智能卡 一种带有微处理器和内存的塑料卡,可在读卡器上使用以访问系统。

4. 使用加密的鉴别

使用加密的鉴别是安全通信的基础。鉴别有助于确保源和目标是预定的双方。加密在源方对通信进行编码,在目标方对通信进行解码。加密可防止入侵者读取其可能会设法拦截的传输数据。Solaris 用于安全通信的功能有:

- Solaris 安全 Shell 一种协议,用于保护数据传送和交互式用户网络会话,以防止窃听、会话劫持和中间人攻击。通过公钥密码学提供了强鉴别。X Windows 服务和其他网络服务可通过安全 Shell 连接建立安全通道,以获得其他保护。
- Kerberos 服务 一种提供使用加密鉴别的客户机/服务器体系结构。
- Internet 协议安全体系结构(IPsec) 一种提供 IP 数据报保护的体系结构。这些保护包括保密性、数据高完整性、数据鉴别和部分序列完整性。

5. 审计

审计是系统安全和可维护性的一个基本概念。审计是一种进程,用于检查系统中的操作和事件的历史记录,以确定发生的情况。历史记录保存在日志中,其中记录了完成的操作、完成时间、操作者和受影响的对象。

6. 安全策略

"安全策略"指组织的安全原则。站点的安全策略是规则集,可用于定义要处理信息的敏感度并防止信息受到未经授权的访问。安全技术(如 Solaris 安全 Shell、鉴别、RBAC、授权、特权和资源控制)可提供保护信息的措施。描述安全技术实现的特定方面时,某些安全技术也使用策略一词。例如,Solaris 审计使用审计策略选项配置审计策略的某些方面。

11.2　Web OS 的发展与安全

11.2.1　Web OS 概述

1. 什么是 Web OS

Web OS(Web-based Operating System)或者称为网络操作系统,是一种基于浏览器的虚拟的操作系统,用户通过浏览器可以在这个 Web OS 上进行应用程序的操作,而这个应用程序也不是普通的应用程序,是网络的应用程序。举一个简单的例子,当人们进行照片处理时通常打开计算机,进入 Windows 操作系统,运行 Photoshop 程序进行加工和操作。而在 Web OS 上,是通过打开一个浏览器,登录一个虚拟的桌面上,运行 Picasa 这样的网络应用程序进行照片的加工和处理。从用户的角度出发,两种运行方式在实际操作上不会有太明显的差别,唯一不同的地方就是 Web OS 是运行在一个浏览器内。但是这点不同却能够导致根本性的变革,因为用户需求的只是一个浏览器,这个浏览器可以运行在 Windows 的操作系统上,可以运行在 Linux、Mac OS 上,也可以直接运行在硬件(如嵌入式设备)上,而且用户并不需要安装各种各样的应用软件,因为只要 Web OS 有一套应用软件,所有连入这个系统的用户将都可以使用。

近年来,随着网络带宽的增加,网络传输速度不断提升,使 Web OS 的发展成为可能。虽然 Web OS 可能不会替代现行的操作系统,但是它为人们的工作提供了很大的可移动性与跨平台性。事实上,这种将桌面计算机的日常任务迁移到 Web 上的概念正在日益成为现实。

2. Web OS 的基本特征

下面是 Web OS 七大基本特征:

- 虚拟计算机,类似于桌面计算机的操作模式,存储着人们所需要的相关信息。
- 在线软件应用,包括在线办公软件、管理软件、专业软件等。
- 文件管理系统,包括创建、命名、删除、属性设置、上传下载等。
- 多媒体服务,所有的媒体文件存储在服务器上,在 Web OS 上只有播放列表,通过流媒体等技术进行浏览,再也不用担心硬盘空间不够用了。
- 即时通信系统,包括在线聊天、邮件服务等,能够在网络上与好友语音视频聊天,以及相关的邮件操作,支持在线的收发,通过一个入口可以同时登录多个邮箱。
- 信息平台,能将用户的信息公布在平台上,并且进行整合和发送,同时接收自己所感兴趣的别人的信息。
- 娱乐系统,提供诸多的在线游戏供用户选择,支持多人共同玩游戏。

3. Web OS 的发展历史与现状

将 Web 作为操作系统和减少对 Windows 桌面软件依赖性的理念可以追溯到在 20 世纪 90 年代中期诞生的网景浏览器。从技术上说,所谓的 Web OS 仍然需要依赖于一种基础的操作系统——例如 Windows 或 Linux,将用户的操作系统翻译为硬件功能。但 Web OS 的支持者将更多的最终用户计算任务迁移到了浏览器中,声称这会使选择何种操作系统显得无足轻重。

Salesforce 和 YouOS 等公司已经开始从事开发它们称为互联网操作系统的产品,微软也已经组建了一个 Windows Live Core 团队,开发在互联网上运行的服务。

市场上出现了越来越多的在浏览器中模拟计算机桌面的服务,这些也称为 Web OS 的 Webtop 产品使人们能够完成大多数的希望在 Web 上完成的任务。Laszlo Systems 推出了它称为 Laszlo Webtop 的产品,使用户能够在一个浏览器中运行多个桌面风格的应用软件。例如,用户可以在同一个 Web 浏览器“容器”中运行 Laszlo 基于 Web 的电子邮件产品、联系人列表管理器、即时通信软件。

Laszlo 的技术总监大卫表示,Laszlo 的“浏览器中的桌面”的方法比交互式 Web 门户网站更向前走了一步。他说,与门户网页相比,这更像桌面计算机上完整的操作系统。对于最终用户而言,它就是有些像操作系统。Laszlo 的基于 Flash 的应用软件是交互式的,相互之间能够共享电子邮件地址等信息,而且能够访问企业的数据中心。

尽管 Laszlo Webtop 面向旨在开发互联网应用软件的企业,还有许多面向消费者的 Webtop 产品。这些产品通常提供让人们在一个浏览器窗口中运行迷你软件或 widget 的基础。例如,Goowy 去年推出了 YourMinis,它可以整合多个具有不同功能的 widget。

Desktoptwo 是一款让人们能够像获得电子邮件那样从任何计算机上获得他们的数据和应用软件的服务;TransMedia 的 Glide OS 则旨在一个基于 Web 的面板中创建常见的桌面软件——字处理、电子邮件等。

就像 Windows、Linux、Mac OS 等是可供其他人开发应用软件的平台一样,许多 Web 网站也向开发人员提供了 API,催生出数以千计的 mashup 应用软件。Salesforce、Google、eBay、Amazon 等互联网巨头都在积极地吸引开发人员开发使用在线地图或数据等服务的应用软件。微软也已经开始为其 Live 品牌的服务提供 API。像博客 LiveSide 报道的那样,微软正在大力实施一项更广泛的计划,从其数据中心提供类似操作系统的服务。在讨论托管服务时,微软的官员谈到了“软件加服务”的概念——利用用户计算机和本地数据的 Web 服务。

新创公司 YouOS 则希望 Web OS 名副其实,能够取代操作系统为 Web 应用软件提供的许多功能。目前,在早期的 0.1 版本中,YouOS 将主流操作系统作为设计起点,其中包括一个图形化的窗口系统、硬件-软件交互系统、运行软件的专用内存、集成的开发环境。YouOS 不希望其应用软件在浏览器软件客户端中运行。

YouOS 的合伙创始人之一杰夫在公司的博客上写道,我们希望创建一个用户可以访问数据、运行由任何人开发的多个应用软件的单一环境,我们希望 YouOS 上的数据和应用软件不仅能够通过浏览器被访问,还能够通过大量的设备被访问。

由微软的前官员创办的 Xcerion 对操作系统这一概念也是念念不忘,它正在开发 XIOS——Xcerion Internet OS,提供用于开发基于 XML 的 Web 应用软件提供可视化的开发工具。Ning 或 Coghead 等服务则使最终用户而非编程人员能够在浏览器中开发 Web 应用软件。

在过去的两年中,托管 Web 应用软件有了爆炸性增长,客户看到了越来越多的有用的 Web 应用软件,例如字处理工具和社交网络站点。与目前大多数的 Web 应用软件相比,在一个窗口中聚合多个应用软件,或使人们在任何地方登录他们的虚拟桌面的 Webtops 是一个重要的进步。新创公司 Spiceworks 的副总裁哈尔伯格说,从技术和营销的角度来看,要在网络上建立具有存储等功能的计算机是一项严峻的挑战。

11.2.2 YouOS & eyeOS

YouOS 曾经是一个 alpha 版本,也就是说稳定性还不是很好,界面也不太美观。它应用了 Ajax(Asynchronous JavaScript and XML)技术,大大地提高了使用访问速度,在模拟传统操作系统的操作方式和功能的基础上,充分利用快速发展的网络技术和资源优势,将一些网络特性融进 OS 里,带给我们一种新的 OS 体验。用户只要到上面注册一个试用账户就可以体验这种新的 OS 概念。

YouOS 吸引人的地方在于它有大量(约 90 个)的扩展程序。另外 YouOS 的特色是:无论何时退出系统,当用户再次在任何地方登录时,会发现一切依旧,像从来没有退出过一样。而 eyeOS 虽然具有扩展功能,可是暂时还不能在线安装使用。唯有把整个 eyeOS 安装在自己的机器上,然后下载扩展功能源码进行添加。

但是很遗憾的是,2008 年 7 月 30 日,YouOS 已被关闭。

eyeOS 的特别之处在于它是基于 GPL 协议的开源项目。用户可以自由免费地下载它的代码,无论什么操作系统,都可通过安装架起自己的 eyeOS,而且安装方法十分的简单。值得一提的是,它并不采用 AJAX 技术,页面重复载入,大大降低了用户交互响应速度。

eyeOS 是 B/S 的设计模式,用户需要先下载 eyeOS 的服务器文件并在用户的网页服务器上安装。用户还可以从免费的公开服务器 eyeos.info 上试用一个 demo,它还为那些不想安装自己的服务器的用户提供免费的账户。这个公开的服务器是通过捐赠的方式建立起来的,所以如果真的很喜欢这个 Web OS,那么用户可以伸出援手,为开源做贡献。

eyeOS 是一个基于插件扩展,并由世界各地的开源社区共同维护的 Web OS。它默认自带了日历、计算器、地址本、RSS 阅读器、文字处理器、FTP 客户端、浏览器、服务器内部消息、多款游戏、聊天室以及其他若干程序,用户可以在 http://www.eyeos-apps.org 下载并安装丰富的插件,可以更改 eyeOS 皮肤(eyeTheme)。eyeOS 支持多国语系,对中文完美支持,其中文语系(包括插件汉化)由 eyeOS 中文官方社区制作维护。目前 eyeOS 已经发布新版本,版本号为 1.6.0.0,其功能已经相当完善。

eyeOS 代码使用 php5 开发,数据库采用 mysql,是完全开源的在线操作系统,源代码可以到官方网站上下载。运行服务器采用 apache。

使用 eyeOS 的工具包,可作为 Web 应用程序的平台,而且它还包含一个由 67 个应用程序和系统工具组成的桌面环境。eyeOS 被认为是建立大型云计算服务的开源替代品,它能将那些数据保存在服务器上。使用 eyeOS 可使你的数据永远像保存在本地服务器上一样。

eyeOS 并不是一个完全靠自身开发应用的一个桌面 web OS,它从设计时就考虑到能够轻松开发创造新的应用。eyeOS 2.0 采用的就是这样一个完美的开发框架（rich Internet applications），能够帮助大家容易地开发网络应用。它是采用开放技术和广泛接受的标准,如 PHP、MySQL、JavaScript、Qooxdoo、log4php、PHPUnit、OpenOffice 等开发而成。

11.2.3　Web OS 安全

2010 年 11 月,安全企业 SecTheory 的两位研究人员 Orlando Barrera 和 Daniel Herrera 表示,他们已经发现了惠普/Palm Web OS 操作系统的多个安全漏洞,其中之一可能导致黑客构建出一个由大量用户手机构成僵尸网络。

Orlando Barrera 和 Daniel Herrera 在美国得克萨斯州 Austin 举行的黑客协会会议公布了这些漏洞问题。其中最严重的漏洞存在于 Web OS 1.4.x 版本的通讯录应用中,利用该漏洞可以远程发送命令控制手机,访问手机内文件或诸如 JavaScript 代码构建僵尸网络。

虽然惠普已经在 Web OS 2.0 Beta 中修补了这一漏洞,但研究者还是在该版本中发现了其他多个漏洞,包括浮点运算问题、DoS 漏洞、跨站脚本漏洞等。

研究人员表示,由于 Web OS 平台本身为简化网络应用,将操作系统与一些网络技术如 JavaScript 联系得更加紧密,因此也就更容易出现网络安全漏洞问题。虽然其他平台也有此类问题,但 Palm 原意简化应用开发的网络环境,同样也简化了黑客的研发过程。

这并非是首次有人发现 Web OS 的安全漏洞,2009 年就已经有研究人员揭露 Web OS 的电子邮件漏洞,可让黑客存取手机内的文件,2010 年早些时候亦有一个注入漏洞公诸于世,透过恶意简讯可让 Web OS 装置自动开启网页或是关闭广播功能等。

虽然现阶段针对智能手机的攻击行动多是良性的,但 Barrera 与 Herrera 预测,随着这些装置功能越来越强大且成为使用者工作上重要的工具时,这种情况很快就会改变。

12.3　未来云操作系统与安全

云计算（Cloud Computing）的一个核心理念就是通过不断提高“云”的处理能力,进而减少用户终端的处理负担,最终使用户终端简化成一个单纯的输入输出设备,并能按需享受“云”的强大计算处理能力。云计算的核心思想,是将大量用网络连接的计算资源统一管理和调度,构成一个计算资源池向用户按需服务。下面将介绍基于云计算理念的操作系统。

12.3.1　Google Chrome OS

Google 公司拥有目前全球最大规模的搜索引擎,并在海量数据处理方面拥有先进的技术,如分布式文件系统 GFS、分布式存储服务 Datastore 及分布式计算框架 MapReduce 等。2008 年 Google 公司推出了 Google App Engine（GAE）Web 运行平台,使客户的业务系统能够运行在 Google 的全球分布式基础设施上。此外,Google 公司还提供了丰富的云端应用,如 Gmail、Google Docs 等。继 2008 年 9 月,Google 推出 Google Chrome 浏览器测试版,2008 年 12 月,Google 推出了其正式版。2009 年 7 月 8 日,Google 宣布了自己的操作系统计划,它将基于 Google Chrome 网络浏览器开发 PC 操作系统,即 Google Chrome OS。2010 年 12 月,Google 首席执行官埃里克·施密特(Eric Schmidt)表示,Google 目前在 Chrome OS 操作系统方面的努力的其中一个主要目的就是希望成为云计算领域的巨头之一,并希望该平台能够成为微软 Windows 和苹果 Mac 的重要替代型产品。

Google Chrome OS 是一个基于 Linux 的开源操作系统,于 2010 年 12 月 7 日正式发布。最初是以上网本作为主要目标的轻便的操作系统。速度、简便和安全是 Google Chrome OS 的三大特点。将操作系统设计得尽量快捷简便,能够使用户在短短的几秒钟登录。用户界面将占取最小限度的空间,大多数用户经验都发生在上网过程中。正如设计 Google Chrome OS 时所考虑到一些最基本的问题,然后又重新考虑了操作系统的一些潜在安全技术方面的瑕疵,这样,用户就不用花心思在处理病毒、恶意软件和安全更新方面,只管工作就可以了。

Google Chrome OS 同时支持 X86 和 ARM。网络作为应用程序发展的平台。软件结构极其简单,可以理解为在 Linux 的内核上运行一个使用新的窗口系统的 Chrome 浏览器。对于开发人员来说,Web 就是平台,所有现有的 Web 应用可以完美地在 Chrome OS 中运行,开发者也可以用不同的开发语言为其开发新的 Web 应用。当然,为 Chrome OS 开发的程序也可以在 Windows/Mac OSX/Linux 平台下的各种传统的浏览器中运行,这也为开发者的程序构建了足够大的用户群基础。

Google Chrome OS 是从 Android 分离出来的全新项目,设计 Android 的初衷是为了让它能够支持从手机、机顶盒到笔记本等多种设备。Google Chrome OS 不仅是为花大把的时间在网络上的人服务的,同时也是为不论是笔记本还是台式机设计的。当提及 Google Chrome OS 与 Android 是否有所重合时,我们相信对任何一方都将是一种创新,包括 Google。

1. 体系结构

Chrome 操作系统启动过程已经得到优化,可以直接从固件引导优化过的内核,然后打开 Chrome 浏览器。Chrome OS 会像一个桌面操作系统一样被使用,但它不是一个传统的胖客户端桌面,像 Windows 或 Mint 等 Linux 桌面。相反,它所有的"应用程序"都将是基于云的。其实在 Chrome 浏览器和 Google Apps 中,其实已经看到了 Google Chrome OS 的剪影。Chrome OS 将会有足够的应用,部分原因是 Ubuntu 支持了其浏览器和网络应用。也很可能可以运行传统的桌面应用程序,通过使用叫作 Chromoting(远程 Chrome)的远客户端计算技术。

对于应用开发商来说,Web 就是平台。所有基于 Web 的应用程序都能运行,新的应用程序可以使用用户最喜爱的 Web 技术实现。当然,这些应用服务将不仅运行在谷歌 Chrome 操作系统上,而且可以在任何基于标准的浏览器上,无论是基于 Windows、Mac 和 Linux。

2. 现有安全性分析

Chrome OS 在启动每一个步骤都需要验证安全签名。如果任何一个步骤验证失败，这可能是因为恶意软件入侵，系统将会自动重启，然后将重新下载干净的系统，确保系统安全。

ChromeOS 不信任任何程序，所有的程序都在沙盒里运行。由于一切操作都在被隔离的沙盒中运行，就算是遇到恶意软件也不会影响到整个系统的安全。此外，系统永远是自动更新的，它会自动安装最新版本的软件。为了进一步的安全，启动目录是只读的，不允许任何程序修改，在操作系统层面做好防护。

Chrome OS 存储在本地的数据也有加密。即使是计算机丢失之后，硬盘上的数据被黑客强行读取出来也不会泄密。

下面对 Chrome OS 将来可能出现的安全隐患情况分析如下：

- BrowserKernel 会读取文件系统中的文件，加载到内存中的一个 cache 里，RendingEngine 需要从 Cache 读数据；
- 第三方软件如 flash、Silverlight 等没有经过 Sandbox，其安全完全依赖于自己的实现；
- Rending Engine 还是可以向 Browser Kernel 发送消息，虽然是通过 IPC（有严格限制）；
- 同源策略不如 Gazelle 紧（Gazelle 并不是一个新的 Windows，而是一种新型的浏览器，它的内核会像操作系统那样，为不同的网站分配资源并对这些资源提供访问保护），某些时候在一个进程内还是能够访问不同源的数据；
- 自动升级方面用的是 Omaha，每过 5 分钟检查一次 update，如果有更新就下载到本地，下次启动浏览器会更新；
- 恶意网站监测方面也是用的 StopBadWare.org 的库。

12.3.2　Windows Azure

2008 年 10 月 27 日，在洛杉矶举行的专业开发者大会 PDC2008 上，微软首席软件架构师 Ray Ozzie 宣布了微软的云计算战略以及云计算平台——Windows Azure。The Azure™ Services Platform（Azure）是一个互联网级的运行与微软数据中心系统上的云计算服务平台，它提供操作系统和可以单独或者一起使用的开发者服务。Azure 是一种灵活和支持互操作的平台，它可以用来创建云中运行的应用或者通过基于云的特性来加强现有应用。它开放式的架构给开发者提供了 Web 应用、互联设备的应用、个人计算机、服务器或者提供最优在线复杂解决方案的选择。

Windows Azure 以云计算技术为核心，提供了"软件＋服务"的计算方法，也是 Azure 服务平台的基础。Azure 用于帮助开发者开发可以跨越云端和专业数据中心的下一代应用程序，在 PC、Web 和手机等各种终端间创造完美的用户体验。

Azure 能够将处于云端的开发者个人能力，同微软全球数据中心网络托管的服务，如存储、计算和网络基础设施服务，紧密结合起来。这样，开发者就可以在"云端"和"客户端"同时部署应用,使企业与用户都能共享资源。Ray Ozzie 说道,"今天,无论对于开发社区还是对于微软来说,都是一个转折点。我们所提出的技术将改变原来的游戏规则,同时为 Web 开发者和企业开发者带来新的机遇。"

微软会保证 Azure 服务平台自始至终的开放性和互操作性。微软确信企业的经营模式和用户从 Web 获取信息的体验将会因此改变。最重要的是,这些技术将使用户有能力决定,是将应用程序部署在以云计算为基础的互联网服务上,还是将其部署在客户端,或者根据实际需要将二者结合起来。

Windows Azure 是一个云服务的操作系统,它提供了一个可扩展的开发环境、托管服务环境和服务管理环境,这其中包括提供基于虚拟机的计算服务和基于 Blobs、Tables、Queues、Drives 等的存储服务。Windows Azure 为开发者提供了托管的、可扩展的、按需应用的计算和存储资源,还为开发者提供了云平台管理和动态分配资源的控制手段。Windows Azure 是一个开放的平台,支持微软和非微软的语言和环境。开发人员在构建 Windows Azure 应用程序和服务时,不仅可以使用熟悉的 Microsoft Visual Studio、Eclipse 等开发工具,同时 Windows Azure 还支持各种流行的标准与协议,包括 SOAP、REST、XML 和 HTTPS 等。Windows Azure 主要包括三部分,一是运营应用的计算服务,二是数据存储服务,三是基于云平台进行管理和动态分配资源的控制器(Fabric Controller)。

1. 体系结构

Windows Azure 是 Windows Azure Platform 上运行云服务的底层操作系统,微软将 Windows Azure 定为云中操作系统的商标,它提供了托管云服务需要的所有功能,包括运行时环境,如 Web 服务器、计算服务、基础存储、队列、管理服务和负载均衡,Windows Azure 也为开发人员提供了本地开发网络,在部署到云之前,可以在本地构建和测试服务。图 12-3 显示的是整个平台的框架技术结构。其中 Windows Azure 的三个核心服务分别是计算(compute)、存储(storage)和管理(management)。

- 计算:计算服务在 64 位 Windows Server 2008 平台上由 Hyper-V 支持提供可扩展的托管服务,这个平台是虚拟化的,可根据需要动态调整。
- 存储:Windows Azure 支持三种类型的存储,分别是 Table、Blob 和 Queue。它们支持通过 REST API 直接访问。注意 Windows Azure Table 和传统的关系数据库 Table 有着本质的区别,它有独立的数据模型,Table 通常用来存储 TB 级高可用数据,如电子商务网站的用户配置数据,Blob 通常用来存储大型二进制数据,如视频、图片和音乐,每个 Blob 最大支持存储 50GB 数据,Queue 是连接服务和应用程序的异步通信信道,Queue 可以在一个 Windows Azure 实例内使用,也可以跨多个 Windows Azure 实例使用,Queue 基础设施支持无限数量的消息,但每条消息的大小不能超过 8KB。任何有权访问云存储的账户都可以访问 Table、Blob 和 Queue。
- 管理:包括虚拟机授权、在虚拟机上部署服务、配置虚拟交换机和路由器、负载均衡等。

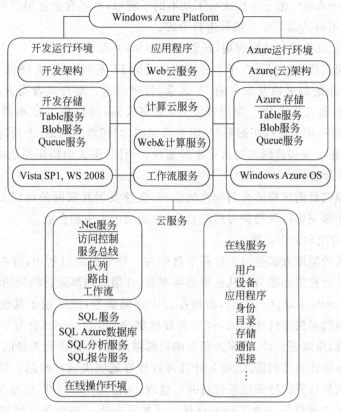

图 12-3　Windows Azure Platfrom 框架技术结构

2. 应用

Windows Azure Platform 实际上包含了三部分：最低层是一个云计算基础服务层（Fundamental Service），可以理解为"云端的操作系统"，主要从事虚拟化计算资源管理和智能化任务分配。将来开发的云计算应用程序，可以部署在该平台上，通过这个平台，提供计算、存储或者管理的能力。从计算能力上，目前支持 ASP. NET 应用，以及通过 FastCGI 提供对其他语言的支持，如 PHP、Java 等。在最近发布的 CTP 版本中还提供了对 Unmanaged Code 的支持，即使用 C++、Win32 API 编写的应用也可以运行于该平台。

在此之上的是一个构建服务平台（Building Block Service），这里提供了一系列的服务，如 Live 服务、.NET 服务、SQL 服务等，可以简单地把它们看成一系列的构建块，用来帮助建立云计算的应用或将现有的业务拓展到云端。这是一个面向开发者的应用服务层，用来解决企业应用中所面临着的一系列技术难题，如服务之间怎么整合，不同应用中的访问控制与授权等。

再往上则是为客户提供的服务层（Finished Service），将一些运营比较成功的在线服务以服务的形式直接提供给最终用户，像 Windows live、office live、Exchange Online 等，同时通过提供统一的接口开放给开发者，与企业应用之间进行服务级的集成，以提供更好的客户体验。

对 Windows Azure 的三个层次有了基本的了解后,再来看企业用户可以如何实现应用模式的问题,可以从以下三个场景进行考虑。

1) 搭建一个完整的云计算应用,托管在 Windows Azure 之上

这种应用模式最大的好处在于不必搭建自己的 IT 基础设施,在降低 IT 拥有成本的同时,降低了应用的部署以及未来的 IT 运营、管理成本。对开发者而言,系统分层设计的架构思想也不会发生变化。应用开发、测试完成后,可以很方便地部署到 Windows Azure 平台上,而不用考虑购买服务器、服务器规格、如何搭建网络、上线等一系列复杂的问题,更不用考虑业务快速增长时所带来的瓶颈,云计算最大的特征便是拥有极好的可用性及动态的可扩展能力。

这种使用模式目前比较适合新创业的公司、快速发展互联网公司以及个人用户。随着信用体系的不断完善以及消费习惯的变化,也适用于大中型企业。

2) 将现有应用向云中扩展

该应用模式的思维方式是将云计算平台作为一种资源加以利用,即在现有的应用中部分地使用云计算提供的能力。从系统架构来看,在组织内部运行的应用程序(内部预制应用程序,on-premises application),而将在云中存储数据,或依赖于其他云基础结构服务。云计算提供的是按需付费模式,可以较好地解决 On-premise(自有平台)在 IT 建设时决策上的困惑,按峰值设计,将来大部分的资源被闲置,不能得到充分的利用,设计不足又不能满足业务快速发展的需求,而云计算可以较好地解决这种问题。如通过云计算平台对一些需要大量计算的特殊任务进行并行处理,无论是在时效性,还是在应付本地突发性处理能力不足方面都是一个不错的选择。又如可以将一些海量存储放到云计算平台中,不必考虑数据的可用性、灾难备份及恢复性问题。

3) 搭建 S+S(On-premise Service+Cloud Service)混合模式,提升应用的服务能力

利用 Azure Service 提供的一系列服务构件块,构件跨越组织机构的虚拟应用,利用第三方提供的服务能力来弥补自身业务能力的不足,从而为最终客户提供最佳的客户体验。Azure Service 提供的 Service Bus、Access Control、Workflow 等服务可以较好地组织面向服务(SOA)的应用架构,对服务管理、服务注册、服务消费、服务流程控制、自动路由、服务桥接等均提供了高效可行、易于使用的开发手段,为企业内部的不同系统间、不同机构的应用间搭建了畅通的信息渠道。

综上所述,应用程序有多种使用云服务的方式,因此在不同的情况下,可以使用不同种类的云平台。无论采用哪种方式,利用云的功能都可以改善我们的世界。

3. 安全性需求

1) 微软云计算平台的安全技术策略

随着云计算时代的到来,软件开发模式和商业模型都将进入全面更新改良的新时代。微软云计算平台 Windows Azure 应运而生。Azure 来源于法语,语意为天空一样的湛蓝色,微软希望把其打造成承载云上应用和服务的蓝天。微软 Azure 云计算平台由多个不同组件构成,包括 Windows Azure、SQL Azure(原 SQL 服务)、Azure 应用 AppFabric(原.NET 服务)以及微软指定的网络、存储和服务器硬件配置组成,硬件部分将由微软

合作伙伴提供。

就安全策略层面来说,微软充分研究和理解了云计算模式对关键应用和数据带来的潜在的访问管理权、合规性、法律和商业上的影响。但鉴于市场上对云计算的安全性依然倍受质疑,所以不少企业还是采取了观望态度。那么,微软 Windows Azure 在安全技术上到底安全性能如何呢?

(1) **强化底层安全技术性能**。微软如何保证运行在 Azure 云计算平台之上的应用具备高可用性、高扩展性和安全性? 这是所有刚刚接触 Azure 平台的人都会产生的疑问。据微软表示目前微软拥有大量 Windows Server 和 SQL Server 的平台用户。这么多的客户每天都在微软平台上运行关键的应用,这一点本身就说明了微软产品具备良好的可扩展性、可靠性、安全性和可用性等。从安全技术层面上来说,微软的云计算 Azure 平台采用了多个层次来确保用户的应用和数据安全,其中最重要的层次是在操作系统内核上的改进。它采用了全新的安全模式,使资源既有连续性又有相对独立性;另外,系统的调配也做了改进,资源调配时不会调配系统的内核资源,而是通过一些指令的审核过程做判断;还有就是在应用层也做了相应的保护措施,它允许企业采取特殊的机密措施等。这些措施都表明微软在其云计算 Azure 平台上对安全保障方面做了很多的努力。

(2) **为云计算平台推出 Sydney 安全机制**。为了更有效地提高安全性能,微软为云计算平台推出了全新的安全机制"悉尼"(Sydney)。Sydney 安全机制可以帮助企业用户在服务器和 Azure 云之间交换数据,实现本地应用程序和云计算程序之间的对话,帮助企业用户在微软数据中心上运行大多数应用程序。微软表示 Sydney 安全机制主要是解决在虚拟化、多租户环境中的安全性,因为用户通常是在这种环境中共享数据中心资源。Sydney 安全机制能把用户的云资源与网络虚拟化分隔开来,提供企业内部数据中心设备和云中设备之间的安全连接。同时,Sydney 安全机制能够聚合任意两个终端,包括企业内部的服务器和客户设备,以及 Azure 平台公共云服务中的资源,以创建高效安全的虚拟网络覆盖结构。

(3) **在硬件层面上提升访问权限安全**。目前云计算方面另一个久久挥之不去的阴影,就是许多提供商的登录机制太原始、太简单了。人们在访问云端数据所依赖的认证手段非常弱,主要还是用户名和密码。这使越来越多的互联网犯罪开始从最终用户下手。因此,微软认为需要更强有力的手段对接入云服务的用户进行认证。基于端到端的安全理念,微软的做法是更多地将安全措施植根于硬件层面中,例如采用比用户名、密码更为可靠的身份认证机制。

据国外媒体报道,微软曾对美国联邦政府发布了一款全新的云计算服务,这款名为 Business Productivity Online Suite Federal 的产品将提供比常规云计算服务更高的安全标准,包括后台指纹验证和其他生物特征识别技术。这些额外的安全机制是应美国国防部和 NASA(美国国家航空航天局)等机构的要求增加的。该产品的用户目前包括麦当劳、可口可乐、英国邮局以及包括美国新泽西州纽瓦克市、加州卡尔斯巴德市在内的 500 多个美国州政府和地方政府。微软表示与谷歌和其他对手相比,微软在云计算硬件层面安全领域上的进展是最快的,其他厂商暂时都没能为公共领域提供如此高水平的安全机制。简单地说,就是微软提高了安全和隐私机制的安全标杆。此外,微软还加入了一家名为"云安全联盟"(Cloud Security Alliance)的非赢利组织,以表明自己对云安全的支持。

2) 符合法规的在线服务安全经验

云计算应用的本质是提供一种在线服务,所以重要数据的物理存储可能会跨越不同国家和地区。而不同国家有不同的司法系统,这就会带来潜在的法律风险。例如不同国家对数据丢失责任、数据知识产权保护、数据的公开政策(Disclosure Policy)的司法解释可能是不一样的。这都是考验云计算平台服务提供商在提供云计算平台在线服务时的重要安全内容。

为此,微软制定了一份名为《保障微软的云基础设施》(Securing Microsoft's Cloud Infrastructure)的文件。文件高度概括了微软在保护其基础设施以及其用户的数据和应用程序方面将采取的哪些措施。微软在文件中提出这些做法依赖于风险评估和纵深防御,以及周期循环的风险再评估和制定适当的新对策,以保证能够处于领先于威胁发展的优势。同时,微软还监测有关数据保密性和完整性的法律,以完全遵守这些法规。微软表示,他们会对其云基础设施进行一年一度的审查,以满足支付卡行业标准(PCI)、塞班斯法案、健康保险携带和责任法案和媒体评级理事会的相关要求。此外,微软还将国际标准化组织(ISO)和报表审计准则(SAS)的 70 个认证作为衡量 Azure 平台云安全是否健全的标准。

而对于大家关心的在线服务的安全经验问题,微软认为可以从其运行在线服务的历史经验中寻找到答案。微软首席软件架构师雷奥兹表示,微软在平台和应用两个领域拥有双重安全优势,在消费市场和企业市场也拥有丰富的安全经验。微软认为根据过去微软 15 年的在线运营经验,虽然在世界范围内每个国家都有不同的法律规定,但微软都能根据不同区域的客户需求提供和交付高安全性的在线服务。例如,从 1994 年 MSN 上线,微软就开始构建和运行在线服务,而且成立了全球基础服务部门(Global Foundation Services,GFS)管理云基础架构和微软在线服务平台,包括确保全球的数亿用户能够 24 小时使用微软的在线产品。在这个云基础架构上运行着微软超过 200 个在线服务和 Web 门户,包括人们日常所用的面向消费者的服务 Windows Live Hotmail 和 Live Search,以及面向商业群体的服务微软 Dynamics CRM Online 和微软 Business Productivity Online 标准套件等。因此,微软拥有丰富的在线服务运营经验,微软在为用户提供高安全性的在线体验方面有自己得天独厚的优势。

3) 第三方权威安全认证提供保驾护航

第三方权威安全认证服务商威瑞信(VeriSign)宣布,威瑞信将为微软 Windows Azure 平台提供基于云计算的安全和认证服务。威瑞信是互联网上最受尊敬和信任的 SSL 认证机构。《财富》杂志 500 强中 95％以上的企业及 97 家世界最大的银行正在使用威瑞信的 SSL 证书来满足自己的安全需求。作为基于云计算解决方案的开拓者,威瑞信在保护云平台及其用户所需措施方面有着独到的见解。

据了解,威瑞信将为 Windows Azure 平台提供基于云计算的安全解决方案,以保护 Windows Azure 平台上所开发和部署的基于云计算的服务和应用。包括云计算操作系统 Windows Azure、云计算关联型数据库 SQL Azure 、Windows Azure 平台 AppFabric

Service Bus 和 AppFabric Access Control 等一系列预装的高级应用服务,确保开发人员能够更加简便地部署和管理横跨服务器和云计算的复合应用。

为确保云安全保障,威瑞信会为微软 Windows Azure 提供 SSL 证书和代码签名。威瑞信 SSL 证书能够确保企业用户在 Windows Azure 上所运行的应用程序拥有强大的 SSL 加密保护。威瑞信 SSL 同样能保护用户、应用程序和服务器之间相互传送的数据,同时在用户和基于云计算的服务器之间提供关键认证。同时,Windows Azure 应用开发人员能够使用威瑞信代码签名证书为代码签名,向终端用户表明程序来自可信发行商。因此,代码签名证书被视为基于云计算应用的"虚拟保护膜"。如果数字签名损坏,则表示该程序已被篡改,进而保护用户免遭黑客或恶意代码的威胁。

12.4　本章小结

随着网络应用的迅速发展,安全成为 PC 操作系统供应商关注的焦点。所以,本章讨论了代表未来计算观点的 Windows Vista 安全技术。在 Vista 中,微软希望改善用户的体验,以及改变公众对 Windows 操作系统不安全感和不可靠的看法,在安全方面采取了强硬的立场,实施了创新的安全控制。Windows 7 是基于 Windows Vista 核心的,但与 Vista 相比,Windows 7 的安全维护变得简单,操作更加人性化,本章也讨论了 Windows 7 中的十大安全性变化。此外,本章还讨论了目前已经开源的 Sun Solaris 系统的安全功能。

近年来,随着网络带宽的增加,网络传输速度不断提升,出现了基于浏览器的虚拟操作系统 Web OS。虽然 Web OS 可能不会替代现行的操作系统,但是它为人们的工作提供了很大的可移动性与跨平台性。事实上,这种将桌面计算机的日常任务迁移到 Web 上的概念正在日益成为现实。所以,本章讨论了 Web OS 概念,并重点介绍了备受关注的 YouOS & eyeOS 的设计,并讨论了目前 Web OS 存在的安全问题。

云计算(Cloud Computing)作为"智慧的信息技术"的重要组成部分,已成为当今业界最受瞩目的新兴概念。云计算的核心思想,是将大量用网络连接的计算资源统一管理和调度,构成一个计算资源池向用户按需服务。所以,本章重点讨论了面向未来云计算的新型操作系统 Google Chrome OS 与微软的 Windows Azure,以及它们的安全性需求分析。

12.5　习题

1. 请阐述 Windows Vista 的安全体系和实现的安全机制。
2. 请概括 Windows 7 在安全方面的十大特色。
3. 什么是 Web OS? Web OS 具有什么特点?
4. 简述 Google Chrome OS 提供的安全机制,以及可能面临的安全威胁。
5. 简述 Windows Azure 的体系结构,以及它的应用场景和安全性需求。

参考文献

1 卿斯汉,刘文清,刘海峰. 操作系统安全导论. 北京：科学出版社,2003.

2 卿斯汉,刘文清,温红子. 操作系统安全. 北京：清华大学出版社,2004.

3 (美)莫瑞.加瑟 著,吴亚非 译. 计算机安全的技术与方法. 北京：电子工业出版社,1992.

4 Denning D E 著,王育民 译. 密码学与数据安全. 北京：国防工业出版社,1991.

5 卿斯汉. 密码学与计算机网络安全. 北京：清华大学出版社,2001.

6 卿斯汉. 认证协议的形式化分析. 软件学报增刊,1996,107～114.

7 卿斯汉,冯登国. 信息和通信安全——CCICS'99. 北京：科学出版社,1999.

8 卿斯汉,沈昌祥. 高等级安全操作系统的设计. 中国科学 E 辑,2007,37(2)：238～254.

9 卿斯汉,朱继锋. 安胜安全操作系统的隐蔽通道分析. 软件学报,2004,15(09)：1385～1392.

10 卿斯汉. 高安全等级安全操作系统的隐蔽通道分析. 软件学报,2004,15(12)：1837～1849.

11 卿斯汉,沈晴霓. 基于可信计算平台的安全操作系统及相关标准研究报告. 中国科学院软件研究所,2006.

12 刘文清.《结构化保护级》安全操作系统若干关键技术的研究. 博士论文. 中国科学院软件研究所,2002.

13 刘海峰. 安全操作系统若干关键技术的研究. 博士论文. 中国科学院软件研究所,2002.

14 季庆光. 高安全等级操作系统形式设计的研究. 博士论文. 中国科学院软件研究所,2004.

15 朱继锋. 高安全级操作系统隐蔽信道分析技术研究. 博士论文. 中国科学院软件研究所,2006.

16 沈晴霓. 高安全等级操作系统可信进程安全策略及其关键技术研究. 博士论文. 中国科学院软件研究所,2006.

17 石文昌. 安全操作系统开发方法的研究与实施. 博士论文. 中国科学院软件研究所,2001.

18 吴文玲,冯登国,卿斯汉. 简评美国公布的 15 个 AES 候选算法. 软件学报,1999,10(3)：225～230.

19 周典萃,卿斯汉,周展飞. Kailar 逻辑的缺陷. 软件学报,1999,10(12)：1238～1245.

20 沈昌祥. 可信计算平台与安全操作系统. 网络安全技术与应用,2005.

21 周明天,谭良. 可信计算及其进展. 电子科技大学学报,2006,35(4)：686～697.

22 李昊,冯登国. 可信密码模块符合性测试方法与实施. 武汉大学学报(理学版),2009,55(1)：31～34.

23 (美)史密斯等著. 冯登国,徐震,张力武等译. 可信计算平台：设计与应用. 北京：清华大学出版社,2006.

24 (美)戴维. 查利纳等著. 赵波,严飞,余发江等译. 可信计算. 北京：机械工业出版社,2009.

25 (美)查芬等著. 沈晴霓,卿斯汉等译. Vista 信息安全,北京：科学出版社,2010.

26 IBM 虚拟化与云计算小组. 虚拟化与云计算. 北京：电子工业出版社,2009.

27 刘鹏. 云计算. 北京：电子工业出版社,2010.

28 Chrome 操作系统. Available at：http://baike.baidu.com/.

29 Web OS. Available at：http://baike.baidu.com/.

30 微软云计算中文博文. Available at：2011.
http://blogs.msdn.com/b/azchina/archive/2011/03/06/windows_5f00_azure_5f00_security_5f00_overview_5f00_white_5f00_papaer.aspx.

31 中国国防部科学技术工业委员会. 中华人民共和国国家军用标准：军用计算机安全评估准则,

1996,GJB 2646—96.

32 中国国家质量技术监督局. 中华人民共和国国家标准：计算机信息系统安全保护等级划分准则，1999,GB 17859—1999.

33 中国国家质量技术监督局. 中华人民共和国国家标准：信息技术 安全技术 信息技术安全性评估准则——第一部分：简介和一般模型,2001,GB/T 18336.1—2001.

34 中国国家质量技术监督局. 中华人民共和国国家标准：信息技术 安全技术 信息技术安全性评估准则——第二部分：安全功能要求,2001,GB/T 18336.2—2001.

35 中国国家质量技术监督局. 中华人民共和国国家标准：信息技术 安全技术 信息技术安全性评估准则——第三部分：安全保证要求,2001,GB/T 18336.3—2001.

36 中华人民共和国公安部. 中华人民共和国公共安全行业标准：计算机信息系统安全等级保护操作系统技术要求,2002,GA/T 388—2002.

37 中华人民共和国公安部. 中华人民共和国公共安全行业标准：计算机信息系统安全等级保护通用技术要求,2002,GA/T 390—2002.

38 中国国家密码管理局. 可信计算密码支撑平台功能与接口与规范,2007.

39 Abadi M,Tuttle M. A Semantics for A Logic of Authentication. ACM Symposium On Principles of Distributed Computing,1991,201~216.

40 Bach M J. The Design of the Unix Operating System. Prentice Hall Inc,1986.

41 Baker R. Network Security—How to Plan for It and Achieve It. McGraw Hill,1995.

42 Bell D E,LaPadula L J. Secure Computer Systems：Mathematical Foundations. Technical Report, M74-244,The MITRE Corporation,1973.

43 Bell D E,LaPadula L J. Secure Computer Systems：A Mathematical Model. Technical Report M74-244,The MITRE Corporation,1973.

44 Bell D E,LaPadula L J. Secure Computer Systems：A Refinement of the Mathematical Model. Technical Report M74-2547,MITRE Corporation,1974.

45 Bell D E,LaPadula L J. Secure Computer Systems：Unified Exposition and Multics Interpretation. Technical Report MTR-2977,MITRE Corporation,1975.

46 Burrows M,Abadi M. Needham R. A Logic of Authentication. ACM Trans. On Computer System, 1990，18(1)：18~36.

47 David F. C. Brewer, Michael J. Nash. The Chinese Wall Security Policy. In Proceedings of the IEEE Symposium on Security and Privacy,1989,215~228.

48 Denning D. A Lattice Model of Secure Information Flow. Communication of the ACM,1976,19(5)：236~250.

49 Denning D E,Denning P J. Certification of Programs for Secure Information Flow. Communication of the ACM,1977,20(7)：504~513.

50 Gligor V D,Millen J. A Guide to Understanding Covert Channel Analysis of Trusted System,1993, NCSC-TG-030.

51 Goguen J A,Meseguer J. Security Policy and Security Models. In Proceedings of the 1982 IEEE Symposium on Security and Privacy,1982,11~20.

52 Hedbom H,Lindskog S,Axelsson S,Jonsson E. A Comparison of the Security of Windows NT and UNIX. Presented at the Third Nordic Workshop on Secure IT Systems,1998,NORD-SEC'98.

53 J. A. Goguen, J. Meseguer. Security Policies and Security Model. In Proceedings of IEEE Symposium on Security and Privacy,1982,11~20.

54 Jianying Zhou, Gollman D. A Fair Non-repudiation Protocol. IEEE Symposium on Security & Privacy, 1996, 55~61.

55 Kailar R. Accountability in Electronic Commerce Protocols. IEEE Trans. on Software Engineering, 1996, 22(5): 313~328.

56 Kaufman C, Perlman R, Speciner M. Network Security—Private Communication in a Public World. Prentice Hall, 1995.

57 Kemmerer R A. Shared Resource Matrix Methodology: An Approach to Identifying Storage and Timing Channels. ACM Transactions on Computer Systems, 1983, 1(3)256~277.

58 Lampson B W. A Note on the Confinement Problem. Communication of ACM, 1973, 20(16): 613~615.

59 Li Gong, Needham R, Yahalom R. Reasoning About Belief in Cryptographic Protocols. IEEE Symposium on Security & Privacy, 1990, 234~248.

60 Losococco P A, Smalley S D, Muckelbauer P A, Taylor R C, Turner S J, Farrell J F. The Inevitability of Failure: The Flawed Assumption of Security in Modern Computing Environments. Proceedings of the 21st National Information Systems Security Conference, 1998, 303~314.

61 Losococco P A, Smalley S D. Integrating Flexible Support for Security Policies into the Linux Operating System. Technical report, NSA and NAI labs, 2001.

62 McCauley E J. Drongowski P J. KSOS: The Design of a Secure Operating System. AFIPS Conf. Proc., 1979 National Computer Conference, AFIPS Press, 1979, 345~353.

63 Morrie G. Building a Secure Computer System, Van Nostrand Reinhold, 1988.

64 Portable Applications Standards Committee of IEEE Computer Society. "Standards Project, Draft Standard for Information Technology—Portable Operating System Interface(POSIX), PSSG Draft 17," New York: IEEE, Inc. 1997.

65 Sailer R., Zhang X. L., Jaeger T. et al. Design and Implementation of a TCG-based Integrity Measurement Architecture. Proceedings of the 13th USENIX Security Symposium San Diego, CA, USA. August 9-13, 2004.

66 Sandhu R S, Coyne E J, Feinstein H L. Role-Based Access Control Models. IEEE Computer, 1996, 29(2): 38~47.

67 Schneier B. Applied Cryptography—Protocols, Algorithms and Source Code in C. John Wiley & Sons Inc. Second Edition, 1996.

68 Sihan Qing, Eloff J. Information Security for Global Information Infrastructures. Kluwer Academic Publishers, 2000.

69 Sihan Qing, Eloff J. Information Security. IFIP/SEC 2000. International Academic Publishers, 2000.

70 Syverson P, Oorschot P. On Unifying Some Cryptographic Protocol Logics. IEEE Symposium on Security & Privacy, 1994, 14~28.

71 The International Organization for Standardization. Common Criteria for Information Technology Security Evaluation—Part 1: Introduction and General Model, 1999, ISO/IEC 15408-1:1999(E).

72 The International Organization for Standardization. Common Criteria for Information Technology Security Evaluation—Part 2: Security Functional Requirements, 1999, ISO/IEC 15408-2:1999(E).

73 The International Organization for Standardization. Common Criteria for Information Technology Security Evaluation—Part 3: Security Assurance Requirements, 1999, ISO/IEC 15408-3:1999(E).

74 Trusted Computing Group. TPM Main Specification Level 2 Version 1.2, Revision 103. Available